# Cálculo Cientifico
# con MATLAB y Octave

A. Quarteroni
F. Saleri

# Cálculo Cientifico
# con MATLAB y Octave

Springer

ALFIO QUARTERONI
MOX - Dipartimento di Matematica
Politecnico di Milano y
Ecole Polytechnique Fédérale de Lausanne

FAUSTO SALERI
MOX - Dipartimento di Matematica
Politecnico di Milano

Las simulaciones numéricas que se muestran en la portada fueron realizadas por
Marzio Sala

La traducción ha sido hecha por:
Alfredo Bermudez
Departamento de Matematica Aplicada
Universidade de Santiago de Compostela

Traducción de:
Introduzione al Calcolo Scientifico - Esercizi e problemi risolti con MATLAB
A. Quarteroni, F. Saleri
© Springer-Verlag Italia, Milano 2006

ISBN 10 88-470-0503-5 Springer Milan Berlin Heidelberg New York
ISBN 13 978-88-470-0503-7 in sospeso Springer Milan Berlin Heidelberg New York

Springer-Verlag hace parte de Springer Science+Business Media

springer.com

© Springer-Verlag Italia, Milano 2006

Reproducido de una copia camera-ready provista por el traductor
Proyecto gráfico de portada: Simona Colombo, Milán
Impreso en Italia: Signum Srl, Bollate (Milán)

# Prólogo

Este libro de texto es una introducción al Cálculo Científico. Ilustraremos varios métodos numéricos para la resolución por computador de ciertas clases de problemas matemáticos que no pueden abordarse con "papel y lápiz". Mostraremos cómo calcular los ceros o las integrales de funciones continuas, resolver sistemas lineales, aproximar funciones por polinomios y construir aproximaciones precisas de las soluciones de las ecuaciones diferenciales.

Con este objetivo, en el Capítulo 1 se establecerán las reglas de juego que adoptan los computadores cuando almacenan y operan con números reales y complejos, vectores y matrices.

Para hacer nuestra presentación concreta y atractiva adoptaremos los entornos de programación MATLAB ® [1] y Octave como leales compañeros. Octave es una reimplementación de parte de MATLAB que incluye muchos de sus recursos numéricos y se distribuye libremente bajo GNU *General Public License*. Descubriremos gradualmente sus principales comandos, instrucciones y construcciones. Mostraremos cómo ejecutar todos los algoritmos que introducimos a través del libro. Esto nos permitirá suministrar una evaluación cuantitativa inmediata de sus propiedades teóricas tales como estabilidad, precisión y complejidad. Resolveremos varios problemas que surgirán a través de ejercicios y ejemplos, a menudo consecuencia de aplicaciones específicas. A lo largo del libro haremos uso frecuente de la expresión "comando de MATLAB"; en ese caso, MATLAB debería ser entendido como el *lenguaje* que es subconjunto común a ambos programas MATLAB y Octave. Nos hemos esforzado para asegurar un uso sin problemas de nuestros códigos y programas bajo MATLAB y Octave. En los pocos casos en los que esto no

---

[1] MATLAB es una marca registrada de TheMathWorks Inc., 24 Prime Park Way, Natick, MA 01760, Tel: 001+508-647-7000, Fax: 001+508-647-7001.

se aplique, escribiremos una breve nota explicativa al final de la correspondiente sección.

Adoptaremos varios símbolos gráficos para hacer la lectura más agradable. Mostraremos al margen el comando de MATLAB (u Octave), al lado de la línea donde ese comando se introduce por primera vez. El símbolo ✎ se usará para indicar la presencia de ejercicios, mientras que el símbolo ⬛ se utilizará cuando queramos atraer la atención del lector sobre un comportamiento crítico o sorprendente de un algoritmo o procedimiento. Las fórmulas matemáticas de especial relevancia se pondrán en un recuadro. Finalmente, el símbolo 🖥 indicará la presencia de un panel resumiendo conceptos y conclusiones que acaban de ser expuestas y explicadas.

Al final de cada capítulo se dedica una sección específica a mencionar aquellos temas que no han sido abordados y a indicar las referencias bibliográficas para un tratamiento más amplio del material que hemos considerado.

Bastante a menudo remitiremos al texto [QSS06] donde muchas de las cuestiones abordadas en este libro se tratan con mayor profundidad, y donde se prueban resultados teóricos. Para una descripción más minuciosa de MATLAB enviamos a [HH05]. Todos los programas incluidos en este texto pueden descargarse de la dirección web

`mox.polimi.it/qs`.

No se piden especiales prerrequisitos al lector, con la excepción de un curso de Cálculo elemental.

Sin embargo, a lo largo del primer capítulo recordamos los principales resultados del Cálculo y la Geometría que se utilizarán extensamente a través de este texto. Los temas menos elementales, aquéllos que no son tan necesarios para un recorrido educacional introductorio se destacan con el símbolo especial 🔍 .

Agradecemos a Francesca Bonadei de Springer-Italia su colaboración indispensable a lo largo de este proyecto, a Paola Causin el habernos propuesto varios problemas, a Christophe Prud´homme, John W. Eaton y David Bateman su ayuda con Octave, y al proyecto Poseidón de la Escuela Politécnica Federal de Lausanne su apoyo económico.

Finalmente, queremos expresar nuestra gratitud a Alfredo Bermúdez por la traducción cuidadosa de este libro, así como por sus numerosas y acertadas sugerencias.

Lausanne y Milano, julio de 2006          Alfio Quarteroni, Fausto Saleri

# Índice

# Programas

# 1

# Lo que no se puede ignorar

En este libro usaremos sistemáticamente conceptos matemáticos elementales que el lector o la lectora ya debería conocer, aunque podría no recordarlos inmediatamente.

Por consiguiente aprovecharemos este capítulo para refrescarlos y también para introducir nuevos conceptos que pertenecen al campo del Análisis Numérico. Empezaremos explorando su significado y utilidad con la ayuda de MATLAB (MATrix LABoratory), un entorno integrado para la programación y la visualización en cálculo científico. También usaremos GNU Octave (abreviadamente, Octave) que es en su mayor parte compatible con MATLAB. En las Secciones 1.6 y 1.7 daremos una rápida introducción a MATLAB y Octave, que es suficiente para el uso que vamos a hacer aquí. También incluimos algunas notas sobre las diferencias entre MATLAB y Octave que son relevantes para este libro. Sin embargo, remitimos a los lectores interesados al manual [HH05] para una descripción del lenguaje MATLAB y al manual [Eat02] para una descripción de Octave.

Octave es una reimplementación de parte de MATLAB que incluye una gran parte de los recursos numéricos de MATLAB y se distribuye libremente bajo la Licencia Pública General GNU.

A lo largo del texto haremos uso frecuente de la expresión "comando de MATLAB"; en ese caso, MATLAB debería ser entendido como el *lenguaje* que es el subconjunto común a ambos programas MATLAB y Octave.

Hemos procurado asegurar un uso transparente de nuestros códigos y programas bajo MATLAB y Octave. En los pocos casos en los que esto no se aplica, escribiremos una corta nota explicativa al final de la correspondiente sección.

En el presente Capítulo hemos condensado nociones que son típicas de cursos de Cálculo, Álgebra Lineal y Geometría, reformulándolas sin embargo de una forma apropiada para su uso en el cálculo científico.

## 1.1 Números reales

Mientras que el conjunto de los números reales ℝ es conocido por todo el mundo, la manera en la que los computadores los tratan es quizás menos conocida. Por una parte, puesto que las máquinas tienen recursos limitados, solamente se puede representar un subconjunto 𝔽 de dimensión finita de ℝ. Los números de este subconjunto se llaman *números de punto flotante*. Por otra parte, como veremos en la Sección 1.1.2, 𝔽 está caracterizado por propiedades que son diferentes de las de ℝ. La razón es que cualquier número real $x$ es truncado, en principio, por la máquina dando origen a un nuevo número (llamado *número de punto flotante*), denotado por $fl(x)$, que no necesariamente coincide con el número original $x$.

### 1.1.1 Cómo representarlos

Para conocer la diferencia entre ℝ y 𝔽, hagamos unos cuantos experimentos que ilustren la forma en que el computador (un PC por ejemplo) trata los números reales. Nótese que utilizar MATLAB u Octave en lugar de otro lenguaje es tan solo una cuestión de conveniencia. Los resultados de nuestro cálculo dependen, en efecto, primariamente de la manera en que el computador trabaja y sólo en menor medida del lenguaje de programación. Consideremos el número racional $x = 1/7$, cuya representación decimal es $0.\overline{142857}$. Ésta es una representación infinita, puesto que el número de cifras decimales es infinito. Para obtener su representación en el computador, introducimos después del *prompt* (el símbolo >>) el cociente 1/7 y obtenemos

>> >> 1/7

```
    ans =
        0.1429
```

que es un número con sólo cuatro cifras decimales, siendo la última diferente de la cuarta cifra del número original.

Si ahora considerásemos 1/3 encontraríamos 0.3333, así que la cuarta cifra decimal sería exacta. Este comportamiento se debe al hecho de que los números reales son *redondeados* por el computador. Esto significa, ante todo, que sólo se devuelve un número fijo a priori de cifras decimales, y además la última cifra decimal se incrementa en una unidad siempre y cuando la primera cifra decimal despreciada sea mayor o igual que 5.

La primera observación que debe hacerse es que usar sólo cuatro cifras decimales para representar los números reales es cuestionable. En efecto, la representación interna del número se hace con 16 cifras decimales, y lo que hemos visto es simplemente uno de los varios posibles formatos de salida de MATLAB. El mismo número puede tomar diferentes expresiones dependiendo de la declaración específica de formato que se haga.

Por ejemplo, para el número 1/7, algunos posibles *formatos* de salida son:

| | | |
|---|---|---|
| format long | devuelve | 0.14285714285714, |
| format short e | " | 1.4286e − 01, |
| format long e | " | 1.428571428571428e − 01, |
| format short g | " | 0.14286, |
| format long g | " | 0.142857142857143. |

format

Algunos de ellos son más coherentes que otros con la representación interna del computador. En realidad, un computador almacena, en general, un número real de la forma siguiente

$$x = (-1)^s \cdot (0.a_1 a_2 \ldots a_t) \cdot \beta^e = (-1)^s \cdot m \cdot \beta^{e-t}, \quad a_1 \neq 0 \qquad (1.1)$$

donde $s$ es 0 o 1, $\beta$ (un entero positivo mayor o igual que 2) es la *base* adoptada por el computador específico que estemos manejando, $m$ es un entero llamado *mantisa* cuya longitud $t$ es el máximo número de cifras $a_i$ (con $0 \leq a_i \leq \beta - 1$) que se almacenan, y $e$ es un número entero llamado *exponente*. El formato long e es aquél que más se parece a esta representación y e representa el exponente; sus cifras, precedidas por el signo, se declaran a la derecha del carácter e. Los números cuyas formas se dan en (1.1) se llaman números de punto flotante, porque la posición de su punto decimal no es fija. Las cifras $a_1 a_2 \ldots a_p$ (con $p \leq t$) suelen llamarse $p$ primeras cifras significativas de $x$.

La condición $a_1 \neq 0$ asegura que un número no puede tener múltiples representaciones. Por ejemplo, sin ésta restricción el número 1/10 podría ser representado (en la base decimal) como $0.1 \cdot 10^0$, pero también como $0.01 \cdot 10^1$, etc.

Por consiguiente el conjunto $\mathbb{F}$ está totalmente caracterizado por la base $\beta$, el número de cifras significativas $t$ y el rango $(L, U)$ (con $L < 0$ y $U > 0$) de variación del índice $e$. Por eso se denota por $\mathbb{F}(\beta, t, L, U)$. En MATLAB tenemos $\mathbb{F} = \mathbb{F}(2, 53, -1021, 1024)$ (en efecto, 53 cifras significativas en base 2 corresponden a los 15 cifras significativas que muestra MATLAB en base 10 con el format long).

Afortunadamente, el *error de redondeo* que se genera inevitablemente siempre que un número real $x \neq 0$ se reemplaza por su representante $fl(x)$ en $\mathbb{F}$, es pequeño, porque

$$\frac{|x - fl(x)|}{|x|} \leq \frac{1}{2} \epsilon_M \qquad (1.2)$$

donde $\epsilon_M = \beta^{1-t}$ proporciona la distancia entre 1 y el número en punto flotante mayor que 1 y más cercano a éste. Nótese que $\epsilon_M$ depende de $\beta$ y $t$. En MATLAB $\epsilon_M$ puede obtenerse mediante el comando eps, y    eps se tiene $\epsilon_M = 2^{-52} \simeq 2.22 \cdot 10^{-16}$. Señalemos que en (1.2) estimamos el *error relativo* sobre $x$, que es indudablemente más significativo que el *error absoluto* $|x - fl(x)|$. En realidad, este último no tiene en cuenta el orden de magnitud de $x$ mientras que el primero sí.

El número 0 no pertenece a $\mathbb{F}$, pues en tal caso tendríamos $a_1 = 0$ en (1.1); por tanto se maneja separadamente. Además, como $L$ y $U$ son finitos, uno no puede representar números cuyo valor absoluto sea arbitrariamente grande o arbitrariamente pequeño . Siendo más concretos, el número real positivo más grande y el más pequeño de $\mathbb{F}$ vienen dados, respectivamente, por

$$x_{min} = \beta^{L-1}, \quad x_{max} = \beta^U (1 - \beta^{-t}).$$

realmin
realmax

En MATLAB estos valores pueden obtenerse mediante los comandos realmin y realmax, que producen

$$x_{min} = 2.225073858507201 \cdot 10^{-308},$$
$$x_{max} = 1.7976931348623158 \cdot 10^{+308}.$$

Un número positivo menor que $x_{min}$ produce un mensaje de *underflow* y se trata como un cero o de una manera especial (véase, por ejemplo, [QSS06], Capítulo 2). Un número positivo mayor que $x_{max}$ origina en cambio un mensaje de *overflow* y se almacena en la variable Inf (que es la representación en el computador de $+\infty$).

Inf

Los elementos de $\mathbb{F}$ son más densos cerca de $x_{min}$ y menos densos cuando se aproximan a $x_{max}$. En realidad, los números de $\mathbb{F}$ más cercanos a $x_{max}$ (a su izquierda) y a $x_{min}$ (a su derecha) son, respectivamente,

$$x_{max}^- = 1.7976931348623157 \cdot 10^{+308},$$
$$x_{min}^+ = 2.225073858507202 \cdot 10^{-308}.$$

De este modo $x_{min}^+ - x_{min} \simeq 10^{-323}$, mientras que $x_{max} - x_{max}^- \simeq 10^{292}$ (!). Sin embargo, la distancia relativa es pequeña en ambos casos, como podemos deducir de (1.2).

### 1.1.2 Cómo operamos con números de punto flotante

Puesto que $\mathbb{F}$ es un subconjunto propio de $\mathbb{R}$, las operaciones algebraicas elementales sobre números de punto flotante no gozan de todas las propiedades de las operaciones análogas en $\mathbb{R}$. Concretamente, la conmutatividad para la suma todavía se verifica (esto es $fl(x+y) = fl(y+x)$) así como para la multiplicación ($fl(xy) = fl(yx)$), pero se violan otras propiedades tales como la asociativa y la distributiva. Además, el 0 ya no es único. En efecto, asignemos a la variable a el valor 1, y ejecutemos las instrucciones siguientes:

```
>> a = 1; b=1; while a+b ~= a; b=b/2; end
```

La variable b se divide por dos en cada etapa, en tanto en cuanto la suma de a y b permanezca diferente (~=) de a. Si operásemos sobre números reales, este programa nunca acabaría, mientras que, en nuestro caso, termina después de un número finito de pasos y devuelve el siguiente valor para b: 1.1102e-16= $\epsilon_M/2$. Por tanto, existe al menos un número b diferente de 0 tal que a+b=a. Esto es posible porque $\mathbb{F}$ consta de números aislados; cuando se suman dos números a y b con b<a y b menor que $\epsilon_M$, siempre obtenemos que a+b es igual a a. El número de MATLAB a+eps es el menor número de $\mathbb{F}$ mayor que a. Así, la suma a+b devolverá a para todo b < eps.

La asociatividad se viola siempre que ocurre una situación de *overflow* o *underflow*. Tomemos por ejemplo a=1.0e+308, b=1.1e+308 y c=-1.001e+308, y llevemos a cabo la suma de dos formas diferentes. Encontramos que

$$a + (b + c) = 1.0990e + 308, \quad (a + b) + c = \texttt{Inf}.$$

Este es un ejemplo particular de lo que ocurre cuando uno suma dos números con signos opuestos pero de valor absoluto similar. En este caso el resultado puede ser totalmente inexacto y nos referimos a tal situación como de *pérdida*, o *cancelación, de cifras significativas*. Por ejemplo, calculemos $((1+x)-1)/x$ (el resultado obvio es 1 para cualquier $x \neq 0$):

```
>> x =   1.e-15;  ((1+x)-1)/x
```

```
ans = 1.1102
```

Este resultado es bastante impreciso, ¡el error relativo es superior al 11%!

Otro caso de cancelación numérica se encuentra cuando se evalúa la función

$$f(x) = x^7 - 7x^6 + 21x^5 - 35x^4 + 35x^3 - 21x^2 + 7x - 1 \tag{1.3}$$

en 401 puntos equiespaciados con abscisas en $[1-2\cdot10^{-8}, 1+2\cdot10^{-8}]$. Obtenemos la gráfica caótica recogida en la Figura 1.1 (el comportamiento real es el de $(x-1)^7$, que es sustancialmente constante e igual a la función nula en tal diminuto entorno de $x = 1$). El comando de MATLAB que ha generado esta gráfica será ilustrado en la Sección 1.4.

Finalmente, es interesante observar que en $\mathbb{F}$ no hay lugar para formas indeterminadas tales como 0/0 o $\infty/\infty$. Su presencia produce lo que se llama *not a number* (NaN en MATLAB u Octave), al que no se aplican las reglas normales del cálculo. NaN

**Observación 1.1** Si bien es cierto que los errores de redondeo son normalmente pequeños, cuando se repiten dentro de largos y complejos algoritmos, pueden dar origen a efectos catastróficos. Dos casos destacados conciernen a la explosión del cohete Arianne el 4 de Junio de 1996, generada por un *overflow* en el computador de a bordo, y al fracaso de la misión de un misil americano

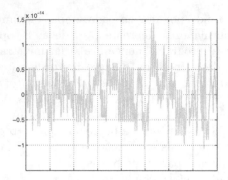

**Figura 1.1.** Comportamiento oscilatorio de la función (1.3) causado por los errores de cancelación

*patriot*, durante la guerra del Golfo en 1991, a causa de un error de redondeo en el cálculo de su trayectoria.

Un ejemplo con consecuencias menos catastróficas (pero todavía molestas) lo proporciona la sucesión

$$z_2 = 2, \quad z_{n+1} = 2^{n-1/2}\sqrt{1 - \sqrt{1 - 4^{1-n}z_n^2}}, \quad n = 2, 3, \ldots \qquad (1.4)$$

que converge a $\pi$ cuando $n$ tiende a infinito. Cuando se usa MATLAB para calcular $z_n$, el error relativo encontrado entre $\pi$ y $z_n$ decrece para las primeras 16 iteraciones, para crecer a continuación debido a los errores de redondeo (como se muestra en la Figura 1.2).

Véanse los ejercicios 1.1-1.2.

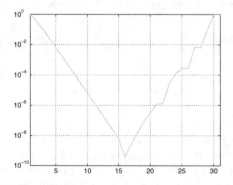

**Figura 1.2.** Logaritmo del error relativo $|\pi - z_n|/\pi$ frente a $n$

## 1.2 Números complejos

Los números complejos, cuyo conjunto se denota por $\mathbb{C}$, tienen la forma $z = x + iy$, donde $i = \sqrt{-1}$ es la unidad imaginaria (esto es $i^2 = -1$), mientras que $x = \text{Re}(z)$ e $y = \text{Im}(z)$ son las partes real e imaginaria de $z$, respectivamente. Generalmente se representan en el computador como pares de números reales.

Salvo que se redefinan de otra manera, las variables de MATLAB i y j denotan la unidad imaginaria. Para introducir un número complejo con parte real x y parte imaginaria y, uno puede escribir simplemente x+i*y; como alternativa, se puede utilizar el comando complex(x,y).    `complex`
Mencionemos también las representaciones exponencial y trigonométrica de un número complejo $z$, que son equivalentes gracias a la *fórmula de Euler*

$$z = \rho e^{i\theta} = \rho(\cos\theta + i\text{sen}\theta); \tag{1.5}$$

$\rho = \sqrt{x^2 + y^2}$ es el módulo del número complejo (puede obtenerse poniendo abs(z)) mientras que $\theta$ es su argumento, esto es el ángulo    `abs`
entre el eje $x$ y la línea recta que sale del origen y pasa por el punto de coordenadas $(x, y)$ en el plano complejo. $\theta$ puede hallarse tecleando angle(z). Por consiguiente, la representación (1.5) es    `angle`

$$\text{abs}(\text{z}) * (\cos(\text{angle}(\text{z})) + \text{i} * \sin(\text{angle}(\text{z}))).$$

La representación polar gráfica de uno o más números complejos puede obtenerse mediante el comando compass(z), donde z es un solo    `compass`
número complejo o un vector cuyas componentes son números complejos. Por ejemplo, tecleando

```
>> z = 3+i*3; compass(z);
```

se obtiene el gráfico mostrado en la Figura 1.3.

Para un número complejo dado z, se puede extraer su parte real con    `real`
el comando real(z) y su parte imaginaria con imag(z). Finalmente,    `imag`
el complejo conjugado $\bar{z} = x - iy$ de $z$, se puede obtener escribiendo simplemente conj(z).    `conj`

En MATLAB todas las operaciones se llevan a cabo suponiendo implícitamente que los operandos así como los resultados son complejos. Por tanto podemos encontrar algunos resultados aparentemente sorprendentes. Por ejemplo, si calculamos la raíz cúbica de $-5$ con el comando de MATLAB(-5)^(1/3), en lugar de $-1.7099\ldots$ obtenemos el número complejo $0.8550 + 1.4809i$. (Anticipamos el uso del símbolo ^ para el    `^`
exponente de la potencia). En realidad, todos los números de la forma $\rho e^{i(\theta + 2k\pi)}$, con $k$ entero, son indistinguibles de $z = \rho e^{i\theta}$. Al calcular $\sqrt[3]{z}$ hallamos $\sqrt[3]{\rho} e^{i(\theta/3 + 2k\pi/3)}$, esto es, las tres raíces distintas

$$z_1 = \sqrt[3]{\rho}e^{i\theta/3}, \quad z_2 = \sqrt[3]{\rho}e^{i(\theta/3 + 2\pi/3)}, \quad z_3 = \sqrt[3]{\rho}e^{i(\theta/3 + 4\pi/3)}.$$

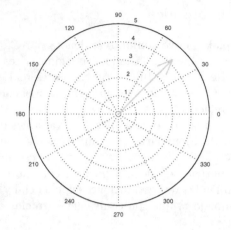

**Figura 1.3.** Resultado del comando de MATLAB `compass`

MATLAB seleccionará la primera que se encuentre recorriendo el plano complejo en sentido antihorario, empezando desde el eje real. Puesto que la representación polar de $z = -5$ es $\rho e^{i\theta}$ con $\rho = 5$ y $\theta = -\pi$, las tres raíces son (véase la Figura 1.4 para su representación en el plano de Gauss)

$$z_1 = \sqrt[3]{5}(\cos(-\pi/3) + i\,\mathrm{sen}(-\pi/3)) \simeq 0.8550 - 1.4809i,$$

$$z_2 = \sqrt[3]{5}(\cos(\pi/3) + i\,\mathrm{sen}(\pi/3)) \simeq 0.8550 + 1.4809i,$$

$$z_3 = \sqrt[3]{5}(\cos(-\pi) + i\,\mathrm{sen}(-\pi)) \simeq -1.7100.$$

La segunda raíz es la seleccionada.

Finalmente, por (1.5) obtenemos

$$\cos(\theta) = \frac{1}{2}\left(e^{i\theta} + e^{-i\theta}\right), \quad \mathrm{sen}(\theta) = \frac{1}{2i}\left(e^{i\theta} - e^{-i\theta}\right). \tag{1.6}$$

**Octave 1.1** El comando `compass` no está disponible en Octave, sin embargo puede ser emulado con la siguiente función:

```
function octcompass(z) xx = [0 1 .8 1 .8].';
yy = [0 0 .08 0 -.08].';
arrow = xx + yy.*sqrt(-1);
z = arrow * z;
[th,r]=cart2pol(real(z),imag(z));
polar(th,r);
return
```

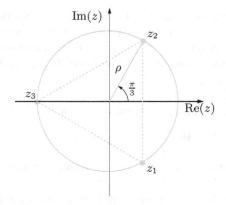

**Figura 1.4.** Representación en el plano complejo de las tres raíces cúbicas complejas del número real $-5$

## 1.3 Matrices

Sean $n$ y $m$ enteros positivos. Una matriz con $m$ filas y $n$ columnas es un conjunto de $m \times n$ elementos $a_{ij}$, con $i = 1, \ldots, m$, $j = 1, \ldots, n$, representado mediante la siguiente tabla:

$$
A = \begin{bmatrix} a_{11} & a_{12} & \ldots & a_{1n} \\ a_{21} & a_{22} & \ldots & a_{2n} \\ \vdots & \vdots & & \vdots \\ a_{m1} & a_{m2} & \ldots & a_{mn} \end{bmatrix}. \tag{1.7}
$$

En forma compacta escribimos $A = (a_{ij})$. Si los elementos de A fuesen números reales, escribiríamos $A \in \mathbb{R}^{m \times n}$, y $A \in \mathbb{C}^{m \times n}$ si fuesen complejos.

Las matrices cuadradas de dimensión $n$ son aquéllas con $m = n$. Una matriz con una sola columna es un *vector columna*, mientras que una matriz con una sola fila es un *vector fila*.

Para introducir una matriz en MATLAB uno tiene que escribir los elementos de la primera fila a la última, introduciendo el carácter ; para separar las diferentes filas. Por ejemplo, el comando

```
>> A = [ 1 2 3; 4 5 6]
```

devuelve

```
A =
    1    2    3
    4    5    6
```

esto es, una matriz $2 \times 3$ cuyos elementos se indican arriba. La matriz $m \times n$ `zeros(m,n)` tiene todos los elementos nulos, `eye(m,n)` tiene todos

zeros
eye

los elementos nulos salvo $a_{ii}$, $i = 1, \ldots, \min(m, n)$, en la diagonal donde todos son iguales a 1. La matriz identidad $n \times n$ se obtiene con el comando eye(n): sus elementos son $\delta_{ij} = 1$ si $i = j$, 0 en caso contrario, para $i, j = 1, \ldots, n$. Finalmente, mediante el comando A=[ ] podemos inicializar una matriz vacía.

Recordamos las siguientes operaciones matriciales:

1. si $A = (a_{ij})$ y $B = (b_{ij})$ son matrices $m \times n$, la *suma* de A y B es la matriz $A + B = (a_{ij} + b_{ij})$;
2. el *producto* de una matriz A por un número real o complejo $\lambda$ es la matriz $\lambda A = (\lambda a_{ij})$;
3. el *producto* de dos matrices es posible sólo para tamaños compatibles, concretamente, si A es $m \times p$ y B es $p \times n$, para algún entero positivo $p$. En tal caso $C = AB$ es una matriz $m \times n$ cuyos elementos son

$$c_{ij} = \sum_{k=1}^{p} a_{ik} b_{kj}, \quad \text{para } i = 1, \ldots, m, \ j = 1, \ldots, n.$$

He aquí un ejemplo de suma y producto de dos matrices.

```
>> A=[1 2 3; 4 5 6];
>> B=[7 8 9; 10 11 12];
>> C=[13 14; 15 16; 17 18];
>> A+B

   ans =
        8      10      12
       14      16      18

>> A*C

   ans =
       94     100
      229     244
```

Nótese que MATLAB devuelve un mensaje diagnóstico cuando uno trata de llevar a cabo operaciones sobre matrices con dimensiones incompatibles. Por ejemplo:

```
>> A=[1 2 3; 4 5 6];
>> B=[7 8 9; 10 11 12];
>> C=[13 14; 15 16; 17 18];
>> A+C

   ??? Error using ==> + Matrix dimensions must agree.

>> A*B
```

??? Error using ==> * Inner matrix dimensions must agree.

Si A es una matriz cuadrada de dimensión $n$, su *inversa* (si existe) es una matriz cuadrada de dimensión $n$, denotada por $A^{-1}$, que satisface la relación matricial $AA^{-1} = A^{-1}A = I$. Podemos obtener $A^{-1}$ mediante el comando `inv(A)`. La inversa de A existe si y sólo si el *determinante* de A, un número denotado por $\det(A)$, es no nulo. La última condición se satisface si y sólo si los vectores columna de A son linealmente independientes (véase la Sección 1.3.1). El determinante de una matriz cuadrada se define mediante la siguiente fórmula recursiva (*regla de Laplace*):

`inv`

$$\det(A) = \begin{cases} a_{11} & \text{si } n = 1, \\ \displaystyle\sum_{j=1}^{n} \Delta_{ij} a_{ij}, & \text{para } n > 1, \ \forall i = 1, \dots, n, \end{cases} \tag{1.8}$$

donde $\Delta_{ij} = (-1)^{i+j} \det(A_{ij})$ y $A_{ij}$ es la matriz obtenida eliminando la $i$-ésima fila y la $j$-ésima columna de la matriz A. (El resultado es independiente del índice de la fila $i$.)

En particular, si $A \in \mathbb{R}^{1\times 1}$ ponemos $\det(A) = a_{11}$; si $A \in \mathbb{R}^{2\times 2}$ se tiene

$$\det(A) = a_{11}a_{22} - a_{12}a_{21};$$

si $A \in \mathbb{R}^{3\times 3}$ obtenemos

$$\det(A) = a_{11}a_{22}a_{33} + a_{31}a_{12}a_{23} + a_{21}a_{13}a_{32}$$
$$-a_{11}a_{23}a_{32} - a_{21}a_{12}a_{33} - a_{31}a_{13}a_{22}.$$

Finalmente, si $A = BC$, entonces $\det(A) = \det(B)\det(C)$.

Para invertir una matriz $2 \times 2$ y calcular su determinante podemos proceder como sigue:

```
>> A=[1 2; 3 4];
>> inv(A)

   ans =
      -2.0000    1.0000
       1.5000   -0.5000

>> det(A)

   ans =
      -2
```

Si una matriz fuese singular, MATLAB devolvería un mensaje diagnóstico, seguido por una matriz cuyos elementos son todos iguales a `Inf`, como se ilustra en el ejemplo siguiente:

```
>> A=[1 2; 0 0];
>> inv(A)
```

```
    Warning: Matrix is singular to working precision.
    ans =
        Inf   Inf
        Inf   Inf
```

Para clases especiales de matrices cuadradas, el cálculo de inversas y determinantes es bastante sencillo. En particular, si A es una *matriz diagonal*, es decir, una matriz para la que sólo son non nulos los elementos diagonales $a_{kk}$, $k = 1, \ldots, n$, su determinante viene dado por $\det(A) = a_{11}a_{22} \cdots a_{nn}$. En particular, A es no singular si y sólo si $a_{kk} \neq 0$ para todo $k$. En tal caso la inversa de A todavía es diagonal con elementos $a_{kk}^{-1}$.

diag      Sea v un vector de dimensión n. El comando diag(v) produce una matriz diagonal cuyos elementos son las componentes del vector v. El comando más general diag(v,m) produce una matriz cuadrada de dimensión n+abs(m) cuya $m$-ésima diagonal superior (es decir, la diagonal de los elementos con índices $i, i + m$) tiene elementos iguales a las componentes de v, mientras que los restantes elementos son nulos. Nótese que esta extensión es válida también cuando m es negativo, en cuyo caso los únicos elementos afectados son los de las diagonales inferiores.

Por ejemplo, si v = [1 2 3] entonces:

```
>> A=diag(v,-1)
```

```
    A =
        0     0     0     0
        1     0     0     0
        0     2     0     0
        0     0     3     0
```

Otros casos especiales son las matrices *triangulares superiores* y las *triangulares inferiores*. Una matriz cuadrada de dimensión $n$ es *triangular inferior* (respectivamente, *superior*) si todos los elementos por encima (respectivamente, por debajo) de la diagonal principal son cero. Su determinante es simplemente el producto de los elementos diagonales.

tril      Mediante los comandos tril(A) y triu(A), uno puede extraer de la
triu      matriz A de dimensión n sus partes inferior y superior. Sus extensiones tril(A,m) o triu(A,m), con m recorriendo de -n a n, permiten la extracción de las partes triangulares aumentadas por, o privadas de, $m$ extradiagonales.

Por ejemplo, dada la matriz A =[3 1 2; -1 3 4; -2 -1 3], mediante el comando L1=tril(A) obtenemos

```
L1 =
    3    0    0
   -1    3    0
   -2   -1    3
```

mientras que, mediante L2=tril(A,1), obtenemos

```
L2 =
    3    1    0
   -1    3    4
   -2   -1    3
```

Finalmente, recordamos que si $A \in \mathbb{R}^{m \times n}$ su traspuesta $A^T \in \mathbb{R}^{n \times m}$ es la matriz obtenida intercambiando filas y columnas de A. Cuando $A = A^T$ la matriz A se dice *simétrica*. Finalmente, A' denota la traspuesta de A, si A es real, o su traspuesta conjugada, esto es, $A^H$, si A es compleja. Una matriz cuadrada compleja que coincide con su traspuesta conjugada $A^H$ se llama *hermitiana*.

A'

Se utiliza una notación similar, v', para el traspuesto conjugado $\mathbf{v}^H$ del vector v. Si $v_i$ denota las componentes de v, el vector adjunto $\mathbf{v}^H$ es un vector fila cuyas componentes son los complejos conjugados $\bar{v}_i$ de $v_i$.

v'

**Octave 1.2** Octave también devuelve un mensaje diagnóstico cuando uno trata de llevar a cabo operaciones sobre matrices que tienen dimensiones incompatibles. Si repetimos los ejemplos de MATLAB previos, obtenemos:

```
octave:1> A=[1 2 3; 4 5 6];
octave:2> B=[7 8 9; 10 11 12];
octave:3> C=[13 14; 15 16; 17 18];
octave:4> A+C

   error: operator +: nonconformant arguments (op1 is
   2x3, op2 is 3x2)
   error: evaluating binary operator '+' near line 2,
   column 2

octave:5> A*B

   error: operator *: nonconformant arguments (op1 is
   2x3, op2 is 2x3)
   error: evaluating binary operator '*' near line 2,
   column 2
```

Si A es singular, Octave devuelve un mensaje diagnóstico seguido por la matriz a invertir, como se ilustra en el siguiente ejemplo:

```
octave:1> A=[1 2; 0 0];
octave:2> inv(A)
```

```
warning: inverse: singular matrix to machine
precision, rcond = 0
ans =
  1  2
  0  0
```

■

### 1.3.1 Vectores

Los vectores serán indicados en negrita; con más precisión, $\mathbf{v}$ denotará un vector columna cuya $i$-ésima componente es $v_i$. Cuando todas las componentes son números reales podemos escribir $\mathbf{v} \in \mathbb{R}^n$.

En MATLAB, los vectores se consideran como casos particulares de matrices. Para introducir un vector columna uno tiene que insertar entre corchetes los valores de sus componentes separadas por punto y coma, mientras que para un vector fila basta con escribir los valores de las componentes separados por blancos o comas. Por ejemplo, mediante las instrucciones v = [1;2;3] y w = [1 2 3] inicializamos el vector columna $\mathbf{v}$ y el vector fila $\mathbf{w}$, ambos de dimensión 3. El comando

zeros — zeros(n,1) (respectivamente, zeros(1,n)) produce un vector columna (respectivamente, fila) de dimensión n con elementos nulos, que deno-

ones — taremos por $\mathbf{0}$. Análogamente, el comando ones(n,1) genera el vector columna, denotado por $\mathbf{1}$, cuyas componentes son todas iguales a 1.

Un sistema de vectores $\{\mathbf{y}_1, \ldots, \mathbf{y}_m\}$ es *linealmente independiente* si la relación

$$\alpha_1 \mathbf{y}_1 + \ldots + \alpha_m \mathbf{y}_m = \mathbf{0}$$

implica que todos los coeficientes $\alpha_1, \ldots, \alpha_m$ son nulos. Un sistema $\mathcal{B} = \{\mathbf{y}_1, \ldots, \mathbf{y}_n\}$ de $n$ vectores linealmente independientes en $\mathbb{R}^n$ (o $\mathbb{C}^n$) es una *base* para $\mathbb{R}^n$ (o $\mathbb{C}^n$), esto es, cualquier vector $\mathbf{w}$ en $\mathbb{R}^n$ puede escribirse como combinación lineal de los elementos de $\mathcal{B}$,

$$\mathbf{w} = \sum_{k=1}^{n} w_k \mathbf{y}_k,$$

para una elección única posible de los coeficientes $\{w_k\}$. Estos últimos se llaman *componentes* de $\mathbf{w}$ con respecto a la base $\mathcal{B}$. Por ejemplo, la base canónica de $\mathbb{R}^n$ es el conjunto de vectores $\{\mathbf{e}_1, \ldots, \mathbf{e}_n\}$, donde $\mathbf{e}_i$ tiene su $i$-ésima componente igual a 1 y todas las otras componentes iguales a 0, y es la que se usa normalmente.

El *producto escalar* de dos vectores $\mathbf{v}, \mathbf{w} \in \mathbb{R}^n$ se define como

$$(\mathbf{v}, \mathbf{w}) = \mathbf{w}^T \mathbf{v} = \sum_{k=1}^{n} v_k w_k,$$

siendo $\{v_k\}$ y $\{w_k\}$ las componentes de **v** y **w**, respectivamente. El correspondiente comando es w'*v o también dot(v,w), donde ahora la prima    dot
denota trasposición de un vector. La longitud (o módulo) de un vector
**v** viene dada por

$$\|\mathbf{v}\| = \sqrt{(\mathbf{v},\mathbf{v})} = \sqrt{\sum_{k=1}^{n} v_k^2}$$

y puede calcularse mediante el comando norm(v).    norm

El producto vectorial de dos vectores $\mathbf{v},\mathbf{w} \in \mathbb{R}^n$, $n \geq 3$, $\mathbf{v} \times \mathbf{w}$ o
$\mathbf{v} \wedge \mathbf{w}$, es el vector $\mathbf{u} \in \mathbb{R}^n$ ortogonal a ambos, **v** y **w**, cuyo módulo es
$|\mathbf{u}| = |\mathbf{v}|\,|\mathbf{w}|\mathrm{sen}(\alpha)$, donde $\alpha$ es el ángulo formado por **v** y **w**. Puede
obtenerse por medio del comando cross(v,w).    cross

La visualización de un vector se consigue mediante el comando de    quiver
MATLAB quiver en $\mathbb{R}^2$ y quiver3 en $\mathbb{R}^3$.    quiver3

El comando de MATLAB x.*y o x.^2 indica que estas operaciones    .*
se llevarían a cabo componente a componente. Por ejemplo si definimos    .^
los vectores
```
>> v = [1; 2; 3]; w = [4; 5; 6];
```
la instrucción
```
>> w'*v

  ans =
     32
```
proporciona su producto escalar, mientras que
```
>> w.*v

  ans =
      4
     10
     18
```
devuelve un vector cuya $i$-ésima componente es igual a $x_i y_i$.

Finalmente, recordamos que un vector $\mathbf{v} \in \mathbb{C}^n$, con $\mathbf{v} \neq \mathbf{0}$, es un
*autovector* de una matriz $A \in \mathbb{C}^{n \times n}$ asociado al número complejo $\lambda$ si

$$A\mathbf{v} = \lambda\mathbf{v}.$$

El número complejo $\lambda$ se llama *autovalor* de A. En general, el cálculo
de autovalores es bastante difícil. Casos excepcionales corresponden a la
matrices diagonales y triangulares, cuyos autovalores son sus elementos
diagonales.

Véanse los ejercicios 1.3-1.6.

## 1.4 Funciones reales

Este capítulo tratará de la manipulación de funciones reales definidas
fplot    sobre un intervalo $(a, b)$. El comando fplot(fun,lims) dibuja la gráfica
de la función fun (que se almacena como una cadena de caracteres) sobre
el intervalo (lims(1),lims(2)). Por ejemplo, para representar $f(x) =$
$1/(1 + x^2)$ sobre el intervalo $(-5, 5)$, podemos escribir

```
>> fun ='1/(1+x.^2)'; lims=[-5,5]; fplot(fun,lims);
```

o, más directamente,

```
>> fplot('1/(1+x.^2)',[-5 5]);
```

MATLAB obtiene la gráfica muestreando la función sobre un conjunto de abscisas no equiespaciadas y reproduce la verdadera gráfica de
$f$ con una tolerancia de 0.2%. Para mejorar la precisión podríamos usar
el comando

```
>> fplot(fun,lims,tol,n,'LineSpec',P1,P2,..).
```

donde tol indica la tolerancia deseada y el parámetro n $(\geq 1)$ asegura
que la función será dibujada con un mínimo de n + 1 puntos. LineSpec
es una cadena de caracteres que especifica el estilo o el color de la línea
utilizada para hacer la gráfica. Por ejemplo, LineSpec='--' se utiliza
para una línea discontinua, LineSpec='r-.' para una línea roja de puntos y trazos, etc. Para usar valores por defecto para tol, n o LineSpec
se pueden pasar matrices vacías ([ ]).
eval       Para evaluar una función fun en un punto x escribimos y=eval(fun),
después de haber inicializado x. El valor correspondiente se almacena en
y. Nótese que x y, por tanto, y pueden ser vectores. Cuando se usa este
comando, la restricción es que el argumento de la función fun debe ser
x. Cuando el argumento de fun tenga un nombre diferente (este caso es
frecuente si este argumento se genera en el interior de un programa), el
comando eval se reemplazará por feval (véase la Observación 1.3).
grid       Finalmente señalamos que si se escribe grid on después del comando
fplot, podemos obtener una rejilla de fondo como en la Figura 1.1.

**Octave 1.3** En Octave, usando el comando fplot(fun,lims,n) la
gráfica se obtiene muestreando la función definida en fun (ese es el nombre de una *function* o una expresión que contenga a x) sobre un conjunto
de abscisas no equiespaciadas. El parámetro opcional n $(\geq 1)$ asegura
que la función será dibujada con un mínimo de n+1 puntos. Por ejemplo,
para representar $f(x) = 1/(1 + x^2)$ usamos los comandos siguientes:

```
>> fun ='1./(1+x.^2)'; lims=[-5,5];
>> fplot(fun,lims)
```
■

### 1.4.1 Los ceros

Recordamos que si $f(\alpha) = 0$, $\alpha$ se llama *cero* de $f$ o *raíz* de la ecuación $f(x) = 0$. Un cero es *simple* si $f'(\alpha) \neq 0$, y *múltiple* en caso contrario.

De la gráfica de una función se puede inferir (dentro de cierta tolerancia) cuáles son sus ceros reales. El cálculo directo de todos los ceros de una función dada no siempre es posible. Para funciones que son polinomios de grado $n$ con coeficientes reales, es decir, de la forma

$$p_n(x) = a_0 + a_1 x + a_2 x^2 + \ldots + a_n x^n = \sum_{k=0}^{n} a_k x^k, \quad a_k \in \mathbb{R}, \ a_n \neq 0,$$

podemos obtener el único cero $\alpha = -a_0/a_1$, cuando $n = 1$ (es decir $p_1$ representa una línea recta), o los dos ceros, $\alpha_+$ y $\alpha_-$, cuando $n = 2$ (esta vez $p_2$ representa una parábola) $\alpha_{\pm} = (-a_1 \pm \sqrt{a_1^2 - 4a_0 a_2})/(2a_2)$.

Sin embargo, no hay fórmulas explícitas para los ceros de un polinomio arbitrario $p_n$ cuando $n \geq 5$.

En lo que sigue denotaremos por $\mathbb{P}_n$ el espacio de polinomios de grado menor o igual que $n$,

$$p_n(x) = \sum_{k=0}^{n} a_k x^k \tag{1.9}$$

donde los $a_k$ son coeficientes dados, reales o complejos.

Tampoco el número de ceros de una función puede ser, en general, determinado *a priori*. Una excepción la proporcionan los polinomios, para los cuales el número de ceros (reales o complejos) coincide con el grado del polinomio. Además, si $\alpha = x + iy$ con $y \neq 0$ fuese un cero de un polinomio de grado $n \geq 2$ con coeficientes reales, su complejo conjugado $\bar{\alpha} = x - iy$ también sería un cero.

Para calcular en MATLAB un cero de una función `fun`, cerca de un valor `x0`, real o complejo, se puede utilizar el comando `fzero(fun,x0)`.  `fzero` El resultado es un valor aproximado del cero deseado, y también el intervalo en el que se hizo la búsqueda. Alternativamente, usando el comando `fzero(fun,[x0 x1])`, se busca un cero de `fun` en el intervalo cuyos extremos son `x0,x1`, con tal de que $f$ cambie de signo entre `x0` y `x1`.

Consideremos, por ejemplo, la función $f(x) = x^2 - 1 + e^x$. Observando su gráfica se ve que existen dos ceros en $(-1, 1)$. Para calcularlos necesitamos ejecutar los comandos siguientes:

```
fun=inline('x^2 - 1 + exp(x)','x')
fzero(fun,1)
```

```
ans =
    5.4422e-18
```

```
fzero(fun,-1)
```

```
ans =
   -0.7146
```

Alternativamente, después de observar en la gráfica de la función que existe un cero en el intervalo $[-1, -0.2]$ y otro en $[-0.2, 1]$, podríamos haber escrito

```
fzero(fun,[-0.2 1])
```

```
ans =
   -5.2609e-17
```

```
fzero(fun,[-1 -0.2])
```

```
ans =
   -0.7146
```

El resultado obtenido para el primer cero es ligeramente distinto del obtenido previamente, debido a una diferente inicialización del algoritmo implementado en `fzero`.

En el Capítulo 2 introduciremos y estudiaremos varios métodos para el cálculo aproximado de los ceros de una función arbitraria.

**Octave 1.4** En Octave, `fzero` sólo acepta funciones definidas utilizando la palabra clave `function` y su correspondiente sintaxis es como sigue:

```
function y = fun(x)
   y = x.^2 - 1 + exp(x);
end
```

```
fzero("fun", 1)
```

```
ans =   2.3762e-17
```

```
fzero("fun",-1)
```

```
ans =   -0.71456
```                                      ∎


### 1.4.2 Polinomios

polyval

Los polinomios son funciones muy especiales y hay una *toolbox* [1] especial en MATLAB, `polyfun`, para su tratamiento. El comando `polyval` es apto para evaluar un polinomio en uno o varios puntos. Sus argumentos de entrada son un vector p y un vector x, donde las componentes de p son los coeficientes del polinomio almacenados en orden decreciente, desde $a_n$ hasta $a_0$, y las componentes de x son las abscisas donde el polinomio necesita ser evaluado. El resultado puede almacenarse en un vector y escribiendo

---

[1] Una *toolbox* es una colección de funciones MATLAB de propósito especial.

```
>> y = polyval(p,x)
```

Por ejemplo, los valores de $p(x) = x^7 + 3x^2 - 1$, en las abscisas equiespaciadas $x_k = -1 + k/4$ para $k = 0, \ldots, 8$, pueden obtenerse procediendo como sigue:

```
>> p = [1 0 0 0 0 3 0 -1]; x = [-1:0.25:1];
>> y = polyval(p,x)


y =
 Columns 1 through 5:

    1.00000    0.55402   -0.25781   -0.81256   -1.00000
 Columns 6 through 9:

   -0.81244   -0.24219    0.82098    3.00000
```

Alternativamente, se podría usar el comando `feval`. Sin embargo, en tal caso uno debería dar la expresión analítica entera del polinomio en la cadena de caracteres de entrada, y no simplemente los coeficientes.

El programa `roots` proporciona una aproximación de los ceros de un polinomio y sólo requiere la introducción del vector `p`.                    `roots`

Por ejemplo, podemos calcular los ceros de $p(x) = x^3 - 6x^2 + 11x - 6$ escribiendo

```
>> p = [1 -6 11 -6]; format long;
>> roots(p)


ans =
    3.00000000000000
    2.00000000000000
    1.00000000000000
```

Desafortunadamente, el resultado no siempre tiene tanta precisión. Por ejemplo, para el polinomio $p(x) = (x+1)^7$, cuyo único cero es $\alpha = -1$ con multiplicidad 7, encontramos (de manera bastante sorprendente)

```
>> p = [1 7  21 35  35  21  7  1];
>> roots(p)


ans =
   -1.0101
   -1.0063 + 0.0079i
   -1.0063 - 0.0079i
   -0.9977 + 0.0099i
   -0.9977 - 0.0099i
   -0.9909 + 0.0044i
   -0.9909 - 0.0044i
```

De hecho, los métodos numéricos para el cálculo de las raíces de un polinomio con multiplicidad mayor que uno están particularmente sujetos a errores de redondeo (véase la Sección 2.5.2).

conv    El comando p=conv(p1,p2) devuelve los coeficientes del polinomio dado por el producto de dos polinomios cuyos coeficientes están contenidos en los vectores p1 y p2.

deconv   Análogamente, el comando [q,r]=deconv(p1,p2) suministra los coeficientes del polinomio obtenido dividiendo p1 por p2, es decir, p1 = conv(p2,q) + r. En otras palabras, q y r son el cociente y el resto de la división.

Consideremos por ejemplo el producto y el cociente de los dos polinomios $p_1(x) = x^4 - 1$ y $p_2(x) = x^3 - 1$:

```
>> p1 = [1 0 0 0 -1];
>> p2 = [1 0 0 -1];
>> p=conv(p1,p2)


p =

    1    0    0    -1    -1    0    0    1

>> [q,r]=deconv(p1,p2)


q =
    1    0
r =
    0    0    0    1    -1
```

Por consiguiente encontramos los polinomios $p(x) = p_1(x)p_2(x) = x^7 - x^4 - x^3 + 1$, $q(x) = x$ y $r(x) = x - 1$ tales que $p_1(x) = q(x)p_2(x) + r(x)$.

polyint   Los comandos polyint(p) y polyder(p) proporcionan, respectiva-
polyder   mente, los coeficientes de la primitiva (que se anula en $x = 0$) y los de la derivada del polinomio cuyos coeficientes están dados por las componentes del vector p.

Si x es un vector de abscisas y p (respectivamente, $p_1$ y $p_2$) es un vector que contiene los coeficientes de un polinomio $p$ (respectivamente, $p_1$ y $p_2$), los comandos previos se resumen en la Tabla 1.1.

polyfit   Un comando adicional, polyfit, permite el cálculo de los $n + 1$ coeficientes de un polinomio $p$ de grado $n$ una vez que se dispone de los valores de $p$ en $n + 1$ nudos distintos (véase la Sección 3.1.1).

polyderiv  **Octave 1.5** Los comandos polyderiv y polyinteg tienen la misma
polyinteg  funcionalidad que polyder y polyfit, respectivamente. Nótese que el comando polyder está disponible también en el repositorio de Octave, véase la Sección 1.6.   ∎

| comando | proporciona |
|---|---|
| y=polyval(p,x) | y = valores de $p(x)$ |
| z=roots(p) | z = raíces de $p$ tales que $p(z) = 0$ |
| p=conv(p₁,p₂) | p = coeficientes del polinomio $p_1 p_2$ |
| [q,r]=deconv(p₁,p₂) | q = coeficientes de $q$, r = coeficientes de $r$ tales que $p_1 = q p_2 + r$ |
| y=polyder(p) | y = coeficientes de $p'(x)$ |
| y=polyint(p) | y = coeficientes de $\displaystyle\int_0^x p(t)\, dt$ |

**Tabla 1.1.** Comandos de MATLAB para operaciones con polinomios

### 1.4.3 Integración y diferenciación

Los dos resultados siguientes serán invocados a menudo a lo largo de este libro:

1. *teorema fundamental de integración*: si $f$ es una función continua en $[a, b)$, entonces

$$F(x) = \int_a^x f(t)\, dt \qquad \forall x \in [a, b),$$

es una función diferenciable, llamada una *primitiva* de $f$, que satisface,

$$F'(x) = f(x) \qquad \forall x \in [a, b);$$

2. *primer teorema del valor medio para integrales*: si $f$ es una función continua en $[a, b)$ y $x_1$, $x_2 \in [a, b)$ con $x_1 < x_2$, entonces $\exists \xi \in (x_1, x_2)$ tal que

$$f(\xi) = \frac{1}{x_2 - x_1} \int_{x_1}^{x_2} f(t)\, dt.$$

Aun cuando exista, una primitiva podría ser imposible de determinar o difícil de calcular. Por ejemplo, saber que $\ln|x|$ es una primitiva de $1/x$ es irrelevante si uno no sabe cómo calcular eficientemente los logaritmos. En el Capítulo 4 introduciremos varios métodos para calcular la integral de una función continua arbitraria con una precisión deseada, independientemente del conocimiento de su primitiva.

Recordamos que una función $f$ definida en un intervalo $[a, b]$ es diferenciable en un punto $\bar{x} \in (a, b)$ si existe el siguiente límite

$$f'(\bar{x}) = \lim_{h \to 0} \frac{1}{h}(f(\bar{x} + h) - f(\bar{x})). \tag{1.10}$$

El valor de $f'(\bar{x})$ proporciona la pendiente de la recta tangente a la gráfica de $f$ en el punto $\bar{x}$.

Decimos que una función, continua junto con su derivada en todo punto de $[a, b]$, pertenece al espacio $C^1([a, b])$. Con más generalidad, una función con derivadas continuas hasta el orden $p$ (un entero positivo) se dice que pertenece a $C^p([a, b])$. En particular, $C^0([a, b])$ denota el espacio de las funciones continuas en $[a, b]$.

Un resultado que será usado a menudo es el *teorema del valor medio*, de acuerdo con el cual, si $f \in C^1([a, b])$, existe $\xi \in (a, b)$ tal que

$$f'(\xi) = (f(b) - f(a))/(b - a).$$

Finalmente, merece la pena recordar que una función que es continua junto con todas sus derivadas hasta el orden $n + 1$ en el entorno de $x_0$, puede ser aproximada en tal entorno por el llamado *polinomio de Taylor de grado $n$* en el punto $x_0$:

$$\begin{aligned} T_n(x) &= f(x_0) + (x - x_0)f'(x_0) + \ldots + \frac{1}{n!}(x - x_0)^n f^{(n)}(x_0) \\ &= \sum_{k=0}^{n} \frac{(x - x_0)^k}{k!} f^{(k)}(x_0). \end{aligned}$$

diff   La *toolbox* de MATLAB symbolic proporciona los comandos diff,
int    int y taylor que nos permiten obtener la expresión analítica de la
taylor  derivada, la integral indefinida (es decir una primitiva) y el polinomio de Taylor, respectivamente, de una función dada. En particular, habiendo definido en la cadena de caracteres f la función sobre la que estamos interesados en operar, diff(f,n) proporciona su derivada de orden n, int(f) su integral indefinida, y taylor(f,x,n+1) el polinomio de Taylor asociado de grado n en un entorno de $x_0 = 0$. La variable x debe
syms   ser declarada *symbolic* usando el comando syms x. Esto permitirá su manipulación algebraica sin especificar su valor.

Para hacer esto para la función $f(x) = (x^2 + 2x + 2)/(x^2 - 1)$, procedemos como sigue:

```
>> f = '(x^2+2*x+2)/(x^2-1)';
>> syms x
>> diff(f)

    (2*x+2)/(x^2-1)-2*(x^2+2*x+2)/(x^2-1)^2*x

>> int(f)

    x+5/2*log(x-1)-1/2*log(1+x)
```

**Figura 1.5.** Interfaz gráfico del comando `funtool`

```
>> taylor(f,x,6)
```

```
-2-2*x-3*x^2-2*x^3-3*x^4-2*x^5
```

Observamos que usando el comando `simple` es posible simplificar las expresiones generadas por `diff`, `int` y `taylor` con objeto de hacerlas lo más sencillas posible. El comando `funtool`, mediante el interfaz gráfico ilustrado en la Figura 1.5, permite una manipulación muy fácil de funciones arbitrarias.

`simple`

`funtool`

**Octave 1.6** Los cálculos simbólicos todavía no están disponibles en Octave, aunque existe trabajo en curso al respecto.[2] ∎

Véanse los ejercicios 1.7-1.8.

## 1.5 Errar no sólo es humano

En realidad, parafraseando el lema latino *Errare humanum est*, podríamos decir que en el cálculo numérico el error es incluso inevitable.

Como hemos visto, el simple hecho de usar un computador para representar los números reales introduce errores. Por consiguiente, lo importante es no tanto esforzarse por eliminar los errores, sino más bien ser capaces de controlar sus efectos.

Hablando en general, podemos identificar varios niveles de errores que ocurren durante la aproximación y resolución de un problema físico (véase la Figura 1.6).

---

[2] `http://www.octave.org`

En el nivel superior se sitúa el error $e_m$ que ocurre cuando se fuerza la realidad física ($PF$ significa el problema físico y $x_f$ denota su solución) para obedecer a cierto modelo matemático ($MM$, cuya solución es $x$). Tales errores limitarán la aplicabilidad del modelo matemático a ciertas situaciones que se sitúan más allá del control del Cálculo Científico.

El modelo matemático (expresado por una integral como en el ejemplo de la Figura 1.6, una ecuación algebraica o diferencial, un sistema lineal o no lineal) generalmente no es resoluble en forma explícita. Su resolución mediante algoritmos computacionales seguramente involucrará la introducción y propagación de errores de redondeo, como mínimo. Llamemos $e_a$ a estos errores.

Por otra parte, a menudo es necesario introducir errores adicionales puesto que cualquier procedimiento de resolución del modelo matemático que involucre una sucesión infinita de operaciones aritméticas no puede realizarse por el computador salvo de manera aproximada. Por ejemplo, el cálculo de la suma de una serie será llevado a cabo necesariamente de manera aproximada, considerando un truncamiento apropiado.

Será por tanto necesario introducir un problema numérico, $PN$, cuya solución $x_n$ difiere de $x$ en un error $e_t$ que se llama *error de truncamiento*. Tales errores no sólo ocurren en modelos matemáticos que están ya planteados en dimensión finita (por ejemplo, cuando se resuelve un sistema lineal). La suma de errores $e_a$ y $e_t$ constituye el *error computacional* $e_c$, la cantidad en la que estamos interesados.

El error computacional *absoluto* es la diferencia entre $x$, la solución del modelo matemático, y $\widehat{x}$, la solución obtenida al final del proceso numérico,

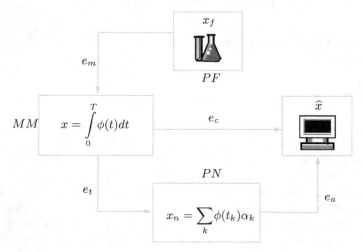

**Figura 1.6.** Tipos de errores en un proceso computacional

$$e_c^{abs} = |x - \widehat{x}|,$$

mientras que (si $x \neq 0$) el error computacional *relativo* es

$$e_c^{rel} = |x - \widehat{x}|/|x|,$$

donde $|\cdot|$ denota el módulo, u otra medida del tamaño, dependiendo del significado de $x$.

El proceso numérico es generalmente una aproximación del modelo matemático obtenido como función de un parámetro de discretización, que será denotado por $h$ y supondremos positivo. Si, cuando $h$ tiende a 0, el proceso numérico devuelve la solución del modelo matemático, diremos que el proceso numérico es *convergente*. Además, si el error (absoluto o relativo) se puede acotar como función de $h$, de la forma

$$\boxed{e_c \leq Ch^p} \tag{1.11}$$

donde $C$ es un número positivo independiente de $h$ y $p$, diremos que el método es *convergente de orden p*. A veces es posible incluso reemplazar el símbolo $\leq$ por $\simeq$, en caso de que, además de la cota superior (1.11), se disponga de una cota inferior $C'h^p \leq e_c$ (siendo $C'$ otra constante ($\leq C$) independiente de $h$ y $p$).

**Ejemplo 1.1** Supongamos que aproximamos la derivada de una función $f$ en un punto $\bar{x}$ por el cociente incremental que aparece en (1.10). Obviamente, si $f$ es diferenciable en $\bar{x}$, el error cometido reemplazando $f'$ por el cociente incremental tiende a 0 cuando $h \to 0$. Sin embargo, como veremos en la Sección 4.1, el error puede ser considerado como $Ch$ sólo si $f \in C^2$ en un entorno de $\bar{x}$. ∎

Mientras se estudian las propiedades de convergencia de un procedimiento numérico, a menudo manejaremos gráficas que muestran el error como función de $h$ en escala logarítmica, esto es $\log(h)$, en el eje de abscisas y $\log(e_c)$ en el eje de ordenadas. El propósito de esta representación es fácil de ver: si $e_c = Ch^p$ entonces $\log e_c = \log C + p \log h$. Por tanto, $p$ en escala logarítmica representa la pendiente de la línea recta $\log e_c$, así que si debemos comparar dos métodos, el que presente la mayor pendiente será el de mayor orden. Para obtener gráficas en escala logarítmica sólo se necesita teclear `loglog(x,y)`, siendo x e y los vectores que contiene las abscisas y las ordenadas de los datos que se quiere representar.

loglog

A modo de ejemplo, en la Figura 1.7 recogemos las líneas rectas relativas al comportamiento de los errores en dos métodos diferentes. La línea continua representa una aproximación de primer orden, mientras que la línea de trazos representa un método de segundo orden.

Hay una alternativa a la manera gráfica de establecer el orden de un método cuando uno conoce los errores $e_i$ para algunos valores dados $h_i$

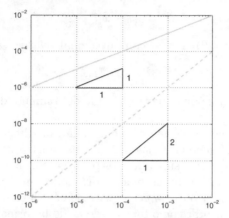

**Figura 1.7.** Dibujo en escala logarítmica

del parámetro de discretización, con $i = 1, \ldots, N$: consiste en suponer que $e_i$ es igual a $Ch_i^p$, donde $C$ no depende de $i$. Entonces se puede aproximar $p$ con los valores:

$$p_i = \log(e_i/e_{i-1})/\log(h_i/h_{i-1}), \quad i = 2, \ldots, N. \tag{1.12}$$

Realmente el error no es una cantidad computable puesto que depende de la solución desconocida. Por consiguiente es necesario introducir cantidades computables que puedan ser usadas para acotar el error, son los llamados *estimadores de error*. Veremos algunos ejemplos en las Secciones 2.2.1, 2.3 y 4.4.

### 1.5.1 Hablando de costes

En general un problema se resuelve en el computador mediante un algoritmo, que es una directiva precisa en forma de texto finito, que especifica la ejecución de una serie finita de operaciones elementales. Estamos interesados en aquellos algoritmos que involucran sólo un número finito de etapas.

El *coste computacional* de un algoritmo es el número de operaciones de punto flotante que se requieren para su ejecución. A menudo la velocidad de un computador se mide por el máximo número de operaciones en punto flotante que puede efectuar en un segundo (*flops*). En particular, las siguientes notaciones abreviadas se usan comúnmente: Megaflops, igual a $10^6$ *flops*, Gigaflops igual a $10^9$ *flops*, Teraflops igual a $10^{12}$ *flops*. Los computadores más rápidos hoy día alcanzan unos 40 Teraflops.

En general, el conocimiento exacto del número de operaciones requerido por un algoritmo dado no es esencial. En cambio es útil determinar su orden de magnitud como función de un parámetro $d$ que está relacionado con la dimensión del problema. Por tanto decimos que un algoritmo tiene complejidad *constante* si requiere un número de operaciones independiente de $d$, es decir $\mathcal{O}(1)$ operaciones, complejidad *lineal* si requiere $\mathcal{O}(d)$ operaciones, o, con más generalidad, complejidad *polinómica* si requiere $\mathcal{O}(d^m)$ operaciones, para un entero positivo $m$. Otros algoritmos pueden tener complejidad *exponencial* ($\mathcal{O}(c^d)$ operaciones) o incluso *factorial* ($\mathcal{O}(d!)$ operaciones). Recordamos que el símbolo $\mathcal{O}(d^m)$ significa "se comporta, para $d$ grande, como una constante por $d^m$".

**Ejemplo 1.2 (producto matriz-vector)** Sea A una matriz cuadrada de orden $n$ y sea **v** un vector de $\mathbb{R}^n$. La $j$-ésima componente del producto A**v** está dada por

$$a_{j1}v_1 + a_{j2}v_2 + \ldots + a_{jn}v_n,$$

y requiere $n$ productos y $n-1$ sumas. Por tanto, uno necesita $n(2n-1)$ operaciones para calcular todas las componentes. De este modo, este algoritmo requiere $\mathcal{O}(n^2)$ operaciones, así que tiene complejidad cuadrática con respecto al parámetro $n$. El mismo algoritmo requeriría $\mathcal{O}(n^3)$ operaciones para calcular el producto de dos matrices de orden $n$. Sin embargo, hay un algoritmo, debido a Strassen, que "sólo" requiere $\mathcal{O}(n^{\log_2 7})$ operaciones y otro, debido a Winograd y Coppersmith, que requiere $\mathcal{O}(n^{2.376})$ operaciones.    ∎

**Ejemplo 1.3 (cálculo del determinante de una matriz)** Como se ha mencionado anteriormente, el determinante de una matriz cuadrada de orden $n$ puede calcularse usando la fórmula recursiva (1.8). El algoritmo correspondiente tiene complejidad factorial con respecto a $n$ y sólo sería utilizable para matrices de pequeña dimensión. Por ejemplo, si $n = 24$, un ordenador capaz de realizar 1 Petaflops de operaciones (es decir, $10^{15}$ operaciones en punto flotante por segundo) necesitaría 20 años para llevar a cabo este cálculo. Por tanto uno tiene que recurrir a algoritmos más eficientes. En efecto, existe un algoritmo que permite el cálculo de determinantes mediante productos matriz-matriz, por tanto con una complejidad de $\mathcal{O}(n^{\log_2 7})$ operaciones, aplicando el algoritmo de Strassen mencionado (véase [BB96]).    ∎

El número de operaciones no es el único parámetro que interviene en el análisis de un algoritmo. Otro factor relevante lo representa el tiempo que se necesita para acceder a la memoria del computador (que depende de la forma en que el algoritmo ha sido codificado). Un indicador de las prestaciones de un algoritmo es, por consiguiente, el tiempo de CPU (CPU significa *unidad central de proceso*), y puede obtenerse usando el comando de MATLAB `cputime`. El tiempo total transcurrido entre las fases de *entrada* y *salida* puede obtenerse con el comando `etime`.

cputime

etime

**Ejemplo 1.4** Para calcular el tiempo necesario para una multiplicación matriz-vector escribimos el siguiente programa:

```
>> n = 4000; step = 50; A = rand(n,n); v = rand(n); T=[];
>> sizeA = [ ]; count = 1;
>> for k = 50:step:n
```

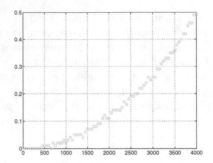

**Figura 1.8.** Producto matriz-vector: tiempo de CPU (en segundos) frente a la dimensión $n$ de la matriz (en un PC a 2.53 GHz)

```
   AA = A(1:k,1:k); vv = v(1:k)';
   t = cputime;  b = AA*vv; tt = cputime - t;
   T = [T, tt]; sizeA = [sizeA,k];
end
```

La instrucción a:step:b que aparece en el bucle for genera todos los números que son de la forma a+step*k donde k es un entero que va de 0 al mayor valor kmax para el cual a+step*kmax no es mayor que b (en el presente caso, a=50, b=4000 y step=50). El comando rand(n,m) define una matriz n×m de elementos aleatorios. Finalmente, T es el vector cuyas componentes contienen el tiempo de CPU necesario para llevar a cabo un producto matriz-vector, mientras que cputime devuelve el tiempo de CPU en segundos que ha sido utilizado por el proceso MATLAB desde que MATLAB empezó. El tiempo necesario para ejecutar un solo programa es, por tanto, la diferencia entre el tiempo de CPU y el calculado antes de la ejecución del programa en curso, que se almacena en la variable t. La Figura 1.8, obtenida mediante el comando plot(sizeA,T,'o'), muestra que el tiempo de CPU crece como el cuadrado del orden de la matriz n. ∎

rand

## 1.6 Los entornos MATLAB y Octave

Los programas MATLAB y Octave, son entornos integrados para el cálculo y la visualización científicos. Están escritos en lenguajes C y C++.

MATLAB está distribuido por The MathWorks (véase el sitio web www.mathworks.com). El nombre significa *MATrix LABoratory* puesto que originalmente fue desarrollado para el cálculo matricial.

Octave, conocido también como GNU Octave (véase el sitio web www.octave.org), es un software que se distribuye libremente. Uno puede redistribuirlo y/o modificarlo en los términos de la Licencia Pública General (GPL) de GNU publicada por la *Free Software Foundation*.

Como se ha mencionado en la introducción de este Capítulo, hay diferencias entre los entornos, lenguajes y *toolboxes* de MATLAB y Octave. Sin embargo, hay un nivel de compatibilidad que nos permite escribir la mayoría de los programas de este libro y ejecutarlos sin dificultad en MATLAB y Octave. Cuando esto no es posible, bien porque algunos comandos se deletrean de manera diferente, o porque operan de forma diferente, o simplemente porque no están implementados, se escribirá una nota al final de cada sección que proporcionará una explicación e indicará qué se podría hacer.

Así como MATLAB tiene sus *toolboxes*, Octave tiene un rico conjunto de funciones disponibles a través del proyecto llamado Octave-forge (véase el sitio web `octave.sourceforge.net`). Este repositorio de funciones crece continuamente en muchas áreas diferentes tales como álgebra lineal, soporte de matrices huecas (o dispersas) u optimización, por citar algunas. Para ejecutar adecuadamente todos los programas y ejemplos de este libro bajo Octave, es imprescindible instalar Octave-forge.

Una vez instalados, la ejecución de MATLAB y Octave permite el acceso a un entorno de trabajo caracterizado por los *prompt* >> y `octave:1>`, respectivamente. Por ejemplo, cuando se ejecuta MATLAB en un computador personal vemos    >> `octave:1>`

```
< M A T L A B >
Copyright 1984-2004 The MathWorks, Inc.
Version 7.0.0.19901 (R14)
May 06, 2004

  To get started, select "MATLAB Help" from the Help menu.
>>
```

Cuando ejecutamos Octave en nuestro ordenador personal vemos

```
GNU Octave, version 2.1.72 (x86_64-pc-linux-gnu).
Copyright (C) 2005 John W. Eaton.
This is free software; see the source code for copying conditions.
There is ABSOLUTELY NO WARRANTY; not even for MERCHANTIBILITY or
FITNESS FOR A PARTICULAR PURPOSE.  For details, type 'warranty'.

Additional information about Octave is available at
http://www.octave.org.

Please contribute if you find this software useful.
For more information, visit http://www.octave.org/help-wanted.html

Report bugs to <bug@octave.org> (but first, please read
http://www.octave.org/bugs.html to learn how to write a helpful
report).

octave:1>
```

## 1.7 El lenguaje MATLAB

Después de las observaciones introductorias hechas en la sección anterior, estamos preparados para trabajar en los entornos MATLAB y Octave. Además, en adelante, MATLAB debería entenderse como el lenguaje MATLAB que es la intersección de ambos, MATLAB y Octave.

Tras pulsar la tecla *enter* (o *return*), todo lo que se escribe después del *prompt* será interpretado. [3] Concretamente, MATLAB comprobará primero si lo que se escribe corresponde a variables que ya han sido definidas o al nombre de uno de los programas o comandos definidos en MATLAB. Si todas esas comprobaciones fallan, MATLAB devuelve un aviso de error. Caso contrario, el comando es ejecutado y posiblemente se visualizará una *salida*. En todos los casos, el sistema devolverá eventualmente el *prompt* para poner de manifiesto que está preparado para un nuevo comando. Para cerrar una sesión de MATLAB uno debería escribir el comando `quit` (o `exit`) y pulsar la tecla *enter*. En adelante se entenderá que para ejecutar un programa o un comando uno tiene que pulsar la tecla *enter*. Además, los términos programa, función o comando se utilizarán de forma equivalente. Cuando nuestro comando coincida con una de las estructuras elementales que caracterizan a MATLAB (por ejemplo un número o una cadena de caracteres que se ponen entre apóstrofes) éstos son inmediatamente devueltos como *salida* en la variable por defecto `ans` (abreviatura de *answer*). He aquí un ejemplo:

```
>>  'casa'
```

```
ans =
    casa
```

Si ahora escribimos una cadena de caracteres (o número) diferente, `ans` asumirá este nuevo valor.

Podemos desactivar la presentación automática de la *salida* escribiendo un punto y coma después de la cadena de caracteres. De este modo, si escribimos `'casa';` MATLAB devolverá simplemente el *prompt* (asignando sin embargo el valor `'casa'` a la variable `ans`).

Con más generalidad, el comando `=` permite la asignación de un valor (o de una cadena de caracteres) a una variable dada. Por ejemplo, para asignar la cadena `'Bienvenido a Madrid'` a la variable `a` podemos escribir

```
>>  a='Bienvenido a Madrid';
```

De este modo no hay necesidad de declarar el *tipo* de una variable, MATLAB lo hará automática y dinámicamente. Por ejemplo, si escribimos `a=5`, la variable `a` contendrá ahora un número y ya no una cadena

---

[3] Así, un programa MATLAB no tiene necesariamente que ser compilado como requieren otros lenguajes, por ejemplo, Fortran o C.

de caracteres. Esta flexibilidad no es gratis. Si ponemos una variable de nombre quit igual al número 5 estamos inhibiendo el comando de MATLAB quit. Por consiguiente, deberíamos tratar de evitar el uso de variables que tengan el nombre de comandos de MATLAB. Sin embargo, mediante el comando clear seguido por el nombre de una variable (por ejemplo quit), es posible cancelar esta asignación y restaurar el significado original del comando quit.     `clear`

Mediante el comando save todas las variables de la sesión (que están almacenadas en el llamado "espacio básico de trabajo", *base workspace*), se salvan en el archivo binario matlab.mat. Análogamente, el comando load restaura en la sesión en curso todas las variables almacenadas en matlab.mat. Se puede especificar un nombre de fichero después de save o load. Uno puede también salvar sólo variables seleccionadas, digamos v1, v2 y v3, en un fichero llamado, por ejemplo, area.mat, usando el comando save area v1 v2 v3.     `save`  `load`

Mediante el comando help uno puede ver la totalidad de la familia de comandos y variables predefinidas, incluyendo las llamadas *toolboxes* que son conjuntos de comandos especializados. Entre ellos recordemos aquéllos que definen las funciones elementales tales como seno (sin(a)), coseno (cos(a)), raíz cuadrada (sqrt(a)), exponencial (exp(a)).     `help`  `sin cos`  `sqrt exp`

Hay caracteres especiales que no pueden aparecer en el nombre de una variable ni tampoco en un comando, por ejemplo los operadores algebraicos (+, -, * y /), los operadores lógicos *y* (&), *o* (|), *no* (˜), los operadores relacionales *mayor que* (>), *mayor o igual que* (>=), *menor que* (<), *menor o igual que* (<=), *igual a* (==). Finalmente, un nombre nunca puede empezar con una cifra, un corchete o un signo de puntuación.     `+ -`  `* / & |`  `˜ >>=<`  `<===`

## 1.7.1 Instrucciones de MATLAB

Un lenguaje especial de programación, el lenguaje MATLAB, también está disponible, permitiendo a los usuarios escribir nuevos programas. Aunque no se requiere su conocimiento para entender cómo usar los diversos programas que introduciremos a lo largo de este libro, puede proporcionar al lector la capacidad de modificarlos así como la de producir otros nuevos.

El lenguaje MATLAB incluye instrucciones estándar, tales como condicionales y bucles.

El *if-elseif-else* condicional tiene la siguiente forma general:

```
if condicion(1)
   instruccion(1)
elseif condicion(2)
   instruccion(2)
   .
   .
   .
```

```
else
    instruccion(n)
end
```

donde `condicion(1)`, `condicion(2)`, ... representan conjuntos de expresiones lógicas de MATLAB, con valores 0 o 1 (falso o verdadero) y la construcción entera permite la ejecución de la instrucción correspondiente a la condición que toma el valor igual a 1. Si todas las condiciones fuesen falsas, tendría lugar la ejecución de `instruccion(n)`. De hecho, si el valor de `condicion(k)` fuese cero, el control se movería hacia delante. Por ejemplo, para calcular las raíces de un polinomio cuadrático $ax^2 + bx + c$ uno puede usar las siguientes instrucciones (el comando `disp(.)` simplemente presenta lo que se escribe entre corchetes):

```
>> if   a   ~= 0
    sq = sqrt(b*b - 4*a*c);
    x(1) = 0.5*(-b + sq)/a;
    x(2) = 0.5*(-b - sq)/a;
  elseif  b   ~= 0
    x(1) = -c/b;                                        (1.13)
  elseif  c   ~= 0
    disp(' Ecuacion imposible');
  else
    disp(' La ecuacion dada es una identidad')
  end
```

Nótese que MATLAB no ejecuta la construcción completa hasta que no se teclea la instrucción `end`.

MATLAB permite dos tipos de bucles, un bucle *for* (comparable al bucle *do* de FORTRAN o al bucle *for* de C) y un bucle *while*. Un bucle *for* repite las instrucciones en el bucle mientras el índice toma los valores contenidos en un vector fila dado. Por ejemplo, para calcular los seis primeros términos de la sucesión de Fibonacci $f_i = f_{i-1} + f_{i-2}$, para $i \geq 3$, con $f_1 = 0$ y $f_2 = 1$, uno puede usar las siguientes instrucciones:

```
>> f(1) = 0;  f(2) = 1;
>> for i = [3 4 5 6]
    f(i) = f(i-1) + f(i-2);
  end
```

Nótese que se puede usar un punto y coma para separar varias instrucciones MATLAB tecleadas en la misma línea. Obsérvese también que podemos reemplazar la segunda instrucción por `for i = 3:6`, que es equivalente. El bucle *while* se repite en tanto en cuanto la `condición` dada sea cierta. Por ejemplo, el siguiente conjunto de instrucciones puede utilizarse como alternativa al conjunto anterior:

```
>> f(1) = 0;  f(2) = 1;  k = 3;
>> while k <= 6
    f(k) = f(k-1) + f(k-2);  k = k + 1;
  end
```

Existen otras instrucciones de uso quizás menos frecuente, tales como *switch, case, otherwise*. El lector interesado puede tener acceso a su significado a través del comando `help`.

## 1.7.2 Programación en MATLAB

Expliquemos brevemente cómo escribir programas en MATLAB. Un programa nuevo debe introducirse en un archivo con un nombre dado con extensión m, que se llama *m-file*. Estos ficheros deben estar localizados en una de las carpetas en las que MATLAB busca automáticamente los *m-files*; su lista puede obtenerse mediante el comando `path` (véase `help path` para saber cómo añadir una carpeta a esta lista). La primera carpeta escaneada por MATLAB es la "carpeta de trabajo" en curso.

`path`

A este nivel es importante distinguir entre *scripts* y *functions*. Un *script* es simplemente una colección de comandos de MATLAB en un *m-file* y puede ser usado interactivamente. Por ejemplo, el conjunto de instrucciones (1.13) puede dar origen a un *script* (que podríamos llamar `equation`) copiándolo en el archivo `equation.m`. Para lanzarlo, se puede escribir simplemente la instrucción `equation` después del *prompt* de MATLAB >>. Mostramos a continuación dos ejemplos:

```
>> a = 1; b = 1; c = 1;
>> equation

    ans =
      -0.5000 + 0.8660i   -0.5000 - 0.8660i

>> a = 0; b = 1; c = 1;
>> equation

    ans =
        -1
```

Puesto que no tenemos interfaz de entrada-salida, todas las variables usadas en un *script* son también las variables de la sesión de trabajo y son, por tanto, borradas solamente bajo un comando explícito (`clear`). Esto no es en absoluto satisfactorio cuando uno intenta escribir programas más complejos involucrando muchas variables temporales y comparativamente menos variables de entrada y salida, que son las únicas que pueden ser efectivamente salvadas una vez terminada la ejecución del programa. Mucho más flexible que los *scripts* son las *functions*.

Una *function* también se define en un *m-file*, por ejemplo `name.m`, pero tiene un interfaz de entrada/salida bien definido que se introduce mediante el comando `function`

`function`

```
function [out1,...,outn]=name(in1,...,inm)
```

donde `out1,...,outn` son las variables de salida e `in1,...,inm` son las variables de entrada.

El archivo siguiente, llamado `det23.m`, define una nueva función denominada `det23` que calcula, de acuerdo con la fórmula dada en la Sección 1.3, el determinante de una matriz cuya dimensión podría ser 2 o 3:

```
function det=det23(A)
%DET23 calcula el determinante de una matriz cuadrada
% de dimension 2 o 3
[n,m]=size(A); if n==m
  if n==2
    det = A(1,1)*A(2,2)-A(2,1)*A(1,2);
  elseif n == 3
    det = A(1,1)*det23(A([2,3],[2,3]))-...
          A(1,2)*det23(A([2,3],[1,3]))+...
          A(1,3)*det23(A([2,3],[1,2]));
  else
    disp(' Solamente matrices 2x2 o 3x3');
  end
else
  disp(' Solamente matrices cuadradas');
end return
```

...   Nótese el uso de los puntos suspensivos ... que significan que la ins-
%   trucción continúa en la línea siguiente y el carácter % para iniciar comentarios. La instrucción `A([i,j],[k,l])` permite la construcción de una matriz $2 \times 2$ cuyos elementos son los de la matriz original A que están en las intersecciones de las filas i-ésima y j-ésima con las columnas k-ésima y l-ésima.

Cuando se invoca una *function*, MATLAB crea un espacio de trabajo local (el *espacio de trabajo de la function*). Los comandos dentro de la *function* no se pueden referir a variables del espacio de trabajo global (interactivo) salvo que se pasen como entradas. En particular, las variables utilizadas por una *function* se borran cuando la ejecución termina, salvo que se devuelvan como parámetros de salida.

**Observación 1.2 (variables globales)** Existe la posibilidad de declarar variables *globales*, y utilizarlas dentro de una *function* sin necesidad de pasarlas como entradas. Para ello, deben declararse como tales en todos los lugares donde se prentenda utilizarlas. A tal efecto, MATLAB dispone del comando
global   `global` (véase, por ejemplo, [HH05]). Si varias funciones, y posiblemente el espacio de trabajo, declaran un nombre particular como variable global, entonces todas comparten una copia de esa variable. Una asignación a esa variable en cualquiera de ellas (o en el espacio de trabajo), queda disponible para todas las demás.     •

Generalmente las *functions* terminan cuando se alcanza el *end* de la
return   *function*, sin embargo se puede usar una instrucción `return` para forzar un regreso más temprano (cuando se cumple cierta condición).

Por ejemplo, para aproximar el número de la sección de oro $\alpha = 1.6180339887...$, que es el límite para $k \to \infty$ del cociente de dos números de Fibonacci consecutivos, $f_k/f_{k-1}$, iterando hasta que la diferencia entre dos cocientes consecutivos sea menor que $10^{-4}$, podemos construir la siguiente *function*:

```
function [golden,k]=fibonacci0
f(1) = 0; f(2) = 1; goldenold = 0;
kmax = 100; tol = 1.e-04;
for k = 3:kmax
   f(k) = f(k-1) + f(k-2);
   golden = f(k)/f(k-1);
   if abs(golden - goldenold) <= tol
      return
   end
   goldenold = golden;
end
return
```

Su ejecución se interrumpe después de kmax=100 iteraciones o cuando el valor absoluto de la diferencia entre dos iterantes consecutivos sea más pequeña que tol=1.e-04. Entonces, podemos escribir

```
[alpha,niter]=fibonacci0

   alpha =
      1.61805555555556
   niter =
      14
```

Después de 14 iteraciones la *function* ha devuelto un valor aproximado que comparte con $\alpha$ las 5 primeras cifras significativas.

El número de parámetros de entrada y salida de una *function* en MATLAB puede variar. Por ejemplo, podríamos modificar la *function* de Fibonacci como sigue:

```
function [golden,k]=fibonacci1(tol,kmax)
if nargin == 0
   kmax = 100; tol = 1.e-04; % valores por defecto
elseif nargin == 1
   kmax = 100; % valor por defecto solo para kmax
end
f(1) = 0; f(2) = 1; goldenold = 0;
for k = 3:kmax
   f(k) = f(k-1) + f(k-2);
   golden = f(k)/f(k-1);
   if abs(golden - goldenold) <= tol
      return
   end
   goldenold = golden;
end
return
```

La *function* nargin cuenta el número de parámetros de entrada. En la   nargin
nueva versión de la *function* fibonacci podemos prescribir el máximo número de iteraciones internas permitidas (kmax) y especificar una tolerancia tol. Cuando esta información se olvida, la *function* debe suminis-

trar valores por defecto (en nuestro caso, `kmax = 100` y `tol = 1.e-04`). Un ejemplo de ello es el siguiente:

```
[alpha,niter]=fibonacci1(1.e-6,200)


    alpha =
        1.61803381340013
    niter =
        19
```

Nótese que utilizando una tolerancia más estricta hemos obtenido un nuevo valor aproximado que comparte con $\alpha$ ocho cifras significativas. La *function* `nargin` puede ser usada externamente a una *function* dada para obtener el número de sus parámetros de entrada. He aquí un ejemplo:

```
nargin('fibonacci1')


    ans =
        2
```

inline **Observación 1.3 (funciones en línea)** El comando `inline`, cuya sintaxis más simple es `g=inline(expr,arg1,arg2,...,argn)`, declara una función g que depende de las cadenas de caracteres `arg1,arg2,...,argn`. La cadena `expr` contiene la expresión de g. Por ejemplo, `g=inline('sin(r)','r')` declara la función $g(r) = \text{sen}(r)$. El comando abreviado `g=inline(expr)` asume implícitamente que `expr` es una función de la variable por defecto x. Una vez que una función *inline* ha sido declarada, puede ser evaluada para cualquier conjunto de variables a través del comando `feval`. Por ejemplo, para evaluar g en los puntos `z=[0 1]` podemos escribir

```
>> feval('g',z);
```

Nótese que, contrariamente al caso del comando `eval`, con `feval` el nombre de la variable (z) no necesita coincidir con el nombre simbólico (r) asignado por el comando `inline`.    •

Después de esta rápida introducción, nuestra sugerencia es explorar MATLAB usando el comando *help*, y ponerse al tanto de la implementación de varios algoritmos mediante los programas descritos a lo largo de este libro. Por ejemplo, tecleando `help for` conseguimos no sólo una descripción completa del comando `for` sino también una indicación sobre instrucciones similares a `for`, tales como `if`, `while`, `switch`, `break` y `end`. Invocando sus *help* podemos mejorar progresivamente nuestro conocimiento de MATLAB.

**Octave 1.7** Hablando en general, un área con pocos elementos en común es la de los medios para dibujar de MATLAB y Octave. Comprobamos que la mayoría de los comandos de dibujo que aparecen en el libro son reproducibles en ambos programas, pero existen de hecho muchas diferencias fundamentales. Por defecto, el entorno de Octave para dibujar es GNUPlot; sin embargo el conjunto de comandos para dibujar es diferente y opera de forma diferente de MATLAB. En el momento de escribir esta sección, existen otras bibliotecas de dibujo en Octave tales como octaviz (véase el sitio web, http://octaviz.sourceforge.net/), epstk (http://www.epstk.de/) y octplot (http://octplot.sourceforge.net). La última es un intento de reproducir los comandos de dibujo de MATLAB en Octave. ∎

Véanse los Ejercicios1.9-1.13.

### 1.7.3 Ejemplos de diferencias entre los lenguajes MATLAB y Octave

Como ya se ha mencionado, lo que se ha escrito en las sección anterior sobre el lenguaje MATLAB se aplica a ambos entornos, MATLAB y Octave, sin cambios. Sin embargo, existen algunas diferencias para el lenguaje en sí. Así, programas escritos en Octave pueden no correr en MATLAB y viceversa. Por ejemplo, Octave soporta cadenas de caracteres con comillas simples y dobles

```
octave:1> a="Bienvenido a Madrid"
a = Bienvenido a Madrid

octave:2> a='Bienvenido a Madrid'
a = Bienvenido a Madrid
```

mientras que MATLAB sólo soporta comillas sencillas; las comillas dobles originan errores.

Proporcionamos aquí una lista con otras cuantas incompatibilidades entre los dos lenguajes:

- MATLAB no permite un blanco antes del operador trasponer. Por ejemplo, [0 1]' funciona en MATLAB, pero [0 1] ' no. Octave permite ambos casos;
- MATLAB siempre requiere ...,

```
rand (1, ...
      2)
```

mientras que ambas

```
rand (1,
      2)
```

y

```
rand (1, \
      2)
```

funcionan en Octave además de ...;

- para la exponenciación, Octave puede usar ^ o **; MATLAB requiere ^;
- como terminaciones, Octave usa end pero también endif, endfor,...; MATLAB requiere end.

## 1.8 Lo que no le hemos dicho

Una discusión sistemática sobre los números de punto flotante puede encontrarse en [Übe97], [Hig02] o en [QSS06].

Para cuestiones relativas al tema de la complejidad, remitimos, por ejemplo, a [Pan92].

Para una introducción más sistemática a MATLAB el lector interesado puede consultar el manual de MATLAB [HH05] así como libros específicos tales como [HLR01], [Pra02], [EKM05], [Pal04] o [MH03].

Para Octave recomendamos el manual mencionado al principio de este capítulo.

## 1.9 Ejercicios

**Ejercicio 1.1** ¿Cuántos números pertenecen al conjunto $\mathbb{F}(2, 2, -2, 2)$? ¿Cuál es el valor de $\epsilon_M$ para este conjunto?

**Ejercicio 1.2** Demostrar que $\mathbb{F}(\beta, t, L, U)$ contiene precisamente $2(\beta-1)\beta^{t-1}$ $(U - L + 1)$ elementos.

**Ejercicio 1.3** Probar que $i^i$ es un número real; a continuación comprobar este resultado utilizando MATLAB u Octave.

**Ejercicio 1.4** Escribir en MATLAB las instrucciones para construir una matriz triangular superior (respectivamente, inferior) de dimensión 10 teniendo 2 en la diagonal principal y $-3$ en la diagonal superior (respectivamente, inferior).

**Ejercicio 1.5** Escribir en MATLAB las instrucciones que permiten el intercambio de las líneas tercera y séptima de las matrices construidas en el Ejercicio 1.3, y luego las instrucciones que permiten el intercambio entre las columnas cuarta y octava.

**Ejercicio 1.6** Verificar si los siguientes vectores de $\mathbb{R}^4$ son linealmente independientes:

$$\mathbf{v}_1 = [0\ 1\ 0\ 1], \quad \mathbf{v}_2 = [1\ 2\ 3\ 4], \quad \mathbf{v}_3 = [1\ 0\ 1\ 0], \quad \mathbf{v}_4 = [0\ 0\ 1\ 1].$$

**Ejercicio 1.7** Escribir las siguientes funciones y calcular sus derivadas primera y segunda, así como sus primitivas, usando la *toolbox* de cálculo simbólico de MATLAB:

$$f(x) = \sqrt{x^2 + 1}, \qquad g(x) = \operatorname{sen}(x^3) + \cosh(x).$$

**Ejercicio 1.8** Para cualquier vector dado v de dimensión $n$, usando el comando c=poly(v) uno puede construir el $(n+1)$-ésimo coeficiente del polinomio $p(x) = \sum_{k=1}^{n+1} \mathtt{c(k)} x^{n+1-k}$ que es igual a $\Pi_{k=1}^{n}(x - \mathtt{v(k)})$. En aritmética exacta, uno encontraría que v = roots(poly(c)). Sin embargo, esto no puede ocurrir debido a los errores de redondeo, como puede comprobarse usando el comando roots(poly([1:n])), donde n va de 2 a 25.    `poly`

**Ejercicio 1.9** Escribir un programa para calcular la siguiente sucesión:

$$I_0 = \frac{1}{e}(e - 1),$$

$$I_{n+1} = 1 - (n+1)I_n, \quad \text{para } n = 0, 1, \ldots$$

Comparar el resultado numérico con el límite exacto $I_n \to 0$ para $n \to \infty$.

**Ejercicio 1.10** Explicar el comportamiento de la sucesión (1.4) cuando se calcula con MATLAB.

**Ejercicio 1.11** Considérese el siguiente algoritmo para calcular $\pi$. Genere $n$ pares $\{(x_k, y_k)\}$ de números aleatorios en el intervalo $[0, 1]$, entonces calcule el número $m$ de los que están dentro del primer cuadrante del círculo unidad. Obviamente, $\pi$ resulta ser el límite de la sucesión $\pi_n = 4m/n$. Escriba un programa en MATLAB para calcular esta sucesión y compruebe el error para valores crecientes de $n$.

**Ejercicio 1.12** Puesto que $\pi$ es la suma de la serie

$$\pi = \sum_{n=0}^{\infty} 16^{-n} \left( \frac{4}{8n+1} - \frac{2}{8n+4} + \frac{1}{8n+5} + \frac{1}{8n+6} \right),$$

podemos calcular una aproximación de $\pi$ sumando hasta el término $n$-ésimo, para un $n$ suficientemente grande. Escribir una *function* MATLAB para calcular sumas finitas de la serie anterior. ¿Cómo debe ser de grande $n$ para obtener una aproximación de $\pi$ al menos tan precisa como la almacenada en la variable $\pi$?

**Ejercicio 1.13** Escribir un programa para el cálculo de los coeficientes binomiales $\binom{n}{k} = n!/(k!(n-k)!)$, donde $n$ y $k$ son dos números naturales con $k \leq n$.

**Ejercicio 1.14** Escribir en MATLAB una *function* recursiva que calcule el $n$-ésimo elemento $f_n$ de la sucesión de Fibonacci. Observando que

$$\begin{bmatrix} f_i \\ f_{i-1} \end{bmatrix} = \begin{bmatrix} 1 & 1 \\ 1 & 0 \end{bmatrix} \begin{bmatrix} f_{i-1} \\ f_{i-2} \end{bmatrix} \tag{1.14}$$

escribir otra *function* que calcule $f_n$ basado en esta nueva forma recursiva. Finalmente, calcular el tiempo de CPU correspondiente.

# Ecuaciones no lineales

Calcular los *ceros* de una función real $f$ (equivalentemente, las *raíces* de la ecuación $f(x) = 0$) es un problema que encontramos bastante a menudo en cálculo científico. En general, esta tarea no puede realizarse en un número finito de operaciones. Por ejemplo, ya hemos visto en la Sección 1.4.1 que cuando $f$ es un polinomio genérico de grado mayor o igual que cuatro, no existe una fórmula explícita para los ceros. La situación es aún más difícil cuando $f$ no es un polinomio. Por tanto se emplean métodos iterativos. Empezando por uno o varios datos iniciales, los métodos construyen una sucesión de valores $x^{(k)}$ que se espera que converjan a un cero $\alpha$ de la función $f$ que nos ocupa.

**Problema 2.1 (Fondos de inversión)** Al principio de cada año un banco deposita $v$ euros en un fondo de inversión y retira un capital de $M$ euros al final del $n$-ésimo año. Queremos calcular el tipo medio de interés anual $r$ de esta inversión. Puesto que $M$ está relacionado con $r$ por la igualdad

$$M = v \sum_{k=1}^{n} (1+r)^k = v \frac{1+r}{r} \left[ (1+r)^n - 1 \right],$$

deducimos que $r$ es raíz de la ecuación algebraica:

$$f(r) = 0, \quad \text{donde } f(r) = M - v \frac{1+r}{r} [(1+r)^n - 1].$$

Este problema será resuelto en el Ejemplo 2.1. ∎

**Problema 2.2 (Ecuación de estado de un gas)** Queremos determinar el volumen $V$ ocupado por un gas a temperatura $T$ y presión $p$. La ecuación de estado (es decir, la ecuación que relaciona $p$, $V$ y $T$) es

$$\left[ p + a(N/V)^2 \right] (V - Nb) = kNT, \tag{2.1}$$

donde $a$ y $b$ son dos coeficientes que dependen de cada gas, $N$ es el número de moléculas que están contenidas en el volumen $V$ y $k$ es la constante de Boltzmann. Por tanto, necesitamos resolver una ecuación no lineal cuya raíz es $V$ (véase el Ejercicio 2.2).    ■

**Problema 2.3 (Estática)** Consideremos el sistema mecánico representado por las cuatro barras rígidas $a_i$ de la Figura 2.1. Para cualquier valor admisible del ángulo $\beta$, determinemos el valor del correspondiente ángulo $\alpha$ entre las barras $a_1$ y $a_2$. Empezando por la identidad vectorial

$$\mathbf{a}_1 - \mathbf{a}_2 - \mathbf{a}_3 - \mathbf{a}_4 = \mathbf{0}$$

y observando que la barra $a_1$ está siempre alineada con el eje $x$, podemos deducir la siguiente relación entre $\beta$ y $\alpha$:

$$\frac{a_1}{a_2}\cos(\beta) - \frac{a_1}{a_4}\cos(\alpha) - \cos(\beta - \alpha) = -\frac{a_1^2 + a_2^2 - a_3^2 + a_4^2}{2a_2a_4}, \qquad (2.2)$$

donde $a_i$ es la longitud conocida de la $i$-ésima barra. Ésta es la ecuación de Freudenstein, y podemos reescribirla como sigue: $f(\alpha) = 0$, donde

$$f(x) = (a_1/a_2)\cos(\beta) - (a_1/a_4)\cos(x) - \cos(\beta - x) + \frac{a_1^2 + a_2^2 - a_3^2 + a_4^2}{2a_2a_4}.$$

Se dispone de una solución explícita solamente para valores especiales de $\beta$. También nos gustaría mencionar que no existe solución para todos los valores de $\beta$, e incluso puede no ser única. Para resolver la ecuación para cualquier $\beta$ dado entre 0 y $\pi$ deberíamos invocar métodos numéricos (véase el Ejercicio 2.9).    ■

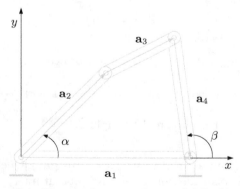

**Figura 2.1.** Sistema de cuatro barras del Problema 2.3

**Problema 2.4 (Dinámica de poblaciones)** En el estudio de las poblaciones (por ejemplo de bacterias), la ecuación $x^+ = \phi(x) = xR(x)$ establece un vínculo entre el número de individuos de una generación $x$ y el número de individuos en la generación siguiente. La función $R(x)$ modela la tasa de variación de la población considerada y puede elegirse de formas diferentes. Entre las más conocidas, podemos mencionar:

1. el modelo de Malthus (Thomas Malthus, 1766-1834),

$$R(x) = R_M(x) = r, \qquad r > 0;$$

2. el modelo de crecimiento con recursos limitados (Pierre Francois Verhulst, 1804-1849),

$$R(x) = R_V(x) = \frac{r}{1 + xK}, \qquad r > 0, K > 0, \qquad (2.3)$$

   que mejora el modelo de Malthus considerando que el crecimiento de una población está limitado por los recursos disponibles;

3. el modelo depredador/presa con saturación,

$$R(x) = R_P = \frac{rx}{1 + (x/K)^2}, \qquad (2.4)$$

   que representa la evolución del modelo de Verhulst en presencia de una población antagonista.

La dinámica de una población se define, por tanto, por el proceso iterativo

$$x^{(k)} = \phi(x^{(k-1)}), \qquad k \geq 1, \qquad (2.5)$$

donde $x^{(k)}$ representa el número de individuos que todavía están presentes $k$ generaciones más tarde que la generación inicial $x^{(0)}$. Además, los estados estacionarios (o de equilibrio) $x^*$ de la población considerada son las soluciones del problema

$$x^* = \phi(x^*),$$

o, equivalentemente, $x^* = x^* R(x^*)$, es decir, $R(x^*) = 1$. La ecuación (2.5) es un ejemplo de método de punto fijo (véase la Sección 2.3). ∎

## 2.1 Método de bisección

Sea $f$ una función continua en $[a, b]$ que satisface $f(a)f(b) < 0$. Entonces $f$ tiene, necesariamente, al menos un cero en $(a, b)$. Supongamos por simplicidad que es único, y llamémosle $\alpha$. (En el caso de varios ceros, podemos localizar un intervalo que contenga sólo uno de ellos con ayuda del comando `fplot`.)

La estrategia del método de bisección es dividir en dos partes iguales el intervalo dado y seleccionar el subintervalo donde $f$ experimenta un cambio de signo. Concretamente, llamando $I^{(0)} = (a, b)$ y, en general, $I^{(k)}$ al subintervalo seleccionado en la etapa $k$, elegimos como $I^{(k+1)}$ el subintervalo de $I^{(k)}$ en cuyos extremos $f$ experimenta un cambio de signo. Siguiendo este procedimiento, se garantiza que cada $I^{(k)}$ seleccionado de esta forma contendrá a $\alpha$. La sucesión $\{x^{(k)}\}$, de los puntos medios de estos subintervalos $I^{(k)}$, tenderá inevitablemente a $\alpha$ puesto que la longitud de los subintervalos tiende a cero cuando $k$ tiende a infinito.

Concretamente, el método se inicializa poniendo

$$a^{(0)} = a, \quad b^{(0)} = b, \quad I^{(0)} = (a^{(0)}, b^{(0)}), \quad x^{(0)} = (a^{(0)} + b^{(0)})/2.$$

En cada etapa $k \geq 1$ seleccionamos el subintervalo $I^{(k)} = (a^{(k)}, b^{(k)})$ del intervalo $I^{(k-1)} = (a^{(k-1)}, b^{(k-1)})$ como sigue:

dado $x^{(k-1)} = (a^{(k-1)} + b^{(k-1)})/2$, si $f(x^{(k-1)}) = 0$ entonces $\alpha = x^{(k-1)}$ y el método termina;

caso contrario,

si $f(a^{(k-1)})f(x^{(k-1)}) < 0$   ponemos $a^{(k)} = a^{(k-1)}$, $b^{(k)} = x^{(k-1)}$;

si $f(x^{(k-1)})f(b^{(k-1)}) < 0$   ponemos $a^{(k)} = x^{(k-1)}$, $b^{(k)} = b^{(k-1)}$.

Entonces definimos $x^{(k)} = (a^{(k)} + b^{(k)})/2$ e incrementamos $k$ en 1.

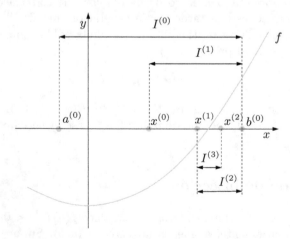

**Figura 2.2.** Unas cuantas iteraciones del método de bisección

Por ejemplo, en el caso representado en la Figura 2.2, que corresponde a la elección $f(x) = x^2 - 1$, tomando $a^{(0)} = -0.25$ y $b^{(0)} = 1.25$, obtendríamos

$$I^{(0)} = (-0.25, 1.25), \quad x^{(0)} = 0.5,$$
$$I^{(1)} = (0.5, 1.25), \quad x^{(1)} = 0.875,$$
$$I^{(2)} = (0.875, 1.25), \quad x^{(2)} = 1.0625,$$
$$I^{(3)} = (0.875, 1.0625), \quad x^{(3)} = 0.96875.$$

Nótese que cada subintervalo $I^{(k)}$ contiene al cero $\alpha$. Además, la sucesión $\{x^{(k)}\}$ converge necesariamente a $\alpha$ puesto que en cada paso la longitud $|I^{(k)}| = b^{(k)} - a^{(k)}$ de $I^{(k)}$ se divide por dos. Puesto que $|I^{(k)}| = (1/2)^k |I^{(0)}|$, el error en la etapa $k$ satisface

$$|e^{(k)}| = |x^{(k)} - \alpha| < \frac{1}{2}|I^{(k)}| = \left(\frac{1}{2}\right)^{k+1} (b - a).$$

Para garantizar que $|e^{(k)}| < \varepsilon$, para una tolerancia dada $\varepsilon$, basta con llevar a cabo $k_{min}$ iteraciones, siendo $k_{min}$ el menor entero que satisface la desigualdad

$$\boxed{k_{min} > \log_2\left(\frac{b-a}{\varepsilon}\right) - 1} \tag{2.6}$$

Obviamente, esta desigualdad tiene sentido en general, y no está limitada por la elección específica de $F$ que hayamos hecho previamente.

El método de bisección se implementó en el Programa 2.1: fun es una *function* (o una *inline function*) especificando la función $f$, a y b son los extremos del intervalo de búsqueda, tol es la tolerancia $\varepsilon$, y nmax es el número máximo de iteraciones asignadas. La *function* fun, además del primer argumento que representa la variable independiente, puede aceptar otros parámetros auxiliares.

Los parámetros de salida son zero, que contiene el valor aproximado de $\alpha$, el residuo res que es el valor de $f$ en zero y niter que es el número total de iteraciones realizadas. El comando find(fx==0) halla  find
los índices del vector fx correspondiente a las componentes nulas.

**Programa 2.1. bisection**: método de bisección

```
function [zero,res,niter]=bisection(fun,a,b,tol,...
                             nmax,varargin)
%BISECTION Hallar ceros de funciones.
% ZERO=BISECTION(FUN,A,B,TOL,NMAX) trata de hallar
% un cero ZERO de la fucion continua FUN en el
% intervalo [A,B] usando el metodo de biseccion.
% FUN acepta escalares reales x y devuelve un escalar
% real. Si la busqueda falla se muestra un mensaje de
% error. FUN  puede ser tambien un objeto inline.
% ZERO=BISECTION(FUN,A,B,TOL,NMAX,P1,P2,...) pasa
% los parametros P1,P2,.. a la funcion FUN(X,P1,P2,..).
```

```
% [ZERO,RES,NITER]=BISECTION(FUN,..) devuelve el valor
% del residuo en ZERO y el numero de iteraciones en
% las que ZERO fue calculado.
x = [a, (a+b)*0.5, b]; fx = feval(fun,x,varargin{:});
if fx(1)*fx(3) > 0
    error([' El signo de la  funcion en los ',...
          'extremos del intervalo debe ser diferente']);
elseif fx(1) == 0
    zero = a;  res = 0;  niter = 0;  return
elseif fx(3) == 0
    zero = b;  res = 0;  niter = 0;  return
end
niter = 0;
I = (b - a)*0.5;
while I >= tol & niter <= nmax
 niter = niter + 1;
 if fx(1))*fx(2) < 0
    x(3) = x(2);    x(2) = x(1)+(x(3)-x(1))*0.5;
    fx = feval(fun,x,varargin{:}); I = (x(3)-x(1))*0.5;
 elseif fx(2))*fx(3) < 0
    x(1) = x(2);    x(2) = x(1)+(x(3)-x(1))*0.5;
    fx = feval(fun,x,varargin{:}); I = (x(3)-x(1))*0.5;
 else
    x(2) = x(find(fx==0)); I = 0;
 end
end
if niter > nmax
  fprintf(['la biseccion se paro sin converger ',...
           'a la tolerancia deseada porque ',...
           'se alcanzo el numero maximo ',...
           'de iteraciones\n']);
end
zero = x(2); x = x(2); res = feval(fun,x,varargin{:});
return
```

**Ejemplo 2.1 (Fondo de inversión)** Apliquemos el método de bisección para resolver el Problema 2.1, suponiendo que $v$ es igual a 1000 euros y que después de 5 años $M$ es igual a 6000 euros. La gráfica de la función $f$ puede obtenerse mediante las instrucciones siguientes

```
f=inline('M-v*(1+I).*((1+I).^5 - 1)./I','I','M','v');
plot([0.01,0.3],feval(f,[0.01,0.3],6000,1000));
```

Vemos que $f$ tiene un único cero en el intervalo $(0.01, 0.1)$, que es aproximadamente igual a 0.06. Si ejecutamos el Programa 2.1 con tol= $10^{-12}$, a= 0.01 y b= 0.1 como sigue

```
[zero,res,niter]=bisection(f,0.01,0.1,1.e-12,1000,...
                 6000,1000);
```

después de 36 iteraciones el método converge al valor 0.06140241153618, en perfecta coincidencia con la estimación (2.6), de acuerdo con la cual $k_{min} = 36$. De este modo, concluimos que el tipo de interés $I$ es aproximadamente igual a 6.14%.                                                                                                      ∎

A pesar de su simplicidad, el método de bisección no garantiza una reducción monótona del error, sino simplemente que el intervalo de búsqueda se divida a la mitad de una iteración a la siguiente. Por consiguiente, si el único criterio de parada adoptado es el control de la longitud de $I^{(k)}$, uno podría descartar aproximaciones de $\alpha$ muy precisas.

En realidad, este método no tiene en cuenta apropiadamente el comportamiento real de $f$. Un hecho sorprendente es que no converge en una sola iteración incluso si $f$ es una función lineal (salvo que el cero $\alpha$ sea el punto medio del intervalo inicial de búsqueda).

Véanse los Ejercicios 2.1-2.5.

## 2.2 Método de Newton

El signo de la función dada $f$ en los extremos del intervalo es la única información explotada por el método de bisección. Se puede construir un método más eficiente explotando los valores alcanzados por $f$ y su derivada (en caso de que $f$ sea diferenciable). En ese caso,

$$y(x) = f(x^{(k)}) + f'(x^{(k)})(x - x^{(k)})$$

proporciona la ecuación de la tangente a la curva $(x, f(x))$ en el punto $x^{(k)}$.

Si pretendemos que $x^{(k+1)}$ sea tal que $y(x^{(k+1)}) = 0$, obtenemos:

$$x^{(k+1)} = x^{(k)} - \frac{f(x^{(k)})}{f'(x^{(k)})}, \qquad k \geq 0 \qquad (2.7)$$

con tal de que $f'(x^{(k)}) \neq 0$. Esta fórmula nos permite calcular una sucesión de valores $x^{(k)}$ empezando por una conjetura inicial $x^{(0)}$. Este método se conoce como método de Newton y corresponde a calcular el cero de $f$ reemplazando localmente $f$ por su recta tangente (véase la Figura 2.3).

En realidad, desarrollando $f$ en serie de Taylor en un entorno de un punto genérico $x^{(k)}$ hallamos

$$f(x^{(k+1)}) = f(x^{(k)}) + \delta^{(k)} f'(x^{(k)}) + \mathcal{O}((\delta^{(k)})^2), \qquad (2.8)$$

donde $\delta^{(k)} = x^{(k+1)} - x^{(k)}$. Forzando a $f(x^{(k+1)})$ a ser cero y despreciando el término $\mathcal{O}((\delta^{(k)})^2)$, podemos obtener $x^{(k+1)}$ en función de $x^{(k)}$, como se establece en (2.7). A este respecto (2.7) puede considerarse como una aproximación de (2.8).

Obviamente, (2.7) converge en una sola etapa cuando $f$ es lineal, esto es cuando $f(x) = a_1 x + a_0$.

**Ejemplo 2.2** Resolvamos el Problema 2.1 por el método de Newton, tomando como dato inicial $x^{(0)} = 0.3$. Después de 6 iteraciones la diferencia entre dos iterantes consecutivos es menor o igual que $10^{-12}$. ∎

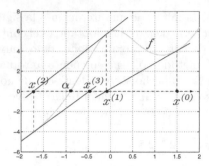

**Figura 2.3.** Las primeras iteraciones generadas por el método de Newton con dato inicial $x^{(0)}$ para la función $f(x) = x + e^x + 10/(1 + x^2) - 5$

En general, el método de Newton no converge para todas las posibles elecciones de $x^{(0)}$, sino sólo para aquellos valores que están *suficientemente cerca* de $\alpha$. A primera vista, este requerimiento parece significativo: en efecto, para calcular $\alpha$ (que es desconocido), ¡uno debería empezar por un valor suficientemente cercano a $\alpha$!

En la práctica, se puede obtener un posible valor inicial $x^{(0)}$ recurriendo a una cuantas iteraciones del método de bisección o, alternativamente, a través de una investigación de la gráfica de $f$. Si $x^{(0)}$ se escoge apropiadamente y $\alpha$ es un cero simple (esto es, $f'(\alpha) \neq 0$) entonces el método de Newton converge. Además, en el caso especial de que $f$ sea continuamente diferenciable hasta su segunda derivada, se tiene el siguiente resultado de convergencia (véase el Ejercicio 2.8),

$$\lim_{k\to\infty} \frac{x^{(k+1)} - \alpha}{(x^{(k)} - \alpha)^2} = \frac{f''(\alpha)}{2f'(\alpha)} \tag{2.9}$$

Consiguientemente, si $f'(\alpha) \neq 0$ el método de Newton se dice que converge *cuadráticamente*, o con orden 2, puesto que para valores suficientemente grandes de $k$ el error en la etapa $(k + 1)$ se comporta como el cuadrado del error en la etapa $k$ multiplicado por una constante que es independiente de $k$.

En el caso de ceros con multiplicidad $m$ mayor que 1, el orden de convergencia del método de Newton se degrada a 1 (véase el Ejercicio 2.15). En tal caso uno podría recuperar el orden 2 modificando el método original (2.7) como sigue:

$$x^{(k+1)} = x^{(k)} - m\frac{f(x^{(k)})}{f'(x^{(k)})}, \qquad k \geq 0 \tag{2.10}$$

con tal de que $f'(x^{(k)}) \neq 0$. Obviamente, este *método de Newton modificado* requiere el conocimiento *a priori* de $m$. Si no es éste el caso, uno podría desarrollar un *método de Newton adaptativo*, todavía de orden 2, como se describe en [QSS06, Sección 6.6.2].

**Ejemplo 2.3** La función $f(x) = (x - 1)\log(x)$ tiene un solo cero $\alpha = 1$ de multiplicidad $m = 2$. Calculémoslo mediante el método de Newton (2.7) y su versión modificada (2.10). En la Figura 2.4 mostramos el error obtenido en cada uno de los métodos frente al número de iteraciones. Nótese que para la versión clásica del método de Newton la convergencia sólo es lineal.    ■

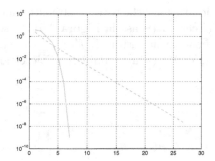

**Figura 2.4.** Error frente a número de iteraciones para la función del Ejemplo 2.3. La línea de trazos corresponde al método de Newton (2.7), la línea continua al método de Newton modificado (2.10) (con $m = 2$)

### 2.2.1 Cómo terminar las iteraciones de Newton

En teoría, un método de Newton convergente devuelve el cero $\alpha$ sólo después de un número infinito de iteraciones. En la práctica, uno requiere una aproximación de $\alpha$ hasta una tolerancia prescrita $\varepsilon$. De este modo las iteraciones pueden terminarse para el menor valor de $k_{min}$ para el cual se verifica la siguiente desigualdad:

$$|e^{(k_{min})}| = |\alpha - x^{(k_{min})}| < \varepsilon.$$

Éste es un test sobre el error. Desgraciadamente, puesto que el error es desconocido, uno necesita adoptar en su lugar un *estimador del error* apropiado, esto es, una cantidad que pueda ser fácilmente calculada y a través de la cual podamos estimar el verdadero error. Al final de la Sección 2.3, veremos que un estimador del error apropiado para el método de Newton viene proporcionado por la diferencia entre dos iterantes consecutivos. Esto significa que uno termina las iteraciones en la etapa $k_{min}$ tan pronto como

$$\boxed{|x^{(k_{min})} - x^{(k_{min}-1)}| < \varepsilon} \tag{2.11}$$

Éste es un test sobre el incremento.

En la Sección 2.3.1 veremos que el test sobre el incremento es satisfactorio cuando $\alpha$ es un cero simple de $f$. Alternativamente, uno podría usar un test sobre el *residuo* en la etapa $k$, $r^{(k)} = f(x^{(k)})$ (nótese que el residuo es nulo cuando $x^{(k)}$ es un cero de la función $f$).

Concretamente, podríamos parar las iteraciones para el primer $k_{min}$ para el cual

$$\boxed{|r^{(k_{min})}| = |f(x^{(k_{min})})| < \varepsilon}$$ (2.12)

El test sobre el residuo es satisfactorio solamente cuando $|f'(x)| \simeq 1$ en un entorno $I_\alpha$ del cero $\alpha$ (véase la Figura 2.5). Caso contrario, producirá una sobreestimación del error si $|f'(x)| \gg 1$ para $x \in I_\alpha$ y una subestimación si $|f'(x)| \ll 1$ (véase también el Ejercicio 2.6).

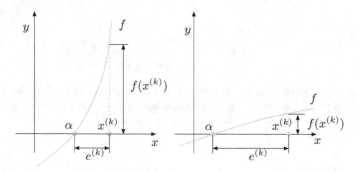

**Figura 2.5.** Dos situaciones en las que el residuo es un pobre estimador del error: $|f'(x)| \gg 1$ (*izquierda*), $|f'(x)| \ll 1$ (*derecha*), con $x$ en un entorno de $\alpha$

En el Programa 2.2 implementamos el método de Newton (2.7). Su forma modificada puede obtenerse reemplazando simplemente $f'$ por $f'/m$. Los parámetros de entrada fun y dfun son las cadenas de caracteres que definen la función $f$ y su primera derivada, mientras que x0 es el dato inicial. El método finalizará cuando el valor absoluto de la diferencia entre dos iterantes consecutivos sea menor que la tolerancia tol prescrita, o cuando se alcance el número máximo de iteraciones nmax.

**Programa 2.2. newton**: método de Newton

```
function [zero,res,niter]=newton(fun,dfun,x0,tol,...
                                   nmax,varargin)
%NEWTON Hallar ceros de funciones.
% ZERO=NEWTON(FUN,DFUN,X0,TOL,NMAX) trata de hallar el
% cero ZERO de la funcion continua y diferenciable
% FUN mas cercano a X0 usando el metodo de Newton.
% FUN y su derivada DFUN acepta entradas escalares
% reales x y devuelve un escalar real. Si la busqueda
```

```
% falla se muestra un mensaje de error. FUN y
% DFUN pueden ser tambien objetos inline.
% ZERO=NEWTON(FUN,DFUN,XO,TOL,NMAX,P1,P2,...) pasa los
% parametros P1,P2,.. a las functions: FUN(X,P1,P2,..)
% y DFUN(X,P1,P2,...).
% [ZERO,RES,NITER]=NEWTON(FUN,...) devuelve el valor
% del residuo en ZERO y el numero de iteraciones en
% las que ZERO fue calculado.
x = x0;
fx = feval(fun,x,varargin{:});
dfx = feval(dfun,x,varargin{:});
niter = 0; diff = tol+1;
while diff >= tol & niter <= nmax
    niter = niter + 1;        diff = - fx/dfx;
    x = x + diff;             diff = abs(diff);
    fx = feval(fun,x,varargin{:});
    dfx = feval(dfun,x,varargin{:});
end
if niter > nmax
    fprintf(['newton se paro sin converger ',...
    'para la tolerancia deseada porque se alcanzo ',...
    'el numero maximo de iteraciones\n']);
end
zero = x; res = fx;
return
```

## 2.2.2 Método de Newton para sistemas de ecuaciones no lineales

Consideremos un sistema de ecuaciones no lineales de la forma

$$
\begin{cases}
f_1(x_1, x_2, \ldots, x_n) = 0, \\
f_2(x_1, x_2, \ldots, x_n) = 0, \\
\vdots \\
f_n(x_1, x_2, \ldots, x_n) = 0,
\end{cases}
\tag{2.13}
$$

donde $f_1, \ldots, f_n$ son funciones no lineales. Poniendo $\mathbf{f} = (f_1, \ldots, f_n)^T$ y $\mathbf{x} = (x_1, \ldots, x_n)^T$, el sistema (2.13) puede escribirse de forma compacta como

$$
\mathbf{f}(\mathbf{x}) = \mathbf{0}. \tag{2.14}
$$

Un ejemplo viene dado por el siguiente sistema no lineal

$$
\begin{cases}
f_1(x_1, x_2) = x_1^2 + x_2^2 = 1, \\
f_2(x_1, x_2) = \text{sen}(\pi x_1/2) + x_2^3 = 0.
\end{cases}
\tag{2.15}
$$

Para extender el método de Newton al caso de un sistema, reemplazamos la primera derivada de la función escalar $f$ por la *matriz Jacobiana* $J_{\mathbf{f}}$ de la función vectorial $\mathbf{f}$ cuyas componentes son

$$(J_{\mathbf{f}})_{ij} \equiv \frac{\partial f_i}{\partial x_j}, \qquad i,j = 1, \ldots, n.$$

El símbolo $\partial f_i/\partial x_j$ representa la derivada parcial de $f_i$ con respecto a $x_j$ (véase la definición 8.3). Con esta notación, el método de Newton para (2.14) es como sigue : dado $\mathbf{x}^{(0)} \in \mathbb{R}^n$, para $k = 0, 1, \ldots$, hasta la convergencia

$$
\begin{array}{ll}
\text{resolver} & J_{\mathbf{f}}(\mathbf{x}^{(k)})\boldsymbol{\delta}\mathbf{x}^{(k)} = -\mathbf{f}(\mathbf{x}^{(k)}) \\[2mm]
\text{poner} & \mathbf{x}^{(k+1)} = \mathbf{x}^{(k)} + \boldsymbol{\delta}\mathbf{x}^{(k)}
\end{array}
\tag{2.16}
$$

Por consiguiente, el método de Newton aplicado a un sistema requiere, en cada etapa, la solución de un sistema lineal con matriz $J_{\mathbf{f}}(\mathbf{x}^{(k)})$.

El Programa 2.3 implementa este método utilizando el comando de MATLAB \ (véase la Sección 5.6) para resolver el sistema lineal con la matriz jacobiana. Como entrada debemos definir un vector columna x0 que representa el dato inicial y dos *functions*, Ffun y Jfun, que calculan (respectivamente) el vector columna F que contiene las evaluaciones de **f** para un vector genérico x y la matriz jacobiana J, también evaluada para un vector genérico x. El método se para cuando la diferencia entre dos iterantes consecutivos tiene una norma euclídea menor que tol o cuando nmax, el número máximo de iteraciones permitido, ha sido alcanzado.

**Programa 2.3. newtonsys**: método de Newton para sistemas no lineales

```
function [x,F,iter] = newtonsys(Ffun,Jfun,x0,tol,...
                                nmax, varargin)
%NEWTONSYS halla un cero de un sistema no lineal.
% [ZERO,F,ITER]=NEWTONSYS(FFUN,JFUN,X0,TOL,NMAX)
% trata de hallar el  vector ZERO, cero de un sistema
% no lineal definido en FFUN con matriz jacobiana
% definida en la function JFUN, mas cercano al vector
% X0.
iter = 0; err = tol + 1; x = x0;
while err > tol & iter <= nmax
    J = feval(Jfun,x,varargin{:});
    F = feval(Ffun,x,varargin{:});
    delta = - J\F;
    x = x + delta;
    err = norm(delta);
    iter = iter + 1;
end
F = norm(feval(Ffun,x,varargin{:}));
if iter >= nmax
 fprintf(' No converge en el numero maximo ',...
         ' de iteraciones \n ');
 fprintf(' El iterante devuelto tiene un residuo ',...
         ' relativo  %e\n',F);
else
 fprintf(' El metodo convergio en la iteracion ',...
         '%i con un residuo %e\n',iter,F);
end
return
```

**Ejemplo 2.4** Consideremos el sistema no lineal (2.15) que admite las dos (gráficamente detectables) soluciones $(0.4761, -0.8794)$ y $(-0.4761, 0.8794)$ (donde sólo mostramos las cuatro primeras cifras significativas). Para utilizar el Programa 2.3 definimos las siguientes *functions*

```
function J=Jfun(x)
pi2 = 0.5*pi;
J(1,1) = 2*x(1);          J(1,2) = 2*x(2);
J(2,1) = pi2*cos(pi2*x(1)); J(2,2) = 3*x(2)^2;
return

function F=Ffun(x)
F(1,1) = x(1)^2 + x(2)^2 - 1;
F(2,1) = sin(pi*x(1)/2) + x(2)^3;
return
```

Partiendo del dato inicial x0=[1;1], el método de Newton lanzado con el comando

```
x0=[1;1]; tol=1e-5;maxiter=10;
[x,F,iter] = newtonsys(@Ffun,@Jfun,x0,tol,maxiter);
```

converge en 8 iteraciones a los valores

```
4.760958225338114e-01
-8.793934089897496e-01
```

(El carácter especial @ dice que, en **newtonsys**, **Ffun** y **Jfun** son *functions*.)

Nótese que el método converge a la otra raíz partiendo de x0=[-1,-1]. En general, exactamente como en el caso de funciones escalares, la convergencia del método de Newton dependerá realmente de la elección del dato inicial $\mathbf{x}^{(0)}$ y, en particular, deberíamos garantizar que $\det(\mathrm{J}_f(\mathbf{x}^{(0)})) \neq 0$. ∎

# Resumamos

1. Los métodos para calcular los ceros de una función $f$ son generalmente de tipo iterativo;

2. el método de bisección calcula un cero de una función $f$ generando una sucesión de intervalos cuya longitud se divide por dos en cada iteración. Este método es convergente con tal de que $f$ sea continua en el intervalo inicial y tenga signos opuestos en los extremos de este intervalo;

3. el método de Newton calcula un cero $\alpha$ de $f$ teniendo en cuenta los valores de $f$ y de su derivada. Una condición necesaria para la convergencia es que el dato inicial pertenezca a un entorno apropiado (suficientemente pequeño) de $\alpha$;

4. el método de Newton es cuadráticamente convergente sólo cuando $\alpha$ es un cero simple de $f$, caso contrario la convergencia es lineal;

5. el método de Newton puede extenderse al caso de un sistema ecuaciones no lineales.

Véanse los Ejercicios 2.6-2.14.

## 2.3 Iteraciones de punto fijo

Jugando con una calculadora de bolsillo, uno puede verificar que aplicando repetidamente la tecla coseno al valor real 1, se consigue la siguiente sucesión de números reales:

$$x^{(1)} = \cos(1) = 0.54030230586814,$$
$$x^{(2)} = \cos(x^{(1)}) = 0.85755321584639,$$
$$\vdots$$
$$x^{(10)} = \cos(x^{(9)}) = 0.74423735490056,$$
$$\vdots$$
$$x^{(20)} = \cos(x^{(19)}) = 0.73918439977149,$$

que tendería al valor $\alpha = 0.73908513\ldots$. Puesto que, por construcción, $x^{(k+1)} = \cos(x^{(k)})$ para $k = 0, 1, \ldots$ (con $x^{(0)} = 1$), el límite $\alpha$ satisface la ecuación $\cos(\alpha) = \alpha$. Por esta razón $\alpha$ se llama punto fijo de la función coseno. Podemos preguntarnos cuántas de tales funciones de iteración podrían ser útiles para calcular los ceros de una función dada. En el ejemplo anterior, $\alpha$ no es sólo un punto fijo de la función coseno sino también un cero de la función $f(x) = x - \cos(x)$, por tanto el método propuesto puede considerarse como un método para calcular los ceros de $f$. Por otra parte, no toda función tiene puntos fijos. Por ejemplo, repitiendo el experimento anterior con la función exponencial y $x^{(0)} = 1$, uno se encuentra con una situación de *overflow* después de 4 etapas solamente (véase la Figura 2.6).

Aclaremos la idea intuitiva anterior considerando el siguiente problema. Dada una función $\phi : [a, b] \to \mathbb{R}$, hallar $\alpha \in [a, b]$ tal que $\alpha = \phi(\alpha)$.

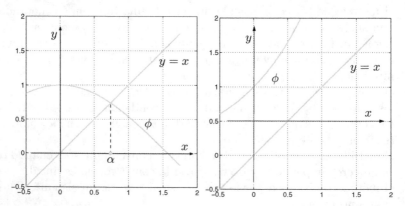

**Figura 2.6.** La función $\phi(x) = \cos(x)$ admite uno y sólo un punto fijo (*izquierda*), mientras que la función $\phi(x) = e^x$ no tiene ninguno (*derecha*)

Si existe un tal $\alpha$ se llamará *punto fijo* de $\phi$ y podría calcularse mediante el siguiente algoritmo:

$$\boxed{x^{(k+1)} = \phi(x^{(k)}), \qquad k \geq 0} \qquad (2.17)$$

donde $x^{(0)}$ es una conjetura inicial. Este algoritmo se llama de *iteraciones de punto fijo* y $\phi$ se dice que es la *función de iteración*. El ejemplo introductorio es, por tanto, un ejemplo de iteraciones de punto fijo con $\phi(x) = \cos(x)$.

Una interpretación geométrica de (2.17) se proporciona en la Figura 2.7 (*izquierda*). Se puede conjeturar que si $\phi$ es una función continua y el límite de la sucesión $\{x^{(k)}\}$ existe, entonces tal límite es un punto fijo de $\phi$. Precisaremos más este resultado en las Proposiciones 2.1 y 2.2.

**Ejemplo 2.5** El método de Newton (2.7) puede considerarse como un algoritmo de punto fijo cuya función de iteración es

$$\phi(x) = x - \frac{f(x)}{f'(x)}. \qquad (2.18)$$

En adelante esta función será denotada por $\phi_N$ (donde $N$ quiere decir Newton). Este no es el caso para el método de bisección puesto que el iterante genérico $x^{(k+1)}$ depende no sólo de $x^{(k)}$ sino también de $x^{(k-1)}$.  ∎

Como se muestra en la Figura 2.7 (*derecha*), las iteraciones de punto fijo pueden no converger. De hecho se verifica el resultado siguiente.

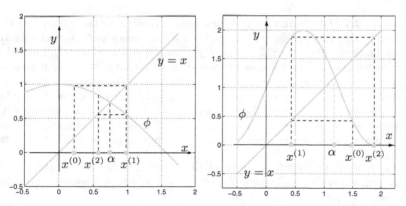

**Figura 2.7.** Representación de unas cuantas iteraciones para dos funciones de iteración diferentes. A la izquierda, las iteraciones convergen al punto fijo $\alpha$, mientras que, a la derecha, las iteraciones producen una sucesión divergente

**Proposición 2.1** *Supongamos que la función de iteración en* (2.17) *satisface las siguientes propiedades:*

1. $\phi(x) \in [a, b]$ *para todo* $x \in [a, b]$;
2. $\phi$ *es diferenciable en* $[a, b]$;
3. $\exists K < 1$ *tal que* $|\phi'(x)| \le K$ *para todo* $x \in [a, b]$.

*Entonces* $\phi$ *tiene un único punto fijo* $\alpha \in [a, b]$ *y la sucesión definida en* (2.17) *converge a* $\alpha$, *cualquiera que sea la elección del dato inicial* $x^{(0)}$ *en* $[a, b]$. *Además*

$$\lim_{k \to \infty} \frac{x^{(k+1)} - \alpha}{x^{(k)} - \alpha} = \phi'(\alpha) \tag{2.19}$$

De (2.19) se deduce que las iteraciones de punto fijo convergen al menos linealmente, esto es, para $k$ suficientemente grande el error en la etapa $k + 1$ se comporta como el error en la etapa $k$ multiplicado por una constante $\phi'(\alpha)$ que es independiente de $k$ y cuyo valor absoluto es estrictamente menor que 1.

**Ejemplo 2.6** La función $\phi(x) = \cos(x)$ satisface todas las hipótesis de la Proposición 2.1. En efecto, $|\phi'(\alpha)| = |\text{sen}(\alpha)| \simeq 0.67 < 1$, y de este modo por la continuidad existe un entorno $I_\alpha$ de $\alpha$ tal que $|\phi'(x)| < 1$ para todo $x \in I_\alpha$. La función $\phi(x) = x^2 - 1$ tiene dos puntos fijos $\alpha_\pm = (1 \pm \sqrt{5})/2$, sin embargo no satisface las hipótesis para ninguno porque $|\phi'(\alpha_\pm)| = |1 \pm \sqrt{5}| > 1$. Las correspondientes iteraciones de punto fijo no convergerán.    ∎

**Ejemplo 2.7 (Dinámica de poblaciones)** Apliquemos las iteraciones de punto fijo a la función $\phi_V(x) = rx/(1 + xK)$ del modelo de Verhulst (2.3) y a la función $\phi_P(x) = rx^2/(1 + (x/K)^2)$, para $r = 3$ y $K = 1$, del modelo depredador/presa (2.4). Empezando por el punto inicial $x^{(0)} = 1$, hallamos el punto fijo $\alpha = 2$ en el primer caso y $\alpha = 2.6180$ en el segundo caso (véase la Figura 2.8). El punto fijo $\alpha = 0$, común a $\phi_V$ y $\phi_P$, puede obtenerse utilizando las iteraciones de punto fijo sobre $\phi_P$ pero no sobre $\phi_V$. De hecho, $\phi'_P(\alpha) = 0$, mientras que $\phi'_V(\alpha) = r > 1$. El tercer punto fijo de $\phi_P$, $\alpha = 0.3820\ldots$, no puede obtenerse mediante iteraciones de punto fijo porque $\phi'_P(\alpha) > 1$.    ∎

El método de Newton no es el único procedimiento iterativo que posee convergencia cuadrática. En efecto, se tiene la siguiente propiedad general.

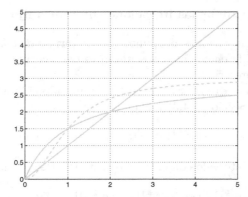

**Figura 2.8.** Dos puntos fijos para dos dinámicas de población diferentes: modelo de Verhulst (*línea continua*) y modelo depredador/presa (*línea de trazos*)

---

**Proposición 2.2** *Supongamos que se satisfacen todas las hipótesis de la Proposición 2.1. Supongamos además que φ es dos veces diferenciable y que*

$$\phi'(\alpha) = 0, \quad \phi''(\alpha) \neq 0.$$

*Entonces las iteraciones de punto fijo (2.17) convergen con orden 2 y*

$$\lim_{k \to \infty} \frac{x^{(k+1)} - \alpha}{(x^{(k)} - \alpha)^2} = \frac{1}{2}\phi''(\alpha) \qquad (2.20)$$

---

El ejemplo 2.5 muestra que las iteraciones de punto fijo (2.17) podrían ser utilizadas para calcular los ceros de la función $f$. Claramente, para cualquier $f$ dada, la función $\phi$ definida en (2.18) no es la única función de iteración posible . Por ejemplo, para la solución de la ecuación $\log(x) = \gamma$, después de poner $f(x) = \log(x) - \gamma$, la elección (2.18) podría conducir a la función de iteración

$$\phi_N(x) = x(1 - \log(x) + \gamma).$$

Otro algoritmo de iteración de punto fijo se podría obtener añadiendo $x$ a ambos lados de la ecuación $f(x) = 0$. La función de iteración asociada es ahora $\phi_1(x) = x + \log(x) - \gamma$. Un método adicional podría obtenerse eligiendo la función de iteración $\phi_2(x) = x\log(x)/\gamma$. No todos estos métodos son convergentes. Por ejemplo, si $\gamma = -2$, los métodos correspondiente a las funciones de iteración $\phi_N$ y $\phi_2$ son ambos convergentes, mientras que el correspondiente a $\phi_1$ no lo es porque $|\phi_1'(x)| > 1$ en un entorno del punto fijo $\alpha$.

### 2.3.1 Cómo terminar las iteraciones de punto fijo

En general, las iteraciones de punto fijo se terminan cuando el valor absoluto de la diferencia entre dos iterantes consecutivos es menor que una tolerancia prescrita $\varepsilon$.

Puesto que $\alpha = \phi(\alpha)$ y $x^{(k+1)} = \phi(x^{(k)})$, usando el teorema del valor medio (véase la Sección 1.4.3) hallamos

$$\alpha - x^{(k+1)} = \phi(\alpha) - \phi(x^{(k)}) = \phi'(\xi^{(k)})\,(\alpha - x^{(k)}) \text{ con } \xi^{(k)} \in I_{\alpha, x^{(k)}},$$

siendo $I_{\alpha, x^{(k)}}$ el intervalo con extremos $\alpha$ y $x^{(k)}$. Usando la identidad

$$\alpha - x^{(k)} = (\alpha - x^{(k+1)}) + (x^{(k+1)} - x^{(k)}),$$

se sigue que

$$\alpha - x^{(k)} = \frac{1}{1 - \phi'(\xi^{(k)})}(x^{(k+1)} - x^{(k)}). \tag{2.21}$$

En consecuencia, si $\phi'(x) \simeq 0$ en un entorno de $\alpha$, la diferencia entre dos iterantes consecutivos proporciona un estimador del error satisfactorio. Este es el caso para los métodos de orden 2, incluyendo el método de Newton. Esta estimación se hace menos satisfactoria a medida que $\phi'$ se aproxima a 1.

**Ejemplo 2.8** Calculemos con el método de Newton el cero $\alpha = 1$ de la función $f(x) = (x-1)^{m-1}\log(x)$ para $m = 11$ y $m = 21$, cuya multiplicidad es igual a $m$. En este caso el método de Newton converge con orden 1; además, es posible probar (véase el Ejercicio 2.15) que $\phi_N'(\alpha) = 1 - 1/m$, siendo $\phi_N$ la función de iteración del método considerado como un algoritmo de iteración de punto fijo. Cuando $m$ crece, la precisión de la estimación del error proporcionada por la diferencia entre dos iterantes consecutivos decrece. Esto es confirmado por los resultados numéricos de la Figura 2.9 donde comparamos el comportamiento del verdadero error con el de nuestro estimador para $m = 11$ y $m = 21$. La diferencia entre estas dos cantidades es mayor para $m = 21$. ■

## 2.4 Aceleración utilizando el método de Aitken

En esta sección ilustraremos una técnica que permite acelerar la convergencia de una sucesión obtenida vía iteraciones de punto fijo. Por consiguiente, supongamos que $x^{(k)} = \phi(x^{(k-1)})$, $k \geq 1$. Si la sucesión $\{x^{(k)}\}$ converge *linealmente* a un punto fijo $\alpha$ de $\phi$, de (2.19) deducimos que, para una $k$ dada, debe existir un valor valor $\lambda$ (a determinar) tal que

$$\phi(x^{(k)}) - \alpha = \lambda(x^{(k)} - \alpha), \tag{2.22}$$

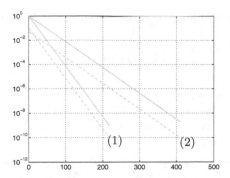

**Figura 2.9.** Valores absolutos de los errores (*línea continua*) y valores absolutos de las diferencias entre dos iterantes consecutivos (*línea de trazos*), frente al número de iteraciones, para el caso del Ejemplo 2.8. La gráfica (1) se refiere a $m = 11$, la gráfica (2) a $m = 21$

donde deliberadamente hemos evitado identificar $\phi(x^{(k)})$ con $x^{(k+1)}$. En efecto, la idea subyacente al método de Aitken consiste en definir un nuevo valor para $x^{(k+1)}$ (y de este modo una nueva sucesión) que es mejor aproximación de $\alpha$ que la dada por $\phi(x^{(k)})$. En realidad, de (2.22) tenemos que

$$\alpha = \frac{\phi(x^{(k)}) - \lambda x^{(k)}}{1 - \lambda} = \frac{\phi(x^{(k)}) - \lambda x^{(k)} + x^{(k)} - x^{(k)}}{1 - \lambda}$$

o

$$\boxed{\alpha = x^{(k)} + (\phi(x^{(k)}) - x^{(k)})/(1 - \lambda)} \qquad (2.23)$$

Ahora debemos calcular $\lambda$. Para ello, introducimos la sucesión

$$\lambda^{(k)} = \frac{\phi(\phi(x^{(k)})) - \phi(x^{(k)})}{\phi(x^{(k)}) - x^{(k)}} \qquad (2.24)$$

y verificamos que se cumple la siguiente propiedad:

---

**Lema 2.1** *Si la sucesión de elementos $x^{(k+1)} = \phi(x^{(k)})$ converge a $\alpha$, entonces* $\lim_{k \to \infty} \lambda^{(k)} = \phi'(\alpha)$.

---

**Demostración 2.1** Si $x^{(k+1)} = \phi(x^{(k)})$, entonces $x^{(k+2)} = \phi(\phi(x^{(k)}))$ y de (2.24), obtenemos que $\lambda^{(k)} = (x^{(k+2)} - x^{(k+1)})/(x^{(k+1)} - x^{(k)})$ o

$$\lambda^{(k)} = \frac{x^{(k+2)} - \alpha - (x^{(k+1)} - \alpha)}{x^{(k+1)} - \alpha - (x^{(k)} - \alpha)} = \frac{\dfrac{x^{(k+2)} - \alpha}{x^{(k+1)} - \alpha} - 1}{1 - \dfrac{x^{(k)} - \alpha}{x^{(k+1)} - \alpha}}$$

de lo cual, calculando el límite y recordando (2.19), hallamos

$$\lim_{k \to \infty} \lambda^{(k)} = \frac{\phi'(\alpha) - 1}{1 - 1/\phi'(\alpha)} = \phi'(\alpha).$$

Gracias al Lema 2.1 podemos concluir, para un $k$ dado, que $\lambda^{(k)}$ puede considerarse como una aproximación del valor desconocido $\lambda$ introducido anteriormente. De este modo, utilizamos (2.24) en (2.23) y definimos un nuevo $x^{(k+1)}$ como sigue:

$$x^{(k+1)} = x^{(k)} - \frac{(\phi(x^{(k)}) - x^{(k)})^2}{\phi(\phi(x^{(k)})) - 2\phi(x^{(k)}) + x^{(k)}}, \quad k \geq 0 \qquad (2.25)$$

Esta expresión se conoce como *fórmula de extrapolación de Aitken* y, gracias a (2.25), puede considerarse como una *nueva* iteración de punto fijo para la función de iteración

$$\phi_\Delta(x) = \frac{x\phi(\phi(x)) - [\phi(x)]^2}{\phi(\phi(x)) - 2\phi(x) + x}$$

(este método se llama a veces *método de Steffensen*). Claramente, la función $\phi_\Delta$ es indeterminada para $x = \alpha$ ya que numerador y denominador se anulan. Sin embargo, aplicando la fórmula de l'Hôpital y suponiendo que $\phi$ es diferenciable con $\phi'(\alpha) \neq 1$ se obtiene que

$$\begin{aligned}
\lim_{x \to \alpha} \phi_\Delta(x) &= \frac{\phi(\phi(\alpha)) + \alpha\phi'(\phi(\alpha))\phi'(\alpha) - 2\phi(\alpha)\phi'(\alpha)}{\phi'(\phi(\alpha))\phi'(\alpha) - 2\phi'(\alpha) + 1} \\
&= \frac{\alpha + \alpha[\phi'(\alpha)]^2 - 2\alpha\phi'(\alpha)}{[\phi'(\alpha)]^2 - 2\phi'(\alpha) + 1} = \alpha.
\end{aligned}$$

En consecuencia, $\phi_\Delta(x)$ puede ser extendida por continuidad a $x = \alpha$ poniendo $\phi_\Delta(\alpha) = \alpha$.

Cuando $\phi(x) = x - f(x)$, el caso $\phi'(\alpha) = 1$ corresponde a una raíz con multiplicidad al menos 2 para $f$ (puesto que $\phi'(\alpha) = 1 - f'(\alpha)$). Sin embargo, en tal situación, podemos probar una vez más evaluando el límite que $\phi_\Delta(\alpha) = \alpha$. Además, también podemos comprobar que los puntos fijos de $\phi_\Delta$ son exclusivamente todos los puntos fijos de $\phi$.

De este modo, el método de Aitken puede aplicarse a cualquier método de resolución de una ecuación no lineal. En efecto, se tiene el siguiente teorema:

**Teorema 2.1** *Considérense las iteraciones de punto fijo (2.17) con $\phi(x) = x - f(x)$ para calcular las raíces de $f$. Entonces si $f$ es suficientemente regular tenemos:*

- *si las iteraciones de punto fijo convergen linealmente a una raíz simple de $f$, entonces el método de Aitken converge cuadráticamente a la misma raíz;*
- *si las iteraciones de punto fijo convergen con orden $p \geq 2$ a una raíz simple de $f$, entonces el método de Aitken converge a la misma raíz con orden $2p - 1$;*
- *si las iteraciones de punto fijo convergen linealmente a una raíz de $f$ con multiplicidad $m \geq 2$, entonces el método de Aitken converge linealmente a la misma raíz con un factor de convergencia asintótico de $C = 1 - 1/m$.*

*En particular, si $p = 1$ y la raíz de $f$ es simple, el método de extrapolación de Aitken converge incluso si las correspondientes iteraciones de punto fijo divergen.*

En el Programa 2.4 presentamos una implementación del método de Aitken. Aquí phi es una *function* (o una *inline function*) que define la expresión de la función de iteración del método para la ecuación no lineal al que se aplica la técnica de extrapolación de Aitken. El dato inicial se define mediante la variable x0, mientras que tol y nmax son la tolerancia del criterio de parada (sobre el valor absoluto de la diferencia entre dos iterantes consecutivos) y el número máximo de iteraciones permitidas, respectivamente. Si éstos no se definen, se asumen los valores por *defecto* nmax=100 y tol=1.e-04.

**Programa 2.4. aitken**: método de Aitken

```
function [x,niter]=aitken(phi,x0,tol,nmax,varargin)
%AITKEN metodo de Aitken.
% [ALPHA,NITER]=AITKEN(PHI,X0) calcula una
% aproximacion de un punto fijo ALPHA de la funcion PHI
% partiendo del dato inicial X0 usando el metodo
% de extrapolacion de Aitken. El metodo se para tras
% 100 iteraciones o despues de que el valor absoluto
% de la diferencia entre dos iterante consecutivos
% es menor que 1.e-04. PHI debe definirse como
% una function o una inline function.
% [ALPHA,NITER]=AITKEN(PHI,X0,TOL,NMAX) permite
% definir la tolerancia del criterio de parada y
% el numero maximo de iteraciones.
if nargin == 2
    tol = 1.e-04;    nmax = 100;
elseif nargin == 3
    nmax = 100;
end
x = x0; diff = tol + 1; niter = 0;
```

```
while niter <= nmax & diff >= tol
    gx = feval(phi,x,varargin{:});
    ggx = feval(phi,gx,varargin{:});
    xnew = (x*ggx-gx^2)/(ggx-2*gx+x);
    diff = abs(x-xnew);
    x = xnew;
    niter = niter  + 1;
end
if niter >= nmax
    fprintf(' No converge en el maximo  ',...
            'numero de iteraciones\n ');
end
return
```

**Ejemplo 2.9** Para calcular la raíz simple $\alpha = 1$ de la función $f(x) = e^x(x-1)$ aplicamos el método de Aitken empezando por las dos funciones de iteración siguientes

$$\phi_0(x) = \log(xe^x), \quad \phi_1(x) = \frac{e^x + x}{e^x + 1}.$$

Utilizamos el Programa 2.4 con tol=1.e-10, nmax=100, x0=2 y definimos las dos funciones de iteración como sigue:

```
phi0 = inline('log(x*exp(x))','x');
phi1 = inline('(exp(x)+x)/(exp(x)+1)','x');
```

Ahora corremos el Programa 2.4 como sigue:

```
[alpha,niter]=aitken(phi0,x0,tol,nmax)
```

```
alpha =
    1.0000 + 0.0000i
niter =
    10
```

```
[alpha,niter]=aitken(phi1,x0,tol,nmax)
```

```
alpha =
    1
niter =
    4
```

Como podemos ver, la convergencia es extremadamente rápida. A modo de comparación, el método con función de iteración $\phi_1$ y el mismo criterio de parada habría requerido 18 iteraciones, mientras que el método correspondiente a $\phi_0$ no habría convergido porque $|\phi_0'(1)| = 2$. ∎

## Resumamos

1. Un número $\alpha$ verificando $\phi(\alpha) = \alpha$ se llama punto fijo de $\phi$. Para calcularlo podemos utilizar las llamadas iteraciones de punto fijo:
   $x^{(k+1)} = \phi(x^{(k)})$;

2. las iteraciones de punto fijo convergen bajo hipótesis apropiadas sobre la función de iteración $\phi$ y su primera derivada. Típicamente, la convergencia es lineal, sin embargo, en el caso especial de que $\phi'(\alpha) = 0$, las iteraciones de punto fijo convergen cuadráticamente;
3. las iteraciones de punto fijo también pueden utilizarse para calcular los ceros de una función;
4. dada una iteración de punto fijo $x^{(k+1)} = \phi(x^{(k)})$, siempre es posible construir una nueva sucesión usando el método de Aitken el cual, en general, converge más rápidamente.

Véanse los Ejercicios 2.15-2.18.

## 2.5 Polinomios algebraicos

En esta sección consideraremos el caso en que $f$ es un polinomio de grado $n \geq 0$ de la forma (1.9). Como ya hemos anticipado, el espacio de todos los polinomios (1.9) se denota por el símbolo $\mathbb{P}_n$. Cuando $n \geq 2$ y todos los coeficientes $a_k$ son reales, si $\alpha \in \mathbb{C}$ es una raíz compleja de $p_n \in \mathbb{P}_n$ (es decir, con $\mathrm{Im}(\alpha) \neq 0$), entonces $\bar{\alpha}$ (el complejo conjugado de $\alpha$) también es una raíz de $p_n$.

El teorema de Abel garantiza que no existe una fórmula explícita para calcular todos los ceros de un polinomio genérico $p_n$, cuando $n \geq 5$. Este hecho motiva el empleo de métodos numéricos para calcular las raíces de $p_n$.

Como hemos visto anteriormente, para tales métodos es importante elegir un dato inicial apropiado $x^{(0)}$ o un intervalo de búsqueda conveniente $[a, b]$ para la raíz. En el caso de los polinomios, esto suele ser posible sobre la base de los siguientes resultados.

---

**Teorema 2.2 (regla de los signos de Descartes)** *Denotemos por $\nu$ el número de cambios de signo de los coeficientes $\{a_j\}$ y por $k$ el número de raíces reales positivas de $p_n$, cada una contada tantas veces como indica su multiplicidad. Entonces $k \leq \nu$ y $\nu - k$ es par.*

---

**Ejemplo 2.10** El polinomio $p_6(x) = x^6 - 2x^5 + 5x^4 - 6x^3 + 2x^2 + 8x - 8$ tiene los ceros $\{+1, +2i, 1+i\}$ y de este modo posee una raíz real positiva ($k = 1$). En efecto, el número de cambios de signo $\nu$ de sus coeficientes es 5 y por tanto $k \leq \nu$ y $\nu - k = 4$ es par. ∎

> **Teorema 2.3 (Cauchy)** *Todos los ceros de $p_n$ se incluyen en el círculo $\Gamma$ del plano complejo*
>
> $$\Gamma = \{z \in \mathbb{C} : |z| \leq 1 + \eta\}, \ donde \ \eta = \max_{0 \leq k \leq n-1} |a_k/a_n|. \quad (2.26)$$

Esta propiedad es apenas útil cuando $\eta \gg 1$ (por ejemplo, para el polinomio $p_6$ del Ejemplo 2.10, tenemos $\eta = 8$, mientras que todas las raíces están en círculos con radios claramente menores).

### 2.5.1 Algoritmo de Hörner

En este párrafo daremos un método para la evaluación efectiva de un polinomio (y su derivada) en un punto dado $z$. Tal algoritmo permite generar un procedimiento automático, llamado *método de deflación*, para la aproximación sucesiva de *todas* las raíces de un polinomio.

Desde el punto de vista algebraico, (1.9) es equivalente a la siguiente representación

$$p_n(x) = a_0 + x(a_1 + x(a_2 + \ldots + x(a_{n-1} + a_n x)\ldots)). \quad (2.27)$$

Sin embargo, mientras que (1.9) requiere $n$ sumas y $2n - 1$ productos para evaluar $p_n(x)$ (para un $x$ dado), (2.27) sólo requiere $n$ sumas y $n$ productos. La expresión (2.27), también conocida como el algoritmo del producto anidado, es la base del algoritmo de Hörner. Este método permite evaluar efectivamente el polinomio $p_n$ en un punto $z$ usando el siguiente *algoritmo de división sintética*

$$\boxed{\begin{aligned} b_n &= a_n, \\ b_k &= a_k + b_{k+1} z, \quad k = n-1, n-2, \ldots, 0 \end{aligned}} \quad (2.28)$$

En (2.28) todos los coeficientes $b_k$ con $k \leq n-1$ dependen de $z$ y podemos comprobar que $b_0 = p_n(z)$. El polinomio

$$q_{n-1}(x; z) = b_1 + b_2 x + \ldots + b_n x^{n-1} = \sum_{k=1}^{n} b_k x^{k-1}, \quad (2.29)$$

de grado $n - 1$ en $x$, depende del parámetro $z$ (vía los coeficientes $b_k$) y se llama *polinomio asociado* a $p_n$. El algoritmo (2.28) se implementa en el Programa 2.5. Los coeficientes $a_j$ del polinomio que se evalúa se almacenan en el vector a empezando desde $a_n$ hasta $a_0$.

**Programa 2.5. horner**: algoritmo de la división sintética

```
function [y,b] = horner(a,z)
%HORNER Algoritmo de Horner
%   Y=HORNER(A,Z) calcula
%   Y = A(1)*Z^N + A(2)*Z^(N-1) + ... + A(N)*Z + A(N+1)
%   usando el algoritmo de Horner de la
%   division sintetica.
n = length(a)-1;
b = zeros(n+1,1);
b(1) = a(1);
for j=2:n+1
    b(j) = a(j)+b(j-1)*z;
end
y = b(n+1);
b = b(1:end-1);
return
```

Ahora queremos introducir un algoritmo tal que, conociendo la raíz de un polinomio (o una aproximación), sea capaz de eliminarla y permitir entonces el cálculo de la siguiente hasta que estén determinadas todas ellas.

Para hacer esto deberíamos recordar la siguiente propiedad de la *división polinómica*:

---

**Proposición 2.3** *Dados dos polinomios* $h_n \in \mathbb{P}_n$ *y* $g_m \in \mathbb{P}_m$ *con* $m \leq n$*, existe un único polinomio* $\delta \in \mathbb{P}_{n-m}$ *y un único polinomio* $\rho \in \mathbb{P}_{m-1}$ *tal que*

$$h_n(x) = g_m(x)\delta(x) + \rho(x). \qquad (2.30)$$

---

De este modo, dividiendo un polinomio $p_n \in \mathbb{P}_n$ por $x - z$ se deduce de (2.30) que

$$p_n(x) = b_0 + (x - z)q_{n-1}(x; z),$$

habiendo denotado por $q_{n-1}$ el cociente y por $b_0$ el resto de la división. Si $z$ es una raíz de $p_n$, entonces tenemos $b_0 = p_n(z) = 0$ y por consiguiente $p_n(x) = (x - z)q_{n-1}(x; z)$. En este caso la ecuación algebraica $q_{n-1}(x; z) = 0$ proporciona las $n - 1$ raíces restantes de $p_n(x)$. Esta observación sugiere adoptar el siguiente *criterio de deflación* para calcular *todas* las raíces de $p_n$:

Para $m = n, n - 1, \ldots, 1$:

1. hallar una raíz $r_m$ de $p_m$ con un método de aproximación apropiado;
2. calcular $q_{m-1}(x; r_m)$ utilizando (2.28)-(2.29) (habiendo definido $z = r_m$);
3. poner $p_{m-1} = q_{m-1}$.

En el párrafo siguiente proponemos el método de este grupo más ampliamente conocido, que utiliza el método de Newton para la aproximación de las raíces.

### 2.5.2 Método de Newton-Hörner

Como su nombre sugiere, el *método de Newton-Hörner* implementa el procedimiento de deflación utilizando el método de Newton para calcular las raíces $r_m$. La ventaja reside en el hecho de que la implementación del método de Newton explota convenientemente el algoritmo de Hörner (2.28).

En realidad, si $q_{n-1}$ es el polinomio asociado a $p_n$ definido en (2.29), puesto que

$$p'_n(x) = q_{n-1}(x; z) + (x - z)q'_{n-1}(x; z),$$

se tiene

$$p'_n(z) = q_{n-1}(z; z).$$

Gracias a esta identidad, el método de Newton-Hörner para la aproximación de una raíz (real o compleja) $r_j$ de $p_n$ $(j = 1, \ldots, n)$ toma la siguiente forma: dada una estimación inicial $r_j^{(0)}$ de la raíz, calcular para cada $k \geq 0$ y hasta la convergencia

$$r_j^{(k+1)} = r_j^{(k)} - \frac{p_n(r_j^{(k)})}{p'_n(r_j^{(k)})} = r_j^{(k)} - \frac{p_n(r_j^{(k)})}{q_{n-1}(r_j^{(k)}; r_j^{(k)})} \tag{2.31}$$

Ahora utilizamos la técnica de deflación, explotando el hecho de que $p_n(x) = (x - r_j)p_{n-1}(x)$. Entonces procedemos a la aproximación de un cero de $p_{n-1}$ y así sucesivamente hasta que sean procesadas todas las raíces de $p_n$.

Nótese que, cuando $r_j \in \mathbb{C}$, es necesario realizar el cálculo en aritmética compleja tomando $r_j^{(0)}$ con parte imaginaria no nula. Caso contrario, el método de Newton-Hörner generaría una sucesión $\{r_j^{(k)}\}$ de números reales.

El método de Newton-Hörner se ha implementado en el Programa 2.6. Los coeficientes $a_j$ del polinomio para el cual intentamos calcular las raíces se almacenan en el vector a empezando desde $a_n$ hasta $a_0$. Los otros parámetros de entrada, tol y nmax, son la tolerancia del criterio de parada (sobre el valor absoluto de la diferencia entre dos iterantes consecutivos) y el número máximo de iteraciones permitidas, respectivamente. Si no se definen, los valores *por defecto* que se asumen son nmax=100 y tol=1.e-04. Como salida, el programa devuelve en los vectores roots e iter las raíces calculadas y el número de iteraciones requeridas para calcular cada uno de los valores, respectivamente.

**Programa 2.6. newtonhorner**: método de Newton-Hörner

```
function [roots,iter]=newtonhorner(a,x0,tol,nmax)
%NEWTONHORNER   metodo de Newton-Horner
% [roots,ITER]=NEWTONHORNER(A,X0) calcula las raices
% del polinomio
% P(X) = A(1)*X^N + A(2)*X^(N-1) + ... + A(N)*X +
% A(N+1)
% usando el metodo de Newton-Horner
% partiendo del dato inicial X0.
% El metodo se para para cada raiz
% despues de 100 iteraciones o despues de que
% el valor absoluto de la
% diferencia entre dos iterantes consecutivos
% sea menor que 1.e-04.
% [roots,ITER]=NEWTONHORNER(A,X0,TOL,NMAX) permite
% definir la tolerancia sobre el criterio de parada
% y el numero maximo de iteraciones.
if nargin == 2
    tol = 1.e-04; nmax = 100;
elseif nargin == 3
    nmax = 100;
end
n=length(a)-1; roots = zeros(n,1); iter = zeros(n,1);
for k = 1:n
    % Iteraciones de Newton
    niter = 0; x = x0; diff = tol + 1;
    while niter <= nmax & diff >= tol
        [pz,b] = horner(a,x);   [dpz,b] = horner(b,x);
        xnew = x - pz/dpz;        diff = abs(xnew-x);
        niter = niter + 1;        x = xnew;
    end
    if niter >= nmax
        fprintf(' No converge en el maximo ',...
                'numero de iteraciones\n ');
    end
    % Deflation
    [pz,a] = horner(a,x); roots(k) = x; iter(k) = niter;
end
return
```

**Observación 2.1** Con vistas a minimizar la propagación de los errores de redondeo durante el proceso de deflación es mejor aproximar primero la raíz $r_1$ con mínimo valor absoluto y, a continuación, proceder al cálculo de las siguientes raíces $r_2, r_3, \ldots$, hasta que se obtenga la de mayor valor absoluto (para saber más, véase por ejemplo [QSS06]).    •

**Ejemplo 2.11** Para calcular las raíces $\{1, 2, 3\}$ del polinomio $p_3(x) = x^3 - 6x^2 + 11x - 6$ utilizamos el Programa 2.6

```
a=[1 -6 11 -6]; [x,niter]=newtonhorner(a,0,1.e-15,100)

x =
    1
    2
    3
```

```
niter =
     8
     8
     2
```

El método calcula las tres raíces con precisión en unas pocas iteraciones. Sin embargo, como se señaló en la Observación 2.1, el método no siempre es tan efectivo. Por ejemplo, si consideramos el polinomio $p_4(x) = x^4 - 7x^3 + 15x^2 - 13x + 4$ (que tiene la raíz 1 con multiplicidad 3 y una raíz simple de valor 4) encontramos los siguientes resultados

```
a=[1 -7 15 -13 4]; format long;
[x,niter]=newtonhorner(a,0,1.e-15,100)
```

```
x =
    1.00000693533737
    0.99998524147571
    1.00000782324144
    3.99999999994548
niter =
     61
    101
      6
      2
```

La pérdida de precisión es bastante evidente para el cálculo de la raíz múltiple, y se hace menos relevante a medida que la multiplicidad crece (véase [QSS06]). ∎

## 2.6 Lo que no le hemos dicho

Los métodos más sofisticados para el cálculo de los ceros de una función combinan diferentes algoritmos. En particular, la función de MATLAB
fzero    **fzero** (véase la Sección 1.4.1) adopta el llamado método de Dekker-Brent (véase [QSS06], Sección 6.2.3). En su forma básica `fzero(fun,x0)` calcula los ceros de la función `fun`, donde `fun` puede ser una cadena de caracteres que es una función de x, el nombre de una *inline function*, o el nombre de un *m-file*.

Por ejemplo, podríamos resolver el problema del Ejemplo 2.1 también mediante `fzero`, usando el valor inicial `x0=0.3` (como se hizo con el método de Newton) vía las instrucciones siguientes:

```
function y=Ifunc(I)
y=6000 - 1000*(1+I)/I*((1+I)^5 - 1);
end

x0=0.3;
[alpha,res,flag]=fzero('Ifunc',x0);
```

Obtenemos **alpha**=0.06140241153653 con residuo **res**=9.0949e-13 en **iter**=29 iteraciones. Un valor de **flag** negativo significa que **fzero** no puede hallar el cero. El método de Newton converge en 6 iteraciones al valor 0.06140241153652 con un residuo igual a 2.3646e-11.

Para calcular los ceros de un polinomio, además del método de Newton-Hörner podemos citar los métodos basados en sucesiones de Sturm, el método de Müller, (véase [Atk89] o [QSS06]) y el método de Bairstow ([RR85], página 371 y siguiente). Una enfoque diferente consiste en caracterizar los ceros de una función como los autovalores de una matriz especial (llamada *matriz compañera*) y entonces usar técnicas apropiadas para su cálculo. Este enfoque es el adoptado por la función de MATLAB **roots** que ha sido introducida en la Sección 1.4.2.

Hemos visto en la Sección 2.2.2 cómo aplicar el método de Newton a un sistema no lineal como (2.13). De forma más general, cualquier método de iteración funcional puede extenderse fácilmente para calcular las raíces de sistemas no lineales. También existen otros métodos, como el de Broyden y los métodos quasi-Newton, que pueden ser considerados como generalizaciones del método de Newton (véase [DS83], [Deu04], [QSS06, Capítulo 7]) y [SM03].

La instrucción de MATLAB **zero=fsolve('fun',x0)** permite el   **fsolve** cálculo de un cero de un sistema no lineal definido vía la función de usuario **fun**, empezando por el vector **x0** como conjetura inicial. La función **fun** devuelve los $n$ valores $f_i(\bar{x}_1, \dots, \bar{x}_n)$, $i = 1, \dots, n$, para cualquier vector de entrada $(\bar{x}_1, \dots, \bar{x}_n)^T$.

Por ejemplo, para resolver el sistema no lineal (2.15) utilizando **fsolve**, la correspondiente función de usuario en MATLAB, que llamamos **systemnl**, se define como sigue:

```
function fx=systemnl(x)
fx(1) = x(1)^2+x(2)^2-1;
fx(2) = sin(pi*0.5*x(1))+x(2)^3;
```

Por consiguiente, las instrucciones de MATLAB para resolver este sistema son

```
x0 = [1 1];
alpha=fsolve('systemnl',x0)

alpha =
    0.4761   -0.8794
```

Utilizando este procedimiento hemos hallado sólo una de las dos raíces. La otra puede calcularse empezando desde el dato inicial -x0.

**Octave 2.1** Los comandos **fzero** y **fsolve** tienen exactamente el mismo objetivo en MATLAB que en Octave, sin embargo el interfaz difiere ligeramente entre MATLAB y Octave en los argumentos opcionales. Animamos al lector a estudiar la documentación de ayuda (**help**) de ambos comandos en cada entorno, para los detalles adicionales.  ∎

## 2.7 Ejercicios

**Ejercicio 2.1** Dada la función $f(x) = \cosh x + \cos x - \gamma$, para $\gamma = 1, 2, 3$ hallar un intervalo que contenga al cero de $f$. A continuación calcular el cero por el método de bisección con una tolerancia de $10^{-10}$.

**Ejercicio 2.2 (Ecuación de estado de un gas)** Para el dióxido de carbono ($CO_2$) los coeficientes $a$ y $b$ en (2.1) toman los siguiente valores: $a = 0.401$Pa m$^6$, $b = 42.7 \cdot 10^{-6}$m$^3$ (Pa significa Pascal). Hallar el volumen ocupado por 1000 moléculas de $CO_2$ a la temperatura $T = 300$K y la presión $p = 3.5 \cdot 10^7$ Pa por el método de bisección, con una tolerancia de $10^{-12}$ (la constante de Boltzmann es $k = 1.3806503 \cdot 10^{-23}$ Joule K$^{-1}$).

**Ejercicio 2.3** Considérese un plano cuya pendiente varía con tasa constante $\omega$, y un objeto sin dimensiones que está parado en el instante inicial $t = 0$. En el tiempo $t > 0$ su posición es

$$s(t, \omega) = \frac{g}{2\omega^2}[\text{senh}(\omega t) - \text{sen}(\omega t)],$$

donde $g = 9.8$ m/s$^2$ denota la aceleración de la gravedad. Suponiendo que este objeto se ha movido un metro en un segundo, calcular el correspondiente valor de $\omega$ con una tolerancia de $10^{-5}$.

**Ejercicio 2.4** Probar la desigualdad (2.6).

**Ejercicio 2.5** Razonar por qué en el Programa 2.1 la instrucción x(2) = x(1)+(x(3)- x(1))*0.5 ha sido utilizada para calcular el punto medio, en lugar de la más natural x(2)=(x(1)+x(3))*0.5.

**Ejercicio 2.6** Aplicar el método de Newton para resolver el Ejercicio 2.1. ¿Por qué este método no tiene buena precisión cuando $\gamma = 2$?

**Ejercicio 2.7** Aplicar el método de Newton para calcular la raíz de un número positivo $a$. Proceder de la misma manera para calcular la raíz cúbica de $a$.

**Ejercicio 2.8** Suponiendo que el método de Newton converge, demostrar que (2.9) es cierto cuando $\alpha$ es una raíz simple de $f(x) = 0$ y $f$ es dos veces continuamente diferenciable en un entorno de $\alpha$.

**Ejercicio 2.9 (Estática)** Aplicar el método de Newton para resolver el Problema 2.3 para $\beta \in [0, 2\pi/3]$ con una tolerancia de $10^{-5}$. Supóngase que las longitudes de las barras son $a_1 = 10$ cm, $a_2 = 13$ cm, $a_3 = 8$ cm y $a_4 = 10$ cm. Para cada valor de $\beta$ considérense dos posibles datos iniciales, $x^{(0)} = -0.1$ y $x^{(0)} = 2\pi/3$.

**Ejercicio 2.10** Nótese que la función $f(x) = e^x - 2x^2$ tiene 3 ceros, $\alpha_1 < 0$, $\alpha_2$ y $\alpha_3$ positivo. ¿Para qué valores de $x^{(0)}$ el método de Newton converge a $\alpha_1$?

**Ejercicio 2.11** Usar el método de Newton para calcular el cero de $f(x) = x^3 - 3x^2 2^{-x} + 3x4^{-x} - 8^{-x}$ en $[0, 1]$ y explicar por qué la convergencia no es cuadrática.

**Ejercicio 2.12** Se lanza un proyectil con velocidad $v_0$ y ángulo $\alpha$ en un túnel de altura $h$ y alcanza su rango máximo cuando $\alpha$ es tal que $\mathrm{sen}(\alpha) = \sqrt{2gh/v_0^2}$, donde $g = 9.8$ m/s$^2$ es la aceleración de la gravedad. Calcular $\alpha$ utilizando el método de Newton, suponiendo que $v_0 = 10$ m/s y $h = 1$ m.

**Ejercicio 2.13 (Fondo de inversión)** Resolver el Problema 2.1 por el método de Newton con una tolerancia de $10^{-12}$, suponiendo $M = 6000$ euros, $v = 1000$ euros y $n = 5$. Como conjetura inicial tomar el resultado obtenido después de 5 iteraciones del método de bisección aplicado en el intervalo $(0.01, 0.1)$.

**Ejercicio 2.14** Un pasillo tiene la forma indicada en la Figura 2.10. La máxima longitud $L$ de una barra que puede pasar de un extremo al otro deslizándose sobre el suelo está dada por

$$L = l_2/(\mathrm{sen}(\pi - \gamma - \alpha)) + l_1/\mathrm{sen}(\alpha),$$

donde $\alpha$ es la solución de la ecuación no lineal

$$l_2 \frac{\cos(\pi - \gamma - \alpha)}{\mathrm{sen}^2(\pi - \gamma - \alpha)} - l_1 \frac{\cos(\alpha)}{\mathrm{sen}^2(\alpha)} = 0. \tag{2.32}$$

Calcular $\alpha$ por el método de Newton cuando $l_2 = 10$, $l_1 = 8$ y $\gamma = 3\pi/5$.

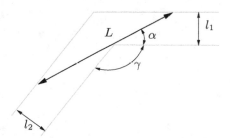

**Figura 2.10.** Problema de una barra deslizándose en un pasillo

**Ejercicio 2.15** Sea $\phi_N$ la función de iteración del método de Newton cuando se considera como una iteración de punto fijo. Demostrar que $\phi_N'(\alpha) = 1 - 1/m$ donde $\alpha$ es un cero de $f$ con multiplicidad $m$. Deducir que el método de Newton converge cuadráticamente si $\alpha$ es una raíz simple de $f(x) = 0$, y linealmente en otro caso.

**Ejercicio 2.16** Deducir de la gráfica de $f(x) = x^3 + 4x^2 - 10$ que esta función tiene un único cero real $\alpha$. Para calcular $\alpha$ utilizar las siguientes iteraciones de punto fijo: dado $x^{(0)}$, definir $x^{(k+1)}$ tal que

$$x^{(k+1)} = \frac{2(x^{(k)})^3 + 4(x^{(k)})^2 + 10}{3(x^{(k)})^2 + 8x^{(k)}}, \qquad k \geq 0,$$

y analizar su convergencia a $\alpha$.

**Ejercicio 2.17** Analizar la convergencia de las iteraciones de punto fijo

$$x^{(k+1)} = \frac{x^{(k)}[(x^{(k)})^2 + 3a]}{3(x^{(k)})^2 + a}, \quad k \geq 0,$$

para el cálculo de la raíz cuadrada de un número positivo $a$.

**Ejercicio 2.18** Repetir los cálculos realizados en el Ejercicio 2.11, esta vez utilizando el criterio de parada basado en el residuo. ¿Qué resultado es más preciso?

# 3

# Aproximación de funciones y datos

Aproximar una función $f$ consiste en reemplazarla por otra de forma más simple, $\tilde{f}$, que puede ser usada como un sucedáneo. Como veremos en el capítulo siguiente, esta estrategia se utiliza frecuentemente en integración numérica donde, en lugar de calcular $\int_a^b f(x)dx$, uno lleva a cabo el cálculo exacto de $\int_a^b \tilde{f}(x)dx$, siendo $\tilde{f}$ una función fácil de integrar (por ejemplo un polinomio). En otros casos la función $f$ puede estar disponible sólo parcialmente por medio de sus valores en algunos puntos seleccionados. En esos casos deseamos construir una función continua $\tilde{f}$ que podría representar la ley empírica que está detrás del conjunto finito de datos. Proporcionamos ejemplos que ilustran este tipo de enfoque.

**Problema 3.1 (Climatología)** La temperatura del aire cerca de la tierra depende de la concentración $K$ de ácido carbónico ($H_2CO_3$) en él. En la Tabla 3.1 recogemos, para diferentes latitudes sobre la tierra y para diferentes valores de $K$, la variación $\delta_K = \theta_K - \theta_{\bar{K}}$ de la temperatura promedio con respecto a la temperatura promedio correspondiente a un valor de referencia $\bar{K}$ de $K$. Aquí $\bar{K}$ se refiere al valor medido en 1896, y está normalizado a uno. En este caso podemos generar una función que, sobre la base de los datos disponibles, proporcione un valor aproximado de la temperatura promedio en cualquier latitud posible y para otros valores de $K$ (véase el Ejemplo 3.1). ■

**Problema 3.2 (Finanzas)** En la Figura 3.1 recogemos el precio de una acción en la Bolsa de Zurich a lo largo de dos años. La curva fue obtenida uniendo con una línea recta los precios recogidos al cierre de cada día. Esta representación simple asume implícitamente que los precios cambian linealmente en el curso del día (anticipamos que esta aproximación se llama interpolación lineal compuesta). Nos preguntamos si a partir de esta gráfica uno podría predecir el precio de la acción para un corto intervalo de tiempo más allá de la última cotización. Veremos en la Sección

| Latitud | $\delta_K$ | | | |
|---|---|---|---|---|
| | $K = 0.67$ | $K = 1.5$ | $K = 2.0$ | $K = 3.0$ |
| 65 | -3.1 | 3.52 | 6.05 | 9.3 |
| 55 | -3.22 | 3.62 | 6.02 | 9.3 |
| 45 | -3.3 | 3.65 | 5.92 | 9.17 |
| 35 | -3.32 | 3.52 | 5.7 | 8.82 |
| 25 | -3.17 | 3.47 | 5.3 | 8.1 |
| 15 | -3.07 | 3.25 | 5.02 | 7.52 |
| 5 | -3.02 | 3.15 | 4.95 | 7.3 |
| -5 | -3.02 | 3.15 | 4.97 | 7.35 |
| -15 | -3.12 | 3.2 | 5.07 | 7.62 |
| -25 | -3.2 | 3.27 | 5.35 | 8.22 |
| -35 | -3.35 | 3.52 | 5.62 | 8.8 |
| -45 | -3.37 | 3.7 | 5.95 | 9.25 |
| -55 | -3.25 | 3.7 | 6.1 | 9.5 |

**Tabla 3.1.** Variación de la temperatura media anual de la tierra para cuatro valores diferentes de la concentración $K$ del ácido carbónico a diferentes latitudes (tomada de Philosophical Magazine 41, 237 (1896))

3.4 que este tipo de predicción podría ser conjeturada recurriendo a una técnica especial conocida como aproximación de datos por *mínimos cuadrados* (véase el Ejemplo 3.9).    ■

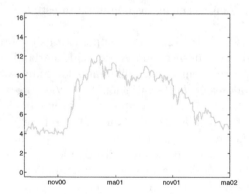

**Figura 3.1.** Variación del precio de una acción a lo largo de dos años

**Problema 3.3 (Biomecánica)** Consideramos un test mecánico para establecer la relación entre tensiones y deformaciones en una muestra de tejido biológico (un disco intervertebral, véase la Figura 3.2). Partiendo de los datos recogidos en la Tabla 3.2, en el Ejemplo 3.10 estimaremos la deformación correspondiente a una tensión de $\sigma = 0.9$ MPa (MPa= 100 N/cm$^2$).    ■

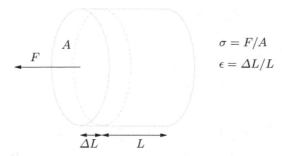

$$\sigma = F/A$$
$$\epsilon = \Delta L/L$$

**Figura 3.2.** Representación esquemática de un disco intervertebral

| test | tensión $\sigma$ | deformación $\epsilon$ | test | tensión $\sigma$ | deformación $\epsilon$ |
|------|--------|----------|------|--------|----------|
| 1 | 0.00 | 0.00 | 5 | 0.31 | 0.23 |
| 2 | 0.06 | 0.08 | 6 | 0.47 | 0.25 |
| 3 | 0.14 | 0.14 | 7 | 0.60 | 0.28 |
| 4 | 0.25 | 0.20 | 8 | 0.70 | 0.29 |

**Tabla 3.2.** Valores de la deformación para diferentes valores de la tensión aplicada a un disco intervertebral (tomada de P. Komarek, Cap. 2 de *Biomechanics of Clinical Aspects of Biomedicine*, 1993, J. Valenta ed., Elsevier)

**Problema 3.4 (Robótica)** Queremos aproximar la trayectoria plana seguida por un robot (idealizado como un punto material) durante un ciclo de trabajo en una industria. El robot debería satisfacer unas cuantas restricciones: en el instante inicial (pongamos, $t = 0$) debe estar estacionado en el punto $(0,0)$ del plano, transitar a través del punto $(1,2)$ en $t = 1$, alcanzar el punto $(4,4)$ en $t - 2$, parar y volver a cmpezar inmediatamente y alcanzar el punto $(3,1)$ en $t = 3$, volver al punto inicial en el tiempo $t = 5$, parar y recomenzar un nuevo ciclo de trabajo. En el Ejemplo 3.7 resolveremos este problema usando funciones *spline*.
■

Una función $f$ puede ser reemplazada en un intervalo dado por su polinomio de Taylor, que fue introducido en la Sección 1.4.3. Esta técnica es cara computacionalmente porque requiere el conocimiento de $f$ y sus derivadas hasta el orden $n$ (el grado del polinomio) en un punto $x_0$. Además, el polinomio de Taylor puede fallar para representar a $f$ suficientemente lejos del punto $x_0$. Por ejemplo, en la Figura 3.3 comparamos el comportamiento de $f(x) = 1/x$ con el de su polinomio de Taylor de grado 10 construido alrededor del punto $x_0 = 1$. Esta gráfica también muestra el interfaz gráfico de la función de MATLAB taylortool   taylortool que permite el cálculo del polinomio de Taylor de grado arbitrario para cualquier función dada $f$. La concordancia entre la función y su polinomio de Taylor es muy buena en un pequeño entorno de $x_0 = 1$ mientras que resulta insatisfactoria cuando $x - x_0$ se hace grande. Afortu-

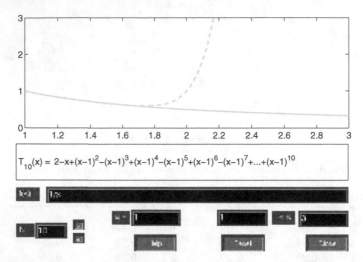

**Figura 3.3.** Comparación entre la función $f(x) = 1/x$ (*línea continua*) y su polinomio de Taylor de grado 10 referido al punto $x_0 = 1$ (*línea de trazos*). También se muestra la forma explícita del polinomio de Taylor

nadamente, no es éste el caso de otras funciones tales como la función exponencial que se aproxima bastante bien, para todo $x \in \mathbb{R}$, por su polinomio de Taylor referido a $x_0 = 0$, con tal de que el grado $n$ sea suficientemente grande.

En el curso de este capítulo introduciremos métodos de aproximación basados en enfoques alternativos.

## 3.1 Interpolación

Como hemos visto en los Problemas 3.1, 3.2 y 3.3, en varias aplicaciones puede suceder que una función sea conocida sólo por sus valores en algunos puntos dados. Por consiguiente, nos enfrentamos a un caso (general) cuando se dan $n + 1$ pares $\{x_i, y_i\}$, $i = 0, \ldots, n$; los puntos $x_i$ son todos distintos y se llaman *nudos*.

Por ejemplo, en el caso de la Tabla 3.1, $n$ es igual a 12, los nudos $x_i$ son los valores de la latitud recogidos en la primera columna, mientras que los $y_i$ son los correspondientes valores (de la temperatura) en las restantes columnas.

En esta situación parece natural exigir a la función aproximada $\tilde{f}$ que satisfaga el conjunto de relaciones

$$\tilde{f}(x_i) = y_i, \quad i = 0, 1, \ldots, n \tag{3.1}$$

Una tal $\tilde{f}$ se llama *interpolante* del conjunto de datos $\{y_i\}$ y las ecuaciones (3.1) son las condiciones de interpolación.

Podrían considerarse varios tipos de interpolantes como:

- *el interpolante polinómico*:

$$\tilde{f}(x) = a_0 + a_1 x + a_2 x^2 + \ldots + a_n x^n;$$

- *el interpolante trigonométrico*:

$$\tilde{f}(x) = a_{-M} e^{-iMx} + \ldots + a_0 + \ldots + a_M e^{iMx},$$

donde $M$ es un entero igual a $n/2$ si $n$ es par, $(n-1)/2$ si $n$ es impar, e $i$ es la unidad imaginaria;
- *el interpolante racional*:

$$\tilde{f}(x) = \frac{a_0 + a_1 x + \ldots + a_k x^k}{a_{k+1} + a_{k+2} x + \ldots + a_{k+n+1} x^n}.$$

Por simplicidad solamente consideramos aquellos interpolantes que dependen linealmente de los coeficientes desconocidos $a_i$. Ambos, los interpolantes polinómico y trigonométrico, entran en esta categoría, mientras que el interpolante racional no.

### 3.1.1 Polinomio de interpolación de Lagrange

Centrémonos en la interpolación polinómica. Se tiene el siguiente resultado:

---

**Proposición 3.1** *Para cualquier conjunto de pares* $\{x_i, y_i\}$, $i = 0, \ldots, n$, *con nudos distintos* $x_i$, *existe un único polinomio de grado menor o igual que* $n$, *que indicamos por* $\Pi_n$ *y llamamos polinomio de interpolación de los valores* $y_i$ *en los nudos* $x_i$, *tal que*

$$\boxed{\Pi_n(x_i) = y_i, \quad i = 0, \ldots, n} \qquad (3.2)$$

*En caso de que los* $\{y_i, i = 0, \ldots, n\}$ *representen los valores alcanzados por una función continua* $f$, $\Pi_n$ *se llama polinomio de interpolación de* $f$ *(abreviadamente, interpolante de* $f$*) y será denotado por* $\Pi_n f$.

---

Para verificar la unicidad procedemos por reducción al absurdo. Supongamos que existan dos polinomios distintos de grado $n$, $\Pi_n$ y $\Pi_n^*$, ambos satisfaciendo la relación nodal (3.2). Su diferencia, $\Pi_n - \Pi_n^*$, será un polinomio de grado $n$ que se anula en $n + 1$ puntos distintos. Debido a un teorema de Álgebra bien conocido, tal polinomio debería anularse idénticamente y entonces $\Pi_n^*$ coincidir con $\Pi_n$.

Para obtener una expresión para $\Pi_n$, empezamos por un caso muy especial en el que $y_i$ se anula para todo $i$ salvo $i = k$ (para un $k$ fijo) para el cual $y_k = 1$. Poniendo entonces $\varphi_k(x) = \Pi_n(x)$, debemos tener (véase la Figura 3.4)

$$\varphi_k \in \mathbb{P}_n, \quad \varphi_k(x_j) = \delta_{jk} = \begin{cases} 1 & \text{si } j = k, \\ 0 & \text{caso contrario,} \end{cases}$$

donde $\delta_{jk}$ es el símbolo de Kronecker.

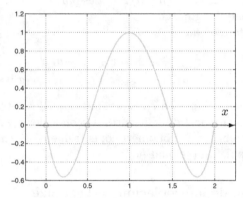

**Figura 3.4.** El polinomio $\varphi_2 \in \mathbb{P}_4$ asociado a un conjunto de 5 nudos equiespaciados

Las funciones $\varphi_k$ tienen las siguiente expresión:

$$\varphi_k(x) = \prod_{\substack{j=0 \\ j \neq k}}^{n} \frac{x - x_j}{x_k - x_j}, \qquad k = 0, \dots, n. \tag{3.3}$$

Vamos ahora al caso general en que $\{y_i, i = 0, \dots, n\}$ es un conjunto de valores arbitrarios. Usando un principio de superposición obvio podemos obtener la siguiente expresión para $\Pi_n$

$$\boxed{\Pi_n(x) = \sum_{k=0}^{n} y_k \varphi_k(x)} \tag{3.4}$$

En efecto, este polinomio satisface las condiciones de interpolación (3.2), puesto que

$$\Pi_n(x_i) = \sum_{k=0}^{n} y_k \varphi_k(x_i) = \sum_{k=0}^{n} y_k \delta_{ik} = y_i, \quad i = 0, \dots, n.$$

Debido a su papel especial, las funciones $\varphi_k$ se llaman *polinomios característicos de Lagrange*, y (3.4) es la *forma de Lagrange* del interpolante. En MATLAB podemos almacenar los n+1 pares $\{(x_i, y_i)\}$ en los vectores x e y, y entonces la instrucción c=polyfit(x,y,n) proporcionará los coeficientes del polinomio de interpolación. Para ser más precisos, c(1) contendrá el coeficiente de $x^n$, c(2) el de $x^{n-1}$, ... y c(n+1) el valor de $\Pi_n(0)$. (Más información sobre este comando puede encontrarse en la Sección 3.4). Como ya hemos visto en el Capítulo 1, después podemos utilizar la instrucción p=polyval(c,z) para calcular el valor p(j) alcanzado por el polinomio de interpolación en z(j), j=1,...,m, siendo este último un conjunto de m puntos arbitrarios.

polyfit

En caso de que la forma explícita de la función f esté disponible, podemos usar la instrucción y=eval(f) para obtener el vector y de valores de f en algunos nudos específicos (que se almacenarían en un vector x).

**Ejemplo 3.1 (Climatología)** Para obtener el polinomio de interpolación de los datos del Problema 3.1 relativos al valor $K = 0.67$ (primera columna de la Tabla 3.1), empleando sólo los valores de la temperatura para las latitudes 65, 35, 5, -25, -55, podemos utilizar las siguientes instrucciones de MATLAB:

```
x=[-55 -25 5 35 65]; y=[-3.25 -3.2 -3.02 -3.32 -3.1];
format short e; c=polyfit(x,y,4)
```

```
c =
   8.2819e-08  -4.5267e-07  -3.4684e-04   3.7757e-04  -3.0132e+00
```

La gráfica del polinomio de interpolación se puede obtener como sigue:

```
z=linspace(x(1),x(end),100);
p=polyval(c,z);
plot(z,p);hold on;plot(x,y,'o');grid on;
```

Para conseguir una curva regular hemos evaluado nuestro polinomio en 101 puntos equiespaciados en el intervalo $[-55, 65]$ (en realidad, los dibujos de MATLAB se construyen siempre por interpolación lineal a trozos entre puntos cercanos). Nótese que la instrucción x(end) toma directamente la última componente del vector x, sin especificar la longitud del vector. En la Figura 3.5 los círculos rellenos corresponden a aquellos valores que han sido utilizados para construir el polinomio de interpolación, mientras que los círculos vacíos corresponden a los valores que no han sido usados. Podemos apreciar la concordancia cualitativa entre la curva y la distribución de datos. ∎

Utilizando el resultado siguiente podemos evaluar el error obtenido reemplazando f por su polinomio de interpolación $\Pi_n f$:

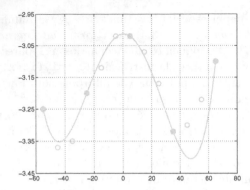

**Figura 3.5.** Polinomio de interpolación de grado 4 introducido en el Ejemplo 3.1

---

**Proposición 3.2** *Sea $I$ un intervalo acotado y consideremos $n +$ 1 nudos distintos de interpolación $\{x_i, i = 0, \ldots, n\}$ en $I$. Sea $f$ continuamente diferenciable hasta el orden $n + 1$ en $I$. Entonces $\forall x \in I \ \exists \xi \in I$ tal que*

$$E_n f(x) = f(x) - \Pi_n f(x) = \frac{f^{(n+1)}(\xi)}{(n+1)!} \prod_{i=0}^{n} (x - x_i) \qquad (3.5)$$

---

Obviamente, $E_n f(x_i) = 0$, $i = 0, \ldots, n$.

El resultado (3.5) puede especificarse mejor en el caso de una distribución uniforme de nudos, esto es, cuando $x_i = x_{i-1} + h$ para $i = 1, \ldots, n$, para un $h > 0$ y un $x_0$ dados. Como se ha establecido en el Ejercicio 3.1, $\forall x \in (x_0, x_n)$ se puede comprobar que

$$\left| \prod_{i=0}^{n} (x - x_i) \right| \le n! \frac{h^{n+1}}{4}, \qquad (3.6)$$

y, por consiguiente,

$$\max_{x \in I} |E_n f(x)| \le \frac{\max_{x \in I} |f^{(n+1)}(x)|}{4(n+1)} h^{n+1}. \qquad (3.7)$$

Desafortunadamente, no podemos deducir de (3.7) que el error tienda a 0 cuando $n \to \infty$, a pesar de que $h^{n+1}/[4(n+1)]$ tiende a 0. De hecho, como se muestra en el Ejemplo 3.2, existen funciones $f$ para las cuales el límite puede ser incluso infinito, esto es,

$$\lim_{n \to \infty} \max_{x \in I} |E_n f(x)| = \infty.$$

Este sorprendente resultado indica que, haciendo crecer el grado $n$ del polinomio de interpolación, no necesariamente obtenemos una mejor reconstrucción de $f$. Por ejemplo, si utilizásemos todos los datos de la segunda columna de la Tabla 3.1, obtendríamos el polinomio de interpolación $\Pi_{12}f$ representado en la Figura 3.6, cuyo comportamiento en el entorno del extremo izquierdo del intervalo es mucho menos satisfactorio que el obtenido en la Figura 3.5 usando un número mucho más pequeño de nudos. Un resultado aún peor puede ocurrir para una clase especial de funciones, como recogemos en el siguiente ejemplo.

**Ejemplo 3.2 (Runge)** Si la función $f(x) = 1/(1+x^2)$ se interpola en nudos equiespaciados en el intervalo $I = (-5, 5)$, el error $\max_{x \in I} |E_n f(x)|$ tiende a infinito cuando $n \to \infty$. Esto se debe al hecho de que si $n \to \infty$ el orden de magnitud de $\max_{x \in I} |f^{(n+1)}(x)|$ pesa más que el orden infinitesimal de $h^{n+1}/[4(n+1)]$. Esta conclusión puede comprobarse calculando el máximo de $f$ y sus derivadas hasta el orden 21 por medio de las siguientes instrucciones de MATLAB:

```
syms x; n=20; f=1/(1+x^2); df=diff(f,1);
cdf = char(df);
for i = 1:n+1, df = diff(df,1); cdfn = char(df);
 x = fzero(cdfn,0); M(i) = abs(eval(cdf)); cdf = cdfn;
end
```

Los máximos de los valores absolutos de las funciones $f^{(n)}$, $n = 1, \ldots, 21$, se almacenan en el vector M. Nótese que el comando **char** convierte la expresión simbólica **df** en una cadena de caracteres que puede ser evaluada mediante la función **fzero**. En particular, los máximos de los valores absolutos de $f^{(n)}$ para $n = 3, 9, 15, 21$ son:

```
>> M([3,9,15,21]) =
ans =
    4.6686e+00   3.2426e+05   1.2160e+12   4.8421e+19
```

mientras que los correspondiente valores del máximo de $\prod_{i=0}^{n}(x - x_i)/(n+1)!$ son

```
z = linspace(-5,5,10000);
for n=0:20; h=10/(n+1); x=[-5:h:5];
  c=poly(x);
  r(n+1)=max(polyval(c,z));
  r(n+1)=r(n+1)/prod([1:n+2]);
end
r([3,9,15,21])

ans =

    2.8935e+00   5.1813e-03   8.5854e-07   2.1461e-11
```

c=poly(x) es un vector cuyas componentes son los coeficientes del polinomio   poly
cuyas raíces son los elementos del vector x. Se sigue que $\max_{x \in I} |E_n f(x)|$
alcanza los valores siguientes:

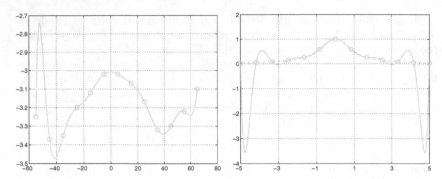

**Figura 3.6.** Dos ejemplos del fenómeno de Runge: a la izquierda, $\Pi_{12}$ calculado para los datos de la Tabla 3.1, columna $K = 0.67$; a la derecha, $\Pi_{12}f$ (*línea continua*) calculado sobre los 13 nudos equiespaciados para la función $f(x) = 1/(1 + x^2)$ (*línea de trazos*)

```
>> format short e;
   1.3509e+01    1.6801e+03    1.0442e+06    1.0399e+09
```

para $n = 3, 9, 15, 21$, respectivamente.

La falta de convergencia viene indicada también por la presencia de oscilaciones severas en la gráfica del polinomio de interpolación con respecto a la gráfica $f$, especialmente cerca de los extremos del intervalo (véase la Figura 3.6, parte derecha). Este comportamiento se conoce como *fenómeno de Runge*.   ∎

Además de (3.7), puede probarse la siguiente desigualdad:

$$\max_{x \in I} |f'(x) - (\Pi_n f)'(x)| \leq Ch^n \max_{x \in I} |f^{(n+1)}(x)|,$$

donde $C$ es una constante independiente de $h$. Por consiguiente, si aproximamos la primera derivada de $f$ por la primera derivada de $\Pi_n f$, perdemos un orden de convergencia con respecto a $h$.

En MATLAB, $(\Pi_n f)'$ puede calcularse utilizando la instrucción
polyder    [d]= polyder(c), donde c es el vector de entrada en el que almacenamos los coeficientes del polinomio de interpolación, mientras que d es el vector de salida donde almacenamos los coeficientes de su primera derivada (véase la Sección 1.4.2).

polyderiv   **Octave 3.1** El comando análogo en Octave es d=polyderiv(c).   ∎

Véanse los Ejercicios 3.1-3.4.

### 3.1.2 Interpolación de Chebyshev

El fenómeno de Runge puede evitarse si se usa una distribución apropiada de los nudos. En particular, en un intervalo arbitrario $[a, b]$, podemos considerar los llamados *nudos de Chebyshev* (véase la Figura 3.7,

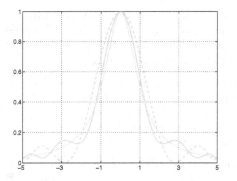
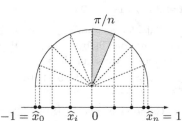

**Figura 3.7.** La figura de la izquierda muestra la comparación entre la función $f(x) = 1/(1 + x^2)$ (*línea continua delgada*) y sus polinomios de interpolación de Chebyshev de grado 8 (*línea de trazos*) y 12 (*línea continua gruesa*). Nótese que la amplitud de las oscilaciones espurias decrece cuando el grado crece. La figura de la derecha muestra la distribución de los nudos de Chebyshev en el intervalo $[-1, 1]$

derecha):

$$x_i = \frac{a+b}{2} + \frac{b-a}{2}\widehat{x}_i, \text{ donde } \widehat{x}_i = -\cos(\pi i/n), \quad i = 0, \ldots, n \qquad (3.8)$$

(Obviamente, $x_i = \widehat{x}_i$, $i = 0, \ldots, n$, cuando $[a, b] = [-1, 1]$).
En efecto, para esta distribución especial de los nudos es posible probar que, si $f$ es una función continua y diferenciable en $[a, b]$, $\Pi_n f$ converge a $f$ cuando $n \to \infty$ para todo $x \in [a, b]$.

Los nudos de Chebyshev, que son las abscisas de nudos equiespaciados sobre la semicircunferencia unidad, están en el interior de $[a, b]$ y se acumulan cerca de los puntos extremos de este intervalo (véase la Figura 3.7).

Otra distribución no uniforme de nudos en el intervalo $(a, b)$, que comparten las mismas propiedades de convergencia que los nudos de Chebyshev, viene proporcionada por

$$x_i = \frac{a+b}{2} - \frac{b-a}{2}\cos\left(\frac{2i+1}{n+1}\frac{\pi}{2}\right), \quad i = 0, \ldots, n \qquad (3.9)$$

**Ejemplo 3.3** Consideramos de nuevo la función $f$ del ejemplo de Runge y calculamos su polinomio de interpolación en los nudos de Chebyshev. Estos últimos pueden obtenerse mediante las siguientes instrucciones de MATLAB:

```
xc = -cos(pi*[0:n]/n);  x = (a+b)*0.5+(b-a)*xc*0.5;
```

donde **n+1** es el número de nudos, mientras que **a** y **b** son los puntos extremos del intervalo de interpolación (en lo que sigue elegimos **a=-5** y **b=5**). Entonces calculamos el polinomio de interpolación mediante las siguientes instrucciones:

```
f= '1./(1+x.^2)'; y = eval(f); c = polyfit(x,y,n);
```

Calculemos ahora los valores absolutos de las diferencias entre $f$ y su interpolante de Chebyshev en 1001 puntos equiespaciados del intervalo $[-5, 5]$ y tomemos el valor máximo del error:

```
x = linspace(-5,5,1000); p=polyval(c,x);
fx = eval(f); err = max(abs(p-fx));
```

Como vemos en la Tabla 3.3, el máximo del error decrece cuando $n$ crece. ∎

| $n$ | 5 | 10 | 20 | 40 |
|---|---|---|---|---|
| $E_n$ | 0.6386 | 0.1322 | 0.0177 | 0.0003 |

**Tabla 3.3.** Error de interpolación de Chebyshev para la función de Runge $f(x) = 1/(1 + x^2)$

### 3.1.3 Interpolación trigonométrica y FFT

Queremos aproximar una función periódica $f : [0, 2\pi] \to \mathbb{C}$, es decir satisfaciendo $f(0) = f(2\pi)$, por un polinomio trigonométrico $\tilde{f}$ que interpole a $f$ en los $n + 1$ nudos $x_j = 2\pi j/(n + 1)$, $j = 0, \dots, n$, es decir,

$$\tilde{f}(x_j) = f(x_j), \text{ para } j = 0, \dots, n. \tag{3.10}$$

El *interpolante* $\tilde{f}$ se obtiene mediante una combinación lineal de senos y cosenos.

En particular, si $n$ es par, $\tilde{f}$ tendrá la forma

$$\tilde{f}(x) = \frac{a_0}{2} + \sum_{k=1}^{M} [a_k \cos(kx) + b_k \text{sen}(kx)], \tag{3.11}$$

donde $M = n/2$ mientras que, si $n$ es impar,

$$\tilde{f}(x) =$$
$$\frac{a_0}{2} + \sum_{k=1}^{M} [a_k \cos(kx) + b_k \text{sen}(kx)] + a_{M+1} \cos((M + 1)x), \tag{3.12}$$

donde $M = (n - 1)/2$. Podemos reescribir (3.11) como

$$\tilde{f}(x) = \sum_{k=-M}^{M} c_k e^{ikx}, \tag{3.13}$$

siendo $i$ la unidad imaginaria. Los coeficientes complejos $c_k$ están relacionados con los coeficientes $a_k$ y $b_k$ (también complejos) como sigue:

$$a_k = c_k + c_{-k}, \quad b_k = i(c_k - c_{-k}), \quad k = 0, \dots, M. \tag{3.14}$$

En efecto, de (1.5) se sigue que $e^{ikx} = \cos(kx) + i\operatorname{sen}(kx)$ y

$$\sum_{k=-M}^{M} c_k e^{ikx} = \sum_{k=-M}^{M} c_k \left( \cos(kx) + i\operatorname{sen}(kx) \right)$$
$$= \sum_{k=1}^{M} \left[ c_k(\cos(kx) + i\operatorname{sen}(kx)) + c_{-k}(\cos(kx) - i\operatorname{sen}(kx)) \right] + c_0.$$

Por consiguiente deducimos (3.11), gracias a las relaciones (3.14).

Análogamente, cuando $n$ es impar, (3.12) resulta

$$\tilde{f}(x) = \sum_{k=-(M+1)}^{M+1} c_k e^{ikx}, \tag{3.15}$$

donde los coeficientes $c_k$ para $k = 0, \dots, M$ son los mismos de antes, mientras que $c_{M+1} = c_{-(M+1)} = a_{M+1}/2$. En ambos casos, podríamos escribir

$$\tilde{f}(x) = \sum_{k=-(M+\mu)}^{M+\mu} c_k e^{ikx}, \tag{3.16}$$

con $\mu = 0$ si $n$ es par y $\mu = 1$ si $n$ es impar. Si $f$ fuese real, sus coeficientes $c_k$ satisfarían $c_{-k} = \bar{c}_k$; de (3.14) se sigue que los coeficientes $a_k$ y $b_k$ son todos reales.

A causa de su analogía con las series de Fourier, $\tilde{f}$ se llama *serie de Fourier discreta*. Imponiendo la condición de interpolación en los nudos $x_j = jh$, con $h = 2\pi/(n+1)$, hallamos que

$$\sum_{k=-(M+\mu)}^{M+\mu} c_k e^{ikjh} = f(x_j), \qquad j = 0, \dots, n. \tag{3.17}$$

Para el cálculo de los coeficientes $\{c_k\}$ multipliquemos las ecuaciones (3.17) por $e^{-imx_j} = e^{-imjh}$, donde $m$ es un entero entre 0 y $n$, y luego sumemos con respecto a $j$:

$$\sum_{j=0}^{n} \sum_{k=-(M+\mu)}^{M+\mu} c_k e^{ikjh} e^{-imjh} = \sum_{j=0}^{n} f(x_j) e^{-imjh}. \tag{3.18}$$

Ahora requerimos la siguiente identidad:

$$\sum_{j=0}^{n} e^{ijh(k-m)} = (n+1)\delta_{km}.$$

Esta identidad es obviamente cierta si $k = m$. Cuando $k \neq m$ tenemos

$$\sum_{j=0}^{n} e^{ijh(k-m)} = \frac{1 - \left(e^{i(k-m)h}\right)^{n+1}}{1 - e^{i(k-m)h}}.$$

El numerador del segundo miembro es nulo porque

$$1 - e^{i(k-m)h(n+1)} = 1 - e^{i(k-m)2\pi}$$

$$= 1 - \cos((k-m)2\pi) - i\mathrm{sen}((k-m)2\pi).$$

Por consiguiente, de (3.18) obtenemos la siguiente expresión explícita para los coeficientes de $\tilde{f}$:

$$c_k = \frac{1}{n+1} \sum_{j=0}^{n} f(x_j) e^{-ikjh}, \qquad k = -(M+\mu), \dots, M+\mu \qquad (3.19)$$

El cálculo de todos los coeficientes $\{c_k\}$ puede realizarse con un número de operaciones del orden de $n\log_2 n$ usando la *transformada rápida de Fourier* (FFT), que está implementada en el programa de
fft    MATLAB fft (véase el Ejemplo 3.4). Similares conclusiones se verifican para la transformada inversa a través de la cual obtenemos los valores $\{f(x_j)\}$ a partir de los coeficientes $\{c_k\}$. La transformada rápida inversa
ifft   de Fourier está implementada en el programa de MATLAB ifft.

**Ejemplo 3.4** Considérese la función $f(x) = x(x - 2\pi)e^{-x}$ para $x \in [0, 2\pi]$. Para usar el programa de MATLABfft primero calculamos los valores de $f$ en los nudos $x_j = j\pi/5$ para $j = 0, \dots, 9$ mediante las instrucciones siguientes (recuérdese que .* is el producto de vectores componente a componente):
x=pi/5*[0:9]; y=x.*(x-2*pi).*exp(-x);

Ahora, mediante la FFT calculamos el vector de los coeficientes de Fourier, Y= $(n+1)[c_0, \dots, c_{M+\mu}, c_{-M}, \dots, c_{-1}]$, con las siguientes instrucciones:
Y=fft(y);

```
Y =
 Columns 1 y 2:
  -6.52032 + 0.00000i   -0.46728 + 4.20012i
 Columns 3 y 4:
   1.26805 + 1.62110i    1.09849 + 0.60080i
 Columns 5 y 6:
   0.92585 + 0.21398i    0.87010 + 0.00000i
 Columns 7 y 8:
   0.92585 - 0.21398i    1.09849 - 0.60080i
 Columns 9 y 10:
   1.26805 - 1.62110i   -0.46728 - 4.20012i
```

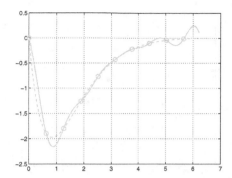

**Figura 3.8.** La función $f(x) = x(x - 2\pi)e^{-x}$ (*línea de trazos*) y el correspondiente interpolante (*línea continua*) relativo a 10 nudos equiespaciados

Nótese que el programa `ifft` alcanza la máxima eficiencia cuando $n$ es una potencia de 2, aunque trabaja para cualquier valor de $n$.    ■

El comando `interpft` proporciona el interpolante de un conjunto de datos. Requiere como entrada un entero $m$ y un vector que representa los valores tomados por una función (periódica con período $p$) en el conjunto de puntos $x_j = jp/(n+1)$, $j = 0, \ldots, n$. `interpft` devuelve los $m$ valores del interpolante, obtenidos mediante la transformada de Fourier, en los nudos $t_i = ip/m$, $i = 0, \ldots, m-1$. Por ejemplo, reconsideremos la función del Ejemplo 3.4 en $[0, 2\pi]$ y tomamos sus valores en 10 nudos equiespaciados $x_j = j\pi/5$, $j = 0, \ldots, 9$. Los valores del interpolante en, digamos, los 100 nudos equiespaciados $t_i = i\pi/100$, $i = 0, \ldots, 99$ pueden calcularse como sigue (véase la Figura 3.8)

`interpft`

```
x=pi/5*[0:9]; y=x.*(x-2*pi).*exp(-x); z=interpft(y,100);
```

En algunos casos la precisión de la interpolación trigonométrica puede degradarse dramáticamente, como se muestra en el siguiente ejemplo.

**Ejemplo 3.5** Aproximemos la función $f(x) = f_1(x) + f_2(x)$, con $f_1(x) = \text{sen}(x)$ y $f_2(x) = \text{sen}(5x)$, usando nueve nudos equiespaciados en el intervalo $[0, 2\pi]$. El resultado se muestra en la Figura 3.9. Nótese que en algunos intervalos la aproximación trigonométrica muestra incluso una inversión de fase con respecto a la función $f$.    ■

Esta pérdida de precisión puede explicarse como sigue. En los nudos considerados, la función $f_2$ es indistinguible de $f_3(x) = -\text{sen}(3x)$ que tiene una frecuencia inferior (véase la Figura 3.10). La función que realmente se aproxima es, por consiguiente, $F(x) = f_1(x) + f_3(x)$ y no $f(x)$ (de hecho, la línea de trazos de la Figure 3.9 coincide con $F$).

Este fenómeno se conoce como *aliasing* y puede ocurrir cuando la función que se quiere aproximar es la suma de varias componentes que tienen diferentes frecuencias. Tan pronto como el número de nudos no es

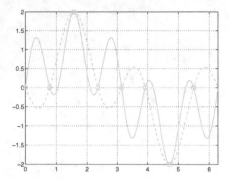

**Figura 3.9.** Los efectos de *aliasing*: comparación entre la función $f(x) =$ sen$(x) +$ sen$(5x)$ (*línea continua*) y su interpolante (3.11) con $M = 3$ (*línea de trazos*)

suficiente para resolver las frecuencias más altas, estas últimas pueden interferir con las bajas frecuencias, dando origen a interpolantes de poca precisión. Con objeto de conseguir una mejor aproximación para funciones con frecuencias altas, uno tiene que incrementar el número de nudos de interpolación.

Un ejemplo de *aliasing* en la vida real lo proporciona la aparente inversión del sentido de rotación de los radios de una rueda. Una vez que se alcanza una velocidad crítica, el cerebro humano ya no es capaz de muestrear con precisión la imagen móvil y, consiguientemente, produce imágenes distorsionadas.

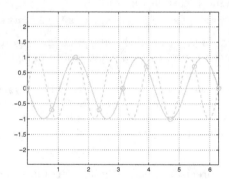

**Figura 3.10.** El fenómeno de *aliasing*: las funciones sen$(5x)$ (*línea de trazos*) y $-$sen$(3x)$ (*línea de puntos*) toman los mismos valores en los nudos de interpolación. Esta circunstancia explica la pérdida severa de precisión mostrada en la Figura 3.9

# Resumamos

1. Aproximar un conjunto de datos o una función $f$ en $[a, b]$ consiste en hallar una función apropiada $\tilde{f}$ que los represente con suficiente precisión;
2. el proceso de interpolación consiste en determinar una función $\tilde{f}$ tal que $\tilde{f}(x_i) = y_i$, donde los $\{x_i\}$ son los nudos dados y los $\{y_i\}$ son los valores $\{f(x_i)\}$ o bien un conjunto de valores prescritos;
3. si los $n + 1$ nudos $\{x_i\}$ son distintos, existe un único polinomio de grado menor o igual que $n$ que interpola un conjunto de valores prescritos $\{y_i\}$ en los nudos $\{x_i\}$;
4. para una distribución equiespaciada de los nudos en $[a, b]$, el error de interpolación en cualquier punto de $[a, b]$ no necesariamente tiende a 0 cuando $n$ tiende a infinito. Sin embargo, existen distribuciones especiales de los nudos, por ejemplo los nudos de Chebyshev, para los cuales esta propiedad de convergencia se verifica para todas las funciones continuas;
5. la interpolación trigonométrica es apropiada para aproximar funciones periódicas, y se basa en elegir $\tilde{f}$ como combinación lineal de funciones seno y coseno. La FFT es un algoritmo muy eficiente que permite el cálculo de los coeficientes de Fourier de un interpolante a partir de sus valores nodales y admite una inversa igualmente rápida, la IFFT.

## 3.2 Interpolación lineal a trozos

El interpolante de Chebyshev proporciona una aproximación precisa de funciones regulares $f$ cuya expresión es conocida. Cuando $f$ no es regular o cuando $f$ sólo se conoce por sus valores en un conjunto de puntos (que no coincide con los nudos de Chebyshev), uno puede recurrir a un método de interpolación diferente, que se llama interpolación lineal compuesta.

Concretamente, dada una distribución (no necesariamente uniforme) de nudos $x_0 < x_1 < \ldots < x_n$, denotamos por $I_i$ el intervalo $[x_i, x_{i+1}]$. Aproximamos $f$ por una función continua que, sobre cada intervalo, está dada por el segmento que une los dos puntos $(x_i, f(x_i))$ y $(x_{i+1}, f(x_{i+1}))$ (véase la Figura 3.11). Esta función, denotada por $\Pi_1^H f$, se llama *interpolación lineal polinómica a trozos* de $f$ y su expresión es:

$$\Pi_1^H f(x) = f(x_i) + \frac{f(x_{i+1}) - f(x_i)}{x_{i+1} - x_i}(x - x_i) \qquad \text{para } x \in I_i.$$

El superíndice $H$ denota la máxima longitud de los intervalos $I_i$.

El siguiente resultado se puede inferir de (3.7) poniendo $n = 1$ y $h = H$:

```
El  método converge en 1149 iteraciones
D =
   -30.6430
    29.7359
   -11.6806
     0.5878
```

∎

Un caso especial es el de las matrices grandes y huecas. En esas cir-
eigs   cunstancias, si A se almacena en modo hueco el comando eigs(A,k)
permite el cálculo de los *k* primeros autovalores de mayor módulo de A.

Finalmente, mencionemos cómo calcular los valores singulares de una
svd   matriz rectangular. Se dipone de dos funciones de MATLAB: svd y
svds   svds. La primera calcula todos los valores singulares de una matriz, la
última sólo los k mayores. El entero k debe fijarse a la entrada (por
defecto, k=6). Remitimos a [ABB$^+$99] para una descripción completa
del algoritmo que se utiliza realmente.

**Ejemplo 6.9 (Compresión de imágenes)**   Con el comando de MATLAB
imread   A= imread('pout.tif') cargamos una imagen en blanco y negro que esté
presente en la *toolbox* de MATLAB *Image Processing*. La variable A es una
matriz de 291 por 240 números enteros de ocho bits (uint8) que representan
las intensidades de gris.
imshow   El comando imshow(A) produce la imagen de la izquierda de la Figura 6.5.
Para calcular la SVD de A primero debemos convertir A en una matriz en doble
precisión (los números de punto flotante usados habitualmente por MAT-
LAB), mediante el comando A=double(A). Ahora, ponemos [U,S,V]=svd(A).
En el medio de la Figura 6.5 presentamos la imagen que se obtiene utilizando
sólo los 20 primeros valores singulares de S, mediante los comandos
X=U(:,1:20)*S(1:20,1:20)*(V(:,1:20))'; imshow(uint8(X));

La imagen de la derecha, en la Figura 6.5, se obtiene a partir de los 40
primeros valores singulares. Requiere el almacenamiento de 21280 coeficientes
(dos matrices de $291 \times 40$ y $240 \times 40$ más los 40 valores singulares ) en lugar
de los 69840 que se requerirían para almacenar la imagen original.   ∎

**Octave 6.1** Los comandos svds y eigs para calcular los valores singulares y los autovalores de matrices huecas no están disponibles todavía
en Octave.   ∎

## Resumamos

1. El método de la iteraciones QR permite la aproximación de todos
   los autovalores de una matriz dada A;

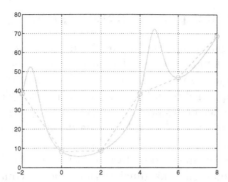

**Figura 3.11.** La función $f(x) = x^2 + 10/(\text{sen}(x) + 1.2)$ (*línea continua*) y su interpolación lineal polinómica a trozos $\Pi_1^H f$ (*línea de trazos*)

---

**Proposición 3.3** *Si* $f \in C^2(I)$, *donde* $I = [x_0, x_n]$, *entonces*

$$\max_{x \in I} |f(x) - \Pi_1^H f(x)| \leq \frac{H^2}{8} \max_{x \in I} |f''(x)|.$$

---

Por tanto, para todo $x$ en el intervalo de interpolación, $\Pi_1^H f(x)$ tiende a $f(x)$ cuando $H \to 0$, con tal de que $f$ sea suficientemente regular.

**erp1**    A través de la instrucción $\mathtt{s1=interp1(x,y,z)}$ se pueden calcular los valores en puntos arbitrarios, que son almacenados en el vector $\mathtt{z}$, de la función lineal a trozos que interpola los valores $\mathtt{y(i)}$ en los nudos $\mathtt{x(i)}$, para $\mathtt{i = 1,...,n+1}$. Nótese que $\mathtt{z}$ puede tener dimensión arbitraria. Si los nudos están en orden creciente (es decir $\mathtt{x(i+1) > x(i)}$, para

**rp1q**    $\mathtt{i=1,...,n}$) entonces podemos usar la versión más rápida $\mathtt{interp1q}$ (q quiere decir rápida). Nótese que $\mathtt{interp1q}$ es más rápido que $\mathtt{interp1}$ sobre datos no uniformemente espaciados porque no hace ningún chequeo sobre los datos de entrada.

Merece la pena mencionar que el comando $\mathtt{fplot}$, que se utiliza para mostrar la gráfica de una función $f$ sobre un intervalo dado $[a, b]$, reemplaza en efecto la función por su interpolante lineal a trozos. El conjunto de los nudos de interpolación se genera automáticamente a partir de la función, siguiendo el criterio de agrupar estos nudos alrededor de los puntos donde $f$ muestra fuertes variaciones. Un procedimiento de este tipo se llama *adaptativo*.

**Octave 3.2** $\mathtt{interp1q}$ no está disponible en Octave.    ■

## 3.3 Aproximación por funciones *spline*

Del mismo modo que hemos hecho para la interpolación lineal a trozos, también se puede definir la interpolación polinómica a trozos de grado $n \geq 2$. Por ejemplo, la interpolante cuadrática a trozos $\Pi_2^H f$ es una función continua que, sobre cada intervalo $I_i$, reemplaza a $f$ por su interpolación polinómica en los puntos extremos de $I_i$ y en su punto medio. Si $f \in C^3(I)$, el error $f - \Pi_2^H f$ en la norma del máximo decae como $H^3$ si $H$ tiende a cero.

El principal inconveniente de esta interpolación a trozos es que $\Pi_k^H f$ con $k \geq 1$, no es más que una función globalmente continua. En realidad, en varias aplicaciones, por ejemplo en gráficos por computador, es deseable tener una aproximación por funciones regulares que tengan al menos una derivada continua.

Con este objetivo, podemos construir una función $s_3$ con las siguientes propiedades:

1. sobre cada intervalo $I_i = [x_i, x_{i+1}]$, para $i = 0, \ldots, n-1$, $s_3$ es un polinomio de grado 3 que interpola los pares de valores $(x_j, f(x_j))$ para $j = i, i+1$;
2. $s_3$ tiene derivadas primera y segunda continuas en los nudos $x_i$, $i = 1, \ldots, n-1$.

Para su completa determinación, necesitamos 4 condiciones sobre cada intervalo, por consiguiente un total de $4n$ ecuaciones que podemos proporcionar como sigue:

- $n+1$ condiciones provienen del requerimiento de interpolación en los nudos $x_i$, $i = 0, \ldots, n$;
- $n-1$ ecuaciones adicionales se siguen del requerimiento de continuidad del polinomio en los nudos interiores $x_1, \ldots, x_{n-1}$;
- $2(n-1)$ nuevas ecuaciones se obtienen exigiendo que las derivadas primera y segunda sean continuas en los nudos interiores.

Todavía nos faltan dos ecuaciones adicionales, que podemos elegir *por ejemplo* como

$$s_3''(x_0) = 0, \quad s_3''(x_n) = 0. \tag{3.20}$$

La función $s_3$ que obtenemos de esta forma se llama *spline cúbico natural de interpolación*.

Eligiendo apropiadamente las incógnitas para representar $s_3$ (véase [QSS06, Sección 8.6.1]), llegamos a un sistema $(n+1) \times (n+1)$ con matriz tridiagonal que puede resolverse mediante un número de operaciones proporcional a $n$ (véase la Sección 5.4) y cuya solución son los valores $s''(x_i)$ para $i = 0, \ldots, n$.

Usando el Programa 3.1, esta solución puede obtenerse con un número de operaciones igual a la dimensión del propio sistema (véase la Sección 5.4). Los parámetros de entrada son los vectores x e y de los nudos y los datos para interpolar, más el vector zi de las abscisas donde queremos evaluar el *spline* $s_3$.

En lugar de (3.20) pueden elegirse otra condiciones para cerrar el sistema de ecuaciones; por ejemplo podríamos prescribir el valor de la primera derivada de $s_3$ en los dos puntos extremos $x_0$ y $x_n$.

Salvo que se especifique lo contrario, el Programa 3.1 calcula el *spline* cúbico de interpolación natural. Los parámetros óptimos type y der (un vector con dos componentes) sirven para seleccionar otros tipos de *splines*. Con type=0 el Programa 3.1 calcula el *spline* cúbico de interpolación cuya primera derivada se da mediante der(1) en $x_0$ y der(2) en $x_n$. Con type=1 obtenemos el *spline* cúbico de interpolación cuyos valores de la segunda derivada en los extremos se dan mediante der(1) en $x_0$ y der(2) en $x_n$.

**Programa 3.1. cubicspline**: *spline* cúbico de interpolación

```
function s=cubicspline(x,y,zi,type,der)
%CUBICSPLINE calcular un spline cubico
% S=CUBICSPLINE(X,Y,ZI) calcula el valor en
% las abscisas ZI del spline cubico natural de
% interpolacion
% que interpola los valores  Y en los nudos X.
% S=CUBICSPLINE(X,Y,ZI,TYPE,DER) si TYPE=0 calcula
% los valores en las abscisas ZI del spline cubico
% que interpola los valores Y con primera derivada
% en los extremos igual a los valores DER(1) y DER(2).
% Si TYPE=1 los valores DER(1) y DER(2) son los de
% la segunda derivada en los extremos.
[n,m]=size(x);
if n == 1
    x = x';    y = y';    n = m;
end
if nargin == 3
    der0 = 0; dern = 0; type = 1;
else
    der0 = der(1); dern = der(2);
end
h = x(2:end)-x(1:end-1);
e = 2*[h(1); h(1:end-1)+h(2:end); h(end)];
A = spdiags([[h; 0] e [0; h]],-1:1,n,n);
d = (y(2:end)-y(1:end-1))./h;
rhs = 3*(d(2:end)-d(1:end-1));
if type == 0
    A(1,1) = 2*h(1);    A(1,2) = h(1);
    A(n,n) = 2*h(end); A(end,end-1) = h(end);
    rhs = [3*(d(1)-der0); rhs; 3*(dern-d(end))];
else
    A(1,:) = 0; A(1,1) = 1;
    A(n,:) = 0; A(n,n) = 1;
    rhs = [der0; rhs; dern];
end
S = zeros(n,4);
S(:,3) = A\rhs;
for m = 1:n-1
    S(m,4) = (S(m+1,3)-S(m,3))/3/h(m);
```

```
        S(m,2) = d(m) - h(m)/3*(S(m + 1,3)+2*S(m,3));
        S(m,1) = y(m);
end
S = S(1:n-1, 4:-1:1);   pp = mkpp(x,S);
 s = ppval(pp,zi);
return
```

El comando de MATLAB spline (véase también la *toolbox* splines) spli▮
fuerza a la tercera derivada de $s_3$ a ser continua en $x_1$ y $x_{n-1}$. A esta
condición se le da el curioso nombre de *condición no un nudo*. Los
parámetros de entrada son los vectores x e y y el vector zi (mismo significado que antes). Los comandos mkpp y ppval que se usan en el Programa    mkpp
3.1 son útiles para construir y evaluar un polinomio compuesto.    ppva

**Ejemplo 3.6** Consideremos de nuevo los datos de la Tabla 3.1 correspondientes a la columna $K = 0.67$ y calculemos el *spline* cubico asociado $s_3$.
Los diferentes valores de la latitud proporcionan los nudos $x_i$, $i = 0, \ldots, 12$.
Si estamos interesados en calcular los valores $s_3(z_i)$, donde $z_i = -55 + i$,
$i = 0, \ldots, 120$, podemos proceder como sigue:

```
x = [-55:10:65];
y = [-3.25 -3.37 -3.35 -3.2 -3.12 -3.02 -3.02 ...
     -3.07 -3.17 -3.32 -3.3 -3.22 -3.1];
z = [-55:1:65];
s = spline(x,y,z);
```

La gráfica de $s_3$, que se recoge en la Figura 3.12, parece más plausible que la
del interpolante de Lagrange en los mismos nudos.    ■

**Ejemplo 3.7 (Robótica)** Para hallar la trayectoria de un robot satisfaciendo las restricciones dadas, descomponemos el intervalo de tiempo $[0,5]$
en los dos subintervalos $[0,2]$ y $[2,5]$. Entonces en cada subintervalo buscamos
dos *splines* de interpolación, $x = x(t)$ e $y = y(t)$, que interpolen los valores
dados y tengan derivada nula en los extremos.

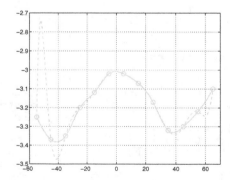

**Figura 3.12.** Comparación entre el *spline* cúbico y el interpolante de Lagrange
para el caso considerado en el Ejemplo 3.6

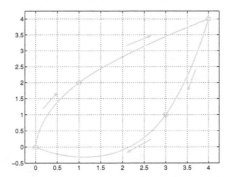

**Figura 3.13.** Trayectoria en el plano $xy$ del robot descrito en el Problema 3.4. Los círculos representan la posición de los puntos de control a través de los cuales debería pasar el robot durante su movimiento

Utilizando el Programa 3.1 obtenemos el resultado deseado mediante las instrucciones:

```
x1 = [0 1 4]; y1 = [0 2 4];
t1 = [0 1 2]; ti1 = [0:0.01:2];
x2 = [0 3 4]; y2 = [0 1 4];
t2 = [0 2 3]; ti2 = [0:0.01:3]; d=[0,0];
six1 = cubicspline(t1,x1,ti1,0,d);
siy1 = cubicspline(t1,y1,ti1,0,d);
six2 = cubicspline(t2,x2,ti2,0,d);
siy2 = cubicspline(t2,y2,ti2,0,d);
```

La trayectoria obtenida se dibuja en la Figura 3.13.    ∎

El error que obtenemos al aproximar una función $f$ (continuamente diferenciable hasta su cuarta derivada) por el *spline* cúbico natural satisface las siguientes desigualdades:

$$\max_{x\in I}|f^{(r)}(x) - s_3^{(r)}(x)| \leq C_r H^{4-r}\max_{x\in I}|f^{(4)}(x)|, \quad r = 0,1,2,3,$$

donde $I = [x_0, x_n]$ y $H = \max_{i=0,\dots,n-1}(x_{i+1} - x_i)$, mientras que $C_r$ es una constante apropiada que depende de $r$, pero que es independiente de $H$. Entonces está claro que no sólo $f$, sino también sus derivadas primera, segunda y tercera se aproximan bien mediante $s_3$ cuando $H$ tiende a 0.

**Observación 3.1** En general los *splines* cúbicos no preservan la monotonía entre dos nudos vecinos. Por ejemplo, aproximando la circunferencia unidad en el primer cuadrante usando los puntos $(x_k = \text{sen}(k\pi/6), y_k = \cos(k\pi/6))$, para $k = 0,\dots,3$, obtendríamos un *spline* oscilatorio (véase la Figura 3.14). En estos casos, pueden ser más apropiadas otras técnicas de aproximación. Por ejemplo, el comando de MATLAB `pchip` proporciona el interpolante de Hermite cúbico a trozos que es localmente monótono e interpola la función y su primera derivada en los nudos $\{x_i, i = 1,\dots,n-1\}$ (véase la Figura 3.14). El interpolante de Hermite se puede obtener utilizando las siguientes

`chip`

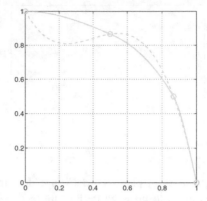

**Figura 3.14.** Aproximación del primer cuarto de la circunferencia unidad usando sólo 4 nudos. La línea de trazos es el *spline* cúbico, mientras que la línea continua es el interpolante de Hermite cúbico a trozos

instrucciones:

```
t = linspace(0,pi/2,4)
x = cos(t); y = sin(t);
xx = linspace(0,1,40);
plot(x,y,'o',xx,[pchip(x,y,xx);spline(x,y,xx)])
```

Véanse los Ejercicios 3.5-3.8.

## 3.4 Método de mínimos cuadrados

Ya hemos observado que una interpolación de Lagrange no garantiza una mejor aproximación de una función dada cuando el grado del polinomio se hace grande. Este problema puede ser superado mediante la interpolación compuesta (tal como la interpolación lineal a trozos o por *splines*). Sin embargo, ninguna es apropiada para extrapolar información de los datos disponibles, esto es, para generar nuevos valores en puntos situados fuera del intervalo donde se dan los nudos de interpolación.

**Ejemplo 3.8 (Finanzas)** Sobre la base de los datos recogidos en la Figura 3.1, nos gustaría predecir si el precio de la acción crecerá a disminuirá en los próximos días. El polinomio de interpolación no es práctico, ya que requeriría un polinomio (tremendamente oscilatorio) de grado 719 que proporcionaría una predicción completamente errónea. Por otra parte, la interpolación lineal a trozos, cuya gráfica se recoge en la Figura 3.1, proporciona resultados extrapolados explotando sólo los valores de los dos últimos días, despreciando de este modo la historia previa. Para conseguir un mejor resultado obviaríamos el requerimiento de interpolación, invocando una aproximación de mínimos cuadrados como se indica más abajo. ■

Supongamos que se dispone de los datos $\{(x_i, y_i), i = 0, \ldots, n\}$, donde ahora $y_i$ podría representar los valores $f(x_i)$ alcanzados por una función dada $f$ en los nudos $x_i$. Para un entero dado $m \geq 1$ (usualmente, $m \ll n$) buscamos un polinomio $\tilde{f} \in \mathbb{P}_m$ que satisfaga la desigualdad

$$\boxed{\sum_{i=0}^{n} [y_i - \tilde{f}(x_i)]^2 \leq \sum_{i=0}^{n} [y_i - p_m(x_i)]^2} \tag{3.21}$$

para cada polinomio $p_m \in \mathbb{P}_m$. Si existe, $\tilde{f}$ será llamada *aproximación de mínimos cuadrados* en $\mathbb{P}_m$ del conjunto de datos $\{(x_i, y_i), i = 0, \ldots, n\}$. Salvo $m \geq n$, en general no será posible garantizar que $\tilde{f}(x_i) = y_i$ para todo $i = 0, \ldots, n$.

Poniendo

$$\tilde{f}(x) = a_0 + a_1 x + \ldots + a_m x^m, \tag{3.22}$$

donde los coeficientes $a_0, \ldots, a_m$ son desconocidos, el problema (3.21) puede ser replanteado como sigue: hallar $a_0, a_1, \ldots, a_m$ tales que

$$\Phi(a_0, a_1, \ldots, a_m) = \min_{\{b_i, \ i=0,\ldots,m\}} \Phi(b_0, b_1, \ldots, b_m),$$

donde

$$\Phi(b_0, b_1, \ldots, b_m) = \sum_{i=0}^{n} [y_i - (b_0 + b_1 x_i + \ldots + b_m x_i^m)]^2.$$

Resolvamos este problema en el caso especial de que $m = 1$. Puesto que

$$\Phi(b_0, b_1) = \sum_{i=0}^{n} [y_i^2 + b_0^2 + b_1^2 x_i^2 + 2 b_0 b_1 x_i - 2 b_0 y_i - 2 b_1 x_i y_i^2],$$

la gráfica de $\Phi$ es un paraboloide convexo. El punto $(a_0, a_1)$ en el que $\Phi$ alcanza su mínimo satisface las condiciones

$$\frac{\partial \Phi}{\partial b_0}(a_0, a_1) = 0, \qquad \frac{\partial \Phi}{\partial b_1}(a_0, a_1) = 0,$$

donde el símbolo $\partial \Phi / \partial b_j$ denota la derivada parcial (esto es, la tasa de variación) de $\Phi$ con respecto a $b_j$, después de haber congelado las restantes variables (véase la Definición 8.3).

Calculando explícitamente las dos derivadas parciales obtenemos

$$\sum_{i=0}^{n} [a_0 + a_1 x_i - y_i] = 0, \quad \sum_{i=0}^{n} [a_0 x_i + a_1 x_i^2 - x_i y_i] = 0,$$

que es un sistema de 2 ecuaciones para las 2 incógnitas $a_0$ y $a_1$:

$$a_0(n+1) + a_1 \sum_{i=0}^{n} x_i = \sum_{i=0}^{n} y_i,$$

$$a_0 \sum_{i=0}^{n} x_i + a_1 \sum_{i=0}^{n} x_i^2 = \sum_{i=0}^{n} y_i x_i. \tag{3.23}$$

Poniendo $D = (n+1) \sum_{i=0}^{n} x_i^2 - (\sum_{i=0}^{n} x_i)^2$, la solución se escribe

$$a_0 = \frac{1}{D} \left( \sum_{i=0}^{n} y_i \sum_{j=0}^{n} x_j^2 - \sum_{j=0}^{n} x_j \sum_{i=0}^{n} x_i y_i \right),$$

$$a_1 = \frac{1}{D} \left( (n+1) \sum_{i=0}^{n} x_i y_i - \sum_{j=0}^{n} x_j \sum_{i=0}^{n} y_i \right). \tag{3.24}$$

El correspondiente polinomio $\tilde{f}(x) = a_0 + a_1 x$ se conoce como *recta de mínimos cuadrados*, o *recta de regresión*.

El enfoque anterior puede ser generalizado de varias formas. La primera generalización es al caso de $m$ arbitrario. El sistema lineal $(m+1) \times (m+1)$ asociado, que es simétrico, tendrá la forma:

$$a_0(n+1) \quad +a_1 \sum_{i=0}^{n} x_i \quad +\ldots+ a_m \sum_{i=0}^{n} x_i^m \quad = \sum_{i=0}^{n} y_i,$$

$$a_0 \sum_{i=0}^{n} x_i \quad +a_1 \sum_{i=0}^{n} x_i^2 \quad +\ldots+ a_m \sum_{i=0}^{n} x_i^{m+1} \quad = \sum_{i=0}^{n} x_i y_i,$$

$$\vdots \qquad\qquad \vdots \qquad\qquad\qquad \vdots \qquad\qquad \vdots$$

$$a_0 \sum_{i=0}^{n} x_i^m \quad +a_1 \sum_{i=0}^{n} x_i^{m+1} \quad +\ldots+ a_m \sum_{i=0}^{n} x_i^{2m} \quad = \sum_{i=0}^{n} x_i^m y_i.$$

Cuando $m = n$, el polinomio de mínimos cuadrados debe coincidir con el polinomio de interpolación de Lagrange $\Pi_n$ (véase el Ejercicio 3.9).

El comando de MATLAB c=polyfit(x,y,m) calcula por defecto los coeficientes del polinomio de grado m que aproxima n+1 pares de datos (x(i),y(i)) en el sentido de los mínimos cuadrados. Como ya se señaló en la Sección 3.1.1, cuando m es igual a n devuelve el polinomio de interpolación.

**Ejemplo 3.9 (Finanzas)** En la Figura 3.15 dibujamos las gráficas de los polinomios de mínimos cuadrados de grados 1, 2 y 4 que aproximan los datos de la Figura 3.1 en el sentido de los mínimos cuadrados. El polinomio de grado 4 reproduce muy razonablemente el comportamiento del precio de la acción en el intervalo de tiempo considerado y sugiere que en el futuro próximo la cotización crecerá. ∎

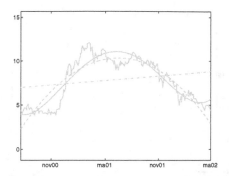

**Figura 3.15.** Aproximación de mínimos cuadrados de los datos del Problema 3.2 de grado 1 (*línea de trazos y puntos*), grado 2 (*línea de trazos*) y grado 4 (*línea continua gruesa*). Los datos exactos se representan por la *línea continua fina*

**Ejemplo 3.10 (Biomecánica)** Usando el método de mínimos cuadrados podemos responder a la cuestión del Problema 3.3 y descubrir que la recta que mejor aproxima los datos dados tiene por ecuación $\epsilon(\sigma) = 0.3471\sigma + 0.0654$ (véase la Figura 3.16); cuando $\sigma = 0.9$ proporciona la estimación $\epsilon = 0.2915$ para la deformación. ∎

Una generalización adicional de la aproximación de mínimos cuadrados consiste en utilizar en (3.21) $\tilde{f}$ y $p_m$ que ya no sean polinomios sino funciones de un espacio $V_m$ obtenido combinando linealmente $m+1$ funciones independientes $\{\psi_j, j = 0, \ldots, m\}$.

Casos especiales los proporcionan, por ejemplo, las funciones trigonométricas $\psi_j(x) = \cos(\gamma j x)$ (para un parámetro dado $\gamma \neq 0$), las funciones exponenciales $\psi_j(x) = e^{\delta j x}$ (para algún $\delta > 0$), o un conjunto apropiado de funciones *spline*.

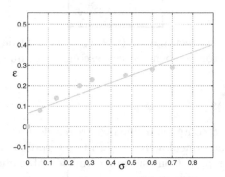

**Figura 3.16.** Aproximación lineal de mínimos cuadrados de los datos del Problema 3.3

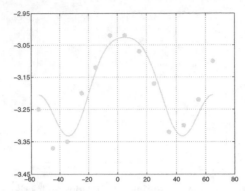

**Figura 3.17.** Aproximación de mínimos cuadrados de los datos del Problema 3.1 usando una base de cosenos. Los datos exactos se representan por los pequeños círculos

La elección de las funciones $\{\psi_j\}$ la dicta el comportamiento que se conjetura para la ley subyacente a la distribución de los datos suministrados. Por ejemplo, en la Figura 3.17 dibujamos la gráfica de la aproximación de mínimos cuadrados de los datos del Ejemplo 3.1, calculada utilizando las funciones trigonométricas $\psi_j(x) = \cos(jt(x))$, $j = 0, \dots, 4$, con $t(x) = 120(\pi/2)(x + 55)$. Suponemos que los datos son periódicos con período $120(\pi/2)$.

El lector puede verificar que los coeficientes desconocidos de

$$\tilde{f}(x) = \sum_{j=0}^{m} a_j \psi_j(x),$$

se pueden obtener resolviendo el siguiente sistema (de *ecuaciones normales*)

$$\boxed{B^T B a = B^T y} \tag{3.25}$$

donde B es la matriz rectangular $(n+1) \times (m+1)$ de elementos $b_{ij} = \psi_j(x_i)$, $\mathbf{a}$ es el vector de coeficientes desconocidos, mientras que $\mathbf{y}$ es el vector de datos.

### Resumamos

1. El interpolante compuesto lineal a trozos de una función $f$ es una función continua lineal a trozos $\tilde{f}$, que interpola a $f$ en un conjunto dado de nudos $\{x_i\}$. Con esta aproximación obviamos los fenómenos de tipo Runge cuando el número de nudos crece;

2. la interpolación por *splines* cúbicos permite aproximar $f$ mediante una función cúbica a trozos $\tilde{f}$ que es continua junto con sus derivadas primera y segunda;

3. en la aproximación de mínimos cuadrados buscamos una aproximación $\tilde{f}$ que sea un polinomio de grado $m$ (típicamente, $m \ll n$) y que minimice el error cuadrático medio $\sum_{i=0}^{n}[y_i - \tilde{f}(x_i)]^2$. El mismo criterio de minimización puede ser aplicado a una clase de funciones que no sean polinomios.

Véanse los Ejercicios 3.9-3.14.

## 3.5 Lo que no le hemos dicho

Para una introducción más general a la teoría de la interpolación y aproximación remitimos al lector, por ejemplo, a [Dav63], [Gau97] y [Mei67].

La interpolación polinómica también puede utilizarse para aproximar datos y funciones en varias dimensiones. En particular, la interpolación compuesta, basada en funciones lineales a trozos o funciones *spline*, se adapta bien cuando la región $\Omega$ en cuestión se divide en polígonos, en 2D (triángulos o cuadriláteros), o en poliedros, en 3D (tetraedros o prismas).

Una situación especial ocurre cuando $\Omega$ es un rectángulo o un paralelepípedo en cuyo caso pueden utilizarse los comandos de MATLAB
interp2   interp2 e interp3, respectivamente. En ambos casos se supone que
interp3   queremos representar sobre una rejilla (o malla) fina regular una función de cuyos valores se dispone sobre una rejilla (o malla) regular más gruesa.

Consideremos por ejemplo los valores de $f(x,y) = \text{sen}(2\pi x)\cos(2\pi y)$ sobre una rejilla (gruesa) de $6 \times 6$ nudos equiespaciados sobre el cuadrado $[0,1]^2$; estos valores pueden obtenerse usando los comandos:

```
[x,y]=meshgrid(0:0.2:1,0:0.2:1);
z=sin(2*pi*x).*cos(2*pi*y);
```

Mediante el comando interp2 se calcula primero un *spline* cúbico sobre la malla gruesa, y después se evalúa en los puntos nodales de una malla más fina de $21 \times 21$ nudos equiespaciados:

```
xi = [0:0.05:1]; yi=[0:0.05:1];
[xf,yf]=meshgrid(xi,yi);
pi3=interp2(x,y,z,xf,yf);
```

meshgrid   El comando meshgrid transforma el conjunto de los pares $(xi(k),yi(j))$ en dos matrices xf y yf que pueden ser utilizadas para evaluar funciones de dos variables y dibujar superficies tridimensionales. Las filas de xf son copias del vector xi, las columnas de yf son copias de yi. Alternativamente, para el procedimiento anterior podemos usar el comando
griddata   griddata, disponible también para datos tridimensionales (griddata3) y para la aproximación de superficies $n$-dimensionales (griddatan).

Los comandos que se describen a continuación son solamente para MATLAB.

Cuando $\Omega$ es un dominio bidimensional de forma arbitraria, puede
pdetool   dividirse en triángulos usando el interfaz gráfico pdetool.

Para una presentación general de las funciones *spline* véase, por ejemplo, [Die93] y [PBP02]. La *toolbox* de MATLAB `splines` nos permite explorar varias aplicaciones de las funciones *spline*. En particular, el comando `spdemos` ofrece al usuario la posibilidad de investigar las propiedades de los tipos más importantes de funciones *spline*. Los *splines* racionales, es decir funciones que son el cociente de dos funciones *spline*, están accesibles por medio de los comandos `rpmak` y `rsmak`. Ejemplos especiales son los llamados *splines* NURBS, que se utilizan habitualmente en CAGD (*Computer Assisted Geometric Design*).

spde

rpma
rsma

En el mismo contexto de la aproximación de Fourier, mencionamos la aproximación basada en *ondículas*. Este tipo de aproximación es ampliamente utilizada para la reconstrucción y compresión de imágenes y en análisis de la señal (para una introducción, véanse [DL92], [Urb02]). Una rica familia de *ondículas* (y sus aplicaciones) puede encontrarse en la *toolbox* de MATLAB `wavelet`.

wave

---

## 3.6 Ejercicios

**Ejercicio 3.1** Probar la desigualdad (3.6).

**Ejercicio 3.2** Dar una cota superior del error de la interpolación de Lagrange para las funciones siguientes:

$$f_1(x) = \cosh(x), \ f_2(x) = \operatorname{senh}(x), \quad x_k = -1 + 0.5k, \ k = 0, \dots, 4,$$
$$f_3(x) = \cos(x) + \operatorname{sen}(x), \qquad\qquad x_k = -\pi/2 + \pi k/4, \ k = 0, \dots, 4.$$

**Ejercicio 3.3** Los datos siguientes están relacionados con la esperanza de vida de los ciudadanos de dos regiones europeas:

|                     | 1975 | 1980 | 1985 | 1990 |
|---------------------|------|------|------|------|
| Europa Occidental   | 72.8 | 74.2 | 75.2 | 76.4 |
| Europa Oriental     | 70.2 | 70.2 | 70.3 | 71.2 |

Usar el polinomio de interpolación de grado 3 para estimar la esperanza de vida en 1970, 1983 y 1988. Extrapolar después un valor para el año 1995. Se sabe que la esperanza de vida en 1970 era 71.8 años para los ciudadanos de Europa Occidental, y 69.6 para los de Europa Oriental. Recordando esos datos, ¿es posible estimar la precisión de la esperanza de vida predicha para 1995?

**Ejercicio 3.4** El precio (en euros) de una revista ha cambiado como sigue:

| *Nov.*87 | *Dic.*88 | *Nov.*90 | *Ene.*93 | *Ene.*95 | *Ene.*96 | *Nov.*96 | *Nov.*00 |
|----------|----------|----------|----------|----------|----------|----------|----------|
| 4.5      | 5.0      | 6.0      | 6.5      | 7.0      | 7.5      | 8.0      | 8.0      |

Estimar el precio en Noviembre de 2002 extrapolando esos datos.

**Ejercicio 3.5** Repetir los cálculos realizados en el Ejercicio 3.3, utilizando ahora el *spline* cúbico de interpolación calculado mediante la *function* `spline`. Después comparar los resultados obtenidos con los dos métodos.

**Ejercicio 3.6** En la tabla que figura más abajo mostramos los valores de la densidad del agua del mar $\rho$ (en Kg/m$^3$) correspondientes a diferentes valores de la temperatura $T$ (en grados Celsius):

| $T$ | $4°$ | $8°$ | $12°$ | $16°$ | $20°$ |
|---|---|---|---|---|---|
| $\rho$ | 1000.7794 | 1000.6427 | 1000.2805 | 999.7165 | 998.9700 |

Calcular el *spline* cúbico de interpolación asociado, sobre 4 subintervalos del intervalo de temperatura $[4, 20]$. Después comparar los resultados proporcionados por el *spline* de interpolación con los siguientes (que corresponden a valores adicionales de $T$):

| $T$ | $6°$ | $10°$ | $14°$ | $18°$ |
|---|---|---|---|---|
| $\rho$ | 1000.74088 | 1000.4882 | 1000.0224 | 999.3650 |

**Ejercicio 3.7** La producción italiana de cítricos ha evolucionado como sigue:

| año | 1965 | 1970 | 1980 | 1985 | 1990 | 1991 |
|---|---|---|---|---|---|---|
| producción ($\times 10^5$ Kg) | 17769 | 24001 | 25961 | 34336 | 29036 | 33417 |

Usar *splines* cúbicos de interpolación de diferentes tipos para estimar la producción en 1962, 1977 y 1992. Comparar estos resultados con los valores reales: 12380, 27403 y 32059, respectivamente. Comparar los resultados con los que se obtendrían utilizando el polinomio de interpolación de Lagrange.

**Ejercicio 3.8** Evaluar la función $f(x) = \text{sen}(2\pi x)$ en 21 nudos equiespaciados del intervalo $[-1, 1]$. Calcular el polinomio de interpolación de Lagrange y el *spline* cúbico de interpolación. Comparar las gráficas de estas dos funciones con la de $f$ sobre el intervalo dado. Repetir el mismo cálculo usando el siguiente conjunto de datos perturbado: $f(x_i) = \text{sen}(2\pi x_i) + (-1)^{i+1}10^{-4}$, y observar que el polinomio de interpolación de Lagrange es más sensible a pequeñas perturbaciones que el *spline* cúbico.

**Ejercicio 3.9** Verificar que si $m = n$ el polinomio de mínimos cuadrados de una función $f$ en los nudos $x_0, \ldots, x_n$ coincide con el polinomio de interpolación $\Pi_n f$ en los mismos nudos.

**Ejercicio 3.10** Calcular el polinomio de mínimos cuadrados de grado 4 que aproxima los valores de $K$ mostrados en las diferentes columnas de la Tabla 3.1.

**Ejercicio 3.11** Repetir los cálculos realizados en el Ejercicio 3.7 utilizando ahora una aproximación de mínimos cuadrados de grado 3.

**Ejercicio 3.12** Expresar los coeficientes del sistema (3.23) en función de la *media* $M = \frac{1}{(n+1)}\sum_{i=0}^n x_i$ y la *varianza* $v = \frac{1}{(n+1)}\sum_{i=0}^n (x_i - M)^2$ del conjunto de datos $\{x_i, i = 0, \ldots, n\}$.

**Ejercicio 3.13** Verificar que la recta de regresión pasa por el punto cuya abscisa es la media de $\{x_i\}$ y cuya ordenada es la media de $\{f(x_i)\}$.

**Ejercicio 3.14** Los siguientes números

| caudal | 0 | 35 | 0.125 | 5 | 0 | 5 | 1 | 0.5 | 0.125 | 0 |
|--------|---|----|-------|---|---|---|---|-----|-------|---|

representan los valores medidos del caudal sanguíneo en una sección de la arteria carótida durante un latido del corazón. La frecuencia de adquisición de los datos es constante e igual a $10/T$, donde $T = 1$ s es el período del latido. Representar estos datos mediante una función continua de período igual a $T$.

# 4

# Diferenciación e integración numéricas

En este capítulo proponemos métodos para la aproximación numérica de derivadas e integrales de funciones. Con respecto a la integración, se sabe que para una función genérica no siempre es posible hallar una primitiva en forma explícita. Incluso si fuese conocida, podría ser difícil de utilizar. Éste es el caso, por ejemplo, de la función $f(x) = \cos(4x)\cos(3\mathrm{sen}(x))$, para el cual tenemos

$$\int\limits_0^\pi f(x)dx = \pi \left(\frac{3}{2}\right)^4 \sum_{k=0}^\infty \frac{(-9/4)^k}{k!(k+4)!};$$

la tarea de calcular una integral se transforma en la, igualmente incómoda, de sumar una serie. En otras circunstancias, la función que queremos integrar o derivar sólo se conocería en un conjunto de nudos (por ejemplo, cuando representa los resultados de una medida experimental), exactamente como sucede en el caso de la aproximación de funciones, que fue discutido en el Capítulo 3.

En todas estas situaciones es necesario considerar métodos numéricos para obtener un valor aproximado de la cantidad de interés, independientemente de lo difícil que sea la función a integrar o derivar.

**Problema 4.1 (Hidráulica)** La altura $q(t)$ alcanzada en tiempo $t$ por un fluido, en un cilindro recto de radio $R = 1$ m con un agujero circular de radio $r = 0.1$ m en el fondo, ha sido medida cada 5 segundos obteniéndose los siguientes valores

| $t$ | 0 | 5 | 10 | 15 | 20 |
|---|---|---|---|---|---|
| $q(t)$ | 0.6350 | 0.5336 | 0.4410 | 0.3572 | 0.2822 |

Queremos calcular una aproximación de la velocidad de vaciado del cilindro $q'(t)$ y después compararla con la predicha por la ley de Torricelli: $q'(t) = -\gamma(r/R)^2\sqrt{2gq(t)}$, donde $g$ es la aceleración de la gravedad y

$\gamma = 0.6$ es un factor de corrección. Para la solución de este problema, véase el Ejemplo 4.1. ∎

**Problema 4.2 (Óptica)** Para planificar una sala de rayos infrarrojos estamos interesados en calcular la energía emitida por un cuerpo negro (esto es, un objeto capaz de radiar en todo el espectro a temperatura ambiente) en el espectro (infrarrojo) comprendido entre las longitudes de onda $3\mu$m y $14\mu$m. La solución de este problema se obtiene calculando la integral

$$E(T) = 2.39 \cdot 10^{-11} \int_{3\cdot10^{-4}}^{14\cdot10^{-4}} \frac{dx}{x^5(e^{1.432/(Tx)} - 1)}, \tag{4.1}$$

que es la ecuación de Planck para la energía $E(T)$, donde $x$ es la longitud de onda (en cm) y $T$ la temperatura (en Kelvin) del cuerpo negro. Para su cálculo véase el Ejercicio 4.17. ∎

**Problema 4.3 (Electromagnetismo)** Considérese una esfera conductora de la electricidad de radio arbitrario $r$ y conductividad $\sigma$. Queremos calcular la distribución de la densidad de corriente **j** como función de $r$ y $t$ (el tiempo), conociendo la distribución inicial de la densidad de carga $\rho(r)$. El problema puede resolverse usando las relaciones entre la densidad de corriente, el campo eléctrico y la densidad de carga y observando que, por la simetría del problema, $\mathbf{j}(r,t) = j(r,t)\mathbf{r}/|\mathbf{r}|$, donde $j - |\mathbf{j}|$. Obtenemos

$$j(r,t) = \gamma(r)e^{-\sigma t/\varepsilon_0}, \quad \gamma(r) = \frac{\sigma}{\varepsilon_0 r^2} \int_0^r \rho(\xi)\xi^2 \, d\xi, \tag{4.2}$$

donde $\varepsilon_0 = 8.859 \cdot 10^{-12}$ faradio/m es la constante dieléctrica del vacío. Para el cálculo de esta integral, véase el Ejercicio 4.16. ∎

**Problema 4.4 (Demografía)** Consideramos una población de un número $M$ muy grande de individuos. La distribución $N(h)$ de sus alturas puede representarse por una función "campana" caracterizada por el valor medio $\bar{h}$ de la altura y la desviación estándar $\sigma$

$$N(h) = \frac{M}{\sigma\sqrt{2\pi}}e^{-(h-\bar{h})^2/(2\sigma^2)}.$$

Entonces

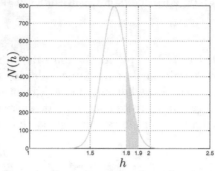

**Figura 4.1.** Distribución de las alturas de una población de $M = 200$ individuos

$$N = \int\limits_{h}^{h+\Delta h} N(h)\, dh \qquad (4.3)$$

representa el número de individuos cuya altura está entre $h$ y $h + \Delta h$ (para un $\Delta h$ positivo). Un ejemplo lo proporciona la Figura 4.1 que corresponde al caso $M = 200$, $\bar{h} = 1.7$ m, $\sigma = 0.1$ m, y el área de la región sombreada da el número de individuos cuya altura está en el rango $1.8-1.9$ m. Para la solución de este problema véase el Ejemplo 4.2. ■

## 4.1 Aproximación de derivadas de funciones

Considérese una función $f : [a, b] \to \mathbb{R}$ continuamente diferenciable en $[a, b]$. Buscamos una aproximación de la primera derivada de $f$ en un punto genérico $\bar{x}$ de $(a, b)$.

En virtud de la definición (1.10), para $h$ suficientemente pequeño y positivo, podemos suponer que la cantidad

$$(\delta_+ f)(\bar{x}) = \frac{f(\bar{x} + h) - f(\bar{x})}{h} \qquad (4.4)$$

es una aproximación de $f'(\bar{x})$ que se llama *diferencia finita progresiva*. Para estimar el error, basta desarrollar $f$ en serie de Taylor; si $f \in C^2(a, b)$, tenemos

$$f(\bar{x} + h) = f(\bar{x}) + hf'(\bar{x}) + \frac{h^2}{2} f''(\xi), \qquad (4.5)$$

donde $\xi$ es un punto apropiado en el intervalo $(\bar{x}, \bar{x}+h)$. Por consiguiente

$$(\delta_+ f)(\bar{x}) = f'(\bar{x}) + \frac{h}{2} f''(\xi), \tag{4.6}$$

y de este modo $(\delta_+ f)(\bar{x})$ proporciona una aproximación de primer orden a $f'(\bar{x})$ con respecto a $h$. Asumiendo todavía que $f \in C^2(a, b)$, mediante un procedimiento similar podemos deducir de la serie de Taylor

$$f(\bar{x} - h) = f(\bar{x}) - h f'(\bar{x}) + \frac{h^2}{2} f''(\eta) \tag{4.7}$$

con $\eta \in (\bar{x} - h, \bar{x})$, la *diferencia finita regresiva*

$$\boxed{(\delta_- f)(\bar{x}) = \frac{f(\bar{x}) - f(\bar{x} - h)}{h}} \tag{4.8}$$

que es también una aproximación de primer orden. Nótese que las fórmulas (4.4) y (4.8) también se pueden obtener derivando el polinomio de interpolación lineal de $f$ en los puntos $\{\bar{x}, \bar{x} + h\}$ y $\{\bar{x} - h, \bar{x}\}$, respectivamente. De hecho, desde el punto de vista geométrico, estos esquemas equivalen a aproximar $f'(\bar{x})$ por la pendiente de la línea recta que pasa por los dos puntos $(\bar{x}, f(\bar{x}))$ y $(\bar{x} + h, f(\bar{x} + h))$, o $(\bar{x} - h, f(\bar{x} - h))$ y $(\bar{x}, f(\bar{x}))$, respectivamente (véase la Figura 4.2).

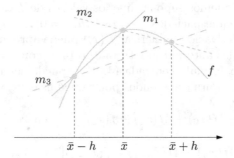

**Figura 4.2.** Aproximación por diferencias finitas de $f'(\bar{x})$: regresiva (*línea continua*), progresiva (*línea de puntos*) y centrada (*línea de trazos*). $m_1 = (\delta_- f)(\bar{x})$, $m_2 = (\delta_+ f)(\bar{x})$ y $m_3 = (\delta f)(\bar{x})$ denotan las pendientes de las tres líneas rectas

Finalmente, introducimos la fórmula de la *diferencia finita centrada*

$$\boxed{(\delta f)(\bar{x}) = \frac{f(\bar{x} + h) - f(\bar{x} - h)}{2h}} \tag{4.9}$$

Si $f \in C^3(a, b)$, esta fórmula proporciona una aproximación de segundo orden de $f'(\bar{x})$ con respecto a $h$. En efecto, desarrollando $f(\bar{x} + h)$ y

$f(\bar{x} - h)$ al tercer orden en torno a $\bar{x}$ y sumando las dos expresiones, obtenemos

$$f'(\bar{x}) - (\delta f)(\bar{x}) = \frac{h^2}{12}[f'''(\xi) + f'''(\eta)], \tag{4.10}$$

donde $\eta$ y $\xi$ son puntos apropiados en los intervalos $(\bar{x} - h, \bar{x})$ y $(\bar{x}, \bar{x} + h)$, respectivamente (véase el Ejercicio 4.2).

Mediante (4.9) $f'(\bar{x})$ se aproxima por la pendiente de la línea recta que pasa por los puntos $(\bar{x} - h, f(\bar{x} - h))$ y $(\bar{x} + h, f(\bar{x} + h))$.

**Ejemplo 4.1 (Hidráulica)** Resolvamos el Problema 4.1 utilizando las fórmulas (4.4), (4.8) y (4.9), con $h = 5$, para aproximar $q'(t)$ en cinco puntos diferentes. Obtenemos:

| $t$ | 0 | 5 | 10 | 15 | 20 |
|---|---|---|---|---|---|
| $q'(t)$ | $-0.0212$ | $-0.0194$ | $-0.0176$ | $-0.0159$ | $-0.0141$ |
| $\delta_+ q$ | $-0.0203$ | $-0.0185$ | $-0.0168$ | $-0.0150$ | $--$ |
| $\delta_- q$ | $--$ | $-0.0203$ | $-0.0185$ | $-0.0168$ | $-0.0150$ |
| $\delta q$ | $--$ | $-0.0194$ | $-0.0176$ | $-0.0159$ | $--$ |

La concordancia entre la derivada exacta y la calculada con las fórmulas de diferencias finitas es más satisfactoria cuando se utiliza la fórmula (4.9) en lugar de (4.8) o (4.4). ∎

En general, podemos suponer que los valores de $f$ están disponibles en $n + 1$ puntos equiespaciados $x_i = x_0 + ih$, $i = 0, \ldots, n$, con $h > 0$. En este caso, en la derivación numérica, $f'(x_i)$ puede aproximarse tomando una de las fórmulas anteriores (4.4), (4.8) o (4.9) con $\bar{x} = x_i$.

Nótese que la fórmula centrada (4.9) no puede ser utilizada en los extremos $x_0$ y $x_n$. Para estos nudos podríamos usar los valores

$$\frac{1}{2h}\left[-3f(x_0) + 4f(x_1) - f(x_2)\right] \qquad \text{en } x_0,$$
$$\frac{1}{2h}\left[3f(x_n) - 4f(x_{n-1}) + f(x_{n-2})\right] \quad \text{en } x_n, \tag{4.11}$$

que también son aproximaciones de segundo orden con respecto a $h$. Se obtienen calculando en el punto $x_0$ (respectivamente, $x_n$) la primera derivada del polinomio de grado 2 que interpola a $f$ en los nudos $x_0, x_1, x_2$ (respectivamente, $x_{n-2}, x_{n-1}, x_n$).

Véanse los Ejercicios 4.1-4.4.

## 4.2 Integración numérica

En esta sección introducimos métodos numéricos apropiados para aproximar la integral

$$I(f) = \int_a^b f(x)dx,$$

donde $f$ es una función arbitraria continua en $[a, b]$. Empezamos introduciendo algunas fórmulas simples que son, de hecho, casos especiales de la familia de fórmulas de Newton-Cotes. Después introduciremos las llamadas fórmulas de Gauss, que poseen el mayor grado de exactitud posible para un número dado de evaluaciones de la función $f$.

### 4.2.1 Fórmula del punto medio

Un procedimiento sencillo para aproximar $I(f)$ se puede establecer dividiendo el intervalo $[a, b]$ en subintervalos $I_k = [x_{k-1}, x_k]$, $k = 1, \ldots, M$, con $x_k = a + kH$, $k = 0, \ldots, M$ y $H = (b - a)/M$. Como

$$I(f) = \sum_{k=1}^{M} \int_{I_k} f(x)dx, \tag{4.12}$$

sobre cada subintervalo $I_k$ podemos aproximar la integral exacta de $f$ por la de un polinomio $\tilde{f}$ que aproxima $f$ sobre $I_k$. La solución más simple consiste en elegir $\tilde{f}$ como el polinomio constante que interpola a $f$ en el punto medio de $I_k$:

$$\bar{x}_k = \frac{x_{k-1} + x_k}{2}.$$

De esta forma obtenemos la *fórmula de cuadratura del punto medio compuesta*

$$\boxed{I_{mp}^c(f) = H \sum_{k=1}^{M} f(\bar{x}_k)} \tag{4.13}$$

El símbolo $mp$ significa el punto medio, mientras que $c$ quiere decir compuesta. Esta fórmula es una aproximación de segundo orden con respecto a $H$. Concretamente, si $f$ es dos veces continuamente diferenciable en $[a, b]$, tenemos

$$I(f) - I_{mp}^c(f) = \frac{b - a}{24} H^2 f''(\xi), \tag{4.14}$$

donde $\xi$ es un punto apropiado en $[a, b]$ (véase el Ejercicio 4.6). La fórmula (4.13) también se llama *fórmula de cuadratura del rectángulo compuesta* a causa de su interpretación geométrica, que es evidente a partir de la Figura 4.3. La *fórmula del punto medio* clásica (o *fórmula del rectángulo*) se obtiene tomando $M = 1$ en (4.13), es decir, utilizando la regla del punto medio directamente sobre el intervalo $(a, b)$:

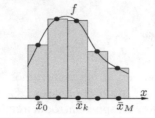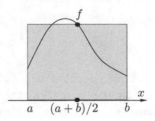

**Figura 4.3.** Fórmula del punto medio compuesta (*izquierda*); fórmula del punto medio (*derecha*)

$$I_{mp}(f) = (b-a)f[(a+b)/2] \tag{4.15}$$

Ahora el error viene dado por

$$I(f) - I_{mp}(f) = \frac{(b-a)^3}{24}f''(\xi), \tag{4.16}$$

donde $\xi$ es un punto apropiado del intervalo $[a, b]$. La relación (4.16) se deduce como un caso especial de (4.14), pero también se puede probar directamente. En efecto, poniendo $\bar{x} = (a+b)/2$, tenemos

$$
\begin{aligned}
I(f) - I_{mp}(f) &= \int_a^b [f(x) - f(\bar{x})]dx \\
&= \int_a^b f'(\bar{x})(x - \bar{x})dx + \frac{1}{2}\int_a^b f''(\eta(x))(x - \bar{x})^2 dx,
\end{aligned}
$$

donde $\eta(x)$ es un punto apropiado del intervalo cuyos puntos extremos son $x$ y $\bar{x}$. Entonces se deduce (4.16) porque $\int_a^b (x - \bar{x})dx = 0$ y, por el teorema del valor medio para las integrales, existe $\xi \in [a, b]$ tal que

$$\frac{1}{2}\int_a^b f''(\eta(x))(x - \bar{x})^2 dx = \frac{1}{2}f''(\xi)\int_a^b (x - \bar{x})^2 dx = \frac{(b-a)^3}{24}f''(\xi).$$

El *grado de exactitud* de una fórmula de cuadratura es el máximo entero $r \geq 0$ para el cual la integral aproximada (producida por la fórmula de cuadratura) de cualquier polinomio de grado $r$ es igual a la integral exacta. Podemos deducir de (4.14) y (4.16) que la fórmula del punto medio tiene grado de exactitud 1, ya que integra exactamente todos los polinomios de grado menor o igual que 1 (pero no todos los de grado 2).

La fórmula de cuadratura del punto medio compuesta se implementa en el Programa 4.1. Los parámetros de entrada son los extremos del intervalo de integración a y b, el número de subintervalos M y la *function* en MATLAB f para definir la función $f$.

**Programa 4.1. midpointc**: fórmula de cuadratura del punto medio compuesta

```
function Imp=midpointc(a,b,M,f,varargin)
% MIDPOINTC Integracion numerica del punto medio
% compuesta.
% IMP = MIDPOINTC(A,B,M,FUN) calcula una aproximacion
% de la integral de la funcion FUN via el metodo
% del punto medio (con M intervalos equiespaciados).
% FUN acepta un vector real de entrada x
% y devuelve un vector real.
% FUN puede ser tambien un objeto inline.
% IMP=MIDPOINT(A,B,M,FUN,P1,P2,...) llama a la funcion
% FUN pasando los parametros opcionales P1,P2,... como
% FUN(X,P1,P2,...).
H=(b-a)/M;
x = linspace(a+H/2,b-H/2,M);
fmp=feval(f,x,varargin{:}).*ones(1,M);
Imp=H*sum(fmp);
return
```

Véanse los Ejercicios 4.5-4.8.

### 4.2.2 Fórmula del trapecio

Puede obtenerse otra fórmula reemplazando $f$ en $I_k$ por el polinomio de interpolación lineal de $f$ en los nudos $x_{k-1}$ y $x_k$ (equivalentemente, reemplazando $f$ por $\Pi_1^H f$ sobre todo el intervalo $(a, b)$, véase la Sección 3.2). Esto da

$$
\begin{aligned}
I_t^c(f) &= \frac{H}{2} \sum_{k=1}^{M} [f(x_k) + f(x_{k-1})] \\
&= \frac{H}{2} [f(a) + f(b)] + H \sum_{k=1}^{M-1} f(x_k)
\end{aligned}
\tag{4.17}
$$

Esta fórmula se llama *fórmula del trapecio compuesta* y es una aproximación de segundo orden con respecto a $H$. En efecto, se puede obtener

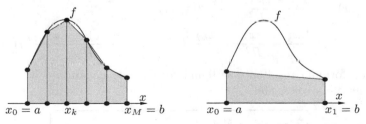

**Figura 4.4.** Fórmula del trapecio compuesta (*izquierda*); fórmula del trapecio (*derecha*)

la expresión

$$I(f) - I_t^c(f) = -\frac{b-a}{12}H^2 f''(\xi) \qquad (4.18)$$

para el error de cuadratura, siendo $\xi$ un punto apropiado de $[a, b]$, con tal de que $f \in C^2([a, b])$. Cuando se utiliza (4.17) con $M = 1$, se obtiene

$$\boxed{I_t(f) = \frac{b-a}{2}[f(a) + f(b)]} \qquad (4.19)$$

que es la llamada *fórmula del trapecio* a causa de su interpretación geométrica. El error inducido viene dado por

$$I(f) - I_t(f) = -\frac{(b-a)^3}{12}f''(\xi), \qquad (4.20)$$

donde $\xi$ es un punto apropiado de $[a, b]$. Podemos deducir que (4.19) tiene grado de exactitud igual a 1, como en el caso de la regla del punto medio.

La fórmula del trapecio compuesta (4.17) se implementa en los programas de MATLAB `trapz` y `cumtrapz`. Si x es un vector cuyas componentes son las abscisas $x_k$, $k = 0, \ldots, M$ (con $x_0 = a$ y $x_M = b$), e y el de los valores $f(x_k)$, $k = 0, \ldots, M$, `z=cumtrapz(x,y)` devuelve el vector z cuyas componentes son $z_k \simeq \int_a^{x_k} f(x)dx$, siendo esta integral aproximada por la regla del trapecio compuesta. Así `z(M+1)` es una aproximación de la integral de $f$ en $(a, b)$.

trap<br>cumt

Véanse los Ejercicios 4.9-4.11.

### 4.2.3 Fórmula de Simpson

La fórmula de Simpson puede obtenerse reemplazando la integral de $f$ sobre cada $I_k$ por la de su polinomio de interpolación de grado 2 en los nudos $x_{k-1}$, $\bar{x}_k = (x_{k-1} + x_k)/2$ y $x_k$,

$$\begin{aligned}\Pi_2 f(x) &= \frac{2(x - \bar{x}_k)(x - x_k)}{H^2}f(x_{k-1}) \\ &+ \frac{4(x_{k-1} - x)(x - x_k)}{H^2}f(\bar{x}_k) + \frac{2(x - \bar{x}_k)(x - x_{k-1})}{H^2}f(x_k).\end{aligned}$$

La fórmula resultante se llama *fórmula de cuadratura de Simpson compuesta* y se escribe

$$\boxed{I_s^c(f) = \frac{H}{6}\sum_{k=1}^{M}[f(x_{k-1}) + 4f(\bar{x}_k) + f(x_k)]} \qquad (4.21)$$

Se puede probar que induce el error

$$I(f) - I_s^c(f) = -\frac{b-a}{180}\frac{H^4}{16}f^{(4)}(\xi),\qquad(4.22)$$

donde $\xi$ es un punto apropiado de $[a,b]$, con tal de que $f \in C^4([a,b])$. Por consiguiente es una aproximación de cuarto orden con respecto a $H$. Cuando (4.21) se aplica a un único intervalo, digamos $(a,b)$, obtenemos la llamada *fórmula de cuadratura de Simpson*

$$\boxed{I_s(f) = \frac{b-a}{6}\left[f(a) + 4f((a+b)/2) + f(b)\right]}\qquad(4.23)$$

Ahora el error viene dado por

$$I(f) - I_s(f) = -\frac{1}{16}\frac{(b-a)^5}{180}f^{(4)}(\xi),\qquad(4.24)$$

para un $\xi \in [a,b]$ apropiado. Su grado de exactitud es, por tanto, igual a 3.

La regla de Simpson compuesta se implementa en el Programa 4.2.

**Programa 4.2. simpsonc**: fórmula de cuadratura de Simpson compuesta

```
function [Isic]=simpsonc(a,b,M,f,varargin)
%SIMPSONC Integracion munerica de Simpson compuesta.
% ISIC = SIMPSONC(A,B,M,FUN) calcula una aproximacion
% de la integral de la funcion FUN via el metodo de
% Simpson (usando M intervalos equiespaciados).
% FUN acepta el vector real de entrada x
% y devuelve un vector real.
% FUN puede ser tambien un objeto inline.
% ISIC = SIMPSONC(A,B,M,FUN,P1,P2,...) llama a la
% funcion FUN pasando los parametros opcionales
% P1,P2,... como FUN(X,P1,P2,...).
H=(b-a)/M;
x=linspace(a,b,M+1);
fpm=feval(f,x,varargin{:}).*ones(1,M+1);
fpm(2:end-1) = 2*fpm(2:end-1);
Isic=H*sum(fpm)/6;
x=linspace(a+H/2,b-H/2,M);
fpm=feval(f,x,varargin{:}).*ones(1,M);
Isic = Isic+2*H*sum(fpm)/3;
return
```

**Ejemplo 4.2 (Demografía)** Consideremos el Problema 4.4. Para calcular el número de individuos cuya altura está entre 1.8 y 1.9 m, necesitamos resolver la integral (4.3) para $h = 1.8$ y $\Delta h = 0.1$. Para ello usamos la fórmula de Simpson compuesta con 100 subintervalos

```
N = inline(['M/(sigma*sqrt(2*pi))*exp(-(h-hbar).^2'...
        './(2*sigma^2))'], 'h', 'M', 'hbar', 'sigma')
```

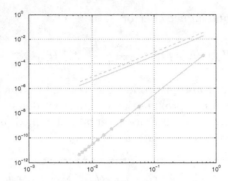

**Figura 4.5.** Representación logarítmica de los errores frente a $H$ para las fórmulas de cuadratura compuestas de Simpson (*línea continua con círculos*), del punto medio (*línea continua*) y del trapecio (*línea de trazos*)

```
N =
  Inline function:
  N(h,M,hbar,sigma) = M/(sigma * sqrt(2*pi)) * exp(-(h -
  hbar).^2./(2*sigma^2))

M = 200; hbar = 1.7; sigma = 0.1;
int = simpsonc(1.8, 1.9, 100, N, M, hbar, sigma)


int =
  27.1810
```

Por consiguiente, estimamos que el número de individuos en este rango de alturas es 27.1810, correspondiente al 15.39 % de todos los individuos.     ■

**Ejemplo 4.3** Queremos comparar las aproximaciones de la integral $I(f) = \int_0^{2\pi} xe^{-x}\cos(2x)dx = -1/25(10\pi - 3 + 3e^{2\pi})/e^{2\pi} \simeq -0.122122604618968$ obtenidas usando las fórmulas compuestas del punto medio, del trapecio y de Simpson. En la Figura 4.5 dibujamos a escala logarítmica los errores frente a $H$. Como se señaló en la Sección 1.5, en este tipo de dibujo cuanto mayor es la pendiente de la curva, mayor es el orden de convergencia de la correspondiente fórmula. Como se esperaba de los resultados teóricos, las fórmulas del punto medio y del trapecio son aproximaciones de segundo orden, mientras que la de Simpson es de cuarto orden.     ■

## 4.3 Cuadraturas de tipo interpolatorio

Todas las fórmulas de cuadratura (no compuestas) introducidas en las secciones anteriores son ejemplos notables de una fórmula de cuadratura más general de la forma:

$$I_{appr}(f) = \sum_{j=0}^{n} \alpha_j f(y_j) \qquad (4.25)$$

Los números reales $\{\alpha_j\}$ son los *pesos de cuadratura*, mientras que los puntos $\{y_j\}$ son los *nudos de cuadratura*. En general, uno requiere que (4.25) integre exactamente al menos una función constante: esta propiedad está asegurada si $\sum_{j=0}^{n} \alpha_j = b - a$. Podemos conseguir un grado de exactitud igual a (por lo menos) $n$ tomando

$$I_{appr}(f) = \int_a^b \Pi_n f(x)dx,$$

donde $\Pi_n f \in \mathbb{P}_n$ es el polinomio de interpolación de Lagrange de la función $f$ en los nudos $y_i, i = 0, \dots, n$, dado por (3.4). Esto proporciona la siguiente expresión para los pesos

$$\alpha_i = \int_a^b \varphi_i(x)dx, \qquad i = 0, \dots, n,$$

donde $\varphi_i \in \mathbb{P}_n$ es el $i$-ésimo polinomio característico de Lagrange tal que $\varphi_i(y_j) = \delta_{ij}$, para $i, j = 0, \dots, n$, que fue introducido en (3.3).

**Ejemplo 4.4** Para la fórmula del trapecio (4.19) tenemos $n = 1$, $y_0 = a$, $y_1 = b$ y

$$\alpha_0 = \int_a^b \varphi_0(x)dx = \int_a^b \frac{x-b}{a-b}dx = \frac{b-a}{2},$$
$$\alpha_1 = \int_a^b \varphi_1(x)dx = \int_a^b \frac{x-a}{b-a}dx = \frac{b-a}{2}.$$

∎

La cuestión que surge es si existen elecciones apropiadas de los nudos tales que el grado de exactitud sea mayor que $n$, concretamente, igual a $r = n + m$ para algún $m > 0$. Podemos simplificar nuestra discusión restringiéndonos a un intervalo de referencia, digamos $(-1, 1)$. En efecto, una vez que disponemos de un conjunto de nudos de cuadratura $\{\bar{y}_j\}$ y pesos $\{\bar{\alpha}_j\}$ en $[-1, 1]$, entonces gracias al cambio de variable (3.8) podemos obtener inmediatamente los correspondientes nudos y pesos,

$$y_j = \frac{a+b}{2} + \frac{b-a}{2}\bar{y}_j, \qquad \alpha_j = \frac{b-a}{2}\bar{\alpha}_j$$

en un intervalo de integración arbitrario $(a, b)$.

La respuesta a la cuestión anterior la proporciona el siguiente resultado (véase, [QSS06, Capítulo 10]):

---

**Proposición 4.1** *Para un $m > 0$ dado, la fórmula de cuadratura $\sum_{j=0}^{n} \bar{\alpha}_j f(\bar{y}_j)$ tiene grado de exactitud $n + m$ si y sólo si es de tipo interpolatorio y el polinomio nodal $\omega_{n+1} = \Pi_{i=0}^{n}(x - \bar{y}_i)$ asociado a los nudos $\{\bar{y}_i\}$ es tal que*

$$\int_{-1}^{1} \omega_{n+1}(x)p(x)dx = 0, \qquad \forall p \in \mathbb{P}_{m-1}. \tag{4.26}$$

---

El valor máximo que $m$ puede tomar es $n + 1$ y se alcanza con tal de que $\omega_{n+1}$ sea proporcional al llamado polinomio de Legendre de grado $n + 1$, $L_{n+1}(x)$. Los polinomios de Legendre pueden calcularse recursivamente mediante la siguiente relación de tres términos

$$L_0(x) = 1, \qquad L_1(x) = x,$$
$$L_{k+1}(x) = \frac{2k + 1}{k + 1} x L_k(x) - \frac{k}{k + 1} L_{k-1}(x), \qquad k = 1, 2, \ldots.$$

Para cada $n = 0, 1, \ldots$, todo polinomio en $\mathbb{P}_n$ puede obtenerse mediante una combinación lineal de los polinomios $L_0, L_1, \ldots, L_n$. Además, $L_{n+1}$ es ortogonal a todos los polinomios de grado menor o igual que $n$, es decir, $\int_{-1}^{1} L_{n+1}(x)L_j(x)dx = 0$ para todo $j = 0, \ldots, n$. Esto explica por qué (4.26) es cierto para $m$ igual pero no mayor que $n + 1$.

El máximo grado de exactitud es, por tanto, igual a $2n+1$ y se obtiene para la llamada *fórmula de Gauss-Legendre* (abreviadamente $I_{GL}$), cuyos nudos y pesos están dados por

$$\begin{cases} \bar{y}_j = \text{ ceros de } L_{n+1}(x), \\[2mm] \bar{\alpha}_j = \dfrac{2}{(1 - \bar{y}_j^2)[L'_{n+1}(\bar{y}_j)]^2}, \qquad j = 0, \ldots, n. \end{cases} \tag{4.27}$$

Los pesos $\bar{\alpha}_j$ son todos positivos y los nudos son interiores al intervalo $(-1, 1)$. En la Tabla 4.1 recogemos los nudos y pesos de las fórmulas de cuadratura de Gauss-Legendre con $n = 1, 2, 3, 4$. Si $f \in C^{(2n+2)}([-1, 1])$, el correspondiente error es

$$I(f) - I_{GL}(f) = \frac{2^{2n+3}((n + 1)!)^4}{(2n + 3)((2n + 2)!)^3} f^{(2n+2)}(\xi),$$

donde $\xi$ es un punto adecuado en $(-1, 1)$.

A menudo es útil incluir también los puntos extremos del intervalo entre los nudos de cuadratura. Procediendo así, la fórmula de Gauss con

| $n$ | $\{\bar{y}_j\}$ | $\{\bar{\alpha}_j\}$ |
|---|---|---|
| 1 | $\{\pm 1/\sqrt{3}\}$ | $\{1\}$ |
| 2 | $\{\pm\sqrt{15}/5, 0\}$ | $\{5/9, 8/9\}$ |
| 3 | $\left\{\pm(1/35)\sqrt{525 - 70\sqrt{30}},\right.$ | $\{(1/36)(18 + \sqrt{30}),$ |
| | $\left.\pm(1/35)\sqrt{525 + 70\sqrt{30}}\right\}$ | $(1/36)(18 - \sqrt{30})\}$ |
| 4 | $\left\{0, \pm(1/21)\sqrt{245 - 14\sqrt{70}}\right.$ | $\{128/225, (1/900)(322 + 13\sqrt{70})$ |
| | $\left.\pm(1/21)\sqrt{245 + 14\sqrt{70}}\right\}$ | $(1/900)(322 - 13\sqrt{70})\}$ |

**Tabla 4.1.** Nudos y pesos para algunas fórmulas de cuadratura de Gauss-Legendre sobre el intervalo $(-1, 1)$. Los pesos correspondientes a pares simétricos de nudos se incluyen sólo una vez

| $n$ | $\{\bar{y}_j\}$ | $\{\bar{\alpha}_j\}$ |
|---|---|---|
| 1 | $\{\pm 1\}$ | $\{1\}$ |
| 2 | $\{\pm 1, 0\}$ | $\{1/3, 4/3\}$ |
| 3 | $\{\pm 1, \pm\sqrt{5}/5\}$ | $\{1/6, 5/6\}$ |
| 4 | $\{\pm 1, \pm\sqrt{21}/7, 0\}$ | $\{1/10, 49/90, 32/45\}$ |

**Tabla 4.2.** Nudos y pesos para algunas fórmulas de cuadratura de Gauss-Legendre-Lobatto sobre el intervalo $(-1, 1)$. Los pesos correspondientes a pares simétricos de nudos se incluyen sólo una vez

grado de exactitud máximo $(2n - 1)$ es la que emplea los llamados nudos de *Gauss-Legendre-Lobatto* (abreviadamente, GLL): para $n \geq 1$

$$\bar{y}_0 = -1, \quad \bar{y}_n = 1, \quad \bar{y}_j = \text{ceros de } L'_n(x), \quad j = 1, \ldots, n-1, \quad (4.28)$$

$$\bar{\alpha}_j = \frac{2}{n(n+1)} \frac{1}{[L_n(\bar{y}_j)]^2}, \qquad j = 0, \ldots, n.$$

Si $f \in C^{(2n)}([-1, 1])$, el correspondiente error viene dado por

$$I(f) - I_{GLL}(f) = -\frac{(n+1)n^3 2^{2n+1}((n-1)!)^4}{(2n+1)((2n)!)^3} f^{(2n)}(\xi),$$

para un $\xi \in (-1, 1)$ adecuado. En la Tabla 4.2 damos una tabla de nudos y pesos sobre el intervalo de referencia $(-1, 1)$ para $n = 1, 2, 3, 4$. (Para $n = 1$ recuperamos la regla del trapecio).

Usando la instrucción de MATLAB `quadl(fun,a,b)` es posible calcular una integral con una fórmula de cuadratura de Gauss-Legendre-Lobatto compuesta. La función `fun` puede ser un objeto *inline*. Por ejemplo, para integrar $f(x) = 1/x$ sobre $[1, 2]$, debemos primero definir la función

```
fun=inline('1./x','x');
```

y después llamar a `quadl(fun,1,2)`. Nótese que en la definición de la función $f$ hemos usado una operación elemento a elemento (de hecho MATLAB evaluará esta expresión componente a componente sobre el vector de nudos de cuadratura).

No se requiere la especificación del número de subintervalos ya que se calcula automáticamente para asegurar que el error de cuadratura esté por debajo de la tolerancia por defecto de $10^{-3}$. El usuario puede suministrar una tolerancia diferente mediante el comando extendido `quadl(fun,a,b,tol)`. En la Sección 4.4 introduciremos un método para estimar el error de cuadratura y, consiguientemente, para cambiar $H$ adaptativamente.

## Resumamos

1. Una fórmula de cuadratura es una fórmula para aproximar la integral de funciones continuas en un intervalo $[a, b]$;
2. generalmente se expresa como una combinación lineal de los valores de la función en puntos específicos (llamados *nudos*) con coeficientes que se llaman *pesos*;
3. el *grado de exactitud* de una fórmula de cuadratura es el mayor grado de los polinomios que son integrados exactamente por la fórmula. Es 1 para las reglas del punto medio y del trapecio, 3 para la regla de Simpson, $2n + 1$ para la fórmula de Gauss-Legendre usando $n + 1$ nudos de cuadratura, y $2n - 1$ para la fórmula de Gauss-Legendre-Lobatto usando $n + 1$ nudos;
4. el *orden de precisión* de una fórmula de cuadratura compuesta es su orden respecto al tamaño $H$ de los subintervalos. El orden de precisión es 2 para las fórmulas compuestas del punto medio y del trapecio, 4 para la fórmula de Simpson compuesta.

Véanse los Ejercicios 4.12-4.18.

## 4.4 Fórmula de Simpson adaptativa

La longitud del paso de integración $H$ de una fórmula de cuadratura compuesta puede elegirse para asegurar que el error de cuadratura sea menor que una tolerancia prescrita $\varepsilon > 0$. Por ejemplo, cuando se usa la fórmula de Simpson compuesta, gracias a (4.22) este objetivo puede alcanzarse si

$$\frac{b-a}{180} \frac{H^4}{16} \max_{x \in [a,b]} |f^{(4)}(x)| < \varepsilon, \tag{4.29}$$

donde $f^{(4)}$ denota la derivada de cuarto orden de $f$. Desafortunadamente, cuando el valor absoluto de $f^{(4)}$ es grande sólo en una pequeña parte del intervalo de integración, el $H$ máximo para el cual se verifica (4.29) puede ser demasiado pequeño. El objetivo de la fórmula de cuadratura de Simpson adaptativa es dar una aproximación de $I(f)$ dentro de una tolerancia fija $\varepsilon$ mediante una distribución *no uniforme* de los tamaños de los pasos de integración en el intervalo $[a,b]$. De esta forma mantenemos la misma precisión de la regla de Simpson compuesta, pero con un número inferior de nudos de cuadratura y, consiguientemente, un número reducido de evaluaciones de $f$.

Para tal fin debemos encontrar un estimador del error y un procedimiento automático para modificar la longitud del paso de integración $H$, con objeto de alcanzar la tolerancia prescrita. Empezamos analizando este procedimiento que es independiente de la fórmula de cuadratura específica que uno quiere aplicar.

En el primer paso del procedimiento adaptativo, calculamos una aproximación $I_s(f)$ de $I(f) = \int_a^b f(x)dx$. Ponemos $H = b-a$ y tratamos de estimar el error de cuadratura. Si el error es menor que la tolerancia prescrita, se detiene el procedimiento adaptativo; caso contrario el tamaño del paso $H$ se divide a la mitad hasta que la integral $\int_a^{a+H} f(x)dx$ se calcule con la precisión prescrita. Cuando se supera el test, consideramos el intervalo $(a + H, b)$ y repetimos el procedimiento anterior, eligiendo como primer tamaño del paso la longitud $b - (a + H)$ de ese intervalo.

Utilizamos las siguientes notaciones:

1. $A$: el intervalo *activo* de integración, es decir el intervalo donde la integral está siendo calculada;
2. $S$: el intervalo de integración ya examinado, para el cual el error es menor que la tolerancia prescrita;
3. $N$: el intervalo de integración pendiente de examinar.

Al comienzo del proceso de integración tenemos $N = [a,b]$, $A = N$ y $S = \emptyset$, mientras que la situación en la etapa genérica del algoritmo se describe en la Figura 4.6. Indiquemos por $J_S(f)$ la aproximación de $\int_a^\alpha f(x)dx$ calculada, con $J_S(f) = 0$ al comienzo del proceso; si el algoritmo termina con éxito, $J_S(f)$ da la aproximación deseada de $I(f)$. También denotamos por $J_{(\alpha,\beta)}(f)$ la integral aproximada de $f$ sobre el intervalo activo $[\alpha, \beta]$. Este intervalo se dibuja en gris en la Figura 4.6. La etapa genérica del método de integración adaptativo se organiza como sigue:

1. si la estimación del error asegura que se satisface la tolerancia prescrita, entonces:
   (i) $J_S(f)$ se incrementa en $J_{(\alpha,\beta)}(f)$, esto es $J_S(f) \leftarrow J_S(f) + J_{(\alpha,\beta)}(f)$;

    (ii) hacemos $S \leftarrow S \cup A, A = N$ (correspondiente al camino ($I$) en la Figura 4.6) y $\alpha \leftarrow \beta$ y $\beta \leftarrow b$;

2. si la estimación del error no es menor que la tolerancia prescrita, entonces:

    (j) $A$ se divide por dos, y el nuevo intervalo activo es $A = [\alpha, \alpha']$ con $\alpha' = (\alpha + \beta)/2$ (correspondiente al camino ($II$) en la Figura 4.6);

    (jj) se pone $N \leftarrow N \cup [\alpha', \beta]$, $\beta \leftarrow \alpha'$;

    (jjj) se proporciona una nueva acotación del error.

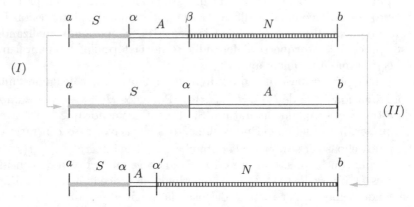

**Figura 4.6.** Distribución del intervalo de integración en una etapa genérica del algoritmo adaptativo y puesta al día de la malla de integración

Por supuesto, para impedir que el algoritmo genere tamaños de paso demasiado pequeños, es conveniente controlar la anchura de $A$ y alertar al usuario en caso de una reducción excesiva de la longitud del paso, sobre la presencia de una posible singularidad en la función integrando.

    El problema ahora es encontrar un estimador adecuado del error. Para este fin es conveniente restringir nuestra atención a un subintervalo genérico $[\alpha, \beta]$ en el que calculamos $I_s(f)$: por supuesto, si sobre este intervalo el error es menor que $\varepsilon(\beta - \alpha)/(b - a)$, entonces el error en el intervalo $[a, b]$ será menor que la tolerancia prescrita $\varepsilon$. Puesto que de (4.24) deducimos

$$E_s(f; \alpha, \beta) = \int_{\alpha}^{\beta} f(x)dx - I_s(f) = -\frac{(\beta - \alpha)^5}{2880} f^{(4)}(\xi),$$

para asegurar que respetamos la tolerancia será suficiente verificar que $E_s(f; \alpha, \beta) < \varepsilon(\beta - \alpha)/(b - a)$. En el cálculo práctico, este procedimiento no es factible ya que el punto $\xi \in [\alpha, \beta]$ es desconocido.

Para estimar el error $E_s(f; \alpha, \beta)$ sin usar explícitamente $f^{(4)}(\xi)$, empleamos de nuevo la fórmula de Simpson compuesta para calcular $\int_\alpha^\beta f(x)dx$, pero con una longitud de paso $(\beta - \alpha)/2$. De (4.22) con $a = \alpha$ y $b = \beta$, deducimos que

$$\int_\alpha^\beta f(x)dx - I_s^c(f) = -\frac{(\beta - \alpha)^5}{46080} f^{(4)}(\eta), \qquad (4.30)$$

donde $\eta$ es un punto adecuado diferente de $\xi$. Restando las dos últimas ecuaciones obtenemos

$$\Delta I = I_s^c(f) - I_s(f) = -\frac{(\beta - \alpha)^5}{2880} f^{(4)}(\xi) + \frac{(\beta - \alpha)^5}{46080} f^{(4)}(\eta). \quad (4.31)$$

Hagamos ahora la hipótesis de que $f^{(4)}(x)$ es aproximadamente una constante en el intervalo $[\alpha, \beta]$. En este caso $f^{(4)}(\xi) \simeq f^{(4)}(\eta)$. Podemos calcular $f^{(4)}(\eta)$ a partir de (4.31); sustituyendo este valor en la ecuación (4.30) obtenemos la siguiente estimación del error:

$$\int_\alpha^\beta f(x)dx - I_s^c(f) \simeq \frac{1}{15}\Delta I.$$

La longitud de paso $(\beta - \alpha)/2$ (esto es la longitud del paso empleado para calcular $I_s^c(f)$) será aceptada si $|\Delta I|/15 < \varepsilon(\beta - \alpha)/[2(b - a)]$. La fórmula de cuadratura que utiliza este criterio en el procedimiento adaptativo descrito anteriormente, se llama *fórmula de Simpson adaptativa*. Está implementada en el Programa 4.3. Entre los parámetros de entrada, f es la cadena de caracteres en la que se define la función $f$, a y b son los extremos del intervalo de integración, tol es la tolerancia prescrita sobre el error y hmin es el mínimo valor admisible para la longitud del paso de integración (con vistas a asegurar que el procedimiento de adaptación siempre termina).

**Programa 4.3. simpadpt**: fórmula de Simpson adaptativa

```
function [JSf,nodes]=simpadpt(f,a,b,tol,hmin,varargin)
%SIMPADPT Evaluar numericamente una integral.
% Cuadratura de Simpson adaptativa.
% JSF = SIMPADPT(FUN,A,B,TOL,HMIN) trata de aproximar
% la integral de la funcion FUN de A a B con un
% error de TOL usando cuadratura de Simpson adaptativa
% recursiva. La funcion inline Y = FUN(V)
% acepta un argumento vectorial V
% y devuelve un vector resultado Y,
% el integrando evaluado en cada elemento de X.
% JSF = SIMPADPT(FUN,A,B,TOL,HMIN,P1,P2,...) llama a
% la funcion FUN pasando los parametros opcionales
% P1,P2,... as FUN(X,P1,P2,...).
% [JSF,NODES] = SIMPADPT(...) devuelve la distribucion
```

```
% de nudos usados en el proceso de cuadratura.
A=[a,b]; N=[]; S=[]; JSf = 0; ba = b - a; nodes=[];
while ~isempty(A),
   [deltaI,ISc]=caldeltai(A,f,varargin{:});
   if abs(deltaI) <= 15*tol*(A(2)-A(1))/ba;
      JSf = JSf + ISc;        S = union(S,A);
      nodes = [nodes, A(1) (A(1)+A(2))*0.5 A(2)];
      S = [S(1), S(end)]; A = N; N = [];
   elseif A(2)-A(1) < hmin
      JSf=JSf+ISc;            S = union(S,A);
      S = [S(1), S(end)]; A=N; N=[];
      warning('Paso de integracion demasiado pequeno');
   else
      Am = (A(1)+A(2))*0.5;
      A = [A(1) Am];
      N = [Am, b];
   end
end
nodes=unique(nodes);
return

function [deltaI,ISc]=caldeltai(A,f,varargin)
L=A(2)-A(1);
t=[0; 0.25; 0.5; 0.5; 0.75; 1];
x=L*t+A(1);
L=L/6;
w=[1; 4; 1];
fx=feval(f,x,varargin{:}).*ones(6,1);
IS=L*sum(fx([1 3 6]).*w);
ISc=0.5*L*sum(fx.*[w;w]);
deltaI=IS-ISc;
return
```

**Ejemplo 4.5** Calculemos la integral $I(f) = \int_{-1}^{1} e^{-10(x-1)^2} dx$ empleando la fórmula de Simpson adaptativa. Utilizando el Programa 4.3 con

```
>> fun=inline('exp(-10*(x-1).^2)'); tol = 1.e-04; hmin = 1.e-03;
```

hallamos el valor aproximado 0.28024765884708, en lugar del valor exacto 0.28024956081990. El error es menor que la tolerancia prescrita tol$=10^{-5}$.

Para obtener este resultado fue suficiente considerar únicamente 10 subintervalos no uniformes. Nótese que la fórmula compuesta correspondiente, con tamaño de paso uniforme, habría requerido 22 subintervalos para asegurar la misma precisión. ∎

## 4.5 Lo que no le hemos dicho

Las fórmulas del punto medio, del trapecio y de Simpson son casos particulares de una familia mayor de reglas de cuadratura conocidas como *fórmulas de Newton-Cotes*. Para una introducción, véase [QSS06, Capítulo 10]. Análogamente, las fórmulas de Gauss-Legendre y de Gauss-Legendre-Lobatto que hemos introducido en la Sección 4.3 son casos especiales de una familia más general de fórmulas de cuadratura Gaussiana. Éstas son *óptimas* en el sentido de que maximizan el grado de exactitud para un número de nudos de cuadratura prescrito. Para una introducción a las fórmulas Gaussianas, véase [QSS06, Capítulo 10] o [RR85]. Desarrollos adicionales sobre integración numérica pueden encontrarse, por ejemplo, en [DR75] y [PdDKÜK83].

La integración numérica también se puede utilizar para calcular integrales sobre intervalos no acotados. Por ejemplo, para aproximar $\int_0^\infty f(x)dx$, una primera posibilidad es hallar un punto $\alpha$ tal que el valor de $\int_\alpha^\infty f(x)dx$ se pueda despreciar con respecto al de $\int_0^\alpha f(x)dx$. Entonces calculamos mediante una fórmula de cuadratura esta última integral sobre un intervalo acotado. Una segunda posibilidad es recurrir a fórmulas de cuadratura Gaussiana para intervalos no acotados (véase [QSS06, Capítulo 10]).

Finalmente, la integración numérica también se puede usar para calcular integrales multidimensionales. En particular, mencionamos la instrucción de MATLAB `dblquad('f',xmin,xmax,ymin,ymax)` mediante la cual es posible calcular la integral de una función contenida en el archivo de MATLAB `f.m` sobre el dominio rectangular `[xmin,xmax]` $\times$ `[ymin,ymax]`. Nótese que la función `f` debe tener al menos dos parámetros de entrada correspondientes a las variables `x` e `y` con respecto a las cuales se calcula la integral.

**Octave 4.1** En Octave, `dblquad` no está disponible; sin embargo hay otras funciones de Octave que presentan las mismas funcionalidades:

1. `quad2dg` para integración 2-dimensional, que utiliza un esquema de integración con cuadratura Gaussiana;
2. `quad2dc` para integración 2-dimensional, que utiliza un esquema de integración con cuadratura de Gauss-Chebyshev. ∎

## 4.6 Ejercicios

**Ejercicio 4.1** Verificar que, si $f \in C^3$ en un entorno $I_0$ de $x_0$ (respectivamente, $I_n$ de $x_n$) el error de la fórmula (4.11) es igual a $-\frac{1}{3}f'''(\xi_0)h^2$ (respectivamente, $-\frac{1}{3}f'''(\xi_n)h^2$), donde $\xi_0$ y $\xi_n$ son dos puntos adecuados que pertenecen a $I_0$ e $I_n$, respectivamente.

**Ejercicio 4.2** Verificar que si $f \in C^3$ en un entorno de $\bar{x}$ el error de la fórmula (4.9) es igual a (4.10).

**Ejercicio 4.3** Calcular el orden de precisión con respecto a $h$ de las siguientes fórmulas para la aproximación numérica de $f'(x_i)$:

a. $\dfrac{-11f(x_i) + 18f(x_{i+1}) - 9f(x_{i+2}) + 2f(x_{i+3})}{6h}$,

b. $\dfrac{f(x_{i-2}) - 6f(x_{i-1}) + 3f(x_i) + 2f(x_{i+1})}{6h}$,

c. $\dfrac{-f(x_{i-2}) - 12f(x_i) + 16f(x_{i+1}) - 3f(x_{i+2})}{12h}$.

**Ejercicio 4.4** Los siguientes valores representan la evolución temporal del número $n(t)$ de individuos de una población dada cuya tasa de nacimientos es constante $(b = 2)$ y cuya tasa de mortalidad es $d(t) = 0.01n(t)$:

| $t$ (meses) | 0 | 0.5 | 1 | 1.5 | 2 | 2.5 | 3 |
|---|---|---|---|---|---|---|---|
| $n$ | 100 | 147 | 178 | 192 | 197 | 199 | 200 |

Utilizar estos datos para aproximar con tanta precisión como sea posible la tasa de variación de esta población. Después comparar los resultados obtenidos con la tasa exacta $n'(t) = 2n(t) - 0.01n^2(t)$.

**Ejercicio 4.5** Hallar el número mínimo $M$ de subintervalos, necesario para aproximar con un error absoluto menor que $10^{-4}$ las integrales de las siguientes funciones:

$$f_1(x) = \frac{1}{1 + (x - \pi)^2} \quad \text{en } [0, 5],$$

$$f_2(x) = e^x \cos(x) \quad \text{en } [0, \pi],$$

$$f_3(x) = \sqrt{x(1 - x)} \quad \text{en } [0, 1],$$

mediante la fórmula del punto medio compuesta. Verificar los resultados obtenidos utilizando el Programa 4.1.

**Ejercicio 4.6** Probar (4.14) partiendo de (4.16).

**Ejercicio 4.7** ¿Por qué la fórmula del punto medio pierde un orden de convergencia cuando se utiliza en modo compuesto?

**Ejercicio 4.8** Verificar que si $f$ es un polinomio de grado menor o igual que 1, entonces $I_{mp}(f) = I(f)$, es decir, la fórmula del punto medio tiene grado de exactitud igual a 1.

**Ejercicio 4.9** Para la función $f_1$ del Ejercicio 4.5, calcular (numéricamente) los valores de $M$ que aseguran que el error de cuadratura es menor que $10^{-4}$, cuando la integral se aproxima por las fórmulas de cuadratura del trapecio y de Gauss compuestas.

**Ejercicio 4.10** Sean $I_1$ y $I_2$ dos valores aproximados de $I(f) = \int_a^b f(x)dx$, obtenidos mediante la fórmula del trapecio compuesta aplicada con dos longitudes de paso diferentes, $H_1$ y $H_2$. Verificar que si $f^{(2)}$ tiene una variación suave en $(a, b)$, el valor

$$I_R = I_1 + (I_1 - I_2)/(H_2^2/H_1^2 - 1) \qquad (4.32)$$

es mejor aproximación de $I(f)$ que $I_1$ y $I_2$. Esta estrategia se llama *método de extrapolación de Richardson*. Deducir (4.32) de (4.18).

**Ejercicio 4.11** Verificar que, entre todas las fórmulas de la forma $I_{appx}(f) = \alpha f(\bar{x}) + \beta f(\bar{z})$ donde $\bar{x}, \bar{z} \in [a, b]$ son dos nudos desconocidos y $\alpha$ y $\beta$ dos pesos indeterminados, la fórmula de Gauss con $n = 1$ de la Tabla 4.1 presenta el grado máximo de exactitud.

**Ejercicio 4.12** Para las dos primeras funciones del Ejercicio 4.5, calcular el número mínimo de intervalos tales que el error de cuadratura de la fórmula de Gauss compuesta es menor que $10^{-4}$.

**Ejercicio 4.13** Calcular $\int_0^2 e^{-x^2/2}dx$ usando la fórmula de Simpson (4.23) y la fórmula de Gauss-Legendre de la Tabla 4.1 para $n = 1$; comparar después los resultados obtenidos.

**Ejercicio 4.14** Para calcular las integrales $I_k = \int_0^1 x^k e^{x-1}dx$ para $k = 1, 2, \ldots$, uno puede usar la siguiente fórmula recursiva: $I_k = 1 - kI_{k-1}$, con $I_1 = 1/e$. Calcular $I_{20}$ usando la fórmula de Simpson compuesta con vistas a asegurar que el error de cuadratura es menor que $10^{-3}$. Comparar la aproximación de Simpson con el resultado obtenido usando la fórmula recursiva anterior.

**Ejercicio 4.15** Aplicar la fórmula de extrapolación de Richardson (4.32) para aproximar la integral $I(f) = \int_0^2 e^{-x^2/2}dx$, con $H_1 = 1$ y $H_2 = 0.5$ usando primero la fórmula de Simpson (4.23), después la de Gauss-Legendre para $n = 1$ de la Tabla 4.1. Verificar que en ambos casos $I_R$ es más precisa que $I_1$ y $I_2$.

**Ejercicio 4.16 (Electromagnetismo)** Calcular, utilizando la fórmula de Simpson compuesta, la función $j(r)$ definida en (4.2) para $r = k/10$ m con $k = 1, \ldots, 10$, siendo $\rho(\xi) = e^\xi$ y $\sigma = 0.36$ W/(mK). Asegurar que el error de cuadratura es menor que $10^{-10}$. (Recuérdese que: m=metros, W=vatios, K=grados Kelvin).

**Ejercicio 4.17 (Óptica)** Usando las fórmulas compuestas de Simpson y de Gauss-Legendre con $n = 1$, calcular la función $E(T)$, definida en (4.1), para $T$ igual a 213 K, con al menos 10 cifras significativas exactas.

**Ejercicio 4.18** Desarrollar una estrategia para calcular, mediante la fórmula de Simpson compuesta, $I(f) = \int_0^1 |x^2 - 0.25|dx$ de manera que el error de cuadratura sea menor que $10^{-2}$.

# 5

# Sistemas lineales

En ciencias aplicadas uno tiene que enfrentarse muy a menudo a un sistema lineal de la forma

$$A\mathbf{x} = \mathbf{b}, \tag{5.1}$$

donde A es una matriz cuadrada de dimensión $n \times n$ cuyos elementos $a_{ij}$ son reales o complejos, mientras que $\mathbf{x}$ y $\mathbf{b}$ son vectores columna de dimensión $n$ con $\mathbf{x}$ representando la solución desconocida y $\mathbf{b}$ un vector dado. Componente a componente, (5.1) puede escribirse como

$$a_{11}x_1 + a_{12}x_2 + \ldots + a_{1n}x_n = b_1,$$

$$a_{21}x_1 + a_{22}x_2 + \ldots + a_{2n}x_n = b_2,$$

$$\vdots \qquad \qquad \vdots \qquad \vdots$$

$$a_{n1}x_1 + a_{n2}x_2 + \ldots + a_{nn}x_n = b_n.$$

Presentamos tres problemas diferentes que dan origen a sistemas lineales.

**Problema 5.1 (Circuito hidráulico)** Consideremos el circuito hidráulico de la Figura 5.1, compuesto por 10 tuberías, que está alimentado por un depósito de agua a una presión constante de $p_r = 10$ bares. En este problema, los valores de la presión se refieren a la diferencia entre la presión real y la atmosférica. Para la $j$-ésima tubería, se verifica la siguiente relación entre el caudal $Q_j$ (en m$^3$/s) y el salto de presión $\Delta p_j$ entre sus extremos:

$$Q_j = kL\Delta p_j, \tag{5.2}$$

donde $k$ es la resistencia hidráulica (en m$^2$ /(bar s)) y $L$ es la longitud (en m) de la tubería. Suponemos que el flujo de agua discurre a través de las salidas (indicadas por un punto negro) a la presión atmosférica, que se supone de 0 bar por coherencia con el convenio anterior.

Un problema típico consiste en determinar los valores de la presión en cada nudo interior 1, 2, 3, 4. Con este fin, para cada $j = 1, 2, 3, 4$ podemos suplementar la relación (5.2) con el hecho de que la suma algebraica de los caudales de las tuberías que se encuentran en el nudo $j$ debe ser nula (un valor negativo indicaría la presencia de una filtración).

Denotando por $\mathbf{p} = (p_1, p_2, p_3, p_4)^T$ el vector de presiones en los nudos interiores, obtenemos un sistema $4 \times 4$ de la forma $\mathbf{Ap} = \mathbf{b}$.

En la tabla siguiente recogemos las características relevantes de las diferentes tuberías:

| tubería | k | L | tubería | k | L | tubería | k | L |
|---|---|---|---|---|---|---|---|---|
| 1 | 0.01 | 20 | 2 | 0.005 | 10 | 3 | 0.005 | 14 |
| 4 | 0.005 | 10 | 5 | 0.005 | 10 | 6 | 0.002 | 8 |
| 7 | 0.002 | 8 | 8 | 0.002 | 8 | 9 | 0.005 | 10 |
| 10 | 0.002 | 8 | | | | | | |

De acuerdo con ello, A y $\mathbf{b}$ toman los siguientes valores (sólo se suministran los 4 primeros dígitos significativos):

$$
A = \begin{bmatrix} -0.370 & 0.050 & 0.050 & 0.070 \\ 0.050 & -0.116 & 0 & 0.050 \\ 0.050 & 0 & -0.116 & 0.050 \\ 0.070 & 0.050 & 0.050 & -0.202 \end{bmatrix}, \quad \mathbf{b} = \begin{bmatrix} -2 \\ 0 \\ 0 \\ 0 \end{bmatrix}.
$$

La solución de este sistema se pospone al Ejemplo 5.5.    ■

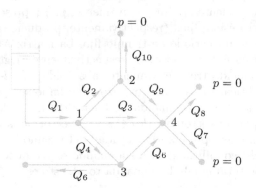

Figura 5.1. Red de tuberías del Problema 5.1

**Problema 5.2 (Espectrometría)** Consideremos una mezcla de gases de $n$ componentes no reactivas desconocidas. Usando un espectrómetro de masas el compuesto se bombardea con electrones de baja energía:

la mezcla resultante de iones se analiza mediante un galvanómetro que muestra picos correspondientes a relaciones específicas masa/carga. Sólo consideramos los $n$ picos más relevantes. Uno puede conjeturar que la altura $h_i$ del $i$-ésimo pico es combinación lineal de $\{p_j, j = 1, \ldots, n\}$, siendo $p_j$ la presión parcial de la $j$-ésima componente (que es la presión ejercida por un gas cuando es parte de una mezcla), lo que da

$$\sum_{j=1}^{n} s_{ij} p_j = h_i, \qquad i = 1, \ldots, n, \tag{5.3}$$

donde los $s_{ij}$ son los llamados coeficientes de sensibilidad. La determinación de las presiones parciales demanda, por consiguiente, la resolución de un sistema lineal. Para su resolución, véase el Ejemplo 5.3.  ∎

**Problema 5.3 (Economía: análisis input-output)** Queremos determinar la situación de equilibrio entre oferta y demanda de ciertos bienes. En particular, consideramos un modelo de producción en el cual $m \geq n$ fábricas (o líneas de producción) producen $n$ productos diferentes. Deben hacer frente a la demanda interna de bienes (el input) que precisan las fábricas para su propia producción, así como a la demanda externa (el output) de los consumidores. La principal hipótesis del modelo de Leontief (1930)[1] es que el modelo de producción es lineal, esto es, la cantidad de un cierto output es proporcional a la cantidad de input utilizado. Bajo esta hipótesis la actividad de las fábricas está completamente descrita por dos matrices, la matriz de inputs C$= (c_{ij}) \in \mathbb{R}^{n \times m}$ y la matriz de outputs P$= (p_{ij}) \in \mathbb{R}^{n \times m}$. ("C" quiere decir *consumibles* y "P" *productos*). El coeficiente $c_{ij}$ (respectivamente, $p_{ij}$) representa la cantidad absorbida del $i$-ésimo bien (respectivamente, producida) por la $j$-ésima fábrica durante un período de tiempo fijo. La matriz A$=$P$-$C se llama *matriz input-output*: $a_{ij}$ positiva (respectivamente, negativa) denota la cantidad producida (respectivamente, absorbida) del $i$-ésimo bien por la $j$-ésima fábrica. Finalmente, es razonable imponer que el sistema de producción satisfaga la demanda de bienes del mercado, que se puede representar por un vector $\mathbf{b} = (b_i) \in \mathbb{R}^n$ (el vector de la *demanda final*). La componente $b_i$ representa la cantidad del $i$-ésimo bien absorbido por el mercado. El equilibrio se alcanza cuando el vector $\mathbf{x} = (x_i) \in \mathbb{R}^m$ de la producción total iguala la demanda total, esto es,

$$A\mathbf{x} = \mathbf{b}, \qquad \text{donde } A = P - C. \tag{5.4}$$

Para la resolución de este sistema lineal véase el Ejercicio 5.17.  ∎

---

[1] En 1973 Wassily Leontief obtuvo el premio Nobel de economía por sus estudios.

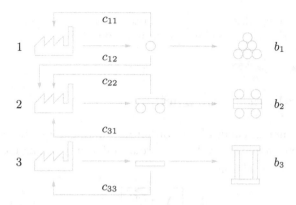

**Figura 5.2.** Esquema de interacción entre tres fábricas y el mercado

La solución del sistema (5.1) existe si y sólo si A es no singular. En principio, la solución podría calcularse utilizando la llamada *regla de Cramer*:

$$x_i = \frac{\det(A_i)}{\det(A)}, \quad i = 1, \ldots, n,$$

donde $A_i$ es la matriz obtenida a partir de A reemplazando la $i$-ésima columna por **b** y $\det(A)$ denota el determinante de A. Si los $n+1$ determinantes se calculan mediante la expresión de Laplace (véase el Ejercicio 5.1), se requiere un número total de aproximadamente $2(n+1)!$ operaciones. Como es habitual, por operación queremos decir una suma, una resta, un producto o una división. Por ejemplo, un computador capaz de llevar a cabo $10^9$ *flops* (es decir 1 giga *flops*), requeriría en torno a 12 horas para resolver un sistema de dimensión $n = 15$, 3240 años si $n = 20$ y $10^{143}$ años si $n = 100$. El coste computacional puede ser reducido drásticamente al orden de alrededor de $n^{3.8}$ operaciones si los $n+1$ determinantes se calculan mediante el algoritmo citado en el Ejemplo 1.3. Sin embargo, este coste todavía es demasiado alto para los grandes valores de $n$ que surgen a menudo en las aplicaciones prácticas.

Pueden seguirse dos familias de métodos alternativos: los llamados *métodos directos* que dan la solución del sistema en un número finito de pasos, o los *métodos iterativos* que requieren (en principio) un número infinito de pasos. Los métodos iterativos se tratarán en la la Sección 5.7. Advertimos al lector de que la elección entre métodos directos e iterativos puede depender de varios factores: en primer lugar, de la eficiencia teórica del esquema, pero también del tipo particular de matriz, de la memoria de almacenamiento requerida y, finalmente, de la arquitectura del computador (véase la Sección 5.11 para más detalles).

Finalmente, observamos que un sistema con matriz llena no se puede resolver con menos de $n^2$ operaciones. En efecto, si las ecuaciones están plenamente acopladas, esperaríamos que cada uno de los $n^2$ coeficientes de la matriz estuviese involucrado en una operación algebraica, al menos una vez.

## 5.1 Método de factorización LU

Sea A una matriz cuadrada de orden $n$. Supongamos que existen dos matrices convenientes L y U, triangular inferior y triangular superior, respectivamente, tales que

$$A = LU \tag{5.5}$$

Llamamos a (5.5) una *factorización* LU (o descomposición) de A. Si A es no singular, lo mismo ocurre con L y U, y de este modo sus elementos diagonales son no nulos (como se observó en la Sección 1.3).

En tal caso, resolver $Ax = b$ conduce a la solución de los dos sistemas triangulares

$$Ly = b, \quad Ux = y \tag{5.6}$$

Ambos sistemas son fáciles de resolver. En efecto, siendo L triangular inferior, la primera fila del sistema $Ly = b$ toma la forma:

$$l_{11}y_1 = b_1,$$

que proporciona el valor de $y_1$ ya que $l_{11} \neq 0$. Sustituyendo este valor de $y_1$ en las siguientes $n-1$ ecuaciones obtenemos un nuevo sistema cuyas incógnitas son $y_2, \ldots, y_n$, sobre el que podemos proceder de manera similar. Caminando hacia delante, ecuación tras ecuación, podemos calcular todas las incógnitas con el siguiente *algoritmo de sustituciones progresivas*:

$$
\begin{aligned}
y_1 &= \frac{1}{l_{11}} b_1, \\
y_i &= \frac{1}{l_{ii}} \left( b_i - \sum_{j=1}^{i-1} l_{ij} y_j \right), \quad i = 2, \ldots, n
\end{aligned}
\tag{5.7}
$$

Contemos el número de operaciones requeridas por (5.7). Puesto que para calcular la incógnita $y_i$ se necesitan $i-1$ sumas, $i-1$ productos y 1 división, el número total de operaciones requeridas es

$$\sum_{i=1}^{n} 1 + 2\sum_{i=1}^{n}(i-1) = 2\sum_{i=1}^{n} i - n = n^2.$$

El sistema $U\mathbf{x} = \mathbf{y}$ puede resolverse procediendo de modo similar. Esta vez, la primera incógnita que debe calcularse es $x_n$; entonces, caminando hacia atrás, podemos calcular las restantes incógnitas $x_i$, para $i = n - 1$ a $i = 1$:

$$
\begin{aligned}
x_n &= \frac{1}{u_{nn}} y_n, \\
x_i &= \frac{1}{u_{ii}} \left( y_i - \sum_{j=i+1}^{n} u_{ij} x_j \right), \quad i = n - 1, \ldots, 1
\end{aligned}
\tag{5.8}
$$

Este procedimiento se conoce con el nombre de *algoritmo de sustituciones regresivas* y requiere también $n^2$ operaciones. En este punto necesitamos un algoritmo que permita un cálculo efectivo de los factores L y U de la matriz A. Ilustramos un procedimiento general empezando por un par de ejemplos.

**Ejemplo 5.1** Escribamos la relación (5.5) para una matriz genérica $A \in \mathbb{R}^{2 \times 2}$

$$
\begin{bmatrix} l_{11} & 0 \\ l_{21} & l_{22} \end{bmatrix}
\begin{bmatrix} u_{11} & u_{12} \\ 0 & u_{22} \end{bmatrix} =
\begin{bmatrix} a_{11} & a_{12} \\ a_{21} & a_{22} \end{bmatrix}.
$$

Los 6 elementos desconocidos de L y U deben satisfacer las siguientes ecuaciones (no lineales):

$$
\begin{aligned}
(e_1)\ & l_{11} u_{11} = a_{11}, & (e_2)\ & l_{11} u_{12} = a_{12}, \\
(e_3)\ & l_{21} u_{11} = a_{21}, & (e_4)\ & l_{21} u_{12} + l_{22} u_{22} = a_{22}.
\end{aligned}
\tag{5.9}
$$

El sistema (5.9) es *indeterminado* ya que tiene menos ecuaciones que incógnitas. Podemos completarlo asignando *arbitrariamente* los elementos diagonales de L, poniendo por ejemplo $l_{11} = 1$ y $l_{22} = 1$. Ahora el sistema (5.9) puede resolverse procediendo como sigue: determinamos los elementos $u_{11}$ y $u_{12}$ de la primera fila de U utilizando $(e_1)$ y $(e_2)$. Si $u_{11}$ es no nulo entonces de $(e_3)$ deducimos $l_{21}$ (que es la primera columna de L, ya que $l_{11}$ se encuentra disponible). Ahora podemos obtener de $(e_4)$ el único elemento no nulo $u_{22}$ de la segunda fila de U. ∎

**Ejemplo 5.2** Repitamos los mismos cálculos en el caso de una matriz $3 \times 3$. Para los 12 coeficientes desconocidos de L y U tenemos las siguientes 9 ecuaciones:

$$
\begin{aligned}
(e_1)\, & l_{11} u_{11} = a_{11}, & (e_2)\, & l_{11} u_{12} = a_{12}, & (e_3)\, & l_{11} u_{13} = a_{13}, \\
(e_4)\, & l_{21} u_{11} = a_{21}, & (e_5)\, & l_{21} u_{12} + l_{22} u_{22} = a_{22}, & (e_6)\, & l_{21} u_{13} + l_{22} u_{23} = a_{23}, \\
(e_7)\, & l_{31} u_{11} = a_{31}, & (e_8)\, & l_{31} u_{12} + l_{32} u_{22} = a_{32}, & (e_9)\, & l_{31} u_{13} + l_{32} u_{23} + l_{33} u_{33} = a_{33}.
\end{aligned}
$$

Completemos este sistema poniendo $l_{ii} = 1$ para $i = 1, 2, 3$. Ahora, los coeficientes de la primera fila de U pueden ser calculados usando $(e_1)$, $(e_2)$ y $(e_3)$. A continuación, empleando $(e_4)$ y $(e_7)$ podemos determinar los coeficientes $l_{21}$ y $l_{31}$ de la primera columna de L. Utilizando $(e_5)$ y $(e_6)$ podemos ahora calcular los coeficientes $u_{22}$ y $u_{23}$ de la segunda fila de U. Entonces, usando $(e_8)$, obtenemos el coeficiente $l_{32}$ de la segunda columna de L. Finalmente, la última fila de U (que consta de un solo elemento $u_{33}$) puede determinarse resolviendo $(e_9)$.   ∎

Sobre una matriz de dimensión $n$, arbitraria, podemos proceder como sigue:

1. los elementos de L y U satisfacen el sistema de ecuaciones no lineales

$$\sum_{r=1}^{\min(i,j)} l_{ir}u_{rj} = a_{ij}, \quad i,j = 1,\ldots,n; \tag{5.10}$$

2. el sistema (5.10) es indeterminado; en efecto hay $n^2$ ecuaciones y $n^2 + n$ incógnitas, de modo que la factorización LU no puede ser única;

3. forzando que los $n$ elementos diagonales de L sean iguales a 1, el sistema (5.10) se vuelve determinado y puede resolverse mediante el siguiente *algoritmo de Gauss*: poner $A^{(1)} = A$, es decir, $a_{ij}^{(1)} = a_{ij}$ para $i,j = 1,\ldots,n$,

$$\begin{aligned}
&\text{para } k = 1,\ldots,n-1 \\
&\quad \text{para } i = k+1,\ldots,n \\
&\qquad l_{ik} = \frac{a_{ik}^{(k)}}{a_{kk}^{(k)}}, \\
&\quad \text{para } j = k+1,\ldots,n \\
&\qquad a_{ij}^{(k+1)} = a_{ij}^{(k)} - l_{ik}a_{kj}^{(k)}
\end{aligned} \tag{5.11}$$

Los elementos $a_{kk}^{(k)}$ deben ser todos distintos de cero y se llaman *elementos pivotales*. Para cada $k = 1,\ldots,n-1$ la matriz $A^{(k+1)} = (a_{ij}^{(k+1)})$ tiene $n-k$ filas y otras tantas columnas.

Al final de este proceso los elementos de la matriz triangular superior U están dados por $u_{ij} = a_{ij}^{(i)}$ para $i = 1,\ldots,n$ y $j = i,\ldots,n$, mientras que los de L están dados por los coeficientes $l_{ij}$ generados por este algoritmo. En (5.11) no se calculan los elementos diagonales de L, puesto que ya sabemos que valen 1.

Esta factorización se llama *factorización de Gauss*; determinar los elementos de los factores L y U requiere del orden de $2n^3/3$ operaciones (véase el Ejercicio 5.4).

**Ejemplo 5.3 (Espectrometría)** Para el Problema 5.2 consideramos una mezcla de gases que, después de una inspección espectroscópica, presenta los siguiente 7 picos más relevantes: $h_1 = 17.1$, $h_2 = 65.1$, $h_3 = 186.0$, $h_4 = 82.7$, $h_5 = 84.2$, $h_6 = 63.7$ y $h_7 = 119.7$. Queremos comparar la presión total medida, igual a 38.78 $\mu$m de Hg (que tiene en cuenta también aquellas componentes que habríamos despreciado en nuestro modelo simplificado) con la obtenida usando las relaciones (5.3) con $n = 7$, donde los coeficientes de sensibilidad se dan en la Tabla 5.1 (tomada de [CLW69, p.331]). Las presiones parciales pueden calcularse resolviendo el sistema (5.3) para $n = 7$, usando la factorización LU. Obtenemos

```
partpress=
   0.6525
   2.2038
   0.3348
   6.4344
   2.9975
   0.5505
  25.6317
```

Empleando esos valores calculamos una presión total aproximada (dada por sum(partpress)) de la mezcla de gases que difiere del valor medido en 0.0252 $\mu$m of Hg. ∎

| Componentes e índices | | | | | | |
|---|---|---|---|---|---|---|
| Pico Hidrógeno | Metano | Etileno | Etano | Propileno | Propano | $n$-Pentano |
| índice    1 | 2 | 3 | 4 | 5 | 6 | 7 |
| 1    16.87 | 0.1650 | 0.2019 | 0.3170 | 0.2340 | 0.1820 | 0.1100 |
| 2    0.0 | 27.70 | 0.8620 | 0.0620 | 0.0730 | 0.1310 | 0.1200 |
| 3    0.0 | 0.0 | 22.35 | 13.05 | 4.420 | 6.001 | 3.043 |
| 4    0.0 | 0.0 | 0.0 | 11.28 | 0.0 | 1.110 | 0.3710 |
| 5    0.0 | 0.0 | 0.0 | 0.0 | 9.850 | 1.1684 | 2.108 |
| 6    0.0 | 0.0 | 0.0 | 0.0 | 0.2990 | 15.98 | 2.107 |
| 7    0.0 | 0.0 | 0.0 | 0.0 | 0.0 | 0.0 | 4.670 |

**Tabla 5.1.** Coeficientes de sensibilidad para una mezcla de gases

**Ejemplo 5.4** Considérese la matriz de Vandermonde

$$A = (a_{ij}) \quad \text{con } a_{ij} = x_i^{n-j}, \ i, j = 1, \dots, n, \tag{5.12}$$

donde los $x_i$ son $n$ abscisas distintas. Puede construirse mediante el comando de MATLAB **vander**. En la Figura 5.3 mostramos el número de operaciones de punto flotante requeridas para calcular la factorización de Gauss de A, versus $n$. Se consideran varios valores de $n$ (concretamente, $n = 10, 20, \dots, 100$) y se indican con círculos los correspondientes números de operaciones. La curva que se muestra en la figura es un polinomio en $n$ de tercer grado representando la aproximación de mínimos cuadrados de los datos anteriores. El cálculo del número de operaciones se hizo mediante el comando de MATLAB (**flops**) que estaba presente en la versión 5.3.1 de MATLAB y anteriores. ∎

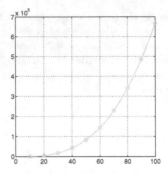

**Figura 5.3.** El número de operaciones de punto flotante necesarias para generar la factorización LU de Gauss de la matriz de Vandermonde, como función de la dimensión de la matriz $n$. Esta función es un polinomio obtenido aproximando en el sentido de los mínimos cuadrados los valores (representados por círculos) correspondientes a $n = 10, 20, \ldots, 100$

En el algoritmo (5.11) no es necesario almacenar las matrices $A^{(k)}$; realmente podemos superponer los $(n - k) \times (n - k)$ elementos de $A^{(k+1)}$ con los correspondientes últimos $(n - k) \times (n - k)$ elementos de la matriz original A. Además, puesto que en la etapa $k$ los elementos subdiagonales de la columna $k$-ésima no tienen ningún efecto sobre la U final, pueden ser reemplazados por los elementos de la $k$-ésima columna de L, como se hace en el Programa 5.1. Entonces, en la etapa $k$ del proceso, los elementos almacenados en la posición de los elementos originales de A son

$$
\begin{bmatrix}
a_{11}^{(1)} & a_{12}^{(1)} & \cdots & & \cdots & \cdots & a_{1n}^{(1)} \\
l_{21} & a_{22}^{(2)} & & & & & a_{2n}^{(2)} \\
\vdots & \ddots & \ddots & & & & \vdots \\
l_{k1} & \cdots & l_{k,k-1} & \boxed{a_{kk}^{(k)} \; \cdots \; a_{kn}^{(k)}} & & & \\
\vdots & & \vdots & \vdots & & & \vdots \\
l_{n1} & \cdots & l_{n,k-1} & \boxed{a_{nk}^{(k)} \; \cdots \; a_{nn}^{(k)}} & & &
\end{bmatrix},
$$

donde la submatriz que está dentro de la caja es $A^{(k)}$. La factorización de Gauss es la base de varios comandos de MATLAB:

- $[L,U]=lu(A)$  cuyo modo de utilización se discutirá en la Sección 5.2;    lu
- inv que permite el cálculo de la inversa de una matriz;    inv
- \ mediante el cual es posible resolver sistemas lineales con matriz A y    \
  segundo miembro b escribiendo simplemente A\b (véase la Sección 5.6).

**Observación 5.1 (Cálculo de un determinante)** Por medio de la factorización LU se puede calcular el determinante de A con un coste computacional de $\mathcal{O}(n^3)$ operaciones, teniendo en cuenta que (véase la Sección 1.3)

$$\det(A) = \det(L)\,\det(U) = \prod_{k=1}^{n} u_{kk}.$$

det     En realidad, este procedimiento es también la base del comando de MATLAB
det.                                                                        •

En el Programa 5.1 implementamos el algoritmo (5.11). El factor L se almacena en la parte (estrictamente) triangular inferior de A, y U en la parte triangular superior de A (con el objetivo de ahorrar memoria). Después de la ejecución del programa, los dos factores pueden recuperarse escribiendo simplemente: L = eye(n) + tril(A,-1) y U = triu(A), donde n es el tamaño de A.

**Programa 5.1. lugauss**: factorización de Gauss

```
function A=lugauss(A)
%LUGAUSS LU factorizacion sin pivoteo.
% A = LUGAUSS(A) almacena una matriz triangular
% superior en la parte triangular superior de A
% y una matriz triangular inferior en la parte
% estrictamente inferior de A (los elementos
% diagonales  de L son 1).
[n,m]=size(A); if n ~= m;
error('A no es una matriz cuadrada'); else
 for k = 1:n-1
   for i = k+1:n
    A(i,k) = A(i,k)/A(k,k);
    if A(k,k) == 0, error('Elemento diagonal nulo'); end
    j = [k+1:n]; A(i,j) = A(i,j) - A(i,k)*A(k,j);
   end
 end
end
return
```

**Ejemplo 5.5** Calculemos la solución del sistema encontrado en el Problema 5.1 usando la factorización LU y aplicando después los algoritmos de sustitución regresiva y progresiva. Necesitamos calcular la matriz A y el segundo miembro b, y ejecutar las instrucciones siguientes:

```
A=lugauss(A);
y(1)=b(1);
for i=2:4;  y=[y; b(i)-A(i,1:i-1)*y(1:i-1)]; end
x(4)=y(4)/A(4,4);
for i=3:-1:1;x(i)=(y(i)-A(i,i+1:4)*x(i+1:4)')/A(i,i);end
```

El resultado es $\mathbf{p} = (8.1172, 5.9893, 5.9893, 5.7779)^T$.     ∎

**Ejemplo 5.6** Supongamos que se resuelve $A\mathbf{x} = \mathbf{b}$ con

$$A = \begin{bmatrix} 1 & 1-\varepsilon & 3 \\ 2 & 2 & 2 \\ 3 & 6 & 4 \end{bmatrix}, \quad b = \begin{bmatrix} 5-\varepsilon \\ 6 \\ 13 \end{bmatrix}, \quad \varepsilon \in \mathbb{R}, \quad (5.13)$$

cuya solución es $\mathbf{x} = (1, 1, 1)^T$ (independientemente del valor de $\varepsilon$).

Tomemos $\varepsilon = 1$. La factorización de Gauss de A obtenida mediante el Programa 5.1 da

$$L = \begin{bmatrix} 1 & 0 & 0 \\ 2 & 1 & 0 \\ 3 & 3 & 1 \end{bmatrix}, \quad U = \begin{bmatrix} 1 & 0 & 3 \\ 0 & 2 & -4 \\ 0 & 0 & 7 \end{bmatrix}.$$

Si ponemos $\varepsilon = 0$, a pesar del hecho de que A es no singular, la factorización de Gauss no puede llevarse a cabo ya que el algoritmo (5.11) implicaría divisiones por 0.  ∎

El ejemplo anterior muestra que, desafortunadamente, la factorización de Gauss A=LU no necesariamente existe para cada matriz no singular A. A este respecto, se puede probar el siguiente resultado:

---

**Proposición 5.1** *Para una matriz dada* $A \in \mathbb{R}^{n \times n}$, *su factorización de Gauss existe y es única si y sólo si las submatrices principales* $A_i$ *de* A, *de orden* $i = 1, \ldots, n-1$ *(esto es, las obtenidas restringiendo* A *a sus* i *primeras filas y columnas) son no singulares.*

---

Volviendo al Ejemplo 5.6, podemos observar que cuando $\varepsilon = 0$ la segunda submatriz principal $A_2$ de la matriz A es singular.

Podemos identificar clases especiales de matrices para las cuales se verifican las hipótesis de la Proposición 5.1. En particular, mencionamos:

1. matrices simétricas y definidas positivas. Una matriz $A \in \mathbb{R}^{n \times n}$ es *definida positiva* si

$$\forall \mathbf{x} \in \mathbb{R}^n \text{ con } \mathbf{x} \neq \mathbf{0}, \quad \mathbf{x}^T A \mathbf{x} > 0;$$

2. matrices diagonalmente dominantes. Una matriz es *diagonalmente dominante por filas* si

$$|a_{ii}| \geq \sum_{\substack{j=1 \\ j \neq i}}^{n} |a_{ij}|, \quad i = 1, \ldots, n,$$

*por columnas* si

$$|a_{ii}| \geq \sum_{\substack{j=1 \\ j \neq i}}^{n} |a_{ji}|, \quad i = 1, \ldots, n.$$

Un caso especial ocurre cuando en las desigualdades anteriores podemos reemplazar $\geq$ por $>$. Entonces la matriz A se llama *estrictamente* diagonalmente dominante (por filas o por columnas, respectivamente).

Si A es simétrica y definida positiva, es posible además construir una factorización especial:

$$A = HH^T$$    (5.14)

donde H es una matriz triangular inferior con elementos diagonales positivos. Es la llamada *factorización de Cholesky* y requiere del orden de $n^3/3$ operaciones (la mitad de las requeridas por la factorización LU de Gauss). Además, notemos que, debido a la simetría, sólo se almacena la parte inferior de A y así H puede ser almacenada en la misma área.

Los elementos de H pueden calcularse mediante el siguiente algoritmo: ponemos $h_{11} = \sqrt{a_{11}}$ y para $i = 2, \ldots, n$,

$$h_{ij} = \frac{1}{h_{jj}} \left( a_{ij} - \sum_{k=1}^{j-1} h_{ik} h_{jk} \right), \quad j = 1, \ldots, i-1,$$

$$h_{ii} = \sqrt{a_{ii} - \sum_{k=1}^{i-1} h_{ik}^2}$$    (5.15)

La factorización de Cholesky está disponible en MATLAB poniendo `R=chol(A)`, donde R es el factor triangular *superior* $H^T$.

chol

Véanse los Ejercicios 5.1-5.5.

## 5.2 La técnica del pivoteo

Vamos a introducir una técnica especial que nos permite conseguir la factorización LU para cada matriz no singular, incluso si las hipótesis de la Proposición 5.1 no se verifican.

Volvamos al caso descrito en el Ejemplo 5.6 y tomemos $\varepsilon = 0$. Poniendo $A^{(1)} = A$ después de llevar a cabo la primera etapa del proceso ($k = 1$), los nuevos elementos de A son

$$\begin{bmatrix} \begin{array}{c|cc} 1 & 1 & 3 \\ 2 & 0 & -4 \\ 3 & 3 & -5 \end{array} \end{bmatrix}.$$    (5.16)

Puesto que el *pivote* $a_{22}$ es igual a cero, este procedimiento no se puede continuar. Por otra parte, si intercambiásemos de antemano las filas segunda y tercera, obtendríamos la matriz

$$\begin{bmatrix} \begin{array}{|ccc|} \hline 1 & 1 & 3 \\ \hline 3 & \mathbf{3} & -5 \\ \hline 2 & 0 & -4 \\ \hline \end{array} \end{bmatrix}$$

y de este modo la factorización podría hacerse sin involucrar una división por 0.

Podemos establecer que una *permutación* adecuada de las filas de la matriz original A haría factible el proceso de factorización completo, incluso si las hipótesis de la Proposición 5.1 no se verificasen, con tal de que $\det(A) \neq 0$. Desafortunadamente, no podemos conocer *a priori* qué filas deberían permutarse. Sin embargo, esta decisión puede tomarse en cada etapa $k$ en la que se genere un elemento diagonal $a_{kk}^{(k)}$ nulo.

Volvamos a la matriz de (5.16): como el coeficiente en la posición $(2,2)$ es nulo, intercambiemos las filas tercera y segunda de esta matriz y comprobemos si el nuevo coeficiente generado en la posición $(2,2)$ es todavía nulo. Ejecutando el segundo paso del proceso de factorización encontramos la misma matriz que habríamos generado mediante una permutación *a priori* de las mismas dos filas de A.

Podemos, por tanto, realizar una permutación de filas tan pronto como sea necesaria, sin llevar a cabo ninguna transformación *a priori* sobre A. Puesto que una permutación de filas implica cambiar el *elemento pivotal*, esta técnica recibe el nombre de *pivoteo por filas*. La factorización generada de esta forma devuelve la matriz original salvo una permutación de filas. Concretamente obtenemos

$$\boxed{PA = LU} \tag{5.17}$$

donde P es una *matriz de permutación* adecuada  inicialmente igual a la matriz identidad. Si en el curso del proceso las filas $r$ y $s$ de A se permutasen, la misma permutación debe realizarse sobre las filas homólogas de P. En correspondencia con ello, ahora deberíamos resolver los siguientes sistemas triangulares

$$\mathbf{Ly} = \mathbf{Pb}, \qquad \mathbf{Ux} = \mathbf{y}. \tag{5.18}$$

De la segunda ecuación de (5.11) vemos que no sólo los elementos pivotales nulos $a_{kk}^{(k)}$ son molestos, sino también aquéllos que son muy pequeños. En efecto, si $a_{kk}^{(k)}$ estuviese próximo a cero, los posibles errores de redondeo que afecten  a los coeficientes $a_{kj}^{(k)}$ serían severamente amplificados.

**Ejemplo 5.7** Consideremos la matriz no singular

$$A = \begin{bmatrix} 1 & 1 + 0.5 \cdot 10^{-15} & 3 \\ 2 & 2 & 20 \\ 3 & 6 & 4 \end{bmatrix}.$$

Durante el proceso de factorización mediante el Programa 5.1 no se obtiene ningún elemento pivotal nulo. Sin embargo, los factores L y U resultan tener muy poca precisión, como se puede observar calculando la matriz residuo A − LU (que debería ser la matriz nula si todas las operaciones se llevasen a cabo en aritmética exacta):

$$A - LU = \begin{bmatrix} 0 & 0 & 0 \\ 0 & 0 & 0 \\ 0 & 0 & 4 \end{bmatrix}.$$

∎

Se recomienda, por tanto, llevar a cabo el pivoteo en cada etapa del proceso de factorización, buscando entre todos los virtuales elementos pivotales $a_{ik}^{(k)}$ con $i = k, \ldots, n$, aquél con modulo máximo. El algoritmo (5.11) con pivoteo por filas llevado a cabo en cada etapa, toma la forma siguiente:

$$
\begin{aligned}
&\text{para } k = 1, \ldots, n \\
&\quad \text{para } i = k + 1, \ldots, n \\
&\qquad \text{hallar } \bar{r} \text{ tal que } |a_{\bar{r}k}^{(k)}| = \max_{r=k,\ldots,n} |a_{rk}^{(k)}|, \\
&\qquad \text{intercambiar la fila } k \text{ con la fila } \bar{r}, \\
&\qquad l_{ik} = \frac{a_{ik}^{(k)}}{a_{kk}^{(k)}}, \\
&\qquad \text{para } j = k + 1, \ldots, n \\
&\qquad\quad a_{ij}^{(k+1)} = a_{ij}^{(k)} - l_{ik} a_{kj}^{(k)}
\end{aligned}
\tag{5.19}
$$

El programa de MATLAB lu, que hemos mencionado previamente, calcula la factorización de Gauss con pivoteo por filas. Su sintaxis completa es [L,U,P]=lu(A), siendo P la matriz de permutación. Cuando se llama en el modo abreviado [L,U]=lu(A), la matriz L es igual a P*M, donde M es triangular inferior y P es la matriz de permutación generada por el pivoteo por filas. El programa lu activa automáticamente el pivoteo por filas cuando se calcula un elemento pivotal nulo (o muy pequeño).

Véanse los Ejercicios 5.6-5.8.

## 5.3 ¿Cómo es de precisa la factorización LU?

Ya hemos observado en el Ejemplo 5.7 que, debido a los errores de redondeo, el producto LU no reproduce A exactamente. Aunque la estrategia del pivoteo amortigua esos errores, el resultado podría ser a veces bastante insatisfactorio.

**Ejemplo 5.8** Consideremos los sistemas lineales $A_n x_n = b_n$ donde $A_n \in \mathbb{R}^{n \times n}$ es la llamada *matriz de Hilbert* cuyos elementos son

$$a_{ij} = 1/(i + j - 1), \qquad i, j = 1, \dots, n,$$

mientras que $b_n$ se elige de tal forma que la solución exacta es $x_n = (1, 1, \dots, 1)^T$. La matriz $A_n$ es claramente simétrica y se puede probar que también es definida positiva.

Para diferentes valores de $n$ utilizamos la función de MATLAB lu para obtener la factorización de Gauss de $A_n$ con pivoteo por filas. Entonces resolvemos los sistemas lineales asociados (5.18) y denotamos por $\widehat{x}_n$ la solución calculada. En la Figura 5.4 recogemos (en escala logarítmica) los errores relativos

$$E_n = \|x_n - \widehat{x}_n\|/\|x_n\|, \tag{5.20}$$

habiendo denotado por $\|\cdot\|$ la norma Euclídea introducida en la Sección 1.3.1. Tenemos $E_n \geq 10$ si $n \geq 13$ (¡que es un error relativo sobre la solución mayor que 1000%!), mientras que $R_n = L_n U_n - P_n A_n$ es la matriz nula (salvo la precisión de la máquina) para cualquier valor dado de $n$. ∎

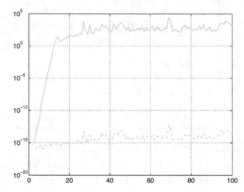

**Figura 5.4.** Comportamiento frente a $n$ de $E_n$ (*línea continua*) y de $\max_{i,j=1,\dots,n} |r_{ij}|$ (*línea de trazos*) en escala logarítmica, para el sistema de Hilbert del Ejemplo 5.8. Los $r_{ij}$ son los coeficientes de la matriz R

Sobre la base de la observación anterior podríamos especular diciendo que cuando un sistema lineal $Ax = b$ se resuelve numéricamente, en realidad uno está buscando la solución *exacta* $\widehat{x}$ de un sistema *perturbado*

$$(A + \delta A)\widehat{x} = b + \delta b, \tag{5.21}$$

donde $\delta A$ y $\delta b$ son, respectivamente, una matriz y un vector que dependen del método numérico específico que se esté utilizando. Empezamos por considerar el caso en que $\delta A = 0$ y $\delta b \neq 0$ que es más sencillo que el caso general. Además, por simplicidad también supondremos que A es simétrica y definida positiva.

Comparando (5.1) y (5.21) hallamos que $\mathbf{x} - \widehat{\mathbf{x}} = -A^{-1}\boldsymbol{\delta}\mathbf{b}$, y así

$$\|\mathbf{x} - \widehat{\mathbf{x}}\| = \|A^{-1}\boldsymbol{\delta}\mathbf{b}\|. \tag{5.22}$$

Con vistas a encontrar una cota superior para el segundo miembro de (5.22), procedemos como sigue. Dado que A es simétrica y definida positiva, el conjunto de sus autovectores $\{\mathbf{v}_i\}_{i=1}^n$ proporciona una base ortonormal de $\mathbb{R}^n$ (véase [QSS06, Capítulo 5]). Esto quiere decir que

$$A\mathbf{v}_i = \lambda_i \mathbf{v}_i, \quad i = 1, \ldots, n,$$

$$\mathbf{v}_i^T \mathbf{v}_j = \delta_{ij}, \quad i, j = 1, \ldots, n,$$

donde $\lambda_i$ es el autovalor de A asociado a $\mathbf{v}_i$ y $\delta_{ij}$ es el símbolo de Kronecker. Consiguientemente, un vector genérico $\mathbf{w} \in \mathbb{R}^n$ puede escribirse como

$$\mathbf{w} = \sum_{i=1}^n w_i \mathbf{v}_i,$$

para un conjunto adecuado (y único) de coeficientes $w_i \in \mathbb{R}$. Tenemos

$$
\begin{aligned}
\|A\mathbf{w}\|^2 &= (A\mathbf{w})^T(A\mathbf{w}) \\
&= [w_1(A\mathbf{v}_1)^T + \ldots + w_n(A\mathbf{v}_n)^T][w_1 A\mathbf{v}_1 + \ldots + w_n A\mathbf{v}_n] \\
&= (\lambda_1 w_1 \mathbf{v}_1^T + \ldots + \lambda_n w_n \mathbf{v}_n^T)(\lambda_1 w_1 \mathbf{v}_1 + \ldots + \lambda_n w_n \mathbf{v}_n) \\
&= \sum_{i=1}^n \lambda_i^2 w_i^2.
\end{aligned}
$$

Denotemos por $\lambda_{max}$ el mayor autovalor de A. Como $\|\mathbf{w}\|^2 = \sum_{i=1}^n w_i^2$, concluimos que

$$\|A\mathbf{w}\| \le \lambda_{max}\|\mathbf{w}\| \quad \forall \mathbf{w} \in \mathbb{R}^n. \tag{5.23}$$

De manera similar, obtenemos

$$\|A^{-1}\mathbf{w}\| \le \frac{1}{\lambda_{min}}\|\mathbf{w}\|,$$

recordando que los autovalores de $A^{-1}$ son los recíprocos de los de A. Esta desigualdad nos permite deducir de (5.22) que

$$\frac{\|\mathbf{x} - \widehat{\mathbf{x}}\|}{\|\mathbf{x}\|} \le \frac{1}{\lambda_{min}} \frac{\|\boldsymbol{\delta}\mathbf{b}\|}{\|\mathbf{x}\|}. \tag{5.24}$$

Usando (5.23) una vez más y recordando que $A\mathbf{x} = \mathbf{b}$, obtenemos finalmente

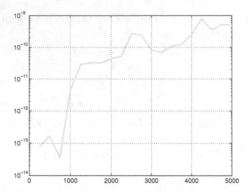

**Figura 5.5.** Comportamiento de $E_K(n)$ como función de $n$ (en escala logarítmica)

$$\boxed{\frac{\|\mathbf{x} - \widehat{\mathbf{x}}\|}{\|\mathbf{x}\|} \leq \frac{\lambda_{max}}{\lambda_{min}} \frac{\|\boldsymbol{\delta}\mathbf{b}\|}{\|\mathbf{b}\|}} \qquad (5.25)$$

Podemos concluir que el error relativo en la solución depende del error relativo en los datos a través de la siguiente constante ($\geq 1$)

$$\boxed{K(\mathbf{A}) = \frac{\lambda_{max}}{\lambda_{min}}} \qquad (5.26)$$

que se llama *número de condición espectral de la matriz* A. $K(\mathrm{A})$ puede calcularse con MATLAB utilizando el comando `cond`. Se dispone de otras definiciones del número de condición para matrices no simétricas, véase [QSS06, Capítulo 3].                                                                          `cond`

**Observación 5.2** El comando de MATLAB `cond(A)` permite el cálculo del número de condición de cualquier tipo de matriz A, incluso de aquéllas que no son simétricas y definidas positivas. Se dispone de un comando especial de MATLAB `condest(A)` para calcular una aproximación del número de                `conde`
condición de una matriz hueca A, y otro `rcond(A)` para su recíproco, con un ahorro sustancial de operaciones de punto flotante. Si la matriz A está      `rcon`
mal acondicionada (es decir $K(\mathbf{A}) \gg 1$), el cálculo de su número de condición puede ser muy poco preciso. Consideremos por ejemplo las matrices tridiagonales $A_n = \text{tridiag}(-1, 2, -1)$ para valores diferentes de $n$. $A_n$ es simétrica y definida positiva, sus autovalores son $\lambda_j = 2 - 2\cos(j\theta)$, para $j = 1, \ldots, n$, con $\theta = \pi/(n+1)$, por tanto $K(A_n)$ puede ser calculado exactamente. En la Figura 5.5 mostramos el valor del error $E_K(n) = |K(A_n) - \text{cond}(A_n)|/K(A_n)$. Nótese que $E_K(n)$ crece cuando $n$ crece.                                                          •

Un prueba más complicada conduciría al siguiente resultado más general, en caso de que $\delta A$ sea una matriz simétrica y definida positiva arbitraria, "suficientemente pequeña" para satisfacer $\lambda_{max}(\delta A) < \lambda_{min}(A)$:

$$\boxed{\frac{\|\mathbf{x} - \widehat{\mathbf{x}}\|}{\|\mathbf{x}\|} \leq \frac{K(A)}{1 - \lambda_{max}(\delta A)/\lambda_{min}} \left( \frac{\lambda_{max}(\delta A)}{\lambda_{max}} + \frac{\|\delta \mathbf{b}\|}{\|\mathbf{b}\|} \right)} \tag{5.27}$$

Si $K(A)$ es "pequeña", esto es de orden unidad, se dice que A está *bien acondicionada*. En ese caso, pequeños errores en los datos llevarán a errores del mismo orden de magnitud en la solución. Esto no ocurriría en el caso de matrices *mal acondicionadas*.

**Ejemplo 5.9** Para la matriz de Hilbert introducida en el Ejemplo 5.8, $K(A_n)$ es una función rápidamente creciente de $n$. Se tiene $K(A_4) > 15000$, mientras que si $n > 13$ el número de condición es tan alto que MATLAB avisa que la matriz es "casi singular". Realmente, $K(A_n)$ crece a velocidad exponencial: $K(A_n) \simeq e^{3.5n}$ (véase, [Hig02]). Esto proporciona una explicación indirecta de los malos resultados obtenidos en el Ejemplo 5.8. ■

La desigualdad (5.25) puede ser reformulada con ayuda del *residuo* **r**:

$$\mathbf{r} = \mathbf{b} - A\widehat{\mathbf{x}}. \tag{5.28}$$

Si $\widehat{\mathbf{x}}$ fuese la solución exacta, el residuo sería el vector nulo. De este modo, en general, **r** puede ser considerado como un *estimador* del error $\mathbf{x} - \widehat{\mathbf{x}}$. La medida en que el residuo es un buen estimador del error depende del tamaño del número de condición de A. En efecto, observando que $\delta\mathbf{b} = A(\widehat{\mathbf{x}} - \mathbf{x}) = A\widehat{\mathbf{x}} - \mathbf{b} = -\mathbf{r}$, deducimos de (5.25) que

$$\boxed{\frac{\|\mathbf{x} - \widehat{\mathbf{x}}\|}{\|\mathbf{x}\|} < K(A) \frac{\|\mathbf{r}\|}{\|\mathbf{b}\|}} \tag{5.29}$$

De este modo, si $K(A)$ es "pequeño", podemos estar seguros de que el error es pequeño con tal de que el residuo sea pequeño, mientras que esto podría no ser cierto cuando $K(A)$ es "grande".

**Ejemplo 5.10** Los residuos asociados a las soluciones calculadas de los sistemas lineales del Ejemplo 5.8 son muy pequeños (sus normas varían entre $10^{-16}$ y $10^{-11}$); sin embargo aquéllas difieren notablemente de la solución exacta. ■

Véanse los Ejercicios 5.9-5.10.

## 5.4 ¿Cómo resolver un sistema tridiagonal?

En muchas aplicaciones (véase, por ejemplo, el Capítulo 8), tenemos que resolver un sistema cuya matriz tiene la forma

$$A = \begin{bmatrix} a_1 & c_1 & & 0 \\ e_2 & a_2 & \ddots & \\ & \ddots & & c_{n-1} \\ 0 & & e_n & a_n \end{bmatrix}.$$

Esta matriz se dice *tridiagonal* ya que los únicos elementos que pueden ser no nulos pertenecen a la diagonal principal y a las primeras súper y subdiagonales. Entonces si la factorización LU de Gauss de A existe, los factores L y U deben ser *bidiagonales* (inferior y superior, respectivamente), más concretamente:

$$L = \begin{bmatrix} 1 & & & 0 \\ \beta_2 & 1 & & \\ & \ddots & \ddots & \\ 0 & & \beta_n & 1 \end{bmatrix}, \quad U = \begin{bmatrix} \alpha_1 & c_1 & & 0 \\ & \alpha_2 & \ddots & \\ & & \ddots & c_{n-1} \\ 0 & & & \alpha_n \end{bmatrix}.$$

Los coeficientes desconocidos $\alpha_i$ y $\beta_i$ puede determinarse exigiendo que se verifique la igualdad LU = A. Esto da las siguientes relaciones recursivas para el cálculo de los factores L y U:

$$\alpha_1 = a_1, \quad \beta_i = \frac{e_i}{\alpha_{i-1}}, \quad \alpha_i = a_i - \beta_i c_{i-1}, \ i = 2, \ldots, n. \tag{5.30}$$

Usando (5.30) podemos resolver fácilmente los dos sistemas bidiagonales $L\mathbf{y} = \mathbf{b}$ y $U\mathbf{x} = \mathbf{y}$, para obtener las fórmulas siguientes:

$$(L\mathbf{y} = \mathbf{b}) \quad y_1 = b_1, \quad y_i = b_i - \beta_i y_{i-1}, \quad i = 2, \ldots, n, \tag{5.31}$$

$$(U\mathbf{x} = \mathbf{y}) \quad x_n = \frac{y_n}{\alpha_n}, \quad x_i = (y_i - c_i x_{i+1})/\alpha_i, \quad i = n-1, \ldots, 1. \tag{5.32}$$

Esto se conoce como el *algoritmo de Thomas* y permite obtener la solución del sistema original con un coste computacional del orden de $n$ operaciones.

El comando de MATLAB `spdiags` permite la construcción de una matriz tridiagonal. Por ejemplo, los comandos

```
b=ones(10,1); a=2*b; c=3*b;
T=spdiags([b a c],-1:1,10,10);
```

calculan la matriz tridiagonal $T \in \mathbb{R}^{10 \times 10}$ con elementos iguales a 2 en la diagonal principal, 1 en la primera subdiagonal y 3 en la primera superdiagonal.

Nótese que T se almacena en *modo hueco*, de acuerdo con lo cual los únicos elementos almacenados son los distintos de 0. Una matriz

$A \in \mathbb{R}^{n \times n}$ es *hueca* (o dispersa) si tiene un número de elementos no nulos del orden de $n$ (y no $n^2$). Llamamos *patrón* de una matriz hueca al conjunto de sus coeficientes no nulos.

Cuando un sistema se resuelve invocando el comando \, MATLAB es capaz de reconocer el tipo de matriz (en particular, si ha sido generada en modo hueco), y selecciona el algoritmo de resolución más apropiado. En particular, cuando A es una matriz tridiagonal generada en modo hueco, se elige el algoritmo de Thomas.

## 5.5 Sistemas sobredeterminados

Un sistema lineal $A\mathbf{x}=\mathbf{b}$ con $A \in \mathbb{R}^{m \times n}$ se dice *sobredeterminado* si $m > n$, *indeterminado* si $m < n$.

Generalmente un sistema sobredeterminado no tiene solución salvo que el segundo miembro $\mathbf{b}$ sea un elemento de rango(A), definido como

$$\text{rango}(A) = \{\mathbf{y} \in \mathbb{R}^m : \mathbf{y} = A\mathbf{x} \text{ para } \mathbf{x} \in \mathbb{R}^n\}. \tag{5.33}$$

En general, para un segundo miembro $\mathbf{b}$ arbitrario podemos buscar un vector $\mathbf{x}^* \in \mathbb{R}^n$ que minimice la norma Euclídea del residuo, esto es,

$$\Phi(\mathbf{x}^*) = \|A\mathbf{x}^* - \mathbf{b}\|_2^2 \leq \min_{\mathbf{x} \in \mathbb{R}^n} \|A\mathbf{x} - \mathbf{b}\|_2^2 = \min_{\mathbf{x} \in \mathbb{R}^n} \Phi(\mathbf{x}). \tag{5.34}$$

Tal vector $\mathbf{x}^*$ se llama *solución de mínimos cuadrados* del sistema sobredeterminado $A\mathbf{x}=\mathbf{b}$.

Análogamente a como se hizo en la Sección 3.4, la solución de (5.34) se puede hallar imponiendo la condición de que el gradiente de la función $\Phi$ debe ser igual a cero en $\mathbf{x}^*$. Con cálculos similares hallamos que $\mathbf{x}^*$ es, de hecho, la solución del sistema lineal cuadrado

$$\boxed{A^T A \mathbf{x}^* = A^T \mathbf{b}} \tag{5.35}$$

que se llama sistema de las *ecuaciones normales*. Este sistema es no singular si A tiene *rango máximo* (esto es, rank(A) = min($m,n$), donde el *rango* de A, rank(A), es el máximo orden de los determinantes no nulos extraídos de A). En tal caso $B = A^T A$ es una matriz simétrica y definida positiva, y entonces la solución de mínimos cuadrados existe y es única.

Para calcularla se podría utilizar la factorización de Cholesky (5.14). Sin embargo, debido a los errores de redondeo, el cálculo de $A^T A$ puede verse afectado por una pérdida de cifras significativas, con la consiguiente pérdida del carácter definido positivo de la propia matriz. En su lugar, es más conveniente usar la llamada factorización QR. Cualquier matriz $A \in \mathbb{R}^{m \times n}$ con $m \geq n$, de rango máximo, admite una única *factorización QR*, esto es, existe una matriz $Q \in \mathbb{R}^{m \times m}$ con la propiedad de ortogonalidad $Q^T Q = I$ y una matriz trapezoidal superior $R \in \mathbb{R}^{m \times n}$ con filas nulas a partir de la $n + 1$-ésima, tales que

$$\boxed{A = QR} \qquad (5.36)$$

Entonces la única solución de (5.34) está dada por

$$\mathbf{x}^* = \tilde{R}^{-1} \tilde{Q}^T \mathbf{b}, \qquad (5.37)$$

donde $\tilde{R} \in \mathbb{R}^{n \times n}$ y $\tilde{Q} \in \mathbb{R}^{m \times n}$ son las matrices siguientes:

$$\tilde{Q} = Q(1:m, 1:n), \qquad \tilde{R} = R(1:n, 1:n).$$

Nótese que $\tilde{R}$ es no singular.

**Ejemplo 5.11** Consideremos un enfoque alternativo al problema de hallar la recta de regresión $\epsilon(\sigma) = a_1 \sigma + a_0$ de los datos del Problema 3.3 (véase la Sección 3.4). Usando los datos de la Tabla 3.2 e imponiendo las condiciones de interpolación obtenemos el sistema sobredeterminado $\mathbf{Aa} = \mathbf{b}$, donde $\mathbf{a} = (a_1, a_0)^T$ y

$$A = \begin{bmatrix} 0 & 1 \\ 0.06 & 1 \\ 0.14 & 1 \\ 0.25 & 1 \\ 0.31 & 1 \\ 0.47 & 1 \\ 0.60 & 1 \\ 0.70 & 1 \end{bmatrix}, \quad \mathbf{b} = \begin{bmatrix} 0 \\ 0.08 \\ 0.14 \\ 0.20 \\ 0.23 \\ 0.25 \\ 0.28 \\ 0.29 \end{bmatrix}.$$

Para calcular su solución de mínimos cuadrados utilizamos las instrucciones siguientes:

```
[Q,R]=qr(A);
Qt=Q(:,1:2); Rt=R(1:2,:);
xstar = Rt \ (Qt'*b)


xstar =
    0.3741
    0.0654
```

Estos son precisamente los mismos coeficientes de la recta de regresión calculados en el Ejemplo 3.10. Nótese que este procedimiento está directamente implementado en el comando \: de hecho, la instrucción `xstar = A\b` produce el mismo vector `xstar`. ∎

## 5.6 Lo que se esconde detrás del comando \

Es útil saber que el algoritmo específico que usa MATLAB cuando se invoca el comando \ depende de la estructura de la matriz A. Para determinar la estructura de A y seleccionar el algoritmo apropiado, MATLAB sigue esta precedencia (en el caso de una matriz real A):

1. si A es hueca y banda, entonces se utilizan resolvedores banda (como el algoritmo de Thomas de la Sección 5.4). Decimos que una matriz $A \in \mathbb{R}^{m \times n}$ (o en $\mathbb{C}^{m \times n}$) tiene *banda inferior* $p$ si $a_{ij} = 0$ cuando $i > j + p$ y *banda superior* $q$ si $a_{ij} = 0$ cuando $j > i + q$. El máximo entre $p$ y $q$ se llama *anchura de banda* de la matriz;

2. si A es una matriz triangular superior o inferior (o una permutación de un matriz triangular), entonces el sistema se resuelve mediante un algoritmo de sustitución regresiva para matrices triangulares superiores, o mediante un algoritmo de sustitución progresiva para matrices triangulares inferiores. El chequeo del carácter triangular se hace para matrices llenas testeando los elementos cero y para matrices huecas accediendo a la estructura de datos hueca;

3. si A es simétrica y tiene elementos diagonales reales y positivos (lo que no implica que A sea definida positiva), entonces se intenta una factorización de Cholesky (chol). Si A es hueca, se aplica primero un algoritmo de preordenación;

4. si no se verifica ninguno de los anteriores criterios, entonces se calcula una factorización triangular general mediante eliminación Gaussiana con pivoteo parcial (lu);

5. si A es hueca, entonces se usa la librería UMFPACK para calcular la solución del sistema;

6. si A no es cuadrada, se utilizan métodos apropiados basados en la factorización QR para sistemas indeterminados (para el caso sobre-determinado, véase la Sección 5.5).

El comando \ está disponible también en Octave. Para un sistema con matriz densa, Octave sólo usa las factorizaciones LU o QR. Cuando la matriz es hueca Octave sigue este procedimiento:

1. si la matriz es triangular superior (con permutaciones de columnas) o inferior (con permutaciones de filas) realiza una sustitución progresiva o regresiva hueca;

2. si la matriz es cuadrada, simétrica con diagonal positiva, intenta una factorización de Cholesky hueca;

3. si la factorización de Cholesky hueca fallase o la matriz no fuese simétrica con diagonal positiva, factoriza usando la librería UMF-PACK;

4. si la matriz es cuadrada, banda y si la densidad de la banda es "suficientemente pequeña", continúa, caso contrario va a 3;

   a) si la matriz es tridiagonal y el segundo miembro no es hueco, continúa, caso contrario va a b);

     i. si la matriz es simétrica, con diagonal positiva, intenta la factorización de Cholesky;

     ii. si lo anterior fallase o la matriz no fuese simétrica con diagonal positiva, usa la eliminación Gaussiana con pivoteo;

   b) si la matriz es simétrica con diagonal positiva, intenta la factorización de Cholesky;

   c) si lo anterior fallase o la matriz no fuese simétrica con diagonal positiva, usa la eliminación Gausiana con pivoteo;

5. si la matriz no es cuadrada, o alguno de los resolvedores anteriores detecta que la matriz es singular o casi singular, halla una solución en el sentido de los mínimos cuadrados.

## Resumamos

1. La factorización LU de A consiste en calcular una matriz triangular inferior L y una matriz triangular superior U tales que $A = LU$;
2. la factorización LU, si existe, no es única. Sin embargo, puede ser determinada unívocamente proporcionando una condición adicional, por ejemplo, poniendo los elementos diagonales de L iguales a 1. Esto se llama factorización de Gauss;
3. la factorización de Gauss existe y es única si y sólo si las submatrices principales de A de orden 1 a $n-1$ son no singulares (caso contrario, al menos un elemento pivotal es nulo);
4. si se genera un elemento pivotal nulo, se puede obtener un nuevo elemento pivotal intercambiando de manera apropiada dos filas (o columnas) de nuestro sistema. Esta es la estrategia del pivoteo;
5. el cálculo de la factorización de Gauss requiere del orden de $2n^3/3$ operaciones, y sólo del orden de $n$ operaciones en el caso de sistemas tridiagonales;
6. para matrices simétricas y definidas positivas podemos usar la factorización de Cholesky $A = HH^T$, donde H es una matriz triangular inferior, y el coste computacional es del orden de $n^3/3$ operaciones;
7. la sensibilidad del resultado a perturbaciones de los datos depende del número de condición de la matriz del sistema; más concretamente, la precisión de la solución calculada puede ser baja para matrices mal acondicionadas;
8. la solución de sistemas lineales sobredeterminados se puede entender en el sentido de los mínimos cuadrados y se puede calcular usando la factorización QR.

## 5.7 Métodos iterativos

Un método iterativo para la solución de sistemas lineales como (5.1) consiste en construir una sucesión de vectores $\{\mathbf{x}^{(k)}, k \geq 0\}$ de $\mathbb{R}^n$ que *converge* a la solución exacta $\mathbf{x}$, esto es

$$\lim_{k \to \infty} \mathbf{x}^{(k)} = \mathbf{x}, \qquad (5.38)$$

para cualquier vector inicial dado $\mathbf{x}^{(0)} \in \mathbb{R}^n$. Una posible estrategia para realizar este proceso puede basarse en la siguiente definición recursiva

$$\mathbf{x}^{(k+1)} = \mathrm{B}\mathbf{x}^{(k)} + \mathbf{g}, \qquad k \geq 0, \qquad (5.39)$$

donde B es un matriz apropiada (dependiente de A) y $\mathbf{g}$ es un vector adecuado (dependiente de A y $\mathbf{b}$), que deben satisfacer la relación

$$\mathbf{x} = \mathrm{B}\mathbf{x} + \mathbf{g}. \qquad (5.40)$$

Como $\mathbf{x} = \mathrm{A}^{-1}\mathbf{b}$ esto significa que $\mathbf{g} = (\mathrm{I} - \mathrm{B})\mathrm{A}^{-1}\mathbf{b}$.

Sea $\mathbf{e}^{(k)} = \mathbf{x} - \mathbf{x}^{(k)}$ el error en la etapa $k$. Restando (5.39) de (5.40), obtenemos

$$\mathbf{e}^{(k+1)} = \mathrm{B}\mathbf{e}^{(k)}.$$

Por esta razón B se llama *matriz de iteración* asociada a (5.39). Si B es simétrica y definida positiva, por (5.23) tenemos

$$\|\mathbf{e}^{(k+1)}\| = \|\mathrm{B}\mathbf{e}^{(k)}\| \leq \rho(\mathrm{B})\|\mathbf{e}^{(k)}\|, \qquad \forall k \geq 0.$$

Hemos denotado por $\rho(\mathrm{B})$ el *radio espectral* de B, esto es, el módulo máximo de los autovalores de B. Iterando esta desigualdad hacia atrás, obtenemos

$$\|\mathbf{e}^{(k)}\| \leq [\rho(\mathrm{B})]^k \|\mathbf{e}^{(0)}\|, \qquad k \geq 0. \qquad (5.41)$$

De este modo $\mathbf{e}^{(k)} \to \mathbf{0}$ cuando $k \to \infty$ para cada posible $\mathbf{e}^{(0)}$ (y por tanto $\mathbf{x}^{(0)}$) con tal de que $\rho(\mathrm{B}) < 1$. Realmente, esta propiedad es también necesaria para la convergencia.

Si por algún motivo dispusiésemos de un valor aproximado de $\rho(\mathrm{B})$, de (5.41) podríamos deducir el número mínimo de iteraciones $k_{min}$ que se necesitan para dividir el error inicial por un factor $\varepsilon$. En efecto, $k_{min}$ sería el menor entero positivo para el cual $[\rho(\mathrm{B})]^{k_{min}} \leq \varepsilon$.

En conclusión, para una matriz genérica se verifica el siguiente resultado:

> **Proposición 5.2** *Para un método iterativo de la forma* (5.39) *cuya matriz de iteración satisface* (5.40), *se verifica la convergencia para cualquier* $\mathbf{x}^{(0)}$ *si y sólo si* $\rho(\mathrm{B}) < 1$. *Además, cuanto más pequeño sea* $\rho(\mathrm{B})$, *menor será el número de iteraciones necesario para reducir el error inicial en un factor dado.*

### 5.7.1 Cómo construir un método iterativo

Un técnica general para construir un método iterativo se basa en una *descomposición* de la matriz A, $A = P - (P - A)$, siendo P una matriz no singular adecuada (llamada el *preacondicionador* de A). Entonces

$$Px = (P - A)x + b,$$

que tiene la forma (5.40) con tal de que pongamos $B = P^{-1}(P - A) = I - P^{-1}A$ y $g = P^{-1}b$. En correspondencia con esta descomposición podemos definir el siguiente método iterativo:

$$P(x^{(k+1)} - x^{(k)}) = r^{(k)}, \qquad k \geq 0,$$

donde

$$\boxed{r^{(k)} = b - Ax^{(k)}} \qquad (5.42)$$

denota el vector residuo en la iteración $k$. Una generalización de este método iterativo es la siguiente

$$\boxed{P(x^{(k+1)} - x^{(k)}) = \alpha_k r^{(k)}, \qquad k \geq 0} \qquad (5.43)$$

donde $\alpha_k \neq 0$ es un parámetro que puede cambiar en cada iteración $k$ y que, a priori, será útil para mejorar las propiedades de convergencia de la sucesión $\{x^{(k)}\}$.

El método (5.43) requiere hallar en cada etapa el llamado *residuo preacondicionado* $z^{(k)}$ que es la solución del sistema lineal

$$Pz^{(k)} = r^{(k)}, \qquad (5.44)$$

entonces el nuevo iterante se define por $x^{(k+1)} = x^{(k)} + \alpha_k z^{(k)}$. Por este motivo la matriz P deberá elegirse de tal modo que el coste computacional para la solución de (5.44) sea bajo (por ejemplo, P diagonal o triangular o tridiagonal servirá para este propósito). Consideremos algún caso especial de métodos iterativos que toman la forma (5.43).

### Método de Jacobi

Si los elementos diagonales de A son distintos de cero, podemos poner $P = D = \text{diag}(a_{11}, a_{22}, \ldots, a_{nn})$, donde D es la matriz diagonal conteniendo los elementos diagonales de A. El método de Jacobi corresponde a esta elección con la hipótesis $\alpha_k = 1$ para todo $k$. Entonces de (5.43) obtenemos

$$Dx^{(k+1)} = b - (A - D)x^{(k)}, \qquad k \geq 0,$$

o, componente a componente,

$$x_i^{(k+1)} = \frac{1}{a_{ii}} \left( b_i - \sum_{j=1, j\neq i}^{n} a_{ij} x_j^{(k)} \right), \ i = 1, \ldots, n \qquad (5.45)$$

donde $k \geq 0$ y $\mathbf{x}^{(0)} = (x_1^{(0)}, x_2^{(0)}, \ldots, x_n^{(0)})^T$ es el vector inicial.

La matriz de iteración es, por tanto,

$$B = D^{-1}(D - A) = \begin{bmatrix} 0 & -a_{12}/a_{11} & \ldots & -a_{1n}/a_{11} \\ -a_{21}/a_{22} & 0 & & -a_{2n}/a_{22} \\ \vdots & & \ddots & \vdots \\ -a_{n1}/a_{nn} & -a_{n2}/a_{nn} & \ldots & 0 \end{bmatrix}. \quad (5.46)$$

El siguiente resultado permite la verificación de la Proposición 5.2 sin calcular explícitamente $\rho(B)$:

**Proposición 5.3** *Si la matriz* A *es estrictamente diagonalmente dominante por filas, entonces el método de Jacobi converge.*

En efecto, podemos comprobar que $\rho(B) < 1$, donde B está dada en (5.46). Para empezar, notemos que los elementos diagonales de A son no nulos debido al carácter diagonalmente dominante estricto. Sea $\lambda$ un autovalor genérico de B y $\mathbf{x}$ un autovector asociado. Entonces

$$\sum_{j=1}^{n} b_{ij} x_j = \lambda x_i, \quad i = 1, \ldots, n.$$

Supongamos por simplicidad que $\max_{k=1,\ldots,n} |x_k| = 1$ (esto no es restrictivo ya que todo autovector está definido salvo una constante multiplicativa) y sea $x_i$ la componente cuyo módulo es igual a 1. Entonces

$$|\lambda| = \left| \sum_{j=1}^{n} b_{ij} x_j \right| = \left| \sum_{j=1, j\neq i}^{n} b_{ij} x_j \right| \leq \sum_{j=1, j\neq i}^{n} \left| \frac{a_{ij}}{a_{ii}} \right|,$$

teniendo en cuenta que B tiene todos los elementos diagonales nulos. Por consiguiente $|\lambda| < 1$ gracias a la hipótesis hecha sobre A.

El método de Jacobi se implementa en el Programa 5.2 poniendo el parámetro de entrada P='J'. Los parámetros de entrada son: la matriz del sistema A, el segundo miembro b, el vector inicial x0 y el máximo número de iteraciones permitidas, nmax. El proceso iterativo se termina tan pronto como el cociente entre la norma Euclídea del residuo actual y la del residuo inicial sea menor que una tolerancia prescrita tol (para una justificación de este criterio de parada, véase la Sección 5.10).

**Programa 5.2. itermeth**: método iterativo general

```
function [x,iter]= itermeth(A,b,x0,nmax,tol,P)
%ITERMETH  Metodo iterativo general
% X = ITERMETH(A,B,X0,NMAX,TOL,P) trata de resolver el
% sistema de ecuaciones lineales A*X=B. La matriz
% de coeficientes N por N debe ser no singular y el
% vector columna B del segundo miembro debe tener
% longitud N. Si P='J' se usa el metodo de Jacobi,
% si P='G' se selecciona el metodo de Gauss-Seidel.
% Caso contrario,
% P es una matriz N por N que juega el papel de un
% preacondicionador para el metodo de Richardson.
% TOL especifica la tolerancia del metodo.
% NMAX especifica el  numero maximo de iteraciones.
[n,n]=size(A);
if nargin == 6
  if ischar(P)==1
    if P=='J'
       L = diag(diag(A));
       U = eye(n);
       beta = 1;
       alpha = 1;
     elseif P == 'G'
       L = tril(A);
       U = eye(n);
       beta = 1;
       alpha = 1;
     end
  else
     [L,U]=lu(P);
     beta = 0;
  end
else
  L = eye(n);
  U = L;
  beta = 0;
end
iter = 0;
r = b - A * x0;
r0 = norm(r);
err = norm (r);
x = x0;
while err > tol & iter < nmax
  iter = iter + 1;
  z = L\r;
  z = U\z;
  if beta == 0
    alpha = z'*r/(z'*A*z);
  end
  x = x + alpha*z;
  r = b - A * x;
  err = norm (r) / r0;
end
```

## Método de Gauss-Seidel

Cuando se aplica el método de Jacobi, cada componente individual del nuevo vector, digamos $x_i^{(k+1)}$, se calcula independientemente de las otras. Esto puede sugerir que se podría alcanzar una convergencia más rápida si las nuevas componentes ya disponibles $x_j^{(k+1)}$, $j = 1, \ldots, i-1$, se utilizasen junto con las viejas $x_j^{(k)}$, $j \geq i$, para el cálculo de $x_i^{(k+1)}$. Esto llevaría a modificar (5.45) como sigue: para $k \geq 0$ (suponiendo todavía que $a_{ii} \neq 0$ for $i = 1, \ldots, n$)

$$
x_i^{(k+1)} = \frac{1}{a_{ii}} \left( b_i - \sum_{j=1}^{i-1} a_{ij} x_j^{(k+1)} - \sum_{j=i+1}^{n} a_{ij} x_j^{(k)} \right), i = 1, .., n \qquad (5.47)
$$

La puesta al día de las componentes se hace de modo *secuencial*, mientras que en el método de Jacobi original se hace *simultáneamente* (o en paralelo). El nuevo método, que se llama *método de Gauss-Seidel*, corresponde a la elección $P = D-E$ y $\alpha_k = 1$, $k \geq 0$, en (5.43), donde E es una matriz triangular inferior cuyos elementos no nulos son $e_{ij} = -a_{ij}$, $i = 2, \ldots, n$, $j = 1, \ldots, i-1$. Entonces la correspondiente matriz de iteración es

$$
B = (D - E)^{-1}(D - E - A).
$$

Una posible generalización es el llamado *método de relajación* en el cual $P = \frac{1}{\omega}D - E$, $\omega \neq 0$ es el parámetro de relajación, y $\alpha_k = 1$, $k \geq 0$ (véase el Ejercicio 5.13).

También para el método de Gauss-Seidel existen matrices especiales A cuyas matrices de iteración asociadas satisfacen las hipótesis de la Proposición 5.2 (las que garantizan convergencia). Entre ellas mencionemos:

1. matrices que son estrictamente diagonalmente dominantes por filas;
2. matrices que son simétricas y definidas positivas.

El método de Gauss-Seidel se implementa en el Programa 5.2 poniendo el parámetro de entrada P igual a 'G'.

No existen resultados generales que muestren que el método de Gauss-Seidel converge más rápido que el de Jacobi. Sin embargo, en algunos casos especiales así ocurre, como se establece en la siguiente proposición:

**Proposición 5.4** *Sea* A *una matriz tridiagonal no singular* $n \times n$ *cuyos elementos diagonales son todos no nulos. Entonces el método de Jacobi y el método de Gauss-Seidel son o ambos divergentes o ambos convergentes. En el último caso, el método de Gauss-Seidel es más rápido que el de Jacobi; más concretamente, el radio espectral de su matriz de iteración es igual al cuadrado del de la matriz de Jacobi.*

**Ejemplo 5.12** Consideremos un sistema lineal $A\mathbf{x} = \mathbf{b}$ donde $\mathbf{b}$ se elige de tal forma que la solución es el vector unitario $(1, 1, \ldots, 1)^T$ y A es la matriz tridiagonal $10 \times 10$ cuyos elementos diagonales son todos iguales a 3, los elementos de la primera diagonal inferior son iguales a $-2$ y los de la diagonal superior son todos iguales a $-1$. Ambos métodos de Jacobi y Gauss-Seidel convergen ya que los radios espectrales de sus matrices de iteración son estrictamente menores que 1. Concretamente, empezando por un vector inicial nulo y poniendo `tol` $=10^{-12}$, el método de Jacobi converge en 277 iteraciones mientras que sólo se necesitan 143 iteraciones para el de Gauss-Seidel. Para conseguir este resultado hemos utilizado las instrucciones siguientes:

```
n=10;
A=3*eye(n)-2*diag(ones(n-1,1),1)-diag(ones(n-1,1),-1);
b=A*ones(n,1);
[x,iter]=itermeth(A,b,zeros(n,1),400,1.e-12,'J'); iter


iter =
   277

[x,iter]=itermeth(A,b,zeros(n,1),400,1.e-12,'G'); iter

iter =
   143
```

■

Véanse los Ejercicios 5.11-5.14.

## 5.8 Métodos de Richardson y del gradiente

Consideramos ahora métodos del tipo (5.43) para los cuales los parámetros de aceleración $\alpha_k$ son no nulos. Denominamos *estacionario* el caso en que $\alpha_k = \alpha$ (una constante dada) para cualquier $k \geq 0$, *dinámico* el caso en que $\alpha_k$ puede cambiar en el curso de las iteraciones. En este contexto la matriz no singular P todavía recibe el nombre de *preacondicionador* de A.

El asunto crucial es la forma en la que se eligen los parámetros. A este respecto, se verifica el siguiente resultado (véase, por ejemplo, [QV94, Capítulo 2], [Axe94]).

---

**Proposición 5.5** *Si las matrices* $P$ *y* $A$ *son simétricas y definidas positivas, el método de Richardson estacionario converge para cada posible elección de* $\mathbf{x}^{(0)}$ *si y sólo si* $0 < \alpha < 2/\lambda_{max}$, *donde* $\lambda_{max} (>$ $0)$ *es el máximo autovalor de* $P^{-1}A$. *Además, el radio espectral* $\rho(B_\alpha)$ *de la matriz de iteración* $B_\alpha = I - \alpha P^{-1}A$ *es mínimo cuando* $\alpha = \alpha_{opt}$, *donde*

$$\alpha_{opt} = \frac{2}{\lambda_{min} + \lambda_{max}} \qquad (5.48)$$

*siendo* $\lambda_{min}$ *el mínimo autovalor de* $P^{-1}A$.
*Bajo las mismas hipótesis sobre* $P$ *y* $A$, *el método dinámico de Richardson converge si, por ejemplo,* $\alpha_k$ *se elige de la siguiente forma:*

$$\alpha_k = \frac{(\mathbf{z}^{(k)})^T \mathbf{r}^{(k)}}{(\mathbf{z}^{(k)})^T A \mathbf{z}^{(k)}} \qquad \forall k \geq 0 \qquad (5.49)$$

*donde* $\mathbf{z}^{(k)} = P^{-1}\mathbf{r}^{(k)}$ *es el residuo preacondicionado definido en (5.44). El método (5.43) con esta elección de* $\alpha_k$ *se llama método del gradiente preacondicionado, o simplemente método del gradiente cuando el preacondicionador* $P$ *es la matriz identidad.*
*Para ambas elecciones, (5.48) y (5.49), se verifica la siguiente estimación de convergencia:*

$$\|\mathbf{e}^{(k)}\|_A \leq \left( \frac{K(P^{-1}A) - 1}{K(P^{-1}A) + 1} \right)^k \|\mathbf{e}^{(0)}\|_A, \quad k \geq 0, \qquad (5.50)$$

*donde* $\|\mathbf{v}\|_A = \sqrt{\mathbf{v}^T A \mathbf{v}}$, $\forall \mathbf{v} \in \mathbb{R}^n$, *es la llamada norma de la energía asociada a la matriz* $A$.

---

La versión dinámica sería, por tanto, preferible a la estacionaria ya que no requiere el conocimiento de los autovalores extremos de $P^{-1}A$. Por el contrario, el parámetro $\alpha_k$ se determina en función de cantidades que ya están disponibles de la iteración anterior.

Podemos reescribir el método del gradiente preacondicionado más eficientemente mediante el siguiente algoritmo (su obtención se deja como ejercicio): dado $\mathbf{x}^{(0)}$, $\mathbf{r}^{(0)} = \mathbf{b} - A\mathbf{x}^{(0)}$, hacer

$$\text{para } k = 0, 1, \dots$$

$$P\mathbf{z}^{(k)} = \mathbf{r}^{(k)},$$

$$\alpha_k = \frac{(\mathbf{z}^{(k)})^T \mathbf{r}^{(k)}}{(\mathbf{z}^{(k)})^T A \mathbf{z}^{(k)}}, \tag{5.51}$$

$$\mathbf{x}^{(k+1)} = \mathbf{x}^{(k)} + \alpha_k \mathbf{z}^{(k)},$$

$$\mathbf{r}^{(k+1)} = \mathbf{r}^{(k)} - \alpha_k A \mathbf{z}^{(k)}$$

El mismo algoritmo puede utilizarse para implementar el método de Richardson estacionario, simplemente reemplazando $\alpha_k$ por el valor constante $\alpha$.

De (5.50) deducimos que, si $P^{-1}A$ está mal acondicionada, la tasa de convergencia será muy baja incluso para $\alpha = \alpha_{opt}$ (ya que en ese caso $\rho(B_{\alpha_{opt}}) \simeq 1$). Esta circunstancia puede evitarse con tal de que se haga una elección conveniente de P. Esta es la razón por la cual P se llama preacondicionador o matriz de preacondicionamiento.

Si A es una matriz genérica puede ser tarea difícil hallar un preacondicionador que garantice un compromiso óptimo entre amortiguar el número de condición y mantener el coste computacional para la solución del sistema (5.44) razonablemente bajo.

El método de Richardson dinámico se implementa en el Programa 5.2 donde el parámetro de entrada P corresponde a la matriz de preacondicionamiento (cuando ésta no se prescribe, el programa implementa el método no preacondicionado poniendo P=I).

**Ejemplo 5.13** Este ejemplo, únicamente de interés teórico, tiene el propósito de comparar la convergencia de los métodos de Jacobi, Gauss-Seidel y gradiente aplicados a la resolución del siguiente (mini) sistema lineal:

$$2x_1 + x_2 = 1, \quad x_1 + 3x_2 = 0 \tag{5.52}$$

con vector inicial $\mathbf{x}^{(0)} = (1, 1/2)^T$. Nótese que la matriz del sistema es simétrica y definida positiva, y que la solución exacta es $\mathbf{x} = (3/5, -1/5)^T$. Mostramos en la Figura 5.6 el comportamiento del residuo relativo $E^{(k)} = \|\mathbf{r}^{(k)}\|/\|\mathbf{r}^{(0)}\|$ (frente a $k$) para los tres métodos anteriores. Las iteraciones se detienen para el primer valor $k_{min}$ para el cual $E^{(k_{min})} \leq 10^{-14}$. El método del gradiente resulta ser el más rápido. ∎

**Ejemplo 5.14** Consideremos un sistema $A\mathbf{x} = \mathbf{b}$ donde $A \in \mathbb{R}^{100 \times 100}$ es una matriz pentadiagonal cuya diagonal principal tiene todos los elementos iguales a 4, mientras que las diagonales primera y tercera tienen todos sus elementos iguales a $-1$. Como de costumbre, $\mathbf{b}$ se elige de tal modo que $\mathbf{x} = (1, \dots, 1)^T$ es la solución exacta de nuestro sistema. Sea P la matriz tridiagonal cuyos elementos diagonales son todos iguales a 2, mientras que los elementos de las diagonales superior e inferior son todos iguales a $-1$. Ambas A y P son simétricas y

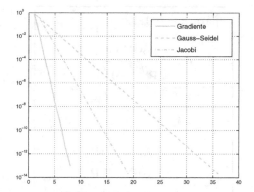

**Figura 5.6.** Historia de la convergencia para los métodos de Jacobi, Gauss-Seidel y gradiente aplicados al sistema (5.52)

definidas positivas. Con tal P como preacondicionador, el Programa 5.2 puede utilizarse para implementar el método de Richardson con preacondicionador dinámico. Fijamos `tol=1.e-05`, `nmax=5000`, `x0=zeros(100,1)`. El método converge en 18 iteraciones. El mismo Programa 5.2, usado con `P='G'`, implementa el método de Gauss-Seidel; esta vez se requieren 2421 iteraciones antes de que se satisfaga el mismo criterio de parada.    ■

## 5.9 Método del gradiente conjugado

En esquemas iterativos como (5.51) el nuevo iterante $\mathbf{x}^{(k+1)}$ se obtiene añadiendo al viejo iterante $\mathbf{x}^{(k)}$ un vector $\mathbf{z}^{(k)}$ que es el residuo o el residuo preacondicionado. Una cuestión natural es si es posible hallar en lugar de $\mathbf{z}^{(k)}$ una sucesión óptima de vectores, digamos $\mathbf{p}^{(k)}$, que asegure la convergencia del método en un número mínimo de iteraciones.

Cuando la matriz A es simétrica y definida positiva, el método del gradiente conjugado (abreviadamente, CG) hace uso de una sucesión de vectores que son *A-ortogonales* (o *A-conjugados*), esto es, $\forall k \geq 1$,

$$(\mathbf{A}\mathbf{p}^{(j)})^T\mathbf{p}^{(k)} = 0, \qquad j = 0, 1, \ldots, k - 1. \tag{5.53}$$

Entonces, poniendo $\mathbf{r}^{(0)} = \mathbf{b} - \mathbf{A}\mathbf{x}^{(0)}$ y $\mathbf{p}^{(0)} = \mathbf{r}^{(0)}$, la $k$-ésima iteración del método del gradiente conjugado toma la siguiente forma:

$$\text{para } k = 0, 1, \ldots$$

$$\alpha_k = \frac{\mathbf{p}^{(k)^T} \mathbf{r}^{(k)}}{\mathbf{p}^{(k)^T} \mathbf{A} \mathbf{p}^{(k)}},$$

$$\mathbf{x}^{(k+1)} = \mathbf{x}^{(k)} + \alpha_k \mathbf{p}^{(k)},$$

$$\mathbf{r}^{(k+1)} = \mathbf{r}^{(k)} - \alpha_k \mathbf{A} \mathbf{p}^{(k)}, \qquad (5.54)$$

$$\beta_k = \frac{(\mathbf{A} \mathbf{p}^{(k)})^T \mathbf{r}^{(k+1)}}{(\mathbf{A} \mathbf{p}^{(k)})^T \mathbf{p}^{(k)}},$$

$$\mathbf{p}^{(k+1)} = \mathbf{r}^{(k+1)} - \beta_k \mathbf{p}^{(k)}$$

La constante $\alpha_k$ garantiza que el error se minimiza a lo largo de la dirección de descenso $\mathbf{p}^{(k)}$. Para una deducción completa del método, véase por ejemplo [QSS06, Capítulo 4] o [Saa96]. Es posible probar el siguiente importante resultado:

**Proposición 5.6** *Sea* A *una matriz simétrica definida positiva. El método del gradiente conjugado para resolver (5.1) converge tras, a lo sumo, n etapas (en aritmética exacta). Además, el error* $\mathbf{e}^{(k)}$ *en la k-ésima iteración (con k < n) es ortogonal a* $\mathbf{p}^{(j)}$*, para* $j = 0, \ldots, k-1$ *y*

$$\|\mathbf{e}^{(k)}\|_{\mathrm{A}} \le \frac{2c^k}{1 + c^{2k}} \|\mathbf{e}^{(0)}\|_{\mathrm{A}}, \quad con \; c = \frac{\sqrt{K_2(\mathrm{A})} - 1}{\sqrt{K_2(\mathrm{A})} + 1}. \qquad (5.55)$$

Por consiguiente, en ausencia de errores de redondeo, el método CG puede ser considerado como un método directo, ya que termina después de un número finito de etapas. Sin embargo, para matrices de gran tamaño, se emplea generalmente como un esquema iterativo, donde las iteraciones se detienen cuando el error se encuentra por debajo de una tolerancia prefijada. A este respecto, la dependencia del factor de reducción del error, del número de condición de la matriz es más favorable que para el método del gradiente (gracias a la presencia de la raíz cuadrada de $K_2(\mathrm{A})$).

También se puede considerar una versión preacondicionada para el método CG con un preacondicionador P simétrico y definido positivo (el método PCG), que se escribe como sigue: dado $\mathbf{x}^{(0)}$, poniendo $\mathbf{r}^{(0)} = \mathbf{b} - \mathbf{A}\mathbf{x}^{(0)}$, $\mathbf{z}^{(0)} = \mathrm{P}^{-1}\mathbf{r}^{(0)}$ y $\mathbf{p}^{(0)} = \mathbf{z}^{(0)}$,

$$
\begin{aligned}
&\text{para } k = 0, 1, \ldots \\[6pt]
&\alpha_k = \frac{{\mathbf{p}^{(k)}}^T \mathbf{r}^{(k)}}{{\mathbf{p}^{(k)}}^T \mathbf{A}\mathbf{p}^{(k)}}, \\[6pt]
&\mathbf{x}^{(k+1)} = \mathbf{x}^{(k)} + \alpha_k \mathbf{p}^{(k)}, \\[6pt]
&\mathbf{r}^{(k+1)} = \mathbf{r}^{(k)} - \alpha_k \mathbf{A}\mathbf{p}^{(k)}, \\[6pt]
&\mathbf{P}\mathbf{z}^{(k+1)} = \mathbf{r}^{(k+1)}, \\[6pt]
&\beta_k = \frac{(\mathbf{A}\mathbf{p}^{(k)})^T \mathbf{z}^{(k+1)}}{(\mathbf{A}\mathbf{p}^{(k)})^T \mathbf{p}^{(k)}}, \\[6pt]
&\mathbf{p}^{(k+1)} = \mathbf{z}^{(k+1)} - \beta_k \mathbf{p}^{(k)}
\end{aligned}
\tag{5.56}
$$

pcg   El método PCG está implementado en la función de MATLAB `pcg`

**Ejemplo 5.15 (Métodos de factorización frente a métodos iterativos para el sistema de Hilbert)** Volvamos al Ejemplo 5.8 sobre la matriz de Hilbert y resolvamos el sistema (para valores diferentes de $n$) mediante los métodos del gradiente preacondicionado (PG) y del gradiente conjugado preacondicionado (PCG), usando el preacondicionador diagonal D construido con los elementos diagonales de la matriz de Hilbert. Definimos $\mathbf{x}^{(0)}$ como el vector nulo e iteramos hasta que el residuo relativo sea menor que $10^{-6}$. En la Tabla 5.2 recogemos los errores absolutos (con respecto a la solución exacta) obtenidos con los métodos PG y PCG y los errores obtenidos usando el comando de MATLAB \. En el último caso el error degenera cuando $n$ se hace grande. Por otra parte, podemos apreciar el efecto benéfico que un método iterativo apropiado como el esquema PCG puede tener sobre el número de iteraciones. ∎

|        |            | \         | PG        |       | PCG       |       |
|--------|------------|-----------|-----------|-------|-----------|-------|
| $n$    | $K(\mathbf{A}_n)$ | Error     | Error     | Iter. | Error     | Iter. |
| 4      | 1.55e+04   | 2.96e-13  | 1.74-02   | 995   | 2.24e-02  | 3     |
| 6      | 1.50e+07   | 4.66e-10  | 8.80e-03  | 1813  | 9.50e-03  | 9     |
| 8      | 1.53e+10   | 4.38e-07  | 1.78e-02  | 1089  | 2.13e-02  | 4     |
| 10     | 1.60e+13   | 3.79e-04  | 2.52e-03  | 875   | 6.98e-03  | 5     |
| 12     | 1.79e+16   | 0.24e+00  | 1.76e-02  | 1355  | 1.12e-02  | 5     |
| 14     | 4.07e+17   | 0.26e+02  | 1.46e-02  | 1379  | 1.61e-02  | 5     |

**Tabla 5.2.** Errores obtenidos usando el método del gradiente preacondicionado (PG), el método del gradiente conjugado preacondicionado (PCG) y el método directo implementado en el comando de MATLAB \, para la solución del sistema de Hilbert. Para los métodos iterativos mostramos también el número de iteraciones

**Observación 5.3 (Sistemas no simétricos)** El método CG es un caso especial de los llamados *métodos de Krylov* (o de *Lanczos*) que pueden utilizarse para la resolución de sistemas que no son necesariamente simétricos. Algunos de ellos comparten con el método CG la notable propiedad de terminación finita, esto es, en aritmética exacta proporcionan la solución exacta en un número finito de iteraciones también para sistemas no simétricos. Un ejemplo importante es el *método GMRES* (RESiduos Mínimos Generalizado).

Su descripción puede encontrarse, por ejemplo, en [Axe94], [Saa96] y [vdV03]. Están disponibles en la *toolbox* de MATLAB `sparfun` bajo el nombre de `gmres`. Otro método de esta familia sin la propiedad de terminación finita, que requiere sin embargo un menor esfuerzo computacional que GMRES, es el *método del gradiente conjugado cuadrado* (CGS) y su variante, el método Bi-CGStab, que se caracteriza por una convergencia más regular que CGS. Todos estos métodos están disponibles en la *toolbox* de MATLAB `sparfun`. •

`gmres`

**Octave 5.1** Octave sólo proporciona una implementación del método del gradiente conjugado preacondicionado (PCG) a través del comando `pcg` y del de los residuos conjugados preacondicionados (PCR/Richardson) a través del comando `pcr`. Otros métodos iterativos como GMRES, CGS, Bi-CGStab todavía no están implementados. ■

Véanse los Ejercicios 5.15-5.17.

## 5.10 ¿Cuándo debería pararse un método iterativo?

En teoría, los métodos iterativos requieren un número infinito de iteraciones para converger a la solución exacta de un sistema lineal. En la práctica, esto no es ni razonable ni necesario. En efecto, realmente no necesitamos alcanzar la solución exacta, sino más bien una aproximación $\mathbf{x}^{(k)}$ para la que podamos garantizar que el error sea menor que una tolerancia deseada $\epsilon$. Por otra parte, como el error es desconocido (pues depende de la solución exacta), necesitamos un estimador *a posteriori* adecuado, que prediga el error partiendo de cantidades que hayan sido calculadas previamente.

El primer tipo de estimador está representado por el residuo en la $k$-ésima iteración, véase (5.42). En concreto, podríamos parar nuestro método iterativo en la primera iteración $k_{min}$ para la cual

$$\|\mathbf{r}^{(k_{min})}\| \leq \varepsilon \|\mathbf{b}\|.$$

Poniendo $\widehat{\mathbf{x}} = \mathbf{x}^{(k_{min})}$ y $\mathbf{r} = \mathbf{r}^{(k_{min})}$ en (5.29) obtendríamos

$$\frac{\|\mathbf{e}^{(k_{min})}\|}{\|\mathbf{x}\|} \leq \varepsilon K(\mathrm{A}),$$

que es una acotación para el error relativo. Deducimos que el control del residuo es significativo sólo para aquellas matrices cuyo número de condición sea razonablemente pequeño.

**Ejemplo 5.16** Consideremos los sistemas lineales (5.1) donde $A=A_{20}$ es la matriz de Hilbert de dimensión 20 introducida en el Ejemplo 5.8 y $\mathbf{b}$ se construye de tal forma que la solución exacta sea $\mathbf{x} = (1, 1, \ldots, 1)^T$. Como A es simétrica y definida positiva el método de Gauss-Seidel converge con seguridad. Utilizamos el Programa 5.2 para resolver este sistema tomando como x0 el vector nulo y poniendo una tolerancia en el residuo igual a $10^{-5}$. El método converge en 472 iteraciones; sin embargo, el error relativo es muy grande e igual a 0.26. Esto se debe al hecho de que A es extremadamente mal acondicionada, pues $K(A) \simeq 10^{17}$. En la Figura 5.7 mostramos el comportamiento del residuo (normalizado al inicial) y el del error cuando el número de iteraciones crece.
■

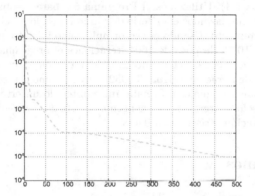

**Figura 5.7.** Comportamiento del residuo normalizado $\|\mathbf{r}^{(k)}\|/\|\mathbf{r}^{(0)}\|$ (*línea de trazos*) y del error $\|\mathbf{x} - \mathbf{x}^{(k)}\|$ (*línea continua*) para las iteraciones de Gauss-Seidel aplicadas al sistema del Ejemplo 5.16

Un enfoque alternativo se basa en el uso de un estimador del error diferente, concretamente el *incremento* $\boldsymbol{\delta}^{(k)} = \mathbf{x}^{(k+1)} - \mathbf{x}^{(k)}$. Concretamente, podemos parar nuestro método iterativo en la primera iteración $k_{min}$ para la cual

$$\|\boldsymbol{\delta}^{(k_{min})}\| \leq \varepsilon\|\mathbf{b}\|.$$

En el caso especial de que B sea simétrica y definida positiva, tenemos

$$\|\mathbf{e}^{(k)}\| = \|\mathbf{e}^{(k+1)} - \boldsymbol{\delta}^{(k)}\| \leq \rho(B)\|\mathbf{e}^{(k)}\| + \|\boldsymbol{\delta}^{(k)}\|.$$

Como $\rho(B)$ debería ser menor que 1 para que el método converja, deducimos

$$\|\mathbf{e}^{(k)}\| \leq \frac{1}{1 - \rho(\mathrm{B})}\|\boldsymbol{\delta}^{(k)}\| \qquad (5.57)$$

De la última desigualdad observamos que el control del incremento es significativo sólo si $\rho(\mathrm{B})$ es mucho menor que 1 ya que en ese caso el error será del mismo tamaño que el incremento.

De hecho, la misma conclusión se tiene incluso si B no es simétrica y definida positiva (como ocurre para los métodos de Jacobi y Gauss-Seidel); sin embargo, en ese caso (5.57) ya no se cumple.

**Ejemplo 5.17** Consideremos un sistema cuya matriz $\mathrm{A} \in \mathbb{R}^{50 \times 50}$ es tridiagonal y simétrica con elementos iguales a 2.001 en la diagonal principal e iguales a 1 en las otras dos diagonales. Como de costumbre, el segundo miembro **b** se elige de tal forma que el vector $(1, \ldots, 1)^T$ sea la solución exacta. Como A es tridiagonal con diagonal estrictamente dominante, el método de Gauss-Seidel convergerá en torno a dos veces más rápido que el método de Jacobi (en virtud de la Proposición 5.4). Utilicemos el Programa 5.2 para resolver nuestro sistema en el que reemplazamos el criterio de parada basado en el residuo por el basado en el incremento. Usando el vector nulo como inicial y poniendo como tolerancia `tol`$= 10^{-5}$, después de 1604 iteraciones el programa devuelve una solución cuyo error, 0.0029, es bastante grande. La razón es que el radio espectral de la matriz de iteración es igual 0.9952, muy próximo a 1. Si los elementos diagonales se tomasen iguales a 3, habríamos obtenido un error igual a $10^{-5}$ después de tan solo 17 iteraciones. De hecho, en este caso el radio espectral de la matriz de iteración sería igual a 0.428. ∎

## Resumamos

1. Un método iterativo para la solución de un sistema lineal parte de un vector inicial $\mathbf{x}^{(0)}$ y construye una sucesión de vectores $\mathbf{x}^{(k)}$ que requerimos que converja a la solución exacta cuando $k \to \infty$;

2. un método iterativo converge para cada posible elección del vector inicial $\mathbf{x}^{(0)}$ si y sólo si el radio espectral de la matriz de iteración es estrictamente menor que 1;

3. métodos iterativos clásicos son los de Jacobi y Gauss-Seidel. Una condición suficiente para la convergencia es que la matriz del sistema sea estrictamente diagonalmente dominante por filas (o simétrica y definida positiva en el caso de Gauss-Seidel);

4. en el método de Richardson la convergencia se acelera gracias a la introducción de un parámetro y (posiblemente) de una matriz de preacondicionamiento conveniente;

5. con el método del gradiente conjugado la solución exacta de un sistema simétrico definido positivo puede calcularse en un número finito de iteraciones (en aritmética exacta). Este método puede ser generalizado al caso no simétrico;

6. hay dos posibles criterios de parada para un método iterativo: controlar el residuo o controlar el incremento. El primero es significativo si la matriz del sistema está bien acondicionada, el último si el radio espectral de la matriz de iteración no es próximo a 1.

## 5.11 Confrontando: ¿directo o iterativo?

En esta sección comparamos métodos directos e iterativos sobre varios ejemplos test sencillos. Para sistemas lineales de pequeño tamaño, no importa porque realmente cualquier método hará bien el trabajo. En cambio, para grandes sistemas, la elección dependerá, en primer lugar, de las propiedades de la matriz (tales como simetría, carácter definido positivo, patrón de oquedad, número de condición), pero también del tipo de recursos computacionales disponibles (acceso a memoria, procesadores rápidos, etc.). Debemos admitir que en nuestros tests la comparación no será plenamente honesta. El resolvedor directo que utilizaremos es la función *interna* de MATLAB \ que está compilada y optimizada, mientras que los resolvedores iterativos no. Nuestros cálculos se llevaron a cabo en un procesador Intel Pentium M 1.60 GHz con 2048KB de memoria cache y 1GByte de RAM.

**Un sistema lineal con matriz banda hueca de pequeña anchura de banda**

El primer caso test se refiere a sistemas lineales que surgen de esquemas en diferencias finitas de 5 puntos para la discretización del problema de Poisson en el cuadrado $(-1, 1)^2$ (véase la Sección 8.1.3). Se consideraron mallas uniformes de paso $h = 1/N$ en ambas coordenadas espaciales, para varios valores de $N$. Las matrices de diferencias finitas correspondientes, con $N^2$ filas y columnas, se generaron usando el Programa 8.2. En la Figura 5.8, izquierda, dibujamos la estructura de la matriz correspondiente al valor $N^2 = 256$: es hueca, banda, con sólo 5 elementos no nulos por fila. Cualquiera de estas matrices es simétrica y definida positiva pero mal acondicionada: su número de condición espectral se comporta como una constante multiplicada por $h^{-2}$, para todos los valores de $h$. Para resolver los sistemas lineales asociados utilizaremos la factorización de Cholesky, el método del gradiente conjugado preacondicionado (PCG) con preacondicionador dado por la factorización incompleta de Cholesky (disponible a través del comando cholinc) y del comandoMATLAB \ que, en el caso que nos ocupa, es de hecho un algoritmo *ad hoc* para matrices simétricas pentadiagonales. El criterio de parada para el método PCG es que la norma del residuo relativo sea menor que $10^{-14}$; el tiempo de CPU incluye también el tiempo necesario para construir el preacondicionador.

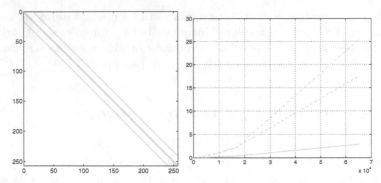

**Figura 5.8.** Estructura de la matriz para el primer caso test (*izquierda*), y tiempo de CPU necesario para la resolución del sistema lineal asociado (*derecha*): la *línea continua* se refiere al comando \, la *línea de puntos y trazos* al uso de la factorización de Choleski y la *línea de trazos* al método iterativo PCG

En la Figura 5.8, derecha, comparamos el tiempo de CPU para los tres métodos frente al tamaño de la matriz. El método directo oculto tras el comando \ es, de lejos, el más barato: de hecho, está basado en una variante de la eliminación Gaussiana que es particularmente efectiva para matrices banda huecas con ancho de banda pequeño.

El método PCG, por su parte, es más conveniente que el de factorización de Cholesky, con tal de que se use un preacondicionador adecuado. Por ejemplo, si $N^2 = 4096$ el método PCG requiere 19 iteraciones, mientras que el método CG (sin preacondicionamineto) requeriría 325 iteraciones, resultando así menos conveniente que la simple factorización de Cholesky.

### El caso de banda ancha

Todavía consideramos la misma ecuación de Poisson, sin embargo esta vez la discretización se basa en métodos espectrales con fórmulas de cuadratura de Gauss-Lobatto-Legendre (véase, por ejemplo, [CHQZ06]). Aunque el número de nudos de la malla es el mismo que para diferencias finitas, con los métodos espectrales las derivadas se aproximan usando muchos más nudos (de hecho, en cualquier nudo dado las derivadas en la dirección $x$ se aproximan usando todos los nudos situados en la misma fila, mientras que todos los de la misma columna se utilizan para calcular las derivadas en la dirección $y$). Las matrices correspondientes son todavía huecas y estructuradas, sin embargo el número de elementos no nulos es definitivamente superior. Esto es claro a partir del ejemplo de la Figura 5.9, a la izquierda, donde la matriz espectral tiene todavía $N^2 = 256$ filas y columnas pero el número de elementos no nulos es 7936 en lugar de los 1216 de la matriz de diferencias finitas de la Figura 5.8.

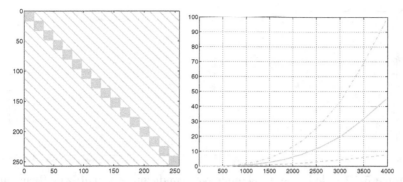

**Figura 5.9.** Estructura de la matriz usada en el segundo caso test (*izquierda*), y tiempo de CPU necesario para resolver el sistema lineal asociado (*derecha*): la *línea continua* se refiere al comando \, la *línea de puntos y trazos* al uso de la factorización de Cholesky, y la *línea de trazos* al método iterativo PCG

El tiempo de CPU mostrado en la Figura 5.9, a la derecha, ilustra que para esta matriz el algoritmo PCG, usando la factorización incompleta de Choleski como preacondicionador, funciona mucho mejor que los otros dos métodos.

Una primera conclusión a extraer es que para matrices huecas, simétricas y definidas positivas con gran ancho de banda, PCG es más eficiente que el método directo implementado en MATLAB (que no usa la factorización de Cholesky ya que la matriz se almacena en el formato `sparse`). Señalamos que un preacondicionador adecuado es, sin embargo, crucial para que el método PCG resulte competitivo.

Finalmente, deberíamos tener en mente que los métodos directos requieren más memoria de almacenamiento que los métodos iterativos, una dificultad que podría ser insuperable en aplicaciones de gran escala.

**Sistemas con matrices llenas**

Con el comando de MATLAB `gallery` podemos tener acceso a una colección de matrices que poseen diferentes estructuras y propiedades. En particular para nuestro tercer caso test, mediante el comando `A=gallery` (`'riemann'`,n), seleccionamos la llamada matriz de Riemannn de dimensión n, que es una matriz no simétrica $n \times n$ llena cuyo determinante se comporta de la forma $\det(A) = \mathcal{O}(n!n^{-1/2+\epsilon})$ para todo $\epsilon > 0$. El sistema lineal asociado se resuelve por el método iterativo GMRES (véase la sección 5.3) y las iteraciones se detienen tan pronto como la norma del residuo relativo sea menor que $10^{-14}$. Alternativamente, usaremos el comando de MATLAB \ que, en el caso que nos ocupa, implementa la factorización LU.

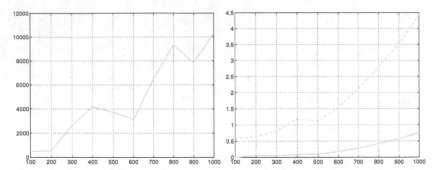

**Figura 5.10.** A la izquierda, el número de condición de la matriz de Riemann
A. A la derecha, la comparación entre el tiempo de CPU para la resolución
del sistema lineal: la *línea continua* se refiere al comando \, las otras líneas
al método GMRES iterativo sin preacondicionamiento (*línea de trazos*) y con
preacondicionador diagonal (*línea de puntos y trazos*). Los valores en abscisas
se refieren a la dimensión de la matriz

Para varios valores de n resolveremos los correspondientes sistemas
lineales cuya solución exacta es el vector de unos **1**: el segundo miembro
se calcula de acuerdo con ello. Las iteraciones de GMRES se obtienen
sin preacondicionar y con un preacondicionador diagonal especial. Este
último se obtiene mediante el comando `luinc(A,1.e0)` basado en la          luinc
llamada *factorización LU incompleta*, una matriz que se genera a partir
de una manipulación algebraica de los elementos de L y U véase [QSS06].
En la Figura 5.10, a la derecha, recogemos el tiempo de CPU para n
de 100 a 1000. A la izquierda mostramos el número de condición de
A, `cond(A)`. Como podemos ver, el método de factorización directa es
mucho menos caro que el método GMRES sin preacondicionamiento; sin
embargo resulta más caro para valores grandes de n cuando se utiliza un
preacondicionador adecuado.

**Octave 5.2** El comando `gallery` no está disponible en Octave. Sin embargo están disponibles unas cuantas matrices tales como la de Hilbert,
la de Hankel o la de Vandermonde, véanse los comandos `hankel`, `hilb`,
`invhilb` `sylvester_matrix`, `toeplitz` y `vander`. Además, si usted tiene acceso a MATLAB puede salvar una matriz definida en la *gallery* usando
el comando `save` y después cargarla en Octave usando `load`.
En MATLAB:

```
riemann10=gallery('riemann',10);
save 'riemann10' riemann10
```

En Octave:

```
load 'riemann10' riemann10
```

Nótese que sólo la versión 2.9 de Octave puede cargar adecuadamente
los *Mat-files* desde la versión 7 de MATLAB.                          ■

**Sistemas con matrices huecas, no simétricas**

Consideramos una discretización por elementos finitos de problemas de contorno de transporte-difusión-reacción en dos dimensiones. Estos problemas son semejantes a los mostrados en (8.17) que se refieren a un caso unidimensional. Su aproximación por elementos finitos, que se ilustra al final de la Sección 8.17 en el caso unidimensional, hace uso de polinomios lineales a trozos para representar la solución en cada elemento triangular de una malla que divide la región donde está planteado el problema de contorno. Las incógnitas del sistema algebraico asociado son el conjunto de los valores alcanzados por la solución en los vértices de los triángulos interiores. Nos remitimos, por ejemplo, a [QV94] para una descripción de este método, así como para la determinación de los elementos de la matriz. Señalemos simplemente que esta matriz es hueca, pero no banda (su patrón de oquedad depende de la forma en que se numeran los vértices) y no simétrica, debido a la presencia del término de transporte. Sin embargo, la falta de simetría no es evidente a partir de la representación de su estructura en la Figura 5.11, a la izquierda.

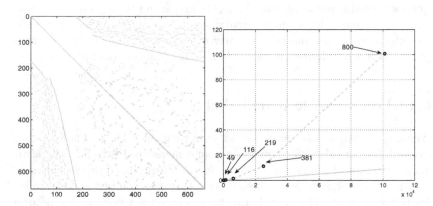

**Figura 5.11.** Estructura de una de las matrices utilizadas en el cuarto caso test (*izquierda*), y tiempo de CPU necesario para la solución del sistema lineal asociado (*derecha*): la *línea continua* se refiere al comando \, la *línea de trazos* al método iterativo Bi-CGStab

Cuanto menor es el *diámetro h* de los triángulos (es decir, la longitud de su lado mayor), mayor es el tamaño de la la matriz. Hemos comparado el tiempo de CPU necesario para resolver los sistemas lineales correspondientes a los casos $h = 0.1$, $0.05$, $0.025$, $0.0125$ y $0.0063$. Hemos utilizado el comando de MATLAB \, que usa en esta caso la biblioteca UMFPACK, y la implementación en MATLAB del método iterativo Bi-CGStab que puede ser considerado como una generalización a sistemas no simétricos del método del gradiente conjugado. En abscisas hemos recogido el número de incógnitas que va desde 64 (para $h = 0.1$) a 101124 (para $h = 0.0063$). También en este caso el método directo es menos costoso que el iterativo. Si utilizásemos como preacondicionador para el método Bi-CGStab la factorización LU incompleta, el número de iteraciones se reduciría, sin embargo el tiempo de CPU sería superior al del caso sin preacondicionamiento.

**En conclusión**

Las comparaciones que hemos llevado a cabo, aunque muy limitadas, ponen de manifiesto unos cuantos aspectos relevantes. En general, los métodos directos (especialmente si se implementan en sus versiones más sofisticadas, como las del comando de MATLAB \) son más eficientes que los métodos iterativos cuando estos últimos se usan sin preacondicionadores adecuados. Sin embargo, son más sensibles al mal acondicionamiento de la matriz (véase el Ejemplo 5.15) y pueden requerir una cantidad sustancial de almacenamiento.

Otro aspecto que merece la pena mencionar es que los métodos directos requieren el conocimiento de los elementos de la matriz, mientras que los métodos iterativos no. De hecho, lo que se necesita en cada iteración es el cálculo de productos matriz-vector para vectores dados. Este aspecto hace que los métodos iterativos sean especialmente interesantes para aquellos problemas en los que la matriz no se genera explícitamente.

## 5.12 Lo que no le hemos dicho

Algunas variantes eficientes de la factorización LU de Gauss están disponibles para sistemas huecos de gran dimensión. Entre las más avanzadas, citemos el llamado *método multifrontal* que hace uso de un reordenamiento adecuado de las incógnitas del sistema con vistas a mantener los factores triangulares L y U tan huecos como sea posible. El método multifrontal está implementado en el paquete de software UMFPACK. Sobre esta cuestión existe más información en [GL96] y [DD99].

En lo que concierne a los métodos iterativos, los métodos del gradiente conjugado y GMRES son casos especiales de los métodos de Krylov. Para una descripción de estos métodos véase por ejemplo [Axe94], [Saa96] y [vdV03].

Como se ha señalado, los métodos iterativos convergen lentamente si la matriz del sistema está muy mal acondicionada. Se han desarrollado varias estrategias de preacondicionamiento (véanse, por ejemplo, [dV89] y [vdV03]). Algunas de ellas son puramente algebraicas, esto es, se basan en factorizaciones incompletas (o inexactas) de la matriz del sistema dado, y están implementadas en las funciones de MATLAB luinc o en    luinc linc    la ya citada `cholinc`. Otras estrategias han sido desarrolladas *ad hoc* explotando el origen físico y la estructura del problema que ha generado los sistemas lineales objeto de estudio.

Finalmente merece la pena mencionar los *métodos multimalla* que se basan en el uso secuencial de una jerarquía de sistemas de dimensión variable que "se parecen" al original, permitiendo una estrategia inteligente de reducción del error (véanse, por ejemplo, [Hac85], [Wes04] y [Hac94]).

**Octave 5.3** En Octave, `cholinc` todavía no está disponible. Sólo ha sido implementado `luinc`.    ∎

---

## 5.13 Ejercicios

**Ejercicio 5.1** Para una matriz dada $A \in \mathbb{R}^{n \times n}$ hallar el número de operaciones (en función de $n$) que se necesitan para calcular el determinante mediante la fórmula recursiva (1.8).

agic    **Ejercicio 5.2** Usar el comando de MATLAB `magic(n)`, n=3, 4, ..., 500, para construir los cuadrados mágicos de orden n, esto es, las matrices que tienen elementos cuyas sumas por filas, columnas o diagonales son idénticas. Después calcular sus determinantes mediante el comando `det` introducido en la Sección 1.3 y el tiempo de CPU que se necesita para este cálculo utilizando el comando `cputime`. Finalmente, aproximar este dato por el método de los mínimos cuadrados y deducir que el tiempo de CPU escala aproximadamente como $n^3$.

**Ejercicio 5.3** Hallar para qué valores de $\varepsilon$ la matriz definida en (5.13) no satisface las hipótesis de la Proposición 5.1. ¿Para qué valor de $\varepsilon$ esta matriz se hace singular? ¿Es posible calcular la factorización LU en ese caso?

**Ejercicio 5.4** Verificar que el número de operaciones necesarias para calcular la factorización LU de una matriz cuadrada A de dimensión $n$ es aproximadamente $2n^3/3$.

**Ejercicio 5.5** Mostrar que la factorización LU de A puede ser utilizada para calcular la matriz inversa $A^{-1}$. (Observar que el $j$-ésimo vector columna de $A^{-1}$ satisface el sistema lineal $A\mathbf{y}_j = \mathbf{e}_j$, siendo $\mathbf{e}_j$ el vector cuyas componentes son todas nulas excepto la $j$-ésima que es 1).

**Ejercicio 5.6** Calcular los factores L y U de la matriz del Ejemplo 5.7 y verificar que la factorización LU no tiene buena precisión.

**Ejercicio 5.7** Explicar por qué el pivoteo parcial por filas no es conveniente para matrices simétricas.

**Ejercicio 5.8** Considérense los sistemas lineales $A\mathbf{x} = \mathbf{b}$ con

$$A = \begin{bmatrix} 2 & -2 & 0 \\ \varepsilon - 2 & 2 & 0 \\ 0 & -1 & 3 \end{bmatrix},$$

y $\mathbf{b}$ tal que la solución correspondiente es $\mathbf{x} = (1, 1, 1)^T$, siendo $\varepsilon$ un número real positivo. Calcular la factorización de Gauss de A y observar que $l_{32} \to \infty$ cuando $\varepsilon \to 0$. A pesar de ello, verificar que la solución calculada posee buena precisión.

**Ejercicio 5.9** Considérense los sistemas lineales $A_i \mathbf{x}_i = \mathbf{b}_i$, $i = 1, 2, 3$, con

$$A_1 = \begin{bmatrix} 15 & 6 & 8 & 11 \\ 6 & 6 & 5 & 3 \\ 8 & 5 & 7 & 6 \\ 11 & 3 & 6 & 9 \end{bmatrix}, \quad A_i = (A_1)^i, \; i = 2, 3,$$

y $\mathbf{b}_i$ tal que la solución es siempre $\mathbf{x}_i = (1, 1, 1, 1)^T$. Resolver el sistema mediante la factorización de Gauss usando pivoteo parcial por filas y comentar los resultados obtenidos

**Ejercicio 5.10** Demostrar que para una matriz simétrica y definida positiva A se tiene $K(A^2) = (K(A))^2$.

**Ejercicio 5.11** Analizar las propiedades de convergencia de los métodos de Jacobi y Gauss-Seidel para la resolución de un sistema lineal cuya matriz es

$$A = \begin{bmatrix} \alpha & 0 & 1 \\ 0 & \alpha & 0 \\ 1 & 0 & \alpha \end{bmatrix}, \quad \alpha \in \mathbb{R}.$$

**Ejercicio 5.12** Proporcionar una condición suficiente sobre $\beta$ tal que los métodos de Jacobi y Gauss-Seidel convergen cuando se aplican a la resolución de un sistema cuya matriz es

$$A = \begin{bmatrix} -10 & 2 \\ \beta & 5 \end{bmatrix}. \tag{5.58}$$

**Ejercicio 5.13** Para la resolución de los sistemas lineales $A\mathbf{x} = \mathbf{b}$ con $A \in \mathbb{R}^{n \times n}$, considérese el *método de relajación*: dado $\mathbf{x}^{(0)} = (x_1^{(0)}, \ldots, x_n^{(0)})^T$, para $k = 0, 1, \ldots$ calcular

$$r_i^{(k)} = b_i - \sum_{j=1}^{i-1} a_{ij} x_j^{(k+1)} - \sum_{j=i+1}^{n} a_{ij} x_j^{(k)}, \quad x_i^{(k+1)} = (1 - \omega) x_i^{(k)} + \omega \frac{r_i^{(k)}}{a_{ii}},$$

para $i = 1, \ldots, n$, donde $\omega$ es un parámetro real. Hallar la forma explícita de la correspondiente matriz de iteración; verificar entonces que la condición $0 < \omega < 2$ es necesaria para la convergencia de este método. Observar que si $\omega = 1$ este método se reduce al método de Gauss-Seidel. Si $1 < \omega < 2$ el método se conoce como *SOR* (*sobrerrelajación sucesiva*).

**Ejercicio 5.14** Considérense los sistemas lineales $A\mathbf{x} = \mathbf{b}$ con $A = \begin{bmatrix} 3 & 2 \\ 2 & 6 \end{bmatrix}$
y dígase si el método de Gauss-Seidel converge, sin calcular explícitamente el
radio espectral de la matriz de iteración.

**Ejercicio 5.15** Calcular la primera iteración de los métodos de Jacobi, Gauss-
Seidel y gradiente conjugado preacondicionado (con preacondicionador dado
por la diagonal de A) para resolver el sistema (5.52) con $\mathbf{x}^{(0)} = (1, 1/2)^T$.

**Ejercicio 5.16** Probar (5.48), y a continuación mostrar que

$$\rho(B_{\alpha_{opt}}) = \frac{\lambda_{max} - \lambda_{min}}{\lambda_{max} + \lambda_{min}} = \frac{K(P^{-1}A) - 1}{K(P^{-1}A) + 1}. \tag{5.59}$$

**Ejercicio 5.17** Consideremos un conjunto de $n = 20$ fábricas que producen
20 bienes diferentes. Con referencia al modelo de Leontief introducido en el
Problema 5.3, supóngase que la matriz C tiene los siguientes elementos enteros:
$c_{ij} = i + j - 1$ para $i, j = 1, \ldots, n$, mientras que $b_i = i$, para $i = 1, \ldots, 20$.
¿Es posible resolver este sistema por el método del gradiente? Propóngase un
método basado en el del gradiente observando que, si A es no singular, la
matriz $A^T A$ es simétrica y definida positiva.

# 6

# Autovalores y autovectores

Dada una matriz cuadrada $A \in \mathbb{C}^{n \times n}$, el problema de autovalores consiste en hallar un escalar $\lambda$ (real o complejo) y un vector no nulo $\mathbf{x}$ tales que

$$\boxed{A\mathbf{x} = \lambda \mathbf{x}} \tag{6.1}$$

Un tal $\lambda$ se llama *autovalor* de A, mientras que $\mathbf{x}$ es el *autovector* asociado. Este último no es único; en efecto, todos sus múltiplos $\alpha \mathbf{x}$ con $\alpha \neq 0$, real o complejo, son también autovectores asociados a $\lambda$. Si $\mathbf{x}$ fuese conocido, $\lambda$ podría recuperarse usando el *cociente de Rayleigh* $\mathbf{x}^H A \mathbf{x} / \|\mathbf{x}\|^2$, siendo $\mathbf{x}^H$ el vector cuya $i$-ésima componente es igual a $\bar{x}_i$.

Un número $\lambda$ es un autovalor de A si es raíz del siguiente polinomio de grado $n$ (llamado *polinomio característico* de A):

$$p_A(\lambda) = \det(A - \lambda I).$$

Por tanto, una matriz cuadrada de dimensión $n$ tiene exactamente $n$ autovalores (reales o complejos), no necesariamente distintos. También, si A tiene todos sus elementos reales, $p_A(\lambda)$ tiene coeficientes reales y, por consiguiente, los autovalores complejos de A necesariamente aparecen como pares de complejos conjugados.

Una matriz $A \in \mathbb{C}^{n \times n}$ es diagonalizable si existe una matriz no singular $U \in \mathbb{C}^{n \times n}$ tal que

$$U^{-1}AU = \Lambda = \operatorname{diag}(\lambda_1, \ldots, \lambda_n). \tag{6.2}$$

Las columnas de U son los autovectores de A y forman una base de $\mathbb{C}^n$.

Si $A \in \mathbb{C}^{m \times n}$, existen dos matrices unitarias $U \in \mathbb{C}^{m \times m}$ y $V \in \mathbb{C}^{n \times n}$ tales que

$$U^H AV = \Sigma = \operatorname{diag}(\sigma_1, \ldots, \sigma_p) \in \mathbb{R}^{m \times n}, \tag{6.3}$$

donde $p = \min(m, n)$ y $\sigma_1 \geq \ldots \geq \sigma_p \geq 0$. (Una matriz U se llama unitaria si $A^H A = AA^H = I$).

La fórmula (6.3) se llama *descomposición en valores singulares* (SVD) de A y los números $\sigma_i$ (o $\sigma_i(A)$) *valores singulares* de A.

**Problema 6.1 (Muelles elásticos)** Consideremos el sistema de la Figura 6.1 que consta de dos cuerpos puntuales $P_1$ y $P_2$ de masa $m$, conectados por dos muelles y con movimiento libre a lo largo de la recta que une $P_1$ y $P_2$. Denotemos por $x_i(t)$ la posición ocupada por $P_i$ en el tiempo $t$ para $i = 1, 2$. Entonces, de la segunda ley de la dinámica obtenemos

$$m\,\ddot{x}_1 = K(x_2 - x_1) - Kx_1, \qquad m\,\ddot{x}_2 = K(x_1 - x_2),$$

donde $K$ es el coeficiente de elasticidad de ambos muelles. Estamos interesados en las oscilaciones libres cuya solución correspondiente es $x_i = a_i \mathrm{sen}(\omega t + \phi)$, $i = 1, 2$, con $a_i \neq 0$. En este caso hallamos que

$$-ma_1\omega^2 = K(a_2 - a_1) - Ka_1, \qquad -ma_2\omega^2 = K(a_1 - a_2). \qquad (6.4)$$

Este es un sistema $2 \times 2$ homogéneo que tiene solución no trivial $a_1, a_2$ si y sólo si el número $\lambda = m\omega^2/K$ es un autovalor de la matriz

$$A = \begin{bmatrix} 2 & -1 \\ -1 & 1 \end{bmatrix}.$$

Con esta definición de $\lambda$, (6.4) se convierte en $Aa = \lambda a$. Como $p_A(\lambda) = (2 - \lambda)(1 - \lambda) - 1$, los dos autovalores son $\lambda_1 \simeq 2.618$ y $\lambda_2 \simeq 0.382$ y corresponden a las frecuencias de oscilación $\omega_i = \sqrt{K\lambda_i/m}$ que son admitidas por nuestro sistema. ∎

**Problema 6.2 (Dinámica de poblaciones)** Varios modelos matemáticos han sido propuestos con objeto de predecir la evolución de ciertas especies (humanas o animales). El modelo de poblaciones más sencillo, que fue introducido en 1920 por Lotka y formalizado por Leslie 20 años más tarde, está basado en las tasas de mortalidad y fecundidad para

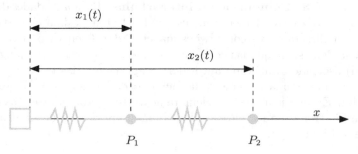

**Figura 6.1.** Sistema de dos cuerpos puntuales de igual masa conectados por muelles

diferentes intervalos de edad, digamos $i = 0, \ldots, n$. Denotemos por $x_i^{(t)}$ el número de hembras (los machos no importan en este contexto) cuya edad en el tiempo $t$ cae en el intervalo $i$-ésimo. Los valores de $x_i^{(0)}$ son conocidos. Además, denotemos por $s_i$ la tasa de supervivencia de las hembras que pertenecen al intervalo $i$-ésimo, y $m_i$ el número medio de hembras generado por una hembra del intervalo $i$-ésimo.

El modelo de Lotka y Leslie consiste en el conjunto de ecuaciones

$$x_{i+1}^{(t+1)} = x_i^{(t)} s_i, \qquad i = 0, \ldots, n-1,$$
$$x_0^{(t+1)} = \sum_{i=0}^{n} x_i^{(t)} m_i.$$

Las $n$ primeras ecuaciones describen el desarrollo de la población, la última su reproducción. En forma matricial tenemos

$$\mathbf{x}^{(t+1)} = A\mathbf{x}^{(t)},$$

donde $\mathbf{x}^{(t)} = (x_0^{(t)}, \ldots, x_n^{(t)})^T$ y $A$ es la *matriz de Leslie*:

$$A = \begin{bmatrix} m_0 & m_1 & \cdots & \cdots & m_n \\ s_0 & 0 & \cdots & \cdots & 0 \\ 0 & s_1 & \ddots & & \vdots \\ \vdots & \ddots & \ddots & \ddots & \vdots \\ 0 & 0 & 0 & s_{n-1} & 0 \end{bmatrix}.$$

Veremos en la Sección 6.1 que la dinámica de esta población está determinada por el autovalor de módulo máximo de $A$, digamos $\lambda_1$, mientras que la distribución de los individuos en los diferentes intervalos de edad (normalizados con respecto a la población total), se obtiene como límite de $\mathbf{x}^{(t)}$ para $t \to \infty$ y satisface $A\mathbf{x} = \lambda_1 \mathbf{x}$. Este problema será resuelto en el Ejercicio 6.2.    ∎

**Problema 6.3 (Comunicación interurbana)** Para $n$ ciudades dadas, sea $A$ la matriz cuyo elemento $a_{ij}$ es igual a 1 si la $i$-ésima ciudad está conectada directamente con la $j$-ésima ciudad y 0 en caso contrario. Se puede demostrar que las componentes del autovector $\mathbf{x}$ (de longitud unidad) asociado al máximo autovalor, proporcionan las tasas de accesibilidad (que es una medida de la facilidad de acceso) a las diferentes ciudades. En el Ejemplo 6.2 calcularemos este vector para el caso del sistema de trenes de las once ciudades más importantes de Lombardía (véase la Figura 6.2).    ∎

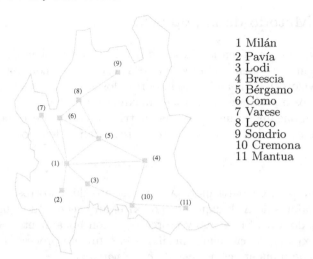

1 Milán
2 Pavía
3 Lodi
4 Brescia
5 Bérgamo
6 Como
7 Varese
8 Lecco
9 Sondrio
10 Cremona
11 Mantua

**Figura 6.2.** Una representación esquemática de la red de trenes entre las principales ciudades de Lombardía

**Problema 6.4 (Compresión de imágenes)** El problema de la compresión de imágenes puede abordarse usando la descomposición en valores singulares de una matriz. En efecto, una imagen en blanco y negro puede ser representada por una matriz real rectangular $m \times n$, A, donde $m$ y $n$ representan el número de *pixels* que están presentes en las direcciones horizontal y vertical, respectivamente, y el coeficiente $a_{ij}$ representa la intensidad de gris del $(i,j)$-ésimo pixel. Considerando la descomposición en valores singulares (6.3) de A, y denotando por $\mathbf{u}_i$ y $\mathbf{v}_i$ los $i$-ésimos vectores columnas de U y V, respectivamente, hallamos

$$A = \sigma_1 \mathbf{u}_1 \mathbf{v}_1^T + \sigma_2 \mathbf{u}_2 \mathbf{v}_2^T + \ldots + \sigma_p \mathbf{u}_p \mathbf{v}_p^T. \tag{6.5}$$

Podemos aproximar A por la matriz $A_k$ que se obtiene truncando la suma (6.5) a los $k$ primeros términos, para $1 \leq k \leq p$. Si los valores singulares $\sigma_i$ están en orden decreciente, $\sigma_1 \geq \sigma_2 \geq \ldots \geq \sigma_p$, despreciar los últimos $p-k$ no debería afectar significativamente a la calidad de la imagen. Para transferir la imagen "comprimida", la $A_k$ (por ejemplo de un computador a otro) necesitamos simplemente transferir los vectores $\mathbf{u}_i$, $\mathbf{v}_i$ y los valores singulares $\sigma_i$ para $i = 1, \ldots, k$, y no todos los elementos de A. En el Ejemplo 6.9 veremos esta técnica en acción. ∎

En el caso especial de que A sea diagonal o triangular, sus autovalores son sus elementos diagonales. Sin embargo, si A es una matriz general y su dimensión $n$ es suficientemente grande, buscar los ceros de $p_A(\lambda)$ no es un enfoque conveniente. Son más adecuados algoritmos *ad hoc* y uno de ellos se describe en la sección siguiente.

## 6.1 Método de la potencia

Como se observó en los Problemas 6.2 y 6.3, no siempre se requiere el conocimiento pleno del *espectro* de A (esto es, del conjunto de todos sus autovalores). A menudo sólo importan los autovalores *extremos*, es decir, aquéllos que tienen los módulos máximo y mínimo.

Supongamos que A es una matriz cuadrada de dimensión $n$, con elementos reales, y que sus autovalores están ordenados como sigue

$$|\lambda_1| > |\lambda_2| \geq |\lambda_3| \geq \ldots \geq |\lambda_n|. \tag{6.6}$$

Nótese que, en particular, $|\lambda_1|$ es distinto de los otros módulos de los autovalores de A. Indiquemos por $\mathbf{x}_1$ el autovector (de longitud unidad) asociado a $\lambda_1$. Si los autovectores de A son linealmente independientes, $\lambda_1$ y $\mathbf{x}_1$ pueden calcularse mediante el siguiente proceso iterativo, conocido comúnmente como *método de la potencia*:

dado un vector inicial arbitrario $\mathbf{x}^{(0)} \in \mathbb{C}^n$ y definiendo $\mathbf{y}^{(0)} = \mathbf{x}^{(0)}/\|\mathbf{x}^{(0)}\|$, calcular

$$
\boxed{
\begin{array}{l}
\text{para } k = 1, 2, \ldots \\[2mm]
\mathbf{x}^{(k)} = A\mathbf{y}^{(k-1)}, \quad \mathbf{y}^{(k)} = \dfrac{\mathbf{x}^{(k)}}{\|\mathbf{x}^{(k)}\|}, \quad \lambda^{(k)} = (\mathbf{y}^{(k)})^T A\mathbf{y}^{(k)}
\end{array}
}
\tag{6.7}
$$

Nótese que, por recurrencia, uno halla $\mathbf{y}^{(k)} = \beta^{(k)} A^k \mathbf{y}^{(0)}$ donde $\beta^{(k)} = (\Pi_{i=1}^k \|\mathbf{x}^{(i)}\|)^{-1}$ para $k \geq 1$. La presencia de las potencias de A justifica el nombre dado a este método.

En la sección siguiente veremos que este método genera una sucesión de vectores $\{\mathbf{y}^{(k)}\}$ con longitud unidad los cuales, cuando $k \to \infty$, se alinean a lo largo de la dirección del autovector $\mathbf{x}_1$. Los errores $\|\mathbf{y}^{(k)} - \mathbf{x}_1\|$ y $|\lambda^{(k)} - \lambda_1|$ son proporcionales al cociente $|\lambda_2/\lambda_1|^k$ en el caso de una matriz genérica. Si la matriz A es real y simétrica puede probarse que $|\lambda^{(k)} - \lambda_1|$ es de hecho proporcional a $|\lambda_2/\lambda_1|^{2k}$ (véase [GL96, Capítulo 8]). En todos los casos, se obtiene que $\lambda^{(k)} \to \lambda_1$ para $k \to \infty$.

Una implementación del método de la potencia se da en el Programa 6.1. El proceso iterativo se detiene en la primera iteración $k$ para la cual

$$|\lambda^{(k)} - \lambda^{(k-1)}| < \varepsilon |\lambda^{(k)}|,$$

donde $\varepsilon$ es una tolerancia deseada. Los parámetros de entrada son la matriz A, el vector inicial x0, la tolerancia tol para el test de parada y el número máximo de iteraciones admisibles nmax. Los parámetros de salida son el autovalor de módulo máximo lambda, el autovector asociado y el número de iteraciones que se han realizado.

**Programa 6.1. eigpower**: método de la potencia

```
function [lambda,x,iter,err]=eigpower(A,tol,nmax,x0)
%EIGPOWER Evaluar numericamente un autovalor
%  de una matriz.
%  LAMBDA=EIGPOWER(A) calcula con el metodo de
%  la potencia el autovalor de A de modulo
%  maximo partiendo de una conjetura
%  inicial que por defecto es un vector de todos unos.
%  LAMBDA=EIGPOWER(A,TOL,NMAX,X0) usa una tolerancia
%  sobre el valor absoluto del error,
%  TOL (por defecto 1.e-6) y un numero
%  maximo de iteraciones NMAX (por defecto 100),
%  partiendo del vector inicial X0.
%  [LAMBDA,V,ITER]=EIGPOWER(A,TOL,NMAX,X0) tambien
%  devuelve el autovector V tal que A*V=LAMBDA*V y el
%  numero de iteraciones en las que se calculo V.
[n,m] = size(A);
if n ~= m, error('Solo para matrices cuadradas');
 end if nargin == 1
    tol = 1.e-06;
    x0 = ones(n,1);
    nmax = 100;
end
x0 = x0/norm(x0);
pro = A*x0;
lambda = x0'*pro;
err = tol*abs(lambda) + 1;
iter = 0;
while err>tol*abs(lambda)&abs(lambda)~=0&iter<=nmax
    x = pro; x = x/norm(x);
    pro = A*x; lambdanew = x'*pro;
    err = abs(lambdanew - lambda);
    lambda = lambdanew;
    iter = iter + 1;
end
return
```

**Ejemplo 6.1** Considérese la familia de matrices

$$A(\alpha) = \begin{bmatrix} \alpha & 2 & 3 & 13 \\ 5 & 11 & 10 & 8 \\ 9 & 7 & 6 & 12 \\ 4 & 14 & 15 & 1 \end{bmatrix}, \quad \alpha \in \mathbb{R}.$$

Queremos aproximar el autovalor con mayor módulo por el método de la potencia. Cuando $\alpha = 30$, los autovalores de la matriz están dados por $\lambda_1 = 39.396$, $\lambda_2 = 17.8208$, $\lambda_3 = -9.5022$ y $\lambda_4 = 0.2854$ (sólo se muestran las cuatro primeras cifras significativas). El método aproxima $\lambda_1$ en 22 iteraciones con una tolerancia $\varepsilon = 10^{-10}$ y $\mathbf{x}^{(0)} = \mathbf{1}$. Sin embargo, si $\alpha = -30$ necesitamos 708 iteraciones. El diferente comportamiento puede explicarse observando que en el último caso se tiene $\lambda_1 = -30.643$, $\lambda_2 = 29.7359$, $\lambda_3 = -11.6806$ y $\lambda_4 = 0.5878$. Así, $|\lambda_2|/|\lambda_1| = 0.9704$, que está próximo a la unidad. ∎

**Ejemplo 6.2 (Comunicación interurbana)** Denotamos por $A \in \mathbb{R}^{11 \times 11}$ la matriz asociada al sistema de trenes de la Figura 6.2, es decir, la matriz cuyo elemento $a_{ij}$ es igual a uno si hay conexión directa entre la $i$-ésima y la $j$-ésima ciudad, e igual a cero en otro caso. Poniendo `tol=1.e-12` y `x0=ones(11,1)`, después de 26 iteraciones el Programa 6.1 devuelve la siguiente aproximación del autovector (de longitud uno) asociado al autovalor de módulo máximo de A:

```
x' =
  Columns 1 through 8
  0.5271  0.1590  0.2165  0.3580  0.4690  0.3861  0.1590  0.2837
  Columns 9 through 11
  0.0856  0.1906  0.0575
```

La ciudad más accesible es Milán, que es la asociada a la primera componente de x (la mayor en módulo), la menos accesible es Mantua, que está asociada a la última componente de x, la de módulo mínimo. Por supuesto, nuestro análisis tiene en cuenta sólo la existencia de conexiones entre las ciudades pero no lo frecuentes que son.    ∎

### 6.1.1 Análisis de la convergencia

Como hemos asumido que los autovectores $\mathbf{x}_1, \ldots, \mathbf{x}_n$ de A son linealmente independientes, estos autovectores forman una base de $\mathbb{C}^n$. De este modo, los vectores $\mathbf{x}^{(0)}$ e $\mathbf{y}^{(0)}$ se pueden escribir de la forma

$$\mathbf{x}^{(0)} = \sum_{i=1}^{n} \alpha_i \mathbf{x}_i, \ \ \mathbf{y}^{(0)} = \beta^{(0)} \sum_{i=1}^{n} \alpha_i \mathbf{x}_i, \ \ \text{con } \beta^{(0)} = 1/\|\mathbf{x}^{(0)}\| \text{ y } \alpha_i \in \mathbb{C}.$$

En la primera etapa, el método de la potencia da

$$\mathbf{x}^{(1)} = A\mathbf{y}^{(0)} = \beta^{(0)} A \sum_{i=1}^{n} \alpha_i \mathbf{x}_i = \beta^{(0)} \sum_{i=1}^{n} \alpha_i \lambda_i \mathbf{x}_i$$

y, análogamente,

$$\mathbf{y}^{(1)} = \beta^{(1)} \sum_{i=1}^{n} \alpha_i \lambda_i \mathbf{x}_i, \ \ \beta^{(1)} = \frac{1}{\|\mathbf{x}^{(0)}\| \, \|\mathbf{x}^{(1)}\|}.$$

En una etapa dada $k$ tendremos

$$\mathbf{y}^{(k)} = \beta^{(k)} \sum_{i=1}^{n} \alpha_i \lambda_i^k \mathbf{x}_i, \ \ \beta^{(k)} = \frac{1}{\|\mathbf{x}^{(0)}\| \cdots \|\mathbf{x}^{(k)}\|}$$

y, por consiguiente,

$$\mathbf{y}^{(k)} = \lambda_1^k \beta^{(k)} \left( \alpha_1 \mathbf{x}_1 + \sum_{i=2}^{n} \alpha_i \frac{\lambda_i^k}{\lambda_1^k} \mathbf{x}_i \right).$$

Como $|\lambda_i/\lambda_1| < 1$ para $i = 2, \ldots, n$, el vector $\mathbf{y}^{(k)}$ tiende a alinearse en la misma dirección que el autovector $\mathbf{x}_1$ cuando $k$ tiende a $+\infty$, con tal de que $\alpha_1 \neq 0$. La condición sobre $\alpha_1$, que es imposible de asegurar en la práctica ya que $\mathbf{x}_1$ es desconocido, de hecho no es restrictiva. Realmente, el efecto de los errores de redondeo provoca la aparición de una componente no nula en la dirección de $\mathbf{x}_1$, aunque éste no fuese el caso para el vector inicial $\mathbf{x}^{(0)}$. (¡Podemos decir que ésta es una de las raras circunstancias en la que los errores de redondeo nos ayudan!)

**Ejemplo 6.3** Considérese la matriz $A(\alpha)$ del Ejemplo 6.1, con $\alpha = 16$. El autovector $\mathbf{x}_1$ de longitud unidad asociado a $\lambda_1$ es $(1/2, 1/2, 1/2, 1/2)^T$. Elijamos (¡a propósito!) el vector inicial $(2, -2, 3, -3)^T$, que es ortogonal a $\mathbf{x}_1$. Recogemos en la Figura 6.3 la cantidad $\cos(\theta^{(k)}) = (\mathbf{y}^{(k)})^T \mathbf{x}_1/(\|\mathbf{y}^{(k)}\| \, \|\mathbf{x}_1\|)$. Podemos ver que, después de alrededor de 30 iteraciones del método de la potencia, el coseno tiende a $-1$ y el ángulo tiende a $\pi$, mientras que la sucesión $\lambda^{(k)}$ se aproxima a $\lambda_1 = 34$. Por tanto, el método de la potencia ha generado, gracias a los errores de redondeo, una sucesión de vectores $\mathbf{y}^{(k)}$ cuyas componentes en la dirección de $\mathbf{x}_1$ son crecientemente relevantes. ∎

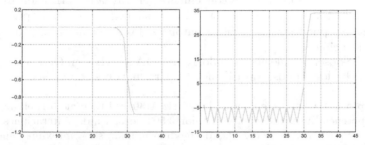

**Figura 6.3.** Valor de $(\mathbf{y}^{(k)})^T \mathbf{x}_1/(\|\mathbf{y}^{(k)}\| \, \|\mathbf{x}_1\|)$ (*izquierda*) y de $\lambda^{(k)}$ (*derecha*), para $k = 1, \ldots, 44$

Es posible probar que el método de la potencia converge incluso si $\lambda_1$ es una raíz múltiple de $p_A(\lambda)$. Por el contrario no converge cuando existen dos autovalores distintos ambos con módulo máximo. En ese caso la sucesión $\lambda^{(k)}$ no converge a ningún límite y en cambio oscila entre dos valores.

Véanse los Ejercicios 6.1-6.3.

## 6.2 Generalización del método de la potencia

Una primera posible generalización del método de la potencia consiste en aplicarlo a la inversa de la matriz A (¡con tal de que A sea no singular!).

Como los autovalores de $A^{-1}$ son los recíprocos de los de A, el método de la potencia en este caso nos permite aproximar el autovalor de A de módulo mínimo. De esta manera obtenemos el llamado *método de la potencia inversa*:

dado un vector inicial $\mathbf{x}^{(0)}$, definimos $\mathbf{y}^{(0)} = \mathbf{x}^{(0)}/\|\mathbf{x}^{(0)}\|$ y calculamos

$$
\boxed{
\begin{aligned}
&\text{para } k = 1, 2, \ldots \\
&\mathbf{x}^{(k)} = A^{-1}\mathbf{y}^{(k-1)}, \ \ \mathbf{y}^{(k)} = \frac{\mathbf{x}^{(k)}}{\|\mathbf{x}^{(k)}\|}, \ \ \mu^{(k)} = (\mathbf{y}^{(k)})^H A^{-1}\mathbf{y}^{(k)}
\end{aligned}
}
\tag{6.8}
$$

Si A admite autovectores linealmente independientes, y además el autovalor $\lambda_n$ de módulo mínimo es distinto de los otros, entonces

$$
\lim_{k \to \infty} \mu^{(k)} = 1/\lambda_n,
$$

es decir, $(\mu^{(k)})^{-1}$ tiende a $\lambda_n$ para $k \to \infty$.

En cada etapa $k$ tenemos que resolver un sistema lineal de la forma $A\mathbf{x}^{(k)} = \mathbf{y}^{(k-1)}$. Por tanto es conveniente generar la factorización LU de A (o su factorización de Cholesky si A es simétrica y definida positiva) de una vez por todas, y resolver entonces dos sistemas triangulares en cada iteración.

Cabe observar que el comando lu (en MATLAB y en Octave) puede generar la descomposición LU incluso para matrices complejas.

**Ejemplo 6.4** Cuando se aplica a la matriz A(30) del Ejemplo 6.1, el método de la potencia inversa devuelve el valor 3.5037 después de 7 iteraciones. De este modo el autovalor de A(30) de módulo mínimo será aproximadamente igual a $1/3.5037 \simeq 0.2854$.  ■

Una generalización adicional del método de la potencia proviene de la siguiente consideración. Denotemos por $\lambda_\mu$ el autovalor (desconocido) de A más cercano a un número dado (real o complejo) $\mu$. Para aproximar $\lambda_\mu$, podemos, en primer lugar, aproximar el autovalor de longitud mínima, digamos $\lambda_{min}(A_\mu)$, de la matriz trasladada $A_\mu = A - \mu I$, y luego poner $\lambda_\mu = \lambda_{min}(A_\mu) + \mu$. Por tanto podemos aplicar el método de la potencia inversa a $A_\mu$ para obtener una aproximación de $\lambda_{min}(A_\mu)$. Esta técnica se conoce como *método de la potencia con traslación*, y el número $\mu$ se llama *traslación*.

En el Programa 6.2 implementamos el método de la potencia inversa con traslación. El método de la potencia inversa se recupera poniendo simplemente $\mu = 0$. Los cuatro primeros parámetros de entrada son los mismos que en el Programa 6.1, mientras que mu es la traslación. Los parámetros de salida son el autovalor $\lambda_\mu$ de A, su autovector asociado x y el número de iteraciones que realmente se han realizado.

**Programa 6.2. invshift**: método de la potencia inversa con traslación

```
function [lambda,x,iter]=invshift(A,mu,tol,nmax,x0)
%INVSHIFT Evaluar numericamente un autovalor
%  de una matriz.
%  LAMBDA=INVSHIFT(A) calcula el autovalor de A de
%  modulo minimo con el metodo de la potencia inversa.
%  LAMBDA=INVSHIFT(A,MU) calcula el autovalor de A
%  mas proximo a un numero dado (real o complejo) MU.
%  LAMBDA=INVSHIFT(A,MU,TOL,NMAX,X0) usa una tolerancia
%  sobre el valor absoluto del error,
%  TOL (por defecto 1.e-6) y un numero
%  maximo de iteraciones NMAX (por defecto 100),
%  partiendo del vector inicial X0.
%  [LAMBDA,V,ITER]=INVSHIFT(A,MU,TOL,NMAX,X0) tambien
%  devuelve el autovector V tal que A*V=LAMBDA*V y el
%  numero de iteraciones en las que se calculo V.
[n,m]=size(A);
 if n ~= m, error('Solo para matrices cuadradas');
  end if nargin == 1
   x0 = rand(n,1); nmax = 100; tol = 1.e-06; mu = 0;
elseif nargin == 2
  x0 = rand(n,1); nmax = 100; tol = 1.e-06;
end

[L,U]=lu(A-mu*eye(n));
if norm(x0) == 0
   x0 = rand(n,1);
end
x0=x0/norm(x0);z0=L\x0;
pro=U\z0;
lambda=x0'*pro;
err=tol*abs(lambda)+1;          iter=0; while
err>tol*abs(lambda)&abs(lambda)~=0&iter<=nmax
   x = pro; x = x/norm(x);z=L\x;      pro=U\z;
   lambdanew = x'*pro;
   err = abs(lambdanew - lambda); lambda = lambdanew;
   iter = iter + 1;
end
lambda = 1/lambda + mu;
return
```

**Ejemplo 6.5** Para la matriz A(30) del Ejemplo 6.1 buscamos el autovalor más cercano al valor 17. Para ello utilizamos el Programa 6.2 con mu=17, tol $=10^{-10}$ y x0=[1;1;1;1]. Después de 8 iteraciones el programa devuelve el valor lambda=17.82079703055703. Un conocimiento menos preciso de la *traslación* implicaría más iteraciones. Por ejemplo, si ponemos mu=13 el programa devolverá el valor 17.82079703064106 después de 11 iteraciones. ∎

El valor de la traslación puede ser modificado durante las iteraciones, poniendo $\mu = \lambda^{(k)}$. Esto proporciona una convergencia más rápida; sin embargo el coste computacional crece sustancialmente ya que ahora en cada iteración la matriz $A_\mu$ cambia.

Véanse los Ejercicios 6.4-6.6.

# 6.3 Cómo calcular la traslación

Para aplicar con éxito el método de la potencia con traslación necesitamos localizar (con más o menos precisión) los autovalores de A en el plano complejo. A tal fin introducimos la siguiente definición.

Sea A una matriz cuadrada de dimensión $n$. Los *círculos de Gershgorin* $C_i^{(r)}$ y $C_i^{(c)}$ asociados a su $i$-ésima fila e $i$-ésima columna se definen, respectivamente, como

$$C_i^{(r)} = \{z \in \mathbb{C} : |z - a_{ii}| \leq \sum_{j=1, j\neq i}^{n} |a_{ij}|\},$$

$$C_i^{(c)} = \{z \in \mathbb{C} : |z - a_{ii}| \leq \sum_{j=1, j\neq i}^{n} |a_{ji}|\}.$$

$C_i^{(r)}$ es el $i$-ésimo *círculo por filas* y $C_i^{(c)}$ el $i$-ésimo *círculo por columnas*.

Mediante el Programa 6.3 podemos visualizar en dos ventanas diferentes (que se abren mediante el comando **figure**) los círculos por filas y los círculos por columnas de una matriz. El comando **hold on** permite la superposición de gráficas sucesivas (en nuestro caso, los diferentes círculos que han sido calculados en modo secuencial). Este comando puede ser neutralizado mediante el comando **hold off**. Los comandos **title**, **xlabel** e **ylabel** tienen como objetivo visualizar el título y las etiquetas de los ejes en la figura.

El comando **patch** fue utilizado para colorear los círculos, mientras que el comando **axis** pone las escalas para los ejes $x$ e $y$ sobre el dibujo en curso.

**Programa 6.3. gershcircles**: círculos de Gershgorin

```
function gershcircles(A)
%GERSHCIRCLES dibuja los circulos de Gershgorin
% GERSHCIRCLES(A) traza los circulos de Gershgorin
% para la matriz cuadrada A y su traspuesta.
n = size(A);
if n(1) ~= n(2)
   error('Solo matrices cuadradas');
else
   n = n(1); circler = zeros(n,201); circlec = circler;
end
center = diag(A); radiic = sum(abs(A-diag(center)));
radiir =sum(abs(A'-diag(center))); one = ones(1,201);
cosisin = exp(i*[0:pi/100:2*pi]);
figure(1); title('Circulos por filas');
xlabel('Re'); ylabel('Im'); figure(2);
title('Circulos por columnas'); xlabel('Re');
ylabel('Im');
for k = 1:n
   circlec(k,:) = center(k)*one + radiic(k)*cosisin;
   circler(k,:) = center(k)*one + radiir(k)*cosisin;
   figure(1);
   patch(real(circler(k,:)),imag(circler(k,:)),'red');
```

```
hold on
plot(real(circler(k,:)),imag(circler(k,:)),'k-',...
     real(center(k)),imag(center(k)),'kx');
figure(2);
patch(real(circlec(k,:)),imag(circlec(k,:)),'green');
hold on
plot(real(circlec(k,:)),imag(circlec(k,:)),'k-',...
     real(center(k)),imag(center(k)),'kx');
end
for k = 1:n
  figure(1);
  plot(real(circler(k,:)),imag(circler(k,:)),'k-',...
       real(center(k)),imag(center(k)),'kx');
  figure(2);
  plot(real(circlec(k,:)),imag(circlec(k,:)),'k-',...
       real(center(k)),imag(center(k)),'kx');
end
figure(1); axis image; hold off;
figure(2); axis image; hold off
return
```

**Ejemplo 6.6** En la Figura 6.4 hemos dibujado los círculos de Gershgorin asociados a la matriz

$$A = \begin{bmatrix} 30 & 1 & 2 & 3 \\ 4 & 15 & -4 & -2 \\ -1 & 0 & 3 & 5 \\ -3 & 5 & 0 & -1 \end{bmatrix}.$$

Los centros de los círculos han sido identificados por un aspa.  ■

Como se ha anticipado con anterioridad, los círculos de Gershgorin pueden utilizarse para localizar los autovalores de una matriz, lo que se establece en la proposición siguiente.

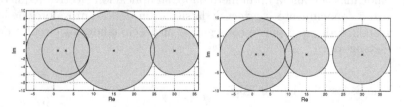

**Figura 6.4.** Círculos por filas (*izquierda*) y círculos por columnas (*derecha*) para la matriz del Ejemplo 6.6

**Proposición 6.1** *Todos los autovalores de una matriz dada $A \in$*
*$\mathbb{C}^{n \times n}$ pertenecen a la región del plano complejo que es la intersección*
*de las dos regiones formadas, respectivamente, por la unión de los*
*círculos por filas y la unión de los círculos por columnas.*
*Además, si m círculos por filas (o círculos por columnas), con $1 \leq$*
*$m \leq n$, fuesen disconexos de la unión de los $n-m$ círculos restantes,*
*entonces su unión contendría exactamente m autovalores.*

No hay garantía de que un círculo contenga autovalores, salvo si
está aislado de los otros. El resultado anterior puede ser aplicado para
obtener una conjetura preliminar de la *traslación*, como mostramos en
el siguiente ejemplo.

**Ejemplo 6.7** Del análisis de los círculos por filas de la matriz A(30) del Ejemplo 6.1 deducimos que las partes reales de sus autovalores están entre $-32$ y 48. De este modo podemos emplear el Programa 6.2 para calcular el autovalor de módulo máximo poniendo el valor de la traslación $\mu$ igual a 48. Se alcanza la convergencia en 16 iteraciones, mientras que se requerirían 24 iteraciones utilizando el método de la potencia con la misma conjetura inicial x0=[1;1;1;1] y la misma tolerancia tol=1.e-10.                                          ■

## Resumamos

1. El método de la potencia es un proceso iterativo para calcular el
   autovalor de módulo máximo de una matriz dada;
2. el método de la potencia inversa permite el cálculo del autovalor de
   módulo mínimo; requiere la factorización de la matriz dada;
3. el método de la potencia con traslación permite el cálculo del autovalor más cercano a un número dado; su aplicación efectiva requiere
   algún conocimiento *a priori* de la situación de los autovalores de la
   matriz dada, que puede conseguirse inspeccionando los círculos de
   Gershgorin.

Véanse los Ejercicios 6.7-6.8.

## 6.4 Cálculo de todos los autovalores

Dos matrices cuadradas A y B de la misma dimensión se llaman *seme-jantes* si existe una matriz no singular P tal que

$$P^{-1}AP = B.$$

Las matrices semejantes comparten los mismos autovalores. En efecto, si $\lambda$ es un autovalor de A y $\mathbf{x} \neq \mathbf{0}$ es un autovector asociado, tenemos

$$BP^{-1}\mathbf{x} = P^{-1}A\mathbf{x} = \lambda P^{-1}\mathbf{x},$$

esto es, $\lambda$ es también un autovalor de B y su autovector asociado es ahora $\mathbf{y} = P^{-1}\mathbf{x}$.

Los métodos que permiten una aproximación simultánea de todos los autovalores de una matriz se basan generalmente en la idea de transformar A (después de un número infinito de etapas) en una matriz semejante con forma diagonal o triangular, cuyos autovalores están dados, por tanto, por los elementos que están en su diagonal principal.

eig    Entre estos métodos mencionamos el *método QR* que está implementado en la función de MATLAB eig. Concretamente, el comando D=eig(A) devuelve un vector D que contiene todos los autovalores de A. Sin embargo, poniendo [X,D]=eig(A) obtenemos dos matrices: la matriz diagonal D formada por los autovalores de A, y una matriz X cuyos vectores columna son los autovectores de A. De este modo, A*X=X*D.

El método de iteraciones QR se llama así porque hace uso repetido de la factorización QR, introducida en la Sección 5.5, para calcular los autovalores de la matriz A. Aquí presentamos el método QR sólo para matrices reales y en su forma más elemental (cuya convergencia no siempre está garantizada). Para una descripción más completa de este método enviamos a [QSS06, Capítulo 5], mientras que para su extensión al caso complejo remitimos a [GL96, Sección 5.2.10] y [Dem97, Sección 4.2.1].

La idea consiste en construir una sucesión de matrices $A^{(k)}$, cada una de ellas semejante a A. Después de poner $A^{(0)} = A$, en cada $k = 1, 2, \ldots$, haciendo uso de la factorización QR, calculamos las matrices $Q^{(k+1)}$ y $R^{(k+1)}$ tales que

$$Q^{(k+1)}R^{(k+1)} = A^{(k)},$$

donde ponemos $A^{(k+1)} = R^{(k+1)}Q^{(k+1)}$.

Las matrices $A^{(k)}$, $k = 0, 1, 2, \ldots$ son todas semejantes, de este modo comparten con A sus autovalores (véase el Ejercicio 6.9). Además, si $A \in \mathbb{R}^{n \times n}$ y sus autovalores satisfacen $|\lambda_1| > |\lambda_2| > \ldots > |\lambda_n|$, entonces

$$\lim_{k \to +\infty} A^{(k)} = T = \begin{bmatrix} \lambda_1 & l_{12} & \ldots & t_{1n} \\ 0 & \ddots & \ddots & \vdots \\ \vdots & & \lambda_{n-1} & t_{n-1,n} \\ 0 & \ldots & 0 & \lambda_n \end{bmatrix}. \tag{6.9}$$

La tasa de decaimiento a cero de los coeficientes triangulares inferiores, $a_{i,j}^{(k)}$ para $i > j$, cuando $k$ tiende a infinito, depende del $\max_i |\lambda_{i+1}/\lambda_i|$.

En la práctica, las iteraciones se detienen cuando $\max_{i>j} |a_{i,j}^{(k)}| \leq \epsilon$, siendo $\epsilon > 0$ una tolerancia dada.

Bajo la hipótesis adicional de que A sea simétrica, la sucesión $\{A^{(k)}\}$ converge a una matriz diagonal.

El Programa 6.4 implementa el método de iteraciones QR. Los parámetros de entrada son la matriz A, la tolerancia tol y el máximo número de iteraciones permitido, nmax.

**Programa 6.4. qrbasic**: método de iteraciones QR

```
function D=qrbasic(A,tol,nmax)
%QRBASIC calcula los autovalores de una matriz A.
%   D=QRBASIC(A,TOL,NMAX) calcula mediante iteraciones
%   QR todos los autovalores de A con una tolerancia TOL
%   y un numero maximo de iteraciones NMAX. La
%   convergencia de este metodo no siempre esta
%   garantizada.
[n,m]=size(A);
if n ~= m, error('La matriz debe ser cuadradada');
  end T = A; niter = 0;
test = norm(tril(A,-1),inf);
while niter <= nmax & test >= tol
    [Q,R]=qr(T);      T = R*Q;
    niter = niter + 1;
    test = norm(tril(T,-1),inf);
end
if niter > nmax
  warning(['El  metodo no converge'
           'en el numero maximo de iteraciones']);
else
  fprintf(['El  metodo converge en ' ...
           '%i iteraciones\n'],niter);
end
D = diag(T);
return
```

**Ejemplo 6.8** Consideremos la matriz A(30) del Ejemplo 6.1 y llamemos al Programa 6.4 para calcular sus autovalores. Obtenemos

```
D=qrbasic(A(30),1.e-14,100)
```

```
El  método converge en 56 iteraciones
D =
   39.3960
   17.8208
   -9.5022
    0.2854
```

Estos autovalores concuerdan con los presentados en el Ejemplo 6.1, que fueron obtenidos con el comando eig. La tasa de convergencia decrece cuando hay autovalores cuyos módulos son casi los mismos. Éste es el caso de la matriz correspondiente a $\alpha = -30$: dos autovalores tienen casi el mismo módulo y el método requiere 1149 iteraciones para converger con la misma tolerancia

```
D=qrbasic(A(-30),1.e-14,2000)
```

**Figura 6.5.** Imagen original (*izquierda*) e imagen obtenida utilizando los 20 primeros (*centro*) y los 40 primeros (*derecha*) valores singulares, respectivamente

2. en su versión básica, este método garantiza la convergencia si A tiene coeficientes rales y autovalores distintos;
3. su tasa asintótica de convergencia depende del mayor módulo del cociente entre dos autovalores consecutivos.

Véanse los Ejercicios 6.9-6.10.

## 6.5 Lo que no le hemos dicho

No hemos analizado la cuestión del número de condición del problema de autovalores, que mide la sensibilidad de los autovalores a la variación de los elementos de la matriz. Al lector interesado se le aconseja consultar, por ejemplo, las referencias [Wil65], [GL96] y [QSS06, Capítulo 5].

Notemos tan solo que el cálculo de los autovalores no es necesariamente un problema mal acondicionado cuando el número de condición de la matriz es grande. Un ejemplo de esto lo proporciona la matriz de Hilbert (véase el Ejemplo 5.9): aunque su número de condición es extremadamente grande, el cálculo de sus autovalores está bien acondicionado gracias al hecho de que la matriz es simétrica y definida positiva.

Además del método QR, para calcular simultáneamente todos los autovalores podemos usar el método de Jacobi que transforma una matriz simétrica en una matriz diagonal, eliminando paso a paso, mediante transformaciones de semejanza, los elementos que están fuera de la diagonal. Este método no termina en un número finito de etapas ya que, al tiempo que se pone a cero un nuevo elemento de fuera de la diagonal, los tratados con anterioridad pueden reasumir valores no nulos.

Otros métodos son el de Lanczos y el método que utiliza las llamadas sucesiones de Sturm. Para una panorámica de todos estos métodos véase [Saa92].

La biblioteca ARPACK de MATLAB (disponible mediante el comando `arpackc`) puede emplearse para calcular los autovalores de matrices grandes. La función de MATLAB `eigs` hace uso de esta biblioteca.

Mencionemos que una utilización apropiado de la técnica de *deflación* (que consiste en una eliminación sucesiva de los autovalores ya calculados) permite la aceleración de la convergencia de los métodos anteriores y, por tanto, la reducción de su coste computacional.

## 6.6 Ejercicios

**Ejercicio 6.1** Poniendo la tolerancia igual a $\varepsilon = 10^{-10}$, emplear el método de la potencia para aproximar el autovalor de módulo máximo de las matrices siguientes, partiendo del vector inicial $\mathbf{x}^{(0)} = (1,2,3)^T$:

$$A_1 = \begin{bmatrix} 1 & 2 & 0 \\ 1 & 0 & 0 \\ 0 & 1 & 0 \end{bmatrix}, \quad A_2 = \begin{bmatrix} 0.1 & 3.8 & 0 \\ 1 & 0 & 0 \\ 0 & 1 & 0 \end{bmatrix}, \quad A_3 = \begin{bmatrix} 0 & -1 & 0 \\ 1 & 0 & 0 \\ 0 & 1 & 0 \end{bmatrix}.$$

Comentar después el comportamiento de la convergencia del método en cada uno de los tres casos.

**Ejercicio 6.2 (Dinámica de poblaciones)** Las características de una población de peces se describen mediante la siguiente matriz de Leslie introducida en el Problema 6.2:

| Intervalo de edad (meses) | $\mathbf{x}^{(0)}$ | $m_i$ | $s_i$ |
|:---:|:---:|:---:|:---:|
| 0-3 | 6 | 0 | 0.2 |
| 3-6 | 12 | 0.5 | 0.4 |
| 6-9 | 8 | 0.8 | 0.8 |
| 9-12 | 4 | 0.3 | – |

Hallar el vector $\mathbf{x}$ de la distribución normalizada de esta población para diferentes intervalos de edad, de acuerdo con lo visto en el Problema 6.2.

**Ejercicio 6.3** Probar que el método de la potencia no converge para matrices que poseen un autovalor de módulo máximo $\lambda_1 = \gamma e^{i\vartheta}$ y otro autovalor $\lambda_2 = \gamma e^{-i\vartheta}$, donde $i = \sqrt{-1}$ y $\gamma, \vartheta \in \mathbb{R}$.

**Ejercicio 6.4** Demostrar que los autovalores de $A^{-1}$ son los recíprocos de los de $A$.

**Ejercicio 6.5** Verificar que el método de la potencia no es capaz de calcular el autovalor de módulo máximo de la matriz siguiente, y explicar por qué:

$$A = \begin{bmatrix} \frac{1}{3} & \frac{2}{3} & 2 & 3 \\ 1 & 0 & -1 & 2 \\ 0 & 0 & -\frac{5}{3} & -\frac{2}{3} \\ 0 & 0 & 1 & 0 \end{bmatrix}.$$

**Ejercicio 6.6** Utilizando el método de la potencia con traslación, calcular el mayor autovalor positivo y el mayor autovalor negativo de

$$
A = \begin{bmatrix}
3 & 1 & 0 & 0 & 0 & 0 & 0 \\
1 & 2 & 1 & 0 & 0 & 0 & 0 \\
0 & 1 & 1 & 1 & 0 & 0 & 0 \\
0 & 0 & 1 & 0 & 1 & 0 & 0 \\
0 & 0 & 0 & 1 & 1 & 1 & 0 \\
0 & 0 & 0 & 0 & 1 & 2 & 1 \\
0 & 0 & 0 & 0 & 0 & 1 & 3
\end{bmatrix}.
$$

A es la llamada *matriz de Wilkinson* y puede generarse mediante el comando `wilkinson(7)`.

wilkinson

**Ejercicio 6.7** Usando los círculos de Gershgorin, proporcionar una estimación del número máximo de autovalores complejos de las matrices siguientes:

$$
A = \begin{bmatrix}
2 & -\frac{1}{2} & 0 & -\frac{1}{2} \\
0 & 4 & 0 & 2 \\
-\frac{1}{2} & 0 & 6 & \frac{1}{2} \\
0 & 0 & 1 & 9
\end{bmatrix}, B = \begin{bmatrix}
-5 & 0 & \frac{1}{2} & \frac{1}{2} \\
\frac{1}{2} & 2 & \frac{1}{2} & 0 \\
0 & 1 & 0 & \frac{1}{2} \\
0 & \frac{1}{4} & \frac{1}{2} & 3
\end{bmatrix}.
$$

**Ejercicio 6.8** Utilizar el resultado de la Proposición 6.1 con el fin de hallar una traslación adecuada para el cálculo del autovalor de módulo máximo de

$$
A = \begin{bmatrix}
5 & 0 & 1 & -1 \\
0 & 2 & 0 & -\frac{1}{2} \\
0 & 1 & -1 & 1 \\
-1 & -1 & 0 & 0
\end{bmatrix}.
$$

Comparar entonces el número de iteraciones y el coste computacional del método de la potencia, con y sin traslación, poniendo la tolerancia igual a $10^{-14}$.

**Ejercicio 6.9** Demostrar que las matrices $A^{(k)}$ generadas por el método de las iteraciones QR son todas semejantes a la matriz A.

**Ejercicio 6.10** Usar el comando `eig` para calcular todos los autovalores de las dos matrices dadas en el Ejercicio 6.7. Comprobar entonces lo ajustado de las conclusiones extraídas sobre la base de la Proposición 6.1.

# 7

## Ecuaciones diferenciales ordinarias

Una ecuación diferencial es una ecuación que involucra una o más derivadas de una función desconocida. Si todas las derivadas se toman con respecto a una sola variable independiente se llama *ecuación diferencial ordinaria*, mientras que hablaremos de una *ecuación en derivadas parciales* cuando estén presentes derivadas parciales.

La ecuación diferencial (ordinaria o en derivadas parciales) tiene *orden p* si $p$ es el orden máximo de derivación que está presente. El capítulo siguiente estará dedicado al estudio de las ecuaciones en derivadas parciales, mientras que en el presente capítulo trataremos las ecuaciones diferenciales ordinarias.

Las ecuaciones diferenciales ordinarias describen la evolución de muchos fenómenos en varios campos, como podemos ver en los siguientes cuatro ejemplos.

**Problema 7.1 (Termodinámica)** Considérese un cuerpo con temperatura interna $T$ que se introduce en un ambiente a temperatura constante $T_e$. Supongamos que su masa $m$ esta concentrada en un solo punto. Entonces la transferencia de calor entre el cuerpo y el ambiente exterior puede ser descrito por la ley de Stefan-Boltzmann

$$v(t) = \epsilon\gamma S(T^4(t) - T_e^4),$$

donde $t$ es la variable tiempo, $\epsilon$ la constante de Boltzmann (igual a $5.6 \cdot 10^{-8} \mathrm{J/m^2 K^4 s}$ donde J significa Joule, K Kelvin y, obviamente, m metro, s segundo), $\gamma$ es la constante de emisividad del cuerpo, $S$ el área de su superficie y $v$ es la tasa de transferencia de calor. La tasa de variación de la energía $E(t) = mCT(t)$ (donde $C$ denota el calor específico del material que constituye el cuerpo) iguala, en valor absoluto, a la tasa $v$. Por consiguiente, poniendo $T(0) = T_0$, el cálculo de $T(t)$ requiere la resolución de la ecuación diferencial ordinaria

$$\frac{dT}{dt} = -\frac{v(t)}{mC}. \tag{7.1}$$

Véase el Ejercicio 7.15. ∎

**Problema 7.2 (Dinámica de poblaciones)** Considérese una población de bacterias en un ambiente confinado en el que no pueden coexistir más de $B$ elementos. Supongamos que, en el instante inicial, el número de individuos es igual a $y_0 \ll B$ y la tasa de crecimiento de las bacterias es una constante positiva $C$. En este caso, la tasa de cambio de la población es proporcional al número de bacterias existentes, bajo la restricción de que el número total no puede exceder $B$. Esto se expresa mediante la ecuación diferencial

$$\frac{dy}{dt} = Cy \left( 1 - \frac{y}{B} \right), \tag{7.2}$$

cuya solución $y = y(t)$ denota el número de bacterias en el tiempo $t$.

Suponiendo que las dos poblaciones $y_1$ e $y_2$ están en competición, en lugar de (7.2) tendríamos

$$\begin{aligned}
\frac{dy_1}{dt} &= C_1 y_1 \left( 1 - b_1 y_1 - d_2 y_2 \right), \\
\frac{dy_2}{dt} &= -C_2 y_2 \left( 1 - b_2 y_2 - d_1 y_1 \right),
\end{aligned} \tag{7.3}$$

donde $C_1$ y $C_2$ representan las tasas de crecimiento de las dos poblaciones. Los coeficientes $d_1$ y $d_2$ gobiernan el tipo de interacción entre las dos poblaciones, mientras que $b_1$ y $b_2$ están relacionadas con la cantidad disponible de nutrientes. Las ecuaciones (7.3) reciben el nombre de ecuaciones de Lotka-Volterra y forman la base de varias aplicaciones. Para su resolución numérica, véase el Ejemplo 7.7. ∎

**Problema 7.3 (Trayectoria de una pelota de béisbol )** Queremos simular la trayectoria de una pelota lanzada por el *pitcher* al *catcher*. Adoptando el marco de referencia de la Figura 7.1, las ecuaciones que describen el movimiento de la pelota son (véanse [Ada90], [Gio97])

$$\frac{d\mathbf{x}}{dt} = \mathbf{v}, \qquad \frac{d\mathbf{v}}{dt} = \mathbf{F},$$

donde $\mathbf{x}(t) = (x(t), y(t), z(t))^T$ designa la posición de la pelota en el tiempo $t$, $\mathbf{v} = (v_x, v_y, v_z)^T$ su velocidad, mientras que $\mathbf{F}$ es el vector cuyas componentes son

$$F_x = -F(v)vv_x + B\omega(v_z \operatorname{sen}\phi - v_y \cos\phi),$$

$$F_y = -F(v)vv_y + B\omega v_x \cos\phi, \tag{7.4}$$

$$F_z = -g - F(v)vv_z - B\omega v_x \operatorname{sen}\phi.$$

$v$ es el módulo de $\mathbf{v}$, $B = 4.1 \ 10^{-4}$, $\phi$ el ángulo de lanzamiento, $\omega$ el módulo de la velocidad angular imprimida a la pelota por el *pitcher*. $F(v)$ es un coeficiente de fricción, normalmente definido como

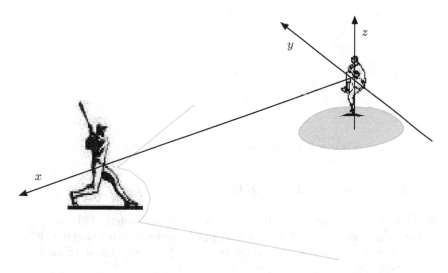

**Figura 7.1.** Marco de referencia adoptado para el Problema 7.3

$$F(v) = 0.0039 + \frac{0.0058}{1 + e^{(v-35)/5}}.$$

La solución de este sistema de ecuaciones diferenciales ordinarias se pospone al Ejercicio 7.20. ∎

**Problema 7.4 (Circuitos eléctricos)** Considérese el circuito eléctrico de la Figura 7.2. Queremos calcular la función $v(t)$ que representa la caída de potencial en los extremos del condensador $C$ partiendo del instante inicial $t = 0$ en el cual ha sido apagado el interruptor $I$. Supongamos que la inductancia $L$ puede expresarse como función explícita de la intensidad actual $i$, esto es $L = L(i)$. La ley de Ohm da

$$e - \frac{d(i_1 L(i_1))}{dt} = i_1 R_1 + v,$$

donde $R_1$ es una resistencia. Suponiendo que los flujos de corriente se dirigen como se indica en la Figura 7.2, derivando con respecto a $t$ ambos miembros de la ley de Kirchoff $i_1 = i_2 + i_3$ y observando que $i_3 = C\,dv/dt$ e $i_2 = v/R_2$, obtenemos la ecuación adicional

$$\frac{di_1}{dt} - C\frac{d^2v}{dt^2} + \frac{1}{R_2}\frac{dv}{dt}.$$

Por tanto hemos encontrado un sistema de dos ecuaciones diferenciales cuya solución permite la descripción de la variación a lo largo del tiempo de las dos incógnitas $i_1$ y $v$. La segunda ecuación tiene orden dos. Para su resolución véase el Ejemplo 7.8. ∎

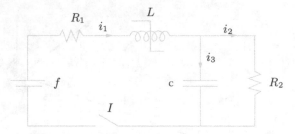

**Figura 7.2.** Circuito eléctrico del Problema 7.4

## 7.1 El problema de Cauchy

Nos limitamos a ecuaciones diferenciales de primer orden, dado que una ecuación de orden $p > 1$ siempre se puede reducir a un sistema de $p$ ecuaciones de orden 1. El caso de sistemas de primer orden se tratará en la Sección 7.8.

Una ecuación diferencial ordinaria admite, en general, un número infinito de soluciones. Para fijar una de ellas debemos imponer una condición adicional que prescribe el valor tomado por esta solución en un punto dado del intervalo de integración. Por ejemplo, la ecuación (7.2) admite la familia de soluciones $y(t) = B\psi(t)/(1 + \psi(t))$ con $\psi(t) = e^{Ct+K}$, siendo $K$ una constante arbitraria. Si imponemos la condición $y(0) = 1$, escogemos la única solución correspondiente al valor $K = \ln[1/(B-1)]$.

Por tanto consideramos la solución del llamado *problema de Cauchy* que toma la siguiente forma:

hallar $y : I \to \mathbb{R}$ tal que

$$\begin{cases} y'(t) = f(t, y(t)) & \forall t \in I, \\ y(t_0) = y_0, \end{cases} \tag{7.5}$$

donde $I$ es un intervalo de $\mathbb{R}$, $f : I \times \mathbb{R} \to \mathbb{R}$ es una función dada e $y'$ denota la derivada de $y$ con respecto a $t$. Finalmente, $t_0$ es un punto de $I$ e $y_0$ un valor dado que se llama *dato inicial*.

En la proposición siguiente presentamos un resultado clásico de Análisis.

**Proposición 7.1** *Supongamos que la función $f(t,y)$ es*

1. *continua con respecto a ambos argumentos;*
2. *continua y Lipschitziana con respecto a su segundo argumento, esto es, existe una constante positiva $L$ tal que*

$$|f(t,y_1) - f(t,y_2)| \leq L|y_1 - y_2|, \quad \forall t \in I, \ \forall y_1, y_2 \in \mathbb{R}.$$

*Entonces la solución $y = y(t)$ del problema de Cauchy (7.5) existe, es única y pertenece a $C^1(I)$.*

Desafortunadamente, sólo para tipos muy especiales de ecuaciones diferenciales ordinarias se dispone de soluciones explícitas. En otras ocasiones, la solución está disponible únicamente en forma implícita. Este es el caso, por ejemplo, de la ecuación $y' = (y - t)/(y + t)$ cuya solución satisface la relación implícita

$$\frac{1}{2}\ln(t^2 + y^2) + \operatorname{arctg}\frac{y}{t} = C,$$

donde $C$ es una constante arbitraria. En otros casos la solución ni siquiera es representable en forma implícita; esto ocurre con la ecuación $y' = e^{-t^2}$ cuya solución general sólo puede expresarse mediante un desarrollo en serie. Por todas estas razones, buscamos métodos numéricos capaces de aproximar la solución de *cada* familia de ecuaciones diferenciales ordinarias para la que existan soluciones.

La estrategia común a todos estos métodos consiste en subdividir el intervalo de integración $I = [t_0, T]$, con $T < +\infty$, en $N_h$ intervalos de longitud $h = (T - t_0)/N_h$; $h$ se llama *paso de discretización*. Entonces, en cada *nudo* $t_n$ ($0 \leq n \leq N_h - 1$) buscamos el valor desconocido $u_n$ que aproxima a $y_n = y(t_n)$. El conjunto de valores $\{u_0 = y_0, u_1, \ldots, u_{N_h}\}$ es nuestra *solución numérica*.

## 7.2 Métodos de Euler

Un método clásico, el de *Euler progresivo*, genera la solución numérica como sigue

$$u_{n+1} = u_n + hf_n, \qquad n = 0, \ldots, N_h - 1 \tag{7.6}$$

donde hemos utilizado la notación abreviada $f_n = f(t_n, u_n)$. Este método se obtiene considerando la ecuación diferencial (7.5) en cada nudo $t_n$, $n = 1, \ldots, N_h$, y reemplazando la derivada exacta $y'(t_n)$ por el cociente incremental (4.4).

De manera análoga, utilizando esta vez el cociente incremental (4.8) para aproximar $y'(t_{n+1})$, obtenemos el método de *Euler regresivo*

$$u_{n+1} = u_n + h f_{n+1}, \qquad n = 0, \ldots, N_h - 1 \qquad (7.7)$$

Ambos métodos proporcionan ejemplos de *métodos de un paso* ya que para calcular la solución numérica $u_{n+1}$ en el nudo $t_{n+1}$ sólo necesitamos la información relacionada con el nudo anterior $t_n$. Más concretamente, en el método de Euler progresivo $u_{n+1}$ depende exclusivamente del valor $u_n$ calculado previamente, mientras que en el método de Euler regresivo depende también de él mismo a través del valor de $f_{n+1}$. Por esta razón el primer método se llama método de Euler *explícito* y el segundo método de Euler *implícito*.

Por ejemplo, la discretización de (7.2) por el método de Euler progresivo requiere en cada paso el simple cálculo de

$$u_{n+1} = u_n + h C u_n \left(1 - u_n/B\right),$$

mientras que utilizando el método de Euler regresivo debemos resolver la ecuación no lineal

$$u_{n+1} = u_n + h C u_{n+1} \left(1 - u_{n+1}/B\right).$$

De este modo, los métodos implícitos son más costosos que los métodos explícitos, ya que en cada paso de tiempo $t_{n+1}$ debemos resolver un problema no lineal para calcular $u_{n+1}$. Sin embargo, veremos que los métodos implícitos gozan de mejores propiedades de estabilidad que los métodos explícitos.

El método de Euler progresivo se implementa en el Programa 7.1; el intervalo de integración es `tspan = [t0,tfinal]`, `odefun` es una cadena de caracteres que contiene la función $f(t, y(t))$ que depende de las variables `t` e `y`, o una función *inline* cuyos dos primeros argumentos son $t$ e $y$.

**Programa 7.1. feuler**: método de Euler progresivo

```
function [t,y]=feuler(odefun,tspan,y,Nh,varargin)
%FEULER Resuelve ecuaciones diferenciales usando
%   el metodo de Euler progresivo.
%   [T,Y]=FEULER(ODEFUN,TSPAN,YO,NH) con TSPAN=[TO,TF]
%   integra el sistema de ecuaciones diferenciales
%   y'=f(t,y) desde el tiempo TO al TF con condicion
%   inicial YO utilizando el metodo de Euler progresivo
%   sobre una malla equiespaciada de NH intervalos. La
%   funcion ODEFUN(T,Y) debe devolver un vector columna
%   correspondiente a f(t,y).
%   Cada fila en el tablero solucion Y corresponde a un
%   tiempo devuelto en el vector columna T.
%   [T,Y] = FEULER(ODEFUN,TSPAN,YO,NH,P1,P2,...) pasa
%   los parametros adicionalesP1,P2,... a la funcion
```

```
%   ODEFUN como ODEFUN(T,Y,P1,P2...).
h=(tspan(2)-tspan(1))/Nh;
tt=linspace(tspan(1),tspan(2),Nh+1);
for t = tt(1:end-1)
  y=[y;y(end,:)+h*feval(odefun,t,y(end,:),varargin{:})];
end
t=tt;
return
```

El método de Euler regresivo se implementa en el Programa 7.2. Nótese que hemos utilizado la función fsolve para la resolución del problema no lineal en cada paso. Como dato inicial para fsolve tomamos el último valor calculado de la solución numérica.

**Programa 7.2. beuler**: método de Euler regresivo

```
function [t,u]=beuler(odefun,tspan,y0,Nh,varargin)
%BEULER Resuelve ecuaciones diferenciales usando
%   el metodo de Euler regresivo.
%   [T,Y]=BEULER(ODEFUN,TSPAN,Y0,NH) con TSPAN=[T0,TF]
%   integra el sistema de ecuaciones diferenciales
%   y'=f(t,y) desde el tiempo T0 al TF con condicion
%   inicial Y0 usando el metodo de Euler regresivo sobre
%   una malla equiespaciada de NH intervalos.La funcion
%   ODEFUN(T,Y) debe devolver un vector columna
%   correspondiente a f(t,y).
%   Cada fila en el tablero solucion Y corresponde a un
%   tiempo devuelto en el vector columna T.
%   [T,Y] = BEULER(ODEFUN,TSPAN,Y0,NH,P1,P2,...) pasa
%   los parametros adicionales P1,P2,... a la funcion
%   ODEFUN como ODEFUN(T,Y,P1,P2...).
tt=linspace(tspan(1),tspan(2),Nh+1);
y=y0(:); % crear siempre un vector columna
u=y.'; global glob_h glob_t glob_y glob_odefun;
glob_h=(tspan(2)-tspan(1))/Nh; glob_y=y;
glob_odefun=odefun;glob_t=tt(2);
if ( ~exist('OCTAVE_VERSION') )
options=optimset; options.Display='off';
options.TolFun=1.e-06;
options.MaxFunEvals=10000; end
for glob_t=tt(2:end) if (
exist('OCTAVE_VERSION') )
  [w info] = fsolve('beulerfun',glob_y);
else
  w = fsolve(@(w) beulerfun(w),glob_y,options);
end
  u = [u; w.'];glob_y = w;
  end
  t=tt;
  clear glob_h glob_t glob_y glob_odefun;
  end

function [z]=beulerfun(w)
  global glob_h glob_t glob_y glob_odefun;
  z=w-glob_y-glob_h*feval(glob_odefun,glob_t,w);
end
```

### 7.2.1 Análisis de la convergencia

Un método numérico es *convergente* si

$$\forall n = 0, \ldots, N_h, \qquad |y_n - u_n| \leq C(h) \qquad (7.8)$$

donde $C(h)$ es un infinitésimo con respecto a $h$ cuando $h$ tiende a cero. Si $C(h) = \mathcal{O}(h^p)$ para algún $p > 0$, entonces decimos que el método converge con *orden p*. Para verificar que el método de Euler progresivo converge, escribimos el error como sigue:

$$e_n = y_n - u_n = (y_n - u_n^*) + (u_n^* - u_n), \qquad (7.9)$$

donde

$$u_n^* = y_{n-1} + hf(t_{n-1}, y_{n-1})$$

denota la solución numérica en el tiempo $t_n$ que obtendríamos partiendo de la solución exacta en el tiempo $t_{n-1}$; véase la Figura 7.3. El término $y_n - u_n^*$ en (7.9) representa el error producido por un solo paso del método de Euler progresivo, mientras que el término $u_n^* - u_n$ representa la propagación, desde $t_{n-1}$ hasta $t_n$, del error acumulado en el paso de tiempo anterior $t_{n-1}$. El método converge con tal de que ambos términos tiendan a cero cuando $h \to 0$. Suponiendo que exista la derivada segunda de $y$ y que sea continua, gracias a (4.6) obtenemos

$$y_n - u_n^* = \frac{h^2}{2} y''(\xi_n), \quad \text{para un } \xi_n \in (t_{n-1}, t_n) \text{ adecuado.} \qquad (7.10)$$

La cantidad

$$\tau_n(h) = (y_n - u_n^*)/h$$

se llama *error local de truncamiento* del método de Euler progresivo. En general, el error local de truncamiento de un método dado representa el error que se generaría forzando a la solución exacta a satisfacer ese esquema numérico específico, mientras que el *error global de truncamiento* se define como

$$\tau(h) = \max_{n=0,\ldots,N_h} |\tau_n(h)|.$$

A la vista de (7.10), el error de truncamiento para el método de Euler progresivo toma la siguiente forma

$$\tau(h) = Mh/2, \qquad (7.11)$$

donde $M = \max_{t \in [t_0, T]} |y''(t)|$.

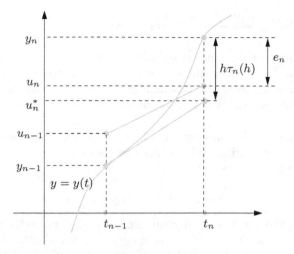

**Figura 7.3.** Representación geométrica de un paso del método de Euler progresivo

De (7.10) deducimos que $\lim_{h \to 0} \tau(h) = 0$, y un método para el que esto sucede se dice *consistente*. Además, decimos que es consistente con orden $p$ si $\tau(h) = \mathcal{O}(h^p)$ para un entero adecuado $p \geq 1$.

Consideremos ahora el otro término en (7.9). Tenemos

$$u_n^* - u_n = e_{n-1} + h\left[f(t_{n-1}, y_{n-1}) - f(t_{n-1}, u_{n-1})\right]. \tag{7.12}$$

Como $f$ es continua y Lipschitziana con respecto a su segundo argumento, deducimos

$$|u_n^* - u_n| \leq (1 + hL)|e_{n-1}|.$$

Si $e_0 = 0$, las relaciones anteriores dan

$$
\begin{aligned}
|e_n| &\leq |y_n - u_n^*| + |u_n^* - u_n| \leq h|\tau_n(h)| + (1 + hL)|e_{n-1}| \\
&\leq \left[1 + (1 + hL) + \ldots + (1 + hL)^{n-1}\right] h\tau(h) \\
&= \frac{(1 + hL)^n - 1}{L}\tau(h) \leq \frac{e^{L(t_n - t_0)} - 1}{L}\tau(h).
\end{aligned}
$$

Hemos utilizado la identidad

$$\sum_{k=0}^{n-1} (1 + hL)^k = \left[(1 + hL)^n - 1\right]/hL,$$

la desigualdad $1 + hL \leq e^{hL}$, y hemos tenido en cuenta que $nh = t_n - t_0$. Por consiguiente, encontramos

$$|e_n| \leq \frac{e^{L(t_n-t_0)} - 1}{L} \frac{M}{2} h, \qquad \forall n = 0, \ldots, N_h, \tag{7.13}$$

y así podemos concluir que *el método de Euler progresivo converge con orden 1.* Hacemos notar que el orden de este método coincide con el orden de su error local de truncamiento. Esta propiedad la comparten muchos métodos para la resolución numérica de ecuaciones diferenciales ordinarias.

La estimación de convergencia (7.13) se obtiene requiriendo simplemente que $f$ sea continua y Lipschitziana. Se tiene una acotación mejor, concretamente

$$|e_n| \leq Mh(t_n - t_0)/2, \tag{7.14}$$

si $\partial f/\partial y$ existe y satisface el requerimiento adicional $\partial f(t,y)/\partial y \leq 0$ para todo $t \in [t_0, T]$ y todo $-\infty < y < \infty$. En efecto, en ese caso, utilizando desarrollo el de Taylor obtenemos, a partir de (7.12),

$$u_n^* - u_n = (1 + h\partial f/\partial y(t_{n-1}, \eta_n))e_{n-1},$$

donde $\eta_n$ pertenece al intervalo cuyos extremos son $y_{n-1}$ y $u_{n-1}$; de este modo $|u_n^* - u_n| \leq |e_{n-1}|$ con tal de que se verifique la desigualdad

$$h < 2/\max_{t\in[t_0,T]} |\partial f/\partial y(t, y(t))|. \tag{7.15}$$

Entonces $|e_n| \leq |y_n - u_n^*| + |e_{n-1}| \leq nh\tau(h) + |e_0|$, de donde se obtiene (7.14) gracias a (7.11) y al hecho de que $e_0 = 0$. La limitación (7.15) sobre el paso $h$ es de hecho una restricción de estabilidad, como veremos en lo que sigue.

**Observación 7.1 (Consistencia)** La propiedad de consistencia es necesaria para tener convergencia. En realidad, si se violase, el método numérico generaría en cada paso un error que no sería un infinitésimo con respecto a $h$. La acumulación con los errores anteriores inhibiría la convergencia a cero del error global cuando $h \to 0$.                                                    •

Para el método de Euler regresivo el error local de truncamiento se escribe

$$\tau_n(h) = \frac{1}{h}[y_n - y_{n-1} - hf(t_n, y_n)].$$

Utilizando de nuevo el desarrollo de Taylor se obtiene

$$\tau_n(h) = -\frac{h}{2}y''(\xi_n)$$

para un $\xi_n \in (t_{n-1}, t_n)$ adecuado, con tal de que $y \in C^2$. De este modo también el método de Euler regresivo converge con orden 1 con respecto a $h$.

**Ejemplo 7.1** Consideremos el problema de Cauchy

$$\begin{cases} y'(t) = \cos(2y(t)) & t \in (0,1], \\ y(0) = 0, \end{cases} \qquad (7.16)$$

cuya solución es $y(t) = \frac{1}{2}\text{arcsen}((e^{4t} - 1)/(e^{4t} + 1))$. Lo resolvemos por el método de Euler progresivo (Programa 7.1) y por el método de Euler regresivo (Programa 7.2). Mediante los siguientes comandos utilizamos diferentes valores de $h$, $1/2$, $1/4$, $1/8$, ..., $1/512$:

```
tspan=[0,1]; y0=0; f=inline('cos(2*y)','t','y');
u=inline('0.5*asin((exp(4*t)-1)./(exp(4*t)+1))','t');
Nh=2;
for k=1:10
    [t,ufe]=feuler(f,tspan,y0,Nh);
    fe(k)=abs(ufe(end)-feval(u,t(end)));
    [t,ube]=beuler(f,tspan,y0,Nh);
    be(k)=abs(ube(end)-feval(u,t(end)));
    Nh = 2*Nh;
end
```

Los errores cometidos en el punto $t = 1$ se almacenan en la variable `fe` (Euler progresivo) y `be` (Euler regresivo), respectivamente. Entonces aplicamos la fórmula (1.12) para estimar el orden de convergencia. Utilizando los comandos siguientes

```
p=log(abs(fe(1:end-1)./fe(2:end)))/log(2); p(1:2:end)
```

```
  1.2898   1.0349   1.0080   1.0019   1.0005
```

```
p=log(abs(be(1:end-1)./be(2:end)))/log(2); p(1:2:end)
```

```
  0.90703   0.97198   0.99246   0.99808   0.99952
```

podemos comprobar que ambos métodos son convergentes con orden 1. ∎

**Observación 7.2** La acotación del error (7.13) fue obtenida suponiendo que la solución numérica $\{u_n\}$ se calcula con aritmética exacta. Si tuviésemos en cuenta los (inevitables) errores de redondeo, el error podría explotar como $\mathcal{O}(1/h)$ cuando $h$ se aproxima a 0 (véase, por ejemplo, [Atk89]). Esta circunstancia sugiere que, en los cálculos prácticos, podría no ser razonable ir por debajo de un cierto umbral $h^*$ (que es extremadamente minúsculo). •

Véanse los Ejercicios 7.1-7.3.

# 7.3 Método de Crank-Nicolson

Sumando los pasos genéricos de los métodos de Euler progresivo y regresivo hallamos el llamado *método de Crank-Nicolson*

$$u_{n+1} = u_n + \frac{h}{2}[f_n + f_{n+1}], \quad n = 0, \dots, N_h - 1 \qquad (7.17)$$

También puede deducirse aplicando primero al problema de Cauchy (7.5) el teorema fundamental de la integración (que recordamos en la Sección 1.4.3),

$$y_{n+1} = y_n + \int_{t_n}^{t_{n+1}} f(t, y(t)) \, dt, \qquad (7.18)$$

y aproximando luego la integral sobre $[t_n, t_{n+1}]$ mediante la regla del trapecio (4.19).

El error local de truncamiento del método de Crank-Nicolson satisface

$$
\begin{aligned}
\tau_n(h) \;&= \frac{1}{h}[y(t_n) - y(t_{n-1})] - \frac{1}{2}\left[f(t_n, y(t_n)) + f(t_{n-1}, y(t_{n-1}))\right] \\
&= \frac{1}{h}\int_{t_{n-1}}^{t_n} f(t, y(t)) \, dt - \frac{1}{2}\left[f(t_n, y(t_n)) + f(t_{n-1}, y(t_{n-1}))\right].
\end{aligned}
$$

La última igualdad se sigue de (7.18) y expresa el error asociado a la regla del trapecio para la integración numérica (4.19). Si suponemos que $y \in C^3$ y usamos (4.20), deducimos que

$$\tau_n(h) = -\frac{h^2}{12} y'''(\xi_n) \quad \text{para un } \xi_n \in (t_{n-1}, t_n) \text{ adecuado.} \qquad (7.19)$$

De este modo, el método de Crank-Nicolson es consistente con orden 2, es decir, su error local de truncamiento tiende a 0 como $h^2$. Utilizando un procedimiento similar al seguido para el método de Euler progresivo, podemos probar que el método de Crank-Nicolson es convergente con orden 2, con respecto a $h$.

El método de Crank-Nicolson está implementado en el Programa 7.3. Los parámetros de entrada y salida son los mismos que en los métodos de Euler.

**Programa 7.3. cranknic**: método de Crank-Nicolson

```
function [t,u]=cranknic(odefun,tspan,y0,Nh,varargin)
%CRANKNIC   Resuelve ecuaciones diferenciales utilizando
%   el metodo de Crank-Nicolson.
%   [T,Y]=CRANKNIC(ODEFUN,TSPAN,YO,NH) con TSPAN=[TO,TF]
%   integra el sistema de ecuaciones diferenciales
%   y'=f(t,y) desde el tiempo TO al TF con condicion
%   inicial YO usando el metodo de Crank-Nicolson sobre
%   una malla equiespaciada de NH intervalos. La funcion
%   ODEFUN(T,Y) debe devolver un vector columna
```

```
%   correspondiente a f(t,y).
%   Cada fila en el tablero solucion Y corresponde a un
%   tiempo devuelto en el vector columna T.
%   [T,Y] = CRANKNIC(ODEFUN,TSPAN,YO,NH,P1,P2,...) pasa
%   los parametros adicionales P1,P2,... a la funcion
%   ODEFUN como ODEFUN(T,Y,P1,P2...).
tt=linspace(tspan(1),tspan(2),Nh+1);
y=y0(:); % siempre crea un vector columna
u=y.';
global glob_h glob_t glob_y glob_odefun;
glob_h=(tspan(2)-tspan(1))/Nh;
glob_y=y;
glob_odefun=odefun;

if( ~exist('OCTAVE_VERSION') )
 options=optimset;
 options.Display='off';
 options.TolFun=1.e-06;
 options.MaxFunEvals=10000;
end

for glob_t=tt(2:end) if ( exist('OCTAVE_VERSION') )
  [w info msg] = fsolve('cranknicfun',glob_y);
else
  w = fsolve(@(w) cranknicfun(w),glob_y,options);
end
  u = [u; w.'];
  glob_y = w;
end
t=tt;
clear glob_h glob_t glob_y glob_odefun;
end

function z=cranknicfun(w)
  global glob_h glob_t glob_y glob_odefun;
  z=w - glob_y - ...
    0.5*glob_h*(feval(glob_odefun,glob_t,w) + ...
    feval(glob_odefun,glob_t,glob_y));
end
```

**Ejemplo 7.2** Resolvamos el problema de Cauchy (7.16) utilizando el método de Crank-Nicolson con los mismos valores de $h$ empleados en el Ejemplo 7.1. Como podemos ver, los resultados confirman que el error estimado tiende a cero con orden $p = 2$:

```
y0=0;  tspan=[0 1]; N=2; f=inline('cos(2*y)','t','y');
y='0.5*asin((exp(4*t)-1)./(exp(4*t)+1))';
for k=1:10
  [tt,u]=cranknic(f,tspan,y0,N);
  t=tt(end); e(k)=abs(u(end)-eval(y)); N=2*N;
end
p=log(abs(e(1:end-1)./e(2:end)))/log(2); p(1:2:end)
```

```
  1.7940    1.9944    1.9997    2.0000    2.0000            ■
```

## 7.4 Cero-estabilidad

Hay un concepto de estabilidad, llamado cero-estabilidad, que garantiza que en un intervalo acotado fijo pequeñas perturbaciones de los datos producen perturbaciones acotadas de la solución numérica, cuando $h \to 0$.

Concretamente, un método numérico para la aproximación del problema (7.5), donde $I = [t_0, T]$, se dice *cero-estable* si existen $h_0 > 0$, $C > 0$ tales que $\forall h \in (0, h_0]$, $\forall \varepsilon > 0$, si $|\rho_n| \leq \varepsilon$, $0 \leq n \leq N_h$, se tiene

$$|z_n - u_n| \leq C\varepsilon, \qquad 0 \leq n \leq N_h, \tag{7.20}$$

donde $C$ es una constante que podría depender de la longitud del intervalo de integración $I$, $z_n$ es la solución que se obtendría aplicando el método numérico en cuestión a un problema *perturbado*, $\rho_n$ denota el tamaño de la perturbación introducida en el paso $n$-ésimo y $\varepsilon$ indica el tamaño máximo de la perturbación. Obviamente, $\varepsilon$ debe ser suficientemente pequeño para garantizar que el problema perturbado todavía tiene solución única en el intervalo de integración.

Por ejemplo, en el caso del método de Euler progresivo, $u_n$ satisface

$$\begin{cases} u_{n+1} = u_n + hf(t_n, u_n), \\[2mm] u_0 = y_0, \end{cases} \tag{7.21}$$

mientras que $z_n$ satisface

$$\begin{cases} z_{n+1} = z_n + h\left[f(t_n, z_n) + \rho_{n+1}\right], \\[2mm] z_0 = y_0 + \rho_0 \end{cases} \tag{7.22}$$

para $0 \leq n \leq N_h - 1$, bajo la hipótesis de que $|\rho_n| \leq \varepsilon$, $0 \leq n \leq N_h$.

Para un método consistente de un paso se puede probar que la cero-estabilidad es una consecuencia del hecho de que $f$ es continua y Lipschitziana con respecto a su segundo argumento (véase, por ejemplo, [QSS06]). En ese caso, la constante $C$ que aparece en (7.20) depende de $\exp((T - t_0)L)$, donde $L$ es la constante de Lipschitz.

Sin embargo, esto no es necesariamente cierto para otras familias de métodos. Supongamos, por ejemplo, que los métodos numéricos pueden escribirse de la forma general

$$\boxed{u_{n+1} = \sum_{j=0}^{p} a_j u_{n-j} + h\sum_{j=0}^{p} b_j f_{n-j} + hb_{-1} f_{n+1}, \ n = p, p+1, \ldots} \tag{7.23}$$

para coeficientes adecuados $\{a_k\}$ y $\{b_k\}$ y para un entero $p \geq 0$. Se trata de un *método multipaso* lineal donde $p + 1$ denota el número de pasos.

Deben proporcionarse los valores iniciales $u_0, u_1, \ldots, u_p$. Además de $u_0$, que es igual a $y_0$, los otros valores $u_1, \ldots, u_p$ pueden generarse mediante métodos adecuados como, por ejemplo, los métodos de Runge-Kutta que serán estudiados en la Sección 7.6.

Veremos algunos ejemplos de métodos multipaso en la Sección 7.6. El polinomio

$$\pi(r) = r^{p+1} - \sum_{j=0}^{p} a_j r^{p-j}$$

se llama *primer polinomio característico* asociado al método numérico (7.23), y denotamos su raíces por $r_j$, $j = 0, \ldots, p$. El método (7.23) es cero-estable si y sólo si se satisface la siguiente *condición de las raíces*:

$$(7.24) \quad \begin{cases} |r_j| \leq 1 \text{ para todo } j = 0, \ldots, p, \\ \text{además } \pi'(r_j) \neq 0 \text{ para aquellos } j \text{ tales que } |r_j| = 1. \end{cases}$$

Por ejemplo, para el método de Euler progresivo tenemos $p = 0$, $a_0 = 1$, $b_{-1} = 0$, $b_0 = 1$. Para el método de Euler regresivo tenemos $p = 0$, $a_0 = 1$, $b_{-1} = 1$, $b_0 = 0$ y para el método de Crank-Nicolson tenemos $p = 0$, $a_0 = 1$, $b_{-1} = 1/2$, $b_0 = 1/2$. En todos los casos hay sólo una raíz de $\pi(r)$ igual a 1 y, por consiguiente, todos estos métodos son cero-estables.

La siguiente propiedad, conocida como *teorema de equivalencia* de Lax-Ritchmyer, es crucial en la teoría de los métodos numéricos (véase, por ejemplo, [IK66]), y resalta el papel fundamental jugado por la propiedad de cero-estabilidad:

$$(7.25) \quad \boxed{\begin{array}{c} \textit{Un método consistente es convergente} \\ \textit{si y sólo si es cero-estable.} \end{array}}$$

En coherencia con lo hecho anteriormente, el error local de truncamiento para un método multipaso (7.23) se define como sigue

$$\tau_n(h) = \frac{1}{h} \left\{ y_{n+1} - \sum_{j=0}^{p} a_j y_{n-j} \right.$$
$$\left. - h \sum_{j=0}^{p} b_j f(t_{n-j}, y_{n-j}) - h b_{-1} f(t_{n+1}, y_{n+1}) \right\}. \quad (7.26)$$

El método se dice consistente si $\tau(h) = \max |\tau_n(h)|$ tiende a cero cuando $h$ tiende a cero. Podemos probar que esta condición es equivalente a requerir que

$$\boxed{\sum_{j=0}^{p} a_j = 1, \qquad -\sum_{j=0}^{p} j a_j + \sum_{j=-1}^{p} b_j = 1} \qquad (7.27)$$

lo cual a su vez lleva a decir que $r = 1$ es una raíz del polinomio $\pi(r)$ (véase, por ejemplo, [QSS06, Capítulo 11]).

Véanse los Ejercicios 7.4-7.5.

## 7.5 Estabilidad sobre intervalos no acotados

En la sección anterior consideramos la solución del problema de Cauchy en intervalos acotados. En ese contexto, el número $N_h$ de subintervalos se hace infinito sólo si $h$ tiende a cero.

Por otra parte, hay varias situaciones en las cuales el problema de Cauchy necesita ser integrado sobre intervalos de tiempo muy grandes (virtualmente infinitos). En este caso, aunque se haya fijado $h$, $N_h$ tiende a infinito y entonces resultados como (7.13) pierden su significado en la medida en que el segundo miembro de la desigualdad contiene una cantidad no acotada. Por tanto, estamos interesados en métodos que sean capaces de aproximar la solución para intervalos de tiempo arbitrariamente largos, incluso con un tamaño del paso $h$ relativamente "grande".

Desafortunadamente, el económico método de Euler progresivo no goza de esta propiedad. Para ver esto, consideremos el siguiente *problema modelo*

$$\begin{cases} y'(t) = \lambda y(t), & t \in (0, \infty), \\ y(0) = 1, \end{cases} \qquad (7.28)$$

donde $\lambda$ es un número real negativo. La solución es $y(t) = e^{\lambda t}$, que tiende a 0 cuando $t$ tiende a infinito. Aplicando el método de Euler progresivo a (7.28) hallamos que

$$u_0 = 1, \qquad u_{n+1} = u_n(1 + \lambda h) = (1 + \lambda h)^{n+1}, \qquad n \geq 0. \qquad (7.29)$$

De este modo $\lim_{n \to \infty} u_n = 0$ si y sólo si

$$\boxed{-1 < 1 + h\lambda < 1, \quad \text{es decir} \quad h < 2/|\lambda|} \qquad (7.30)$$

Esta condición expresa el requerimiento de que, para $h$ *fijo*, la solución numérica debería reproducir el comportamiento de la solución exacta cuando $t_n$ tiende a infinito. Si $h > 2/|\lambda|$, entonces $\lim_{n \to \infty} |u_n| = +\infty$; así (7.30) es una condición de estabilidad. La propiedad de que $\lim_{n \to \infty} u_n = 0$ se llama *estabilidad absoluta*.

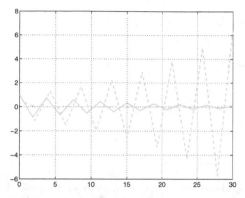

**Figura 7.4.** Soluciones del problema (7.28), con $\lambda = -1$, obtenidas por el método de Euler progresivo, correspondientes a $h = 30/14(> 2)$ (*línea de trazos*), $h = 30/16(< 2)$ (*línea continua*) y $h = 1/2$ (*línea de puntos y trazos*)

**Ejemplo 7.3** Apliquemos el método de Euler progresivo para resolver el problema (7.28) con $\lambda = -1$. En ese caso debemos tener $h < 2$ para la estabilidad absoluta. En la Figura 7.4 mostramos las soluciones obtenidas en el intervalo $[0, 30]$ para 3 diferentes valores de $h$: $h = 30/14$ (que viola la condición de estabilidad), $h = 30/16$ (que satisface, aunque sólo por un pequeño margen, la condición de estabilidad) y $h = 1/2$. Podemos ver que en los dos primeros casos la solución numérica oscila. Sin embargo sólo en el primer caso (que viola la condición de estabilidad) el valor absoluto de la solución numérica no se anula en el infinito (y en realidad diverge). ∎

Se obtienen conclusiones similares cuando $\lambda$ es un número complejo (véase la Sección 7.5.1) o una función negativa de $t$ en (7.28). Sin embargo, en este caso, $|\lambda|$ debe ser reemplazada por $\max_{t \in [0,\infty)} |\lambda(t)|$ en la condición de estabilidad. Esta condición podría, no obstante, ser relajada a otra menos estricta utilizando un *tamaño de paso variable* $h_n$ que tenga en cuenta el comportamiento local de $|\lambda(t)|$ en cada $(t_n, t_{n+1})$.

En particular, se podría utilizar el siguiente método de Euler progresivo *adaptativo*:

elegir $u_0 = y_0$ y $h_0 = 2\alpha/|\lambda(t_0)|$; entonces

$$\text{para } n = 0, 1, \ldots, \text{ hacer}$$

$$
\begin{aligned}
t_{n+1} &= t_n + h_n, \\
u_{n+1} &= u_n + h_n \lambda(t_n) u_n, \\
h_{n+1} &= 2\alpha/|\lambda(t_{n+1})|,
\end{aligned}
\tag{7.31}
$$

donde $\alpha$ es una constante que debe ser menor que 1 para tener un método absolutamente estable. Por ejemplo, considérese el problema

$$y'(t) = -(e^{-t} + 1)y(t), \qquad t \in (0, 10),$$

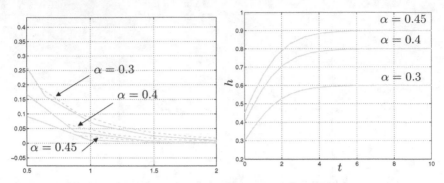

**Figura 7.5.** Izquierda: solución numérica sobre el intervalo de tiempo $(0.5, 2)$ obtenida por el método de Euler progresivo con $h = \alpha h_0$ (*línea de trazos*) y por el método adaptativo de paso variable de Euler progresivo (7.31) (*línea continua*) para tres valores diferentes de $\alpha$. Derecha: comportamiento del tamaño variable del paso $h$ para el método adaptativo (7.31)

con $y(0) = 1$. Como $|\lambda(t)|$ es decreciente, la condición de estabilidad absoluta más restrictiva del método de Euler progresivo es $h < h_0 = 2/|\lambda(0)| = 1$. En la Figura 7.5, a la izquierda, comparamos la solución del método de Euler progresivo con la del método adaptativo (7.31) para tres valores de $\alpha$. Nótese que, aunque cada $\alpha < 1$ sea admisible para tener estabilidad, con objeto de conseguir una solución precisa es necesario elegir $\alpha$ suficientemente pequeño. En la Figura 7.5, a la derecha, también dibujamos el comportamiento de $h_n$ en el intervalo $(0, 10]$ correspondiente a los tres valores de $\alpha$. Esta figura muestra claramente que la sucesión $\{h_n\}$ crece monótonamente con $n$.

En contraste con el método de Euler progresivo, ni el método de Euler regresivo ni el método de Crank-Nicolson requieren limitaciones sobre $h$ para la estabilidad absoluta. De hecho, con el método de Euler regresivo obtenemos $u_{n+1} = u_n + \lambda h u_{n+1}$ y, por consiguiente

$$u_{n+1} = \left(\frac{1}{1 - \lambda h}\right)^{n+1}, \qquad n \geq 0,$$

que tiende a cero cuando $n \to \infty$ para *todos los valores de $h > 0$.* Análogamente, con el método de Crank-Nicolson obtenemos

$$u_{n+1} = \left[\left(1 + \frac{h\lambda}{2}\right) \Big/ \left(1 - \frac{h\lambda}{2}\right)\right]^{n+1}, \qquad n \geq 0,$$

que todavía tiende a cero cuando $n \to \infty$ para todos los posibles valores de $h > 0$. Podemos concluir que el método de Euler progresivo es *condicionalmente absolutamente estable*, mientras que los métodos de Euler regresivo y de Crank-Nicolson son *incondicionalmente absolutamente estables*.

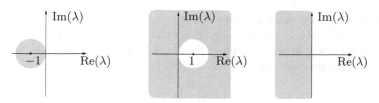

**Figura 7.6.** Regiones de estabilidad absoluta (*en cian*) del método de Euler progresivo (*izquierda*), método de Euler regresivo (*centro*) y método de Crank-Nicolson (*derecha*)

### 7.5.1 Región de estabilidad absoluta

Supongamos ahora que en (7.28) $\lambda$ sea un número complejo con parte real negativa. En tal caso la solución $u(t) = e^{\lambda t}$ todavía tiende a 0 cuando $t$ tiende a infinito. Llamamos *región de estabilidad absoluta* $\mathcal{A}$ de un método numérico al conjunto de los números complejos $z = h\lambda$ para los cuales el método resulta ser absolutamente estable (esto es, $\lim_{n\to\infty} u_n = 0$). La región de estabilidad absoluta del método de Euler progresivo está dada por los números $h\lambda \in \mathbb{C}$ tales que $|1 + h\lambda| < 1$, de manera que coincide con el círculo de radio uno y centro $(-1, 0)$. Para el método de Euler regresivo la propiedad de estabilidad absoluta se satisface, de hecho, para todos los valores de $h\lambda$ que son exteriores al círculo de radio uno centrado en $(1, 0)$ (véase la Figura 7.6). Finalmente, la región de estabilidad absoluta del método de Crank-Nicolson coincide con el semiplano complejo de los números con parte real negativa.

Los métodos que son incondicionalmente absolutamente estables para todo número complejo $\lambda$ en (7.28) con parte real negativa se llaman *A-estables*. Los métodos de Euler regresivo y de Crank-Nicolson son por tanto *A-estables*, y así son muchos otros métodos implícitos. Esta propiedad hace atractivos los métodos implícitos a pesar de ser computacionalmente más caros que los métodos explícitos.

**Ejemplo 7.4** Calculemos la restricción sobre $h$ cuando se utiliza el método de Euler progresivo para resolver el problema de Cauchy $y'(t) = \lambda y$ con $\lambda = -1 + i$. Este valor de $\lambda$ está en la frontera de la región de estabilidad absoluta $\mathcal{A}$ del método de Euler progresivo. De este modo, cualquier $h$ tal que $h \in (0, 1)$ bastará para garantizar que $h\lambda \in \mathcal{A}$. Si fuese $\lambda = -2 + 2i$ elegiríamos $h \in (0, 1/2)$ para llevar $h\lambda$ al interior de la región de estabilidad $\mathcal{A}$. ■

### 7.5.2 La estabilidad absoluta controla las perturbaciones

Considérese ahora el siguiente *problema modelo generalizado*

$$\begin{cases} y'(t) = \lambda(t)y(t) + r(t), & t \in (0, +\infty), \\ y(0) = 1, \end{cases} \tag{7.32}$$

donde $\lambda$ y $r$ son dos funciones continuas y $-\lambda_{max} \le \lambda(t) \le -\lambda_{min}$ con $0 < \lambda_{min} \le \lambda_{max} < +\infty$. En este caso la solución exacta no tiende necesariamente a cero cuando $t$ tiende a infinito; por ejemplo si $r$ y $\lambda$ son constantes tenemos

$$y(t) = \left(1 + \frac{r}{\lambda}\right) e^{\lambda t} - \frac{r}{\lambda}$$

cuyo límite cuando $t$ tiende a infinito es $-r/\lambda$. De este modo, en general, no tiene sentido requerir que un método numérico sea absolutamente estable cuando se aplica al problema (7.32). Sin embargo, vamos a probar que un método numérico que es absolutamente estable sobre el problema modelo (7.28), cuando se aplica al problema generalizado (7.32), garantiza que las perturbaciones se mantienen bajo control cuando $t$ tiende a infinito (posiblemente bajo una restricción adecuada sobre el paso de tiempo $h$).

Por simplicidad confinaremos nuestro análisis al método de Euler progresivo; cuando se aplica a (7.32) se escribe

$$\begin{cases} u_{n+1} = u_n + h(\lambda_n u_n + r_n), & n \ge 0, \\ u_0 = 1 \end{cases}$$

y su solución es (véase el Ejercicio 7.9)

$$u_n = u_0 \prod_{k=0}^{n-1} (1 + h\lambda_k) + h \sum_{k=0}^{n-1} r_k \prod_{j=k+1}^{n-1} (1 + h\lambda_j), \qquad (7.33)$$

donde $\lambda_k = \lambda(t_k)$ y $r_k = r(t_k)$, con el convenio de que el último producto es igual a uno si $k + 1 > n - 1$. Consideremos el método "perturbado" siguiente

$$\begin{cases} z_{n+1} = z_n + h(\lambda_n z_n + r_n + \rho_{n+1}), & n \ge 0, \\ z_0 = u_0 + \rho_0, \end{cases} \qquad (7.34)$$

donde $\rho_0, \rho_1, \ldots$ son perturbaciones dadas que se introducen en cada paso de tiempo. Éste es un modelo sencillo en el que $\rho_0$ y $\rho_{n+1}$, respectivamente, tienen en cuenta el hecho de que ni $u_0$ ni $r_n$ pueden ser determinados exactamente. (Si tuviésemos en cuenta *todos* los errores de redondeo que se introducen realmente en cualquier paso, nuestro modelo perturbado sería más difícil de analizar). La solución de (7.34) se escribe como (7.33) con tal de que $u_k$ sea reemplazado por $z_k$, y $r_k$ por $r_k + \rho_{k+1}$, para todo $k = 0, \ldots, n - 1$. Entonces

$$z_n - u_n = \rho_0 \prod_{k=0}^{n-1} (1 + h\lambda_k) + h \sum_{k=0}^{n-1} \rho_{k+1} \prod_{j=k+1}^{n-1} (1 + h\lambda_j). \qquad (7.35)$$

La cantidad $|z_n - u_n|$ se llama error de perturbación en el paso $n$. Cabe observar que esta cantidad no depende de la función $r(t)$.

$i$. Para facilitar la exposición, consideremos primero el caso especial en que $\lambda_k$ y $\rho_k$ son dos constantes iguales a $\lambda$ y $\rho$, respectivamente. Supongamos que $h < h_0(\lambda) = 2/|\lambda|$, que es la condición sobre $h$ que asegura la estabilidad absoluta del método de Euler progresivo aplicado al problema modelo (7.28). Entonces, utilizando la siguiente identidad para la suma geométrica

$$\sum_{k=0}^{n-1} a^k = \frac{1 - a^n}{1 - a}, \qquad \text{si } |a| \neq 1, \tag{7.36}$$

obtenemos

$$z_n - u_n = \rho \left\{ (1 + h\lambda)^n \left(1 + \frac{1}{\lambda}\right) - \frac{1}{\lambda} \right\}. \tag{7.37}$$

Se sigue que el error de perturbación satisface (véase el Ejercicio 7.10)

$$|z_n - u_n| \leq \varphi(\lambda)|\rho|, \tag{7.38}$$

con $\varphi(\lambda) = 1$ si $\lambda \leq -1$, mientras que $\varphi(\lambda) = |1 + 2/\lambda|$ si $-1 \leq \lambda < 0$. La conclusión que se puede extraer es que el error de perturbación está acotado por $|\rho|$ veces una constante independiente de $n$ y $h$. Además,

$$\lim_{n \to \infty} |z_n - u_n| = \frac{\rho}{|\lambda|}.$$

La Figura 7.7 corresponde al caso en que $\rho = 0.1$, $\lambda = -2$ (*izquierda*) y $\lambda = -0.5$ (*derecha*). En ambos casos hemos tomado $h = h_0(\lambda) - 0.01$. Obviamente, el error de perturbación explota cuando $n$ crece, si se viola el límite de estabilidad $h < h_0(\lambda)$.

$ii$. En el caso general de que $\lambda$ y $r$ no sean constantes, vamos a requerir que $h$ satisfaga la restricción $h < h_0(\lambda)$, donde esta vez $h_0(\lambda) = 2/\lambda_{max}$. Entonces,

$$|1 + h\lambda_k| \leq a(h) = \max\{|1 - h\lambda_{min}|, |1 - h\lambda_{max}|\}.$$

Como $a(h) < 1$, todavía podemos usar la identidad (7.36) en (7.35) y obtener

$$|z_n - u_n| \leq \rho_{max} \left( [a(h)]^n + h \frac{1 - [a(h)]^n}{1 - a(h)} \right), \tag{7.39}$$

donde $\rho_{max} = \max |\rho_k|$. Nótese que $a(h) = |1 - h\lambda_{min}|$ si $h \leq h^*$ mientras que $a(h) = |1 - h\lambda_{max}|$ si $h^* \leq h < h_0(\lambda)$, habiendo puesto $h^* = 2/(\lambda_{min} + \lambda_{max})$. Cuando $h \leq h^*$, $a(h) > 0$ y se sigue que

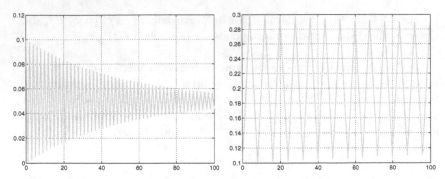

**Figura 7.7.** Error de perturbación cuando $\rho = 0.1$: $\lambda = -2$ (*izquierda*) y $\lambda = -0.5$ (*derecha*). En ambos casos $h = h_0(\lambda) - 0.01$

$$|z_n - u_n| \leq \frac{\rho_{max}}{\lambda_{min}} \left[1 - [a(h)]^n(1 - \lambda_{min})\right], \qquad (7.40)$$

de este modo

$$\lim_{n \to \infty} \sup |z_n - u_n| \leq \frac{\rho_{max}}{\lambda_{min}}, \qquad (7.41)$$

de donde todavía concluimos que el error de perturbación está acotado por $\rho_{max}$ veces una constante que es independiente de $n$ y $h$ (aunque las oscilaciones ya no se amortiguan como en el caso anterior).

De hecho, se obtiene también una conclusión similar cuando $h^* \leq h \leq h_0(\lambda)$, aunque esto no se sigue de nuestra cota superior (7.40) que es demasiado pesimista en este caso.

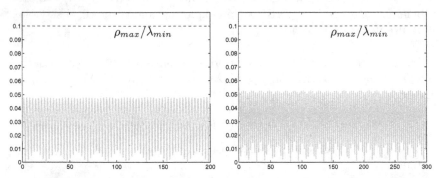

**Figura 7.8.** El error de perturbación cuando $\rho(t) = 0.1\mathrm{sen}(t)$ y $\lambda(t) = -2 - \mathrm{sen}(t)$ para $t \in (0, nh)$ con $n = 500$: el tamaño del paso es $h = h^* - 0.1 = 0.4$ (*izquierda*) y $h = h^* + 0.1 = 0.6$ (*derecha*)

En la Figura 7.8 mostramos el error de perturbaciones calculado para el problema (7.32), donde $\lambda_k = \lambda(t_k) = -2 - \text{sen}(t_k)$, $\rho_k = \rho(t_k) = 0.1\text{sen}(t_k)$ con $h < h^*$ (*izquierda*) y con $h^* \leq h < h_0(\lambda)$ (*derecha*).

*iii.* Consideramos ahora el problema general de Cauchy (7.5). Afirmamos que este problema puede relacionarse con el problema modelo generalizado (7.32) en aquellos casos en que

$$-\lambda_{max} < \partial f/\partial y(t,y) < -\lambda_{min}, \forall t \geq 0, \ \forall y \in (-\infty, \infty),$$

para valores adecuados de $\lambda_{min}, \lambda_{max} \in (0, +\infty)$. Con este fin, para cada $t$ en el intervalo genérico $(t_n, t_{n+1})$, restamos (7.6) de (7.22) y obtenemos la siguiente ecuación para el error de perturbación:

$$z_n - u_n = (z_{n-1} - u_{n-1}) + h\{f(t_{n-1}, z_{n-1}) - f(t_{n-1}, u_{n-1})\} + h\rho_n.$$

Aplicando el teorema del valor medio deducimos

$$f(t_{n-1}, z_{n-1}) - f(t_{n-1}, u_{n-1}) = \lambda_{n-1}(z_{n-1} - u_{n-1}),$$

donde $\lambda_{n-1} = f_y(t_{n-1}, \xi_{n-1})$, $f_y = \partial f/\partial y$ y $\xi_{n-1}$ es un punto adecuado del intervalo cuyos extremos son $u_{n-1}$ y $z_{n-1}$. De este modo

$$z_n - u_n = (1 + h\lambda_{n-1})(z_{n-1} - u_{n-1}) + h\rho_n.$$

Mediante una aplicación recursiva de esta fórmula obtenemos la identidad (7.35), de la cual deducimos las mismas conclusiones extraídas en *ii.*, con tal de que se verifique la restricción de estabilidad $0 < h < 2/\lambda_{max}$.

**Ejemplo 7.5** Consideremos el problema de Cauchy

$$y'(t) = \arctan(3y) - 3y + t, \quad t > 0, \quad y(0) = 1. \tag{7.42}$$

Como $f_y = 3/(1 + 9y^2) - 3$ es negativo, podemos elegir $\lambda_{max} = \max|f_y| = 3$ y poner $h < 2/3$. De este modo, podemos esperar que las perturbaciones en el método de Euler progresivo se mantengan bajo control con tal de que $h < 2/3$. Esto se confirma con los resultados que se muestran en la Figura 7.9. Nótese que en este ejemplo, tomando $h = 2/3 + 0.01$ (violando de este modo el límite de estabilidad anterior) el error de perturbación explota cuando $t$ crece. ∎

**Ejemplo 7.6** Buscamos un límite sobre $h$ que garantice estabilidad para el método de Euler progresivo cuando se utiliza para aproximar el problema de Cauchy

$$y' = 1 - y^2, \quad t > 0, \tag{7.43}$$

con $y(0) = (e-1)/(e+1)$. La solución exacta es $y(t) = (e^{2t+1} - 1)/(e^{2t+1} + 1)$ y $f_y = -2y$. Como $f_y \in (-2, -0.9)$ para todo $t > 0$, podemos tomar $h$ menor que $h_0 = 1$. En la Figura 7.10, a la izquierda, mostramos las soluciones obtenidas en el intervalo $(0, 35)$ con $h = 0.95$ (*línea gruesa*) y $h = 1.05$ (*línea fina*). En

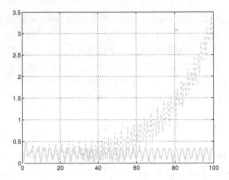

**Figura 7.9.** Error de perturbaciones cuando $\rho(t) = \text{sen}(t)$ con $h = 2/\lambda_{max} -$ 0.01 (*línea gruesa*) y $h = 2/\lambda_{max} + 0.01$ (*línea fina*) para el problema de Cauchy (7.42)

ambos casos la solución oscila, pero permanece acotada. Además, en el primer caso que satisface la restricción de estabilidad, las oscilaciones se amortiguan y la solución numérica tiende a la exacta cuando $t$ crece. En la Figura 7.10, a la derecha, mostramos el error de perturbaciones correspondiente a $\rho(t) = \text{sen}(t)$ con $h = 0.95$ (*línea gruesa*) y $h = h^* + 0.1$ (*línea fina*). En ambos casos el error de perturbaciones permanece acotado; además, en el primer caso se satisface la cota superior (7.41). ∎

En los casos en que no se dispone de información sobre $y$, hallar el valor $\lambda_{max} = \max |f_y|$ no es tarea sencilla. En esas situaciones se puede seguir un enfoque más heurístico, adoptando un procedimiento de paso variable.

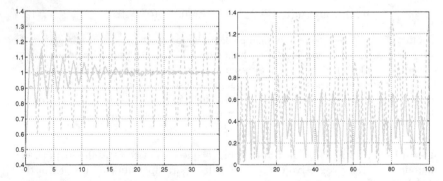

**Figura 7.10.** A la izquierda, soluciones numéricas del problema (7.43) obtenidas por el método de Euler progresivo con $h = 20/19$ (*línea fina*) y $h = 20/21$ (*línea gruesa*). Los valores de la solución exacta se indican por medio de círculos. A la derecha, los errores de perturbación correspondientes a $\rho(t) = \text{sen}(t)$ con $h = 0.95$ (*línea gruesa*) y $h = h^*$ (*línea fina*)

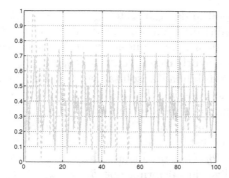

**Figura 7.11.** Errores de perturbación correspondientes a $\rho(t) = \text{sen}(t)$ con $\alpha = 0.8$ (*línea gruesa*) y $\alpha = 0.9$ (*línea fina*) para el Ejemplo 7.6, utilizando la estrategia adaptativa

Concretamente, uno podría tomar $t_{n+1} = t_n + h_n$, donde

$$h_n < 2\frac{\alpha}{|f_y(t_n, u_n)|},$$

para valores adecuados de $\alpha$ estrictamente menores que 1. Nótese que el denominador depende del valor $u_n$, que es conocido. En la Figura 7.11 mostramos los errores de perturbación correspondientes al Ejemplo 7.6 para dos valores diferentes de $\alpha$.

El análisis anterior también puede llevarse a cabo para otro tipo de métodos de un paso, en particular para los métodos de Euler regresivo y de Crank-Nicolson. Para estos métodos, que son A-estables, podemos extraer las mismas conclusiones sobre el error de perturbación sin requerir ninguna limitación sobre el paso de tiempo. De hecho, en el análisis anterior uno debería reemplazar cada término $1 + h\lambda_n$ por $(1 - h\lambda_n)^{-1}$, en el caso de Euler regresivo, y por $(1 + h\lambda_n/2)/(1 - h\lambda_n/2)$, en el caso de Crank-Nicolson.

## Resumamos

1. Método absolutamente estable es aquél que genera una solución $u_n$ del problema modelo (7.28) que tiende a cero cuando $t_n$ tiende a infinito;

2. un método se dice *A-estable* si es absolutamente estable para cualquier posible elección del paso de tiempo $h$ (caso contrario el método se llama condicionalmente estable y $h$ debería ser menor que una constante dependiente de $\lambda$);

3. cuando un método absolutamente estable se aplica a un problema modelo generalizado (como (7.32)), el error de perturbación (esto

es, el valor absoluto de la diferencia entre las soluciones perturbada y no perturbada) está uniformemente acotado (con respecto a $h$). En resumen podemos decir que los métodos absolutamente estables mantienen las perturbaciones controladas;

4. el análisis de estabilidad absoluta para el problema modelo lineal puede ser explotado para hallar la condición de estabilidad sobre el paso de tiempo cuando se considera el problema de Cauchy no lineal (7.5) con una función $f$ que satisface $\partial f/\partial y < 0$. En ese caso, la restricción de estabilidad requiere elegir el tamaño del paso en función de $\partial f/\partial y$. Concretamente, el nuevo intervalo de integración $[t_n, t_{n+1}]$ se elige de tal forma que $h_n = t_{n+1} - t_n$ satisface $h_n < 2\alpha/|\partial f(t_n, u_n)/\partial y|$ para un $\alpha \in (0,1)$ adecuado.

Véanse los Ejercicios 7.6-7.13.

## 7.6 Métodos de orden superior

Todos los métodos presentados hasta ahora son ejemplos elementales de métodos de un paso. Esquemas más sofisticados, que permiten alcanzar un orden de precisión superior, son los *métodos de Runge-Kutta* y los *métodos multipaso* (cuya forma general ya fue introducida en (7.23)). Los métodos de Runge-Kutta (abreviadamente, RK) todavía son métodos de un paso; sin embargo, involucran varias evaluaciones de la función $f(t, y)$ sobre cada intervalo $[t_n, t_{n+1}]$. En su forma más general, un método RK puede escribirse de la forma

$$u_{n+1} = u_n + h\sum_{i=1}^{s} b_i K_i, \qquad n \geq 0 \tag{7.44}$$

donde

$$K_i = f(t_n + c_i h, u_n + h\sum_{j=1}^{s} a_{ij}K_j), \quad i = 1, 2, \ldots, s$$

y $s$ denota el número de *etapas* del método. Los coeficientes $\{a_{ij}\}$, $\{c_i\}$ y $\{b_i\}$ caracterizan totalmente un método RK y habitualmente se recogen en la llamada *tabla de Butcher*

$$\begin{array}{c|c} \mathbf{c} & A \\ \hline & \mathbf{b}^T \end{array},$$

donde $A = (a_{ij}) \in \mathbb{R}^{s \times s}$, $\mathbf{b} = (b_1, \ldots, b_s)^T \in \mathbb{R}^s$ y $\mathbf{c} = (c_1, \ldots, c_s)^T \in \mathbb{R}^s$. Si los coeficientes $a_{ij}$ en $A$ son iguales a cero para $j \geq i$, con $i = 1, 2, \ldots, s$, entonces cada $K_i$ puede calcularse explícitamente en términos de los $i-1$ coeficientes $K_1, \ldots, K_{i-1}$ que ya han sido determinados. En tal caso, el método RK es *explícito*. Caso contrario, es *implícito* y es necesario resolver un sistema no lineal de tamaño $s$ para calcular los coeficientes $K_i$.

Uno de los métodos de Runge-Kutta más celebrados se escribe

$$\boxed{u_{n+1} = u_n + \frac{h}{6}(K_1 + 2K_2 + 2K_3 + K_4)}$$
(7.45)

donde

$$
\begin{aligned}
K_1 &= f_n, \\
K_2 &= f(t_n + \tfrac{h}{2}, u_n + \tfrac{h}{2}K_1), \\
K_3 &= f(t_n + \tfrac{h}{2}, u_n + \tfrac{h}{2}K_2), \\
K_4 &= f(t_{n+1}, u_n + hK_3),
\end{aligned}
\qquad
\begin{array}{c|cccc}
0 & & & & \\
\frac{1}{2} & \frac{1}{2} & & & \\
\frac{1}{2} & 0 & \frac{1}{2} & & \\
1 & 0 & 0 & 1 & \\
\hline
 & \frac{1}{6} & \frac{1}{3} & \frac{1}{3} & \frac{1}{6}
\end{array}
$$

Este método puede deducirse de (7.18) utilizando la regla de cuadratura de Simpson (4.23) para evaluar la integral entre $t_n$ y $t_{n+1}$. Es explícito, de cuarto orden con respecto a $h$; en cada paso de tiempo, involucra cuatro nuevas evaluaciones de la función $f$. Se pueden construir otros métodos de Runge-Kutta, explícitos o implícitos, con orden arbitrario. Por ejemplo, un método RK implícito de orden 4 con 2 etapas es el que se define mediante la siguiente tabla de Butcher

$$
\begin{array}{c|cc}
\frac{3-\sqrt{3}}{6} & \frac{1}{4} & \frac{3-2\sqrt{3}}{12} \\
\frac{3+\sqrt{3}}{6} & \frac{3+2\sqrt{3}}{12} & \frac{1}{4} \\
\hline
 & \frac{1}{2} & \frac{1}{2}
\end{array}
$$

La región de estabilidad absoluta $\mathcal{A}$ de los métodos RK, incluyendo los métodos RK explícitos, puede crecer en superficie con el orden; un ejemplo lo proporciona el gráfico de la izquierda en la Figura 7.13, donde se muestra $\mathcal{A}$ para algunos métodos RK explícitos de orden creciente: RK1 es el método de Euler progresivo, RK2 es el método de Euler mejorado, (7.52), RK3 corresponde a la siguiente tabla de Butcher

$$
\begin{array}{c|ccc}
0 & & & \\
\frac{1}{2} & \frac{1}{2} & & \\
1 & -1 & 2 & \\
\hline
 & \frac{1}{6} & \frac{2}{3} & \frac{1}{6}
\end{array}
$$
(7.46)

y RK4 representa el método (7.45) introducido anteriormente.

Los métodos RK forman parte de la base de una familia de programas en MATLAB cuyos nombres contienen la raíz **ode** seguida por números   **ode**

y letras. En particular, el llamado par de Dormand-Prince formado por
ode45 métodos explícitos de Runge-Kutta de órdenes 4 y 5, respectivamente, es
ode23 la base de `ode45` . El programa `ode23` es la implementación de otro par
de métodos explícitos de Runge-Kutta (el par de Bogacki y Shampine).
En estos métodos el paso de integración varía para garantizar que el
error permanezca por debajo de una cierta tolerancia (la tolerancia por
defecto para el error relativo escalar `RelTol` es igual a $10^{-3}$). El Pro-
ode23tb grama `ode23tb` es una implementación de una fórmula de Runge-Kutta
implícita cuya primera etapa es la regla del trapecio, mientras que la segunda etapa es una fórmula de derivación retrógrada de orden dos (véase
(7.49)).

Los métodos multipaso (véase (7.23)) alcanzan un alto orden de precisión utilizando los valores $u_n, u_{n-1}, \dots, u_{n-p}$ para la determinación
de $u_{n+1}$. Pueden deducirse aplicando primero la fórmula (7.18) y aproximando después la integral mediante una fórmula de cuadratura que
involucra al interpolante de $f$ en un conjunto adecuado de nudos. Un
ejemplo notable de método multipaso es la fórmula (explícita) de Adams-
Bashforth (AB3) de tres pasos ($p = 2$) y tercer orden

$$u_{n+1} = u_n + \frac{h}{12} \left( 23 f_n - 16 f_{n-1} + 5 f_{n-2} \right) \qquad (7.47)$$

que se obtiene reemplazando $f$ en (7.18) por su polinomio de interpolación de grado dos en los nudos $t_{n-2}, t_{n-1}, t_n$. Otro ejemplo importante
es la fórmula (implícita) de Adams-Moulton (AM4) de tres pasos y cuarto
orden

$$u_{n+1} = u_n + \frac{h}{24} \left( 9 f_{n+1} + 19 f_n - 5 f_{n-1} + f_{n-2} \right) \qquad (7.48)$$

que se obtiene reemplazando $f$ en (7.18) por su polinomio de interpolación de grado tres en los nudos $t_{n-2}, t_{n-1}, t_n, t_{n+1}$.

Se puede obtener otra familia de métodos multipaso escribiendo la
ecuación diferencial en el tiempo $t_{n+1}$ y reemplazando $y'(t_{n+1})$ por un cociente incremental descentrado de alto orden. Un ejemplo lo proporciona
la *fórmula (implícita) de diferencias regresivas* (BDF2) de dos pasos y
segundo orden

$$u_{n+1} = \frac{4}{3} u_n - \frac{1}{3} u_{n-1} + \frac{2h}{3} f_{n+1} \qquad (7.49)$$

o la siguiente *fórmula (implícita) de diferencias regresivas* (BDF3) de
tres pasos y tercer orden

$$u_{n+1} = \frac{18}{11} u_n - \frac{9}{11} u_{n-1} + \frac{2}{11} u_{n-2} + \frac{6h}{11} f_{n+1} \qquad (7.50)$$

Todos estos métodos pueden reescribirse en la forma general (7.23). Es fácil comprobar que para todos ellos se satisfacen las relaciones (7.27), de modo que son consistentes. Además, son cero-estables. En efecto, en los dos casos (7.47) y (7.48), el primer polinomio característico es $\pi(r) = r^3 - r^2$ y su raíces son $r_0 = 1$, $r_1 = r_2 = 0$, mientras que el primer polinomio característico de (7.50) es $\pi(r) = r^3 - 18/11r^2 + 9/11r - 2/11$ y su raíces son $r_0 = 1$, $r_1 = 0.3182 + 0.2839i$, $r_2 = 0.3182 - 0.2839i$, donde $i$ es la unidad imaginaria. En todos los casos, se satisface la condición de la raíz (7.24).

Cuando se aplica al problema modelo (7.28), AB3 es absolutamente estable si $h < 0.545/|\lambda|$, mientras que AM4 es absolutamente estable si $h < 3/|\lambda|$. El método BDF3 es incondicionalmente absolutamente estable para todo real negativo $\lambda$ (es decir, A-estable). Sin embargo, esto ya no es cierto si $\lambda \in \mathbb{C}$ (con parte real negativa). En otras palabras, BDF3 no es A-estable (véase la Figura 7.13). Con más generalidad, no hay ningún método multipaso A-estable de orden estrictamente mayor que dos, como establece la segunda barrera de Dahlquist.

En la Figura 7.12 se dibujan las regiones de estabilidad absoluta de varios métodos de Adams-Bashfort y Adams-Moulton. Nótese que su tamaño se reduce a medida que el orden crece. En la gráfica de la parte derecha de la Figura 7.13 mostramos las regiones (no acotadas) de estabilidad absoluta de algunos métodos BDF: éstas cubren una superficie del plano complejo que se reduce cuando el orden crece, al contrario que las de los métodos de Runge-Kutta (mostradas a la izquierda) que crecen en superficie cuando el orden crece.

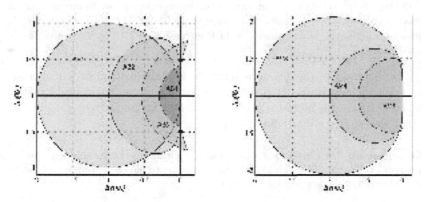

**Figura 7.12.** Regiones de estabilidad absoluta de varios métodos de Adams-Basforth (*izquierda*) y Adams-Moulton (*derecha*)

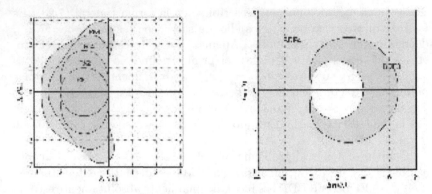

**Figura 7.13.** Regiones de estabilidad absoluta de varios métodos RK explícitos (*izquierda*) y métodos BDF (*derecha*). En este caso las regiones no están acotadas y se expanden en la dirección mostrada por las flechas

**Observación 7.3 (Determinando la región de estabilidad absoluta)**
Es posible calcular la frontera $\partial\mathcal{A}$ de la región de estabilidad absoluta $\mathcal{A}$ de un método multipaso con un truco sencillo. La frontera está compuesta, de hecho, por los números complejos $h\lambda$ tales que

$$h\lambda = \left( r^{p+1} - \sum_{j=0}^{p} a_j r^{p-j} \right) \Big/ \left( \sum_{j=-1}^{p} b_j r^{p-j} \right), \tag{7.51}$$

con $r$ un número complejo de módulo uno. Por consiguiente, para obtener con MATLAB una representación aproximada de $\partial\mathcal{A}$ es suficiente evaluar el segundo miembro de (7.51) con diferentes valores de $r$ sobre la circunferencia unidad (por ejemplo, poniendo `r = exp(i*pi*(0:2000)/1000)`, donde `i` es la unidad imaginaria). Las gráficas de la Figuras 7.12 y 7.13 se han obtenido de esta forma. ●

De acuerdo con la primera barrera de Dahlquist, el orden máximo $q$ de un método de $p+1$ pasos que satisface la condición de la raíz es $q = p+1$ para los métodos explícitos y, para los implícitos, $q = p+2$ si $p+1$ es impar y $q = p+3$ si $p+1$ es par.

**Observación 7.4 (Métodos compuestos cíclicos)** Es posible superar las barreras de Dahlquist combinando apropiadamente varios métodos multipaso. Por ejemplo, los dos métodos siguientes

$$u_{n+1} = -\frac{8}{11}u_n + \frac{19}{11}u_{n-1} + \frac{h}{33}(30f_{n+1} + 57f_n + 24f_{n-1} - f_{n-2}),$$

$$u_{n+1} = \frac{449}{240}u_n + \frac{19}{30}u_{n-1} - \frac{361}{240}u_{n-2}$$

$$+ \frac{h}{720}(251f_{n+1} + 456f_n - 1347f_{n-1} - 350f_{n-2}),$$

tienen orden cinco, pero son inestables. Sin embargo, utilizándolos de forma combinada (el primero si $n$ es par, el segundo si $n$ es impar) producen un método A-estable de 3 pasos y orden cinco.    •

Los métodos multipaso están implementados en varios programas de MATLAB, por ejemplo en ode15s.

ode15s

**Octave 7.1** ode23 y ode45 también están disponibles en Octave-forge. Los argumentos opcionales, sin embargo, difieren de los de MATLAB. Nótese que ode45 en Octave-forge ofrece dos posibles estrategias: la estrategia por defecto basada en el método de Dormand y Prince produce en general resultados con más precisión que la otra opción, que está basada en el método de Fehlberg.    ■

## 7.7 Métodos predictor-corrector

En la Sección 7.2 se señaló que los métodos implícitos generan en cada paso un problema no lineal para el valor desconocido $u_{n+1}$. Para su resolución podemos utilizar uno de los métodos introducidos en el Capítulo 2, o caso contrario aplicar la función fsolve como hemos hecho en los Programas 7.2 y 7.3.

Alternativamente, podemos llevar a cabo iteraciones de punto fijo en cada paso de tiempo. Por ejemplo, si utilizamos el método de Crank-Nicolson (7.17), para $k = 0, 1, \ldots$, calculamos hasta la convergencia

$$u_{n+1}^{(k+1)} = u_n + \frac{h}{2} \left[ f_n + f(t_{n+1}, u_{n+1}^{(k)}) \right].$$

Puede probarse que si la conjetura inicial $u_{n+1}^{(0)}$ se elige convenientemente, llega una sola iteración para obtener una solución numérica $u_{n+1}^{(1)}$ cuya precisión sea del mismo orden que la solución $u_{n+1}$ del método implícito original. Concretamente, si el método implícito original tiene orden $p$, entonces la conjetura inicial $u_{n+1}^{(0)}$ debe generarse mediante un método explícito de orden (al menos) $p - 1$.

Por ejemplo, si usamos el método de Euler progresivo (explícito) de primer orden para inicializar el método de Crank-Nicolson, obtenemos el *método de Heun* (también llamado *método de Euler mejorado*), que es un método de Runge-Kutta explícito de segundo orden:

$$
\begin{aligned}
u_{n+1}^* &= u_n + h f_n, \\
u_{n+1} &= u_n + \frac{h}{2} \left[ f_n + f(t_{n+1}, u_{n+1}^*) \right]
\end{aligned}
\tag{7.52}
$$

La etapa explícita se llama *predictor*, mientras que la implícita se llama *corrector*. Otro ejemplo combina el método (AB3) (7.47) como

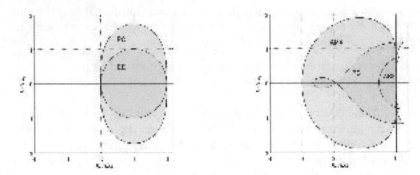

**Figura 7.14.** Regiones de estabilidad absoluta de los métodos predictor-corrector obtenidos combinando el método de Euler explícito (EE) con el método de Crank-Nicolson (*izquierda*), y AB3 con AM4 (*derecha*). Nótese la reducida superficie de la región cuando se compara con la correspondiente a los métodos implícitos (en el primer caso, no se muestra la región del método de Crank-Nicolson ya que coincide con todo el semiplano complejo $Re(h\lambda) < 0$)

predictor con el método (AM4) (7.48) como corrector. Los métodos de este tipo se llaman, por tanto, métodos *predictor-corrector*. Gozan del orden de precisión del método corrector. Sin embargo, como son explícitos, sufren una restricción de estabilidad que es típicamente la misma que la del método predictor (véanse, por ejemplo, las regiones de estabilidad absoluta de la Figura 7.14). De este modo no son adecuados para integrar problemas de Cauchy sobre intervalos no acotados.

En el Programa 7.4 implementamos un método predictor-corrector general. Las cadenas de caracteres `predictor` y `corrector` identifican el tipo de método que se elige. Por ejemplo, si utilizamos las funciones `eeonestep` y `cnonestep`, definidas en el Programa 7.5, podemos llamar `predcor` como sigue:

```
>> [t,u]=predcor(t0,y0,T,N,f,'eeonestep','cnonestep');
```

y obtener el método de Heun.

**Programa 7.4. predcor**: metodo predictor-corrector

```
function [t,u]=predcor(odefun,tspan,y,Nh,...
                       predictor,corrector,varargin)
%PREDCOR   Resuelve ecuaciones diferenciales
%   usando un metodo predictor-corrector
%   [T,Y]=PREDCOR(ODEFUN,TSPAN,YO,NH,PRED,CORR) con
%   TSPAN=[TO TF] integra el sistema de ecuaciones
%   diferenciales y' = f(t,y) desde el tiempo TO al TF
%   con condicion inicial YO, usando un metodo general
%   predictor-corrector sobre una malla equiespaciada
%   de NH intervalos.
%   La funcion  ODEFUN(T,Y) debe devolver un vector
%   columna correspondiente a f(t,y). Cada fila del
%   tablero de la solucion Y corresponde a un tiempo
```

```
%    devuelto en el vector columna T.
%    Las funciones PRED y CORR identifican el tipo
%    de metodo elegido.
%    [T,Y]=PREDCOR(ODEFUN,TSPAN,YO,NH,PRED,CORR,P1,..)
%    pasa los parametros adicionales P1,... a las
%    funciones ODEFUN,PRED y CORR como ODEFUN(T,Y,P1,...),
%    PRED(T,Y,P1,P2...), CORR(T,Y,P1,P2...).
h=(tspan(2)-tspan(1))/Nh;   tt=[tspan(1):h:tspan(2)];
u=y; [n,m]=size(u); if n < m, u=u'; end
for t=tt(1:end-1)
    y = u(:,end); fn = feval(odefun,t,y,varargin{:});
    upre = feval(predictor,t,y,h,fn);
    ucor = feval(corrector,t+h,y,upre,h,odefun,...
          fn,varargin{:});
    u = [u, ucor];
end
```

**Programa 7.5. onestep**: un paso de Euler progresivo (eeonestep), un paso de Euler regresivo (eionestep), un paso de Crank-Nicolson (cnonestep)

```
function [u]=feonestep(t,y,h,f)
u = y + h*f;
return

function [u]=beonestep(t,u,y,h,f,fn,varargin)
u = u + h*feval(f,t,y,varargin{:});
return

function [u]=cnonestep(t,u,y,h,f,fn,varargin)
u = u + 0.5*h*(feval(f,t,y,varargin{:})+fn);
return
```

El programa de MATLAB ode113 implementa un esquema de   ode113
Adams-Moulton-Bashforth con tamaño de paso variable.

Véanse los Ejercicios 7.14-7.17.

## 7.8 Sistemas de ecuaciones diferenciales

Consideremos el siguiente sistema de ecuaciones diferenciales ordinarias de primer orden cuyas incógnitas son $y_1(t), \ldots, y_m(t)$:

$$
\begin{cases}
y_1' = f_1(t, y_1, \ldots, y_m), \\
\vdots \\
y_m' = f_m(t, y_1, \ldots, y_m),
\end{cases}
$$

donde $t \in (t_0, T]$, con las condiciones iniciales

$$y_1(t_0) = y_{0,1}, \quad \ldots, \quad y_m(t_0) = y_{0,m}.$$

Para su resolución podríamos aplicar a cada ecuación individual uno de los métodos introducidos anteriormente para un problema escalar. Por ejemplo, el paso $n$-ésimo del método de Euler progresivo sería

$$\begin{cases} u_{n+1,1} = u_{n,1} + hf_1(t_n, u_{n,1}, \ldots, u_{n,m}), \\ \vdots \\ u_{n+1,m} = u_{n,m} + hf_m(t_n, u_{n,1}, \ldots, u_{n,m}). \end{cases}$$

Escribiendo el sistema en forma vectorial $\mathbf{y}'(t) = \mathbf{F}(t, \mathbf{y}(t))$, con elección obvia de la notación, la extensión de los métodos desarrollados anteriormente en el caso de una sola ecuación al caso vectorial es directa. Por ejemplo, el método

$$\mathbf{u}_{n+1} = \mathbf{u}_n + h(\vartheta\mathbf{F}(t_{n+1}, \mathbf{u}_{n+1}) + (1 - \vartheta)\mathbf{F}(t_n, \mathbf{u}_n)), \qquad n \geq 0,$$

con $\mathbf{u}_0 = \mathbf{y}_0$, $0 \leq \vartheta \leq 1$, es la forma vectorial del método de Euler progresivo si $\vartheta = 0$, del método de Euler regresivo si $\vartheta = 1$ y del método de Crank-Nicolson si $\vartheta = 1/2$.

**Ejemplo 7.7 (Dinámica de poblaciones)** Apliquemos el método de Euler progresivo para resolver las ecuaciones de Lotka-Volterra (7.3) con $C_1 = C_2 = 1$, $b_1 = b_2 = 0$ y $d_1 = d_2 = 1$. Con objeto de utilizar el Programa 7.1 para un *sistema* de ecuaciones diferenciales ordinarias, creamos una función `fsys` que contenga las componentes de la función vectorial $\mathbf{F}$, y que guardamos en el archivo `fsys.m`. Para nuestro sistema específico tenemos:

```
function y = fsys(t,y)
C1=1; C2=1; d1=1; d2=1; b1=0; b2=0;
yy(1)=C1*y(1)*(1-b1*y(1)-d2*y(2));      % primera ecuacion
y(2)=-C2*y(2)*(1-b2*y(2)-d1*y(1));      % segundo ecuacion
y(1)=yy(1);
return
```

Ahora ejecutamos el Programa 7.1 con la instrucción siguiente

```
[t,u]=feuler('fsys',[0,0.1],[0 0],100);
```

Corresponde a resolver el sistema de Lotka-Volterra en el intervalo de tiempo $[0, 10]$ con un paso de tiempo $h = 0.005$.

La gráfica de la Figura 7.15, a la izquierda, representa la evolución temporal de las dos componentes de la solución. Nótese que son periódicas con período $2\pi$. La segunda gráfica de la Figura 7.15, a la derecha, muestra la trayectoria partiendo del valor inicial en el llamado *plano de fases*, esto es, el plano Cartesiano cuyos ejes coordenados son $y_1$ y $y_2$. Esta trayectoria está confinada dentro de una región acotada del plano $(y_1, y_2)$. Si partimos del punto $(1.2, 1.2)$, la trayectoria estaría en un región todavía más pequeña rodeando al punto $(1, 1)$. Esto se puede explicar como sigue. Nuestro sistema diferencial admite 2 *puntos de equilibrio* en los cuales $y_1' = 0$ y $y_2' = 0$, y uno de ellos es precisamente $(1, 1)$ (el otro es $(0, 0)$). De hecho, se obtienen resolviendo el

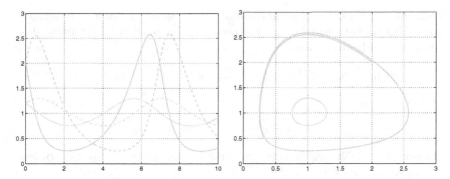

**Figura 7.15.** Soluciones numéricas del sistema (7.3). A la izquierda, representamos $y_1$ y $y_2$ sobre el intervalo temporal $(0, 10)$, la línea continua se refiere a $y_1$, la línea de trazos a $y_2$. Se consideran dos datos iniciales: $(2, 2)$ (*líneas gruesas*) y $(1.2, 1.2)$ (*líneas finas*). A la derecha, mostramos las trayectorias correspondientes en el plano de fase

sistema no lineal

$$\begin{cases} y_1' = y_1 - y_1 y_2 = 0, \\ y_2' = -y_2 + y_2 y_1 = 0. \end{cases}$$

Si el dato inicial coincide con uno de estos puntos, la solución permanece constante en el tiempo. Además, mientras que $(0, 0)$ es un punto de equilibrio inestable, $(1, 1)$ es estable, esto es, todas las trayectorias que salen de un punto cerca del $(1, 1)$ permanecen acotadas en el plano de fases.    ∎

Cuando utilizamos un método explícito, el tamaño del paso $h$ debería sufrir una restricción de estabilidad similar a la encontrada en la Sección 7.5. Cuando la parte real de todos los autovalores $\lambda_k$ de la matriz Jacobiana $A(t) = [\partial \mathbf{F}/\partial \mathbf{y}](t, \mathbf{y})$ de $\mathbf{F}$ es negativa, podemos poner $\lambda = -\max_t \rho(A(t))$, donde $\rho(A(t))$ es el radio espectral de $A(t)$. Este valor de $\lambda$ es un candidato a reemplazar el que entra en las condiciones de estabilidad (tales como, por ejemplo, (7.30)) que fueron deducidas para el problema escalar de Cauchy.

**Observación 7.5** Los programas de MATLAB (`ode23`, `ode45`, ...) que hemos mencionado antes pueden utilizarse también para la resolución de sistemas de ecuaciones diferenciales ordinarias. La sintaxis es `odeXX('f',[t0 tf],y0)`, donde y0 es el vector de las condiciones iniciales, f es una función que debe ser especificada por el usuario y `odeXX` es uno de los métodos disponibles en MATLAB.    ●

Ahora consideramos una ecuación diferencial ordinaria de orden $m$

$$y^{(m)}(t) = f(t, y, y', \ldots, y^{(m-1)}) \qquad (7.53)$$

para $t \in (t_0, T]$, cuya solución (cuando existe) es una familia de funciones definidas salvo $m$ constantes arbitrarias. Éstas pueden fijarse prescribiendo $m$ condiciones iniciales

$$y(t_0) = y_0, \quad y'(t_0) = y_1, \quad \ldots, \quad y^{(m-1)}(t_0) = y_{m-1}.$$

Poniendo

$$w_1(t) = y(t), \quad w_2(t) = y'(t), \quad \ldots, \quad w_m(t) = y^{(m-1)}(t),$$

la ecuación (7.53) puede transformarse en un sistema de primer orden de $m$ ecuaciones diferenciales

$$\begin{cases} w_1' = w_2, \\ w_2' = w_3, \\ \vdots \\ w_{m-1}' = w_m, \\ w_m' = f(t, w_1, \ldots, w_m), \end{cases}$$

con condiciones iniciales

$$w_1(t_0) = y_0, \quad w_2(t_0) = y_1, \quad \ldots, \quad w_m(t_0) = y_{m-1}.$$

De este modo podemos aproximar siempre la solución de una ecuación diferencial de orden $m > 1$ recurriendo al sistema equivalente de $m$ ecuaciones de primer orden, y aplicando luego a este sistema un método de discretización conveniente.

**Ejemplo 7.8 (Circuitos electricos)** Consideremos el circuito del Problema 7.4 y supongamos que $L(i_1) = L$ es constante y que $R_1 = R_2 = R$. En este caso, $v$ puede obtenerse resolviendo el siguiente sistema de dos ecuaciones diferenciales:

$$\begin{cases} v'(t) = w(t), \\ w'(t) = -\dfrac{1}{LC}\left(\dfrac{L}{R} + RC\right) w(t) - \dfrac{2}{LC}v(t) + \dfrac{e}{LC}, \end{cases} \qquad (7.54)$$

con condiciones iniciales $v(0) = 0$, $w(0) = 0$. El sistema ha sido obtenido a partir de la ecuación diferencial de segundo-orden

$$LC\frac{d^2v}{dt^2} + \left(\frac{L}{R_2} + R_1 C\right)\frac{dv}{dt} + \left(\frac{R_1}{R_2} + 1\right)v = e. \qquad (7.55)$$

Ponemos $L = 0.1$ henrios, $C = 10^{-3}$ faradios, $R = 10$ ohmios y $e = 5$ voltios, donde henrio, faradio, ohmio y voltio son, respectivamente, las unidades de medida de inductancia, capacitancia, resistencia y voltaje. Ahora aplicamos el método de Euler progresivo con $h = 0.01$ segundos, en el intervalo temporal $[0, 0.1]$, mediante el Programa 7.1:

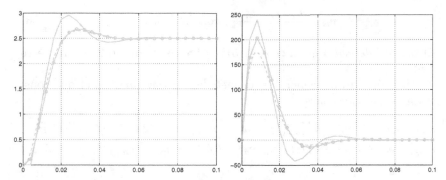

**Figura 7.16.** Soluciones numéricas del sistema (7.54). La caída de potencial $v(t)$ se muestra a la izquierda, su derivada $w$ a la derecha: la línea de trazos representa la solución obtenida para $h = 0.001$ con el método de Euler progresivo, la línea continua es la generada vía el mismo método con $h = 0.004$, y la línea de puntos es la producida vía el método de Newmark (7.59) (con $\theta = 1/2$ y $\zeta = 1/4$), para $h = 0.004$

```
[t,u]=feuler('fsys',[0,0.1],[0 0],100);
```

donde `fsys` está contenida en el archivo `fsys.m`:

```
function y=fsys(t,y)
L=0.1; C=1.e-03; R=10; e=5; LC = L*C;
yy=y(2); y(2)=-(L/R+R*C)/(LC)*y(2)-2/(LC)*y(1)+e/(LC);
y(1)=yy;
return
```

En la Figura 7.16 mostramos los valores aproximados de $v$ y $w$. Como se esperaba, $v(t)$ tiende a $e/2 = 2.5$ voltios para $t$ grande. En este caso la parte real de los autovalores de $A(t) = [\partial F / \partial y](t, y)$ es negativa y $\lambda$ puede ponerse igual a $-141.4214$. Entonces una condición para la estabilidad absoluta es $h < 2/|\lambda| = 0.0282$.  ∎

A veces las aproximaciones numéricas pueden deducirse directamente de la ecuación de alto orden sin pasar por el sistema equivalente de primer orden. Considérese por ejemplo el caso del problema de Cauchy de segundo orden

$$\begin{cases} y''(t) = f(t, y(t), y'(t)), & t \in (t_0, T], \\ y(t_0) = \alpha_0, \quad y'(t_0) = \beta_0. \end{cases} \tag{7.56}$$

Se puede construir un sencillo esquema numérico como sigue: hallar $u_n$ para $1 \leq n \leq N_h$ tal que

$$\frac{u_{n+1} - 2u_n + u_{n-1}}{h^2} = f(t_n, u_n, v_n) \tag{7.57}$$

con $u_0 = \alpha_0$ y $v_0 = \beta_0$. La cantidad $v_k$ representa una aproximación de segundo orden de $y'(t_k)$ (ya que $(y_{n+1} - 2y_n + y_{n-1})/h^2$ es una aproximación de segundo orden de $y''(t_n)$). Una posibilidad es tomar

$$v_n = \frac{u_{n+1} - u_{n-1}}{2h}, \text{ con } v_0 = \beta_0. \qquad (7.58)$$

El *método del salto de la rana* (7.57)-(7.58) es de orden 2 con respecto a $h$.

Un método más general es el *método de Newmark*, en el que construimos dos sucesiones

$$u_{n+1} = u_n + hv_n + h^2 \left[\zeta f(t_{n+1}, u_{n+1}, v_{n+1}) + (1/2 - \zeta)f(t_n, u_n, v_n)\right],$$
$$v_{n+1} = v_n + h \left[(1 - \theta)f(t_n, u_n, v_n) + \theta f(t_{n+1}, u_{n+1}, v_{n+1})\right], \qquad (7.59)$$

con $u_0 = \alpha_0$ y $v_0 = \beta_0$, donde $\zeta$ y $\theta$ son dos números reales no negativos. Este método es implícito excepto para $\zeta = \theta = 0$, y es de segundo orden si $\theta = 1/2$, mientras que es de primer orden si $\theta \neq 1/2$. La condición $\theta \geq 1/2$ es necesaria para asegurar la estabilidad. Además, si $\theta = 1/2$ y $\zeta = 1/4$ hallamos un método bastante popular que es incondicionalmente estable. Sin embargo, este método no es adecuado para simulaciones sobre largos intervalos de tiempo pues introduce soluciones con oscilaciones espurias. Para esas simulaciones es preferible usar $\theta > 1/2$ y $\zeta > (\theta + 1/2)^2/4$ aunque el método degenera a uno de primer orden.

En el Programa 7.6 implementamos el método de Newmark. El vector **param** permite especificar los valores de los coeficientes (**param(1)**=$\zeta$, **param(2)**=$\theta$).

**Programa 7.6. newmark**: método de Newmark

```
function [tt,u]=newmark(odefun,tspan,y,Nh,...
                        param,varargin)
%NEWMARK Resuelve ecuaciones diferenciales de segundo
%   orden usando el metodo de  Newmark
%   [T,Y]=NEWMARK(ODEFUN,TSPAN,YO,NH,PARAM) con TSPAN =
%   [TO TF] integra el sistema de ecuaciones
%   diferenciales y''=f(t,y,y') desde el tiempo TO al TF
%   con condiciones iniciales YO=(y(tO),y'(tO)) usando
%   el metodo de Newmark sobre una malla equiespaciada
%   de NH intervalos. La funcion ODEFUN(T,Y) debe
%   devolver un valor escalar correspondiente a
%   f(t,y,y').
tt=linspace(tspan(1),tspan(2),Nh+1);
u(1,:)=y;

global glob_h glob_t glob_y glob_odefun;
global glob_zeta glob_theta glob_varargin glob_fn;
glob_h=(tspan(2)-tspan(1))/Nh;
glob_y=y;
glob_odefun=odefun;
glob_t=tt(2);
glob_zeta = param(1);
glob_theta = param(2);
glob_varargin=varargin;

if ( ~exist( 'OCTAVE_VERSION' ) )
 options=optimset;
```

```
  options.TolFun=1.e-12;
  options.MaxFunEvals=10000;
end

glob_fn =feval(odefun,tt(1),u(1,:),varargin{:});
for glob_t=tt(2:end)
if ( exist( 'OCTAVE_VERSION' ) )
  w = fsolve('newmarkfun', glob_y )
else
  w = fsolve(@(w) newmarkfun(w),glob_y,options);
end
  glob_fn =feval(odefun,glob_t,w,varargin{:});
  u = [u; w];
  y = w;
end
t=tt;
clear glob_h glob_t glob_y glob_odefun;
clear glob_zeta glob_theta glob_varargin glob_fn;
end

function z=myfun(w)
global glob_h glob_t glob_y glob_odefun;
global glob_zeta glob_theta glob_varargin glob_fn;
fn1 = feval(glob_odefun,glob_t,glob_w,glob_varargin{:});
z=w - glob_y -...
      glob_h*[glob_y(1,2), ...
      (1-glob_theta)*glob_fn+glob_theta*fn1]-...
      glob_h^2*[glob_zeta*fn1+(0.5-glob_zeta)*...
      glob_fn,0];
end
```

**Ejemplo 7.9 (Circuitos eléctricos)** Consideramos de nuevo el circuito del Problema 7.4 y resolvemos la ecuación de segundo orden (7.55) con el esquema de Newmark. En la Figura 7.16 comparamos las aproximaciones numéricas de la función $v$ calculadas utilizando los esquemas de Euler (*línea de trazos y línea continua*) y el esquema de Newmark con $\theta = 1/2$ y $\zeta = 1/4$ (*línea de puntos*), con paso de tiempo $h = 0.04$. La mejor precisión de esta última se debe al hecho de que el método (7.57)-(7.58) es de segundo orden con respecto a $h$. ■

Véanse los Ejercicios 7.18-7.20.

## 7.9 Algunos ejemplos

Acabamos este capítulo considerando y resolviendo tres ejemplos no triviales de sistemas de ecuaciones diferenciales ordinarias.

### 7.9.1 El péndulo esférico

El movimiento de un punto $\mathbf{x}(t) = (x_1(t), x_2(t), x_3(t))^T$ con masa $m$ sometido a la fuerza gravitatoria $\mathbf{F} = (0, 0, -gm)^T$ (con $g = 9.8$ m/s$^2$)

y limitado a moverse sobre la superficie esférica de ecuación $\Phi(\mathbf{x}) = x_1^2 + x_2^2 + x_3^2 - 1 = 0$ se describe mediante el siguiente sistema de ecuaciones diferenciales ordinarias

$$\ddot{\mathbf{x}} = \frac{1}{m} \left( \mathbf{F} - \frac{m \, \dot{\mathbf{x}}^T \, \mathrm{H} \, \dot{\mathbf{x}} + \nabla \Phi^T \mathbf{F}}{|\nabla \Phi|^2} \nabla \Phi \right) \text{ para } t > 0. \qquad (7.60)$$

Denotamos por $\dot{\mathbf{x}}$ la primera derivada con respecto a $t$, por $\ddot{\mathbf{x}}$ la segunda derivada, por $\nabla \Phi$ el gradiente espacial de $\Phi$, igual a $2\mathbf{x}^T$, y por H la matriz Hessiana de $\Phi$ cuyas componentes son $\mathrm{H}_{ij} = \partial^2 \Phi / \partial x_i \partial x_j$, para $i, j = 1, 2, 3$. En nuestro caso H es una matriz diagonal con coeficientes iguales a 2. El sistema (7.60) debe completarse con las condiciones iniciales $\mathbf{x}(0) = \mathbf{x}_0$ y $\dot{\mathbf{x}}(0) = \mathbf{v}_0$.

Para resolver numéricamente (7.60) transformémoslo en un sistema de ecuaciones diferenciales de orden 1 en la nueva variable $\mathbf{y}$, un vector con 6 componentes. Poniendo $y_i = x_i$ y $y_{i+3} = \dot{x}_i$ con $i = 1, 2, 3$, y

$$\lambda = \left( m(y_4, y_5, y_6)^T \mathrm{H}(y_4, y_5, y_6) + \nabla \Phi^T \mathbf{F} \right) / |\nabla \Phi|^2,$$

obtenemos, para $i = 1, 2, 3$,

$$\begin{cases} \dot{y}_i = y_{3+i}, \\ \dot{y}_{3+i} = \dfrac{1}{m} \left( F_i - \lambda \dfrac{\partial \Phi}{\partial y_i} \right). \end{cases} \qquad (7.61)$$

Aplicamos el método de Euler y el método de Crank-Nicolson. Inicialmente es necesario definir una *function* de MATLAB (fvinc en el Programa 7.7) que dé las expresiones de los términos del segundo miembro (7.61). Además, supongamos que las condiciones iniciales están dadas por el vector y0=[0,1,0,.8,0,1.2] y que el intervalo de integración es tspan=[0,25]. Llamamos al método de Euler explícito de la forma siguiente

[t,y]=feuler('fvinc',tspan,y0,nt);

(y análogamente para los métodos de Euler regresivo beuler y de Crank-Nicolson cranknic), donde nt es el número de intervalos (de tamaño constante) usados para discretizar el intervalo [tspan(1),tspan(2)]. En los gráficos de la Figura 7.17 mostramos las trayectorias obtenidas con 10000 y 100000 nudos de discretización. En el segundo caso, la solución parece razonablemente precisa. En realidad, aunque no conocemos la solución exacta del problema, podemos tener una idea de la precisión observando que la solución satisface $r(\mathbf{y}) \equiv y_1^2 + y_2^2 + y_3^2 - 1 = 0$ y midiendo, por consiguiente, el valor máximo del residuo $r(\mathbf{y}_n)$ cuando $n$ varía, siendo $\mathbf{y}_n$ la aproximación de la solución exacta generada en el tiempo $t_n$. Considerando 10000 nudos de discretización hallamos $r = 1.0578$, mientras que con 100000 nudos tenemos $r = 0.1111$, de acuerdo

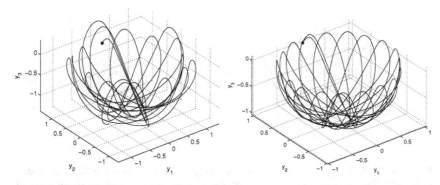

**Figura 7.17.** Trayectorias obtenidas con el método de Euler explícito para $h = 0.0025$ (*izquierda*) y $h = 0.00025$ (*derecha*). El punto negro muestra el dato inicial

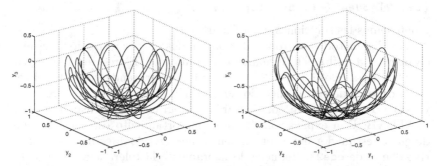

**Figura 7.18.** Trayectorias obtenidas utilizando el método de Euler implícito con $h = 0.00125$ (*izquierda*) y el método de Crank-Nicolson con $h = 0.025$ (*derecha*)

con la teoría que requiere que el método de Euler explícito converja con orden 1.

Utilizando el método de Euler implícito con 20000 pasos obtenemos la solución mostrada en la Figura 7.18, mientras que el método de Crank-Nicolson (de orden 2) con sólo 2000 pasos proporciona la solución mostrada en la misma figura a la derecha, que es indudablemente más precisa. En efecto, hallamos $r = 0.5816$ para el método de Euler implícito y $r = 0.0966$ para el método de Crank-Nicolson.

Como comparación, resolvamos el mismo problema utilizando los métodos de tipo Runge-Kutta adaptativos explícitos ode23 y ode45, programados en MATLAB. Éstos (salvo que se especifique otra cosa) modifican el paso de integración para garantizar que el error relativo de la solución sea menor que $10^{-3}$ y el error absoluto menor que $10^{-6}$. Los ejecutamos utilizando los comandos siguientes

```
[t1,y1]=ode23('fvinc',tspan,y0');
```

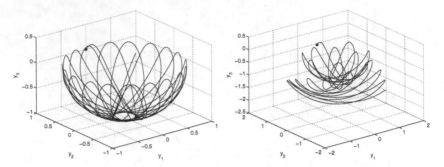

**Figura 7.19.** Trayectorias obtenidas utilizando los métodos ode23 (*izquierda*) y ode45 (*derecha*) con el mismo criterio de precisión. En el segundo caso el control del error falla y la solución obtenida es menos precisa

```
[t2,y2]=ode45('fvinc',tspan,y0');
```

y obtenemos las soluciones de la Figura 7.19.

Los dos métodos usaron 783 y 537 nudos de discretización, respectivamente, distribuidos de manera no uniforme. El residuo $r$ es igual a 0.0238 para ode23 y a 3.2563 para ode45. Sorprendentemente, el resultado obtenido con el método de mayor orden tiene menos precisión y esto nos alerta sobre cómo usar los programas ode disponibles en MATLAB. Una explicación de este comportamiento está en el hecho de que el estimador del error implementado en ode45 es menos restrictivo que el de ode23. Reduciendo ligeramente la tolerancia relativa (es suficiente poner options=odeset('RelTol',1.e-04)) y renombrando el programa a [t,y]=ode45(@fvinc,tspan,y0,options) podemos encontrar, de hecho, resultados comparables.

**Programa 7.7. fvinc**: término forzante para el problema del péndulo esférico

```
function [f]=fvinc(t,y)
[n,m]=size(y);  phix='2*y(1)';
phiy='2*y(2)';  phiz='2*y(3)';  H=2*eye(3);
mass=1;
% Masa
F1='0*y(1)';  F2='0*y(2)';  F3='-mass*9.8';  % Weight
f=zeros(n,m);  xpoint=zeros(3,1);  xpoint(1:3)=y(4:6);
 F=[eval(F1);eval(F2);eval(F3)];
G=[eval(phix);eval(phiy);eval(phiz)];
lambda=(m*xpoint'*H*xpoint+F'*G)/(G'*G);
f(1:3)=y(4:6);
for k=1:3;  f(k+3)=(F(k)-lambda*G(k))/mass;
 end return
```

**Octave 7.2** ode23 requiere 924 pasos mientras que ode45 requiere 575 pasos para la misma precisión.

Nótese que ode45 da resultados similares a ode23, en oposición a ode45 en MATLAB; véase la Figura 7.20.  ∎

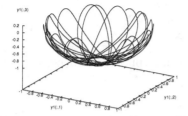 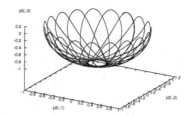

**Figura 7.20.** Trayectorias obtenidas usando los métodos `ode23` (*izquierda*) y `ode45` (*derecha*) con el mismo criterio de precisión.

## 7.9.2 El problema de los tres cuerpos

Queremos calcular la evolución de un sistema compuesto por tres cuerpos, conociendo sus posiciones y velocidades iniciales y sus masas, bajo la influencia de su atracción gravitacional recíproca. El problema puede formularse utilizando las leyes de Newton del movimiento. Sin embargo, a diferencia del caso de dos cuerpos, no hay soluciones conocidas en forma cerrada. Suponemos que uno de los tres cuerpos tiene una masa considerablemente mayor que los dos restantes, y en particular consideramos el caso del sistema Sol-Tierra-Marte, un problema estudiado por célebres matemáticos como Lagrange en el siglo XVIII, Poincaré hacia el final del siglo XIX y Levi-Civita en el siglo XX.

Denotamos por $M_s$ la masa del Sol, por $M_t$ la de la Tierra y por $M_m$ la de Marte. Siendo la masa del Sol 330000 veces la de la Tierra y la masa de Marte un décimo de la de la Tierra, podemos imaginar que el centro de gravedad de los tres cuerpos coincide aproximadamente con el centro del Sol (lo cual, por consiguiente, se aceptará en este modelo) y que los tres objetos permanecen en el plano descrito por sus posiciones iniciales. En tal caso la fuerza total ejercida sobre la Tierra será, por ejemplo,

$$\mathbf{F}_t = \mathbf{F}_{ts} + \mathbf{F}_{tm} = M_t \frac{d^2 \mathbf{x}_t}{dt^2}, \tag{7.62}$$

donde $\mathbf{x}_t = (x_t, y_t)^T$ denota la posición de la Tierra, mientras que $\mathbf{F}_{ts}$ y $\mathbf{F}_{tm}$ denotan la fuerza ejercida sobre la Tierra por el Sol y Marte, respectivamente. Aplicando la ley de gravitación universal, (7.62) se convierte en ($\mathbf{x}_m$ denota la posición de Marte)

$$M_t \frac{d^2 \mathbf{x}_t}{dt^2} = -G M_t M_s \frac{\mathbf{x}_t}{|\mathbf{x}_t|^3} + G M_t M_m \frac{\mathbf{x}_m - \mathbf{x}_t}{|\mathbf{x}_m - \mathbf{x}_t|^3}.$$

Adimensionalizando las ecuaciones y escalando las longitudes con respecto a la longitud del semieje mayor de la órbita de la Tierra, se obtiene la siguiente ecuación

$$M_t \frac{d^2\mathbf{x}_t}{dt^2} = 4\pi^2 \left( \frac{M_m}{M_s} \frac{\mathbf{x}_m - \mathbf{x}_t}{|\mathbf{x}_m - \mathbf{x}_t|^3} - \frac{\mathbf{x}_t}{|\mathbf{x}_t|^3} \right). \qquad (7.63)$$

La ecuación análoga para el planeta Marte puede obtenerse con un cálculo semejante

$$M_m \frac{d^2\mathbf{x}_m}{dt^2} = 4\pi^2 \left( \frac{M_t}{M_s} \frac{\mathbf{x}_t - \mathbf{x}_m}{|\mathbf{x}_t - \mathbf{x}_m|^3} - \frac{\mathbf{x}_m}{|\mathbf{x}_m|^3} \right). \qquad (7.64)$$

El sistema de segundo orden (7.63)-(7.64) se reduce inmediatamente a un sistema de 8 ecuaciones de orden uno. El Programa 7.8 permite evaluar una *function* que contiene los términos del segundo miembro del sistema (7.63)-(7.64).

**Programa 7.8. trescuerpos**: término forzante para el sistema simplificado de tres cuerpos

```
function f=trescuerpos(t,y)
f=zeros(8,1);
Ms=330000;
Me=1;
Mm=0.1;
D1 = ((y(5)-y(1))^2+(y(7)-y(3))^2)^(3/2);
D2 = (y(1)^2+y(3)^2)^(3/2);
f(1)=y(2);
f(2)=4*pi^2*(Me/Ms*(y(5)-y(1))/D1-y(1)/D2);
f(3)=y(4);
f(4)=4*pi^2*(Me/Ms*(y(7)-y(3))/D1-y(3)/D2);
D2 = (y(5)^2+y(7)^2)^(3/2);
f(5)=y(6);
f(6)=4*pi^2*(Mm/Ms*(y(1)-y(5))/D1-y(5)/D2);
f(7)=y(8);
f(8)=4*pi^2*(Mm/Ms*(y(3)-y(7))/D1-y(7)/D2);
return
```

Comparemos el método de Crank-Nicolson (implícito) con el método adaptativo de Runge-Kutta (explícito) implementado en `ode23`. Habiendo situado la Tierra a una distancia de 1 unidad del Sol, Marte estará localizado alrededor de 1.52 unidades: la posición inicial será, por tanto, $(1,0)$ para la Tierra y $(1.52,0)$ para Marte. Supongamos, además, que los dos planetas tienen inicialmente velocidad horizontal nula y velocidad vertical igual a $-5.1$ unidades (la Tierra) y a $-4.6$ unidades (Marte): de esta forma deberían moverse a lo largo de órbitas razonablemente estables alrededor del Sol. Para el método de Crank-Nicolson elegimos 2000 pasos de discretización.

```
[t23,u23]=ode23('trescuerpos',[0 10],...
          [1.52 0 0 -4.6 1 0 0 -5.1]);
[tcn,ucn]=cranknic('trescuerpos',[0 10],...
          [1.52 0 0 -4.6 1 0 0 -5.1],2000);
```

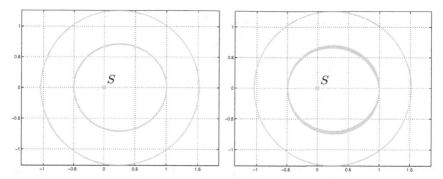

**Figura 7.21.** Órbitas de la Tierra (la más interior) y Marte con respecto al Sol calculadas con el método adaptativo **ode23** con 564 pasos (*izquierda*) y con el método de Crank-Nicolson con 2000 pasos (*derecha*)

Los gráficos de la Figura 7.21 muestran que los dos métodos son capaces de reproducir las órbitas elípticas de los dos planetas alrededor del Sol. El método **ode23** solamente requirió 543 pasos (no uniformes) para generar una solución más precisa que la generada mediante un método implícito con el mismo orden de precisión, pero que no usa paso adaptativo.

**Octave 7.3** **ode23** requiere 847 pasos para generar una solución con tolerancia 1e-6. ∎

### 7.9.3 Algunos problemas rígidos (stiff)

Consideremos el siguiente problema diferencial, propuesto por [Gea71], como variante del problema modelo (7.28):

$$\begin{cases} y'(t) = \lambda(y(t) - g(t)) + g'(t), & t > 0, \\ y(0) = y_0, \end{cases} \tag{7.65}$$

donde $g$ es una función regular y $\lambda \ll 0$, cuya solución es

$$y(t) = (y_0 - g(0))e^{\lambda t} + g(t), \qquad t \geq 0. \tag{7.66}$$

Tiene dos componentes, $(y_0 - g(0))e^{\lambda t}$ y $g(t)$, siendo la primera despreciable frente a la segunda para $t$ suficientemente grande. En particular, ponemos $g(t) = t$, $\lambda = -100$ y resolvemos el problema (7.65) sobre el intervalo $(0, 100)$ usando el método explícito de Euler: ya que en este caso $f(t, y) = \lambda(y(t) - g(t)) + g'(t)$ tenemos $\partial f / \partial y = \lambda$, y el análisis de estabilidad realizado en la Sección 7.4 sugiere que elijamos $h < 2/100$. Esta restricción se debe a la presencia de la componente que se comporta como $e^{-100t}$ y aparece completamente injustificada cuando consideramos su peso con respecto a la solución total (para tener una idea,

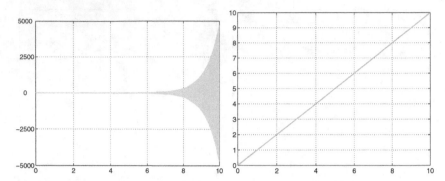

**Figura 7.22.** Soluciones obtenidas usando el método (7.47) para el problema (7.65) violando la condición de estabilidad ($h = 0.0055$, *izquierda*) y respetándola ($h = 0.0054$, *derecha*)

para $t = 1$ tenemos $e^{-100} \approx 10^{-44}$). La situación empeora utilizando un método explícito de alto orden tal como, por ejemplo, el método de orden 3 de Adams-Bashforth (7.47): la región de estabilidad absoluta se reduce (véase la Figura 7.12) y, por consiguiente, la restricción sobre $h$ se hace incluso más estricta, $h < 0.00545$. Violar – incluso ligeramente – tal restricción produce soluciones completamente inaceptables (como se muestra en la Figura 7.22 a la izquierda).

De este modo nos enfrentamos a un problema aparentemente sencillo, pero que resulta difícil de resolver con un método explícito (y con más generalidad con un método no A-estable) debido a la presencia en la solución de dos componentes que tienen un comportamiento dramáticamente diferente para $t$ tendiendo a infinito: tal problema se dice que es *rígido*.

Concretamente, decimos que un sistema de ecuaciones diferenciales de la forma

$$\mathbf{y}'(t) = \mathbf{A}\mathbf{y}(t) + \boldsymbol{\varphi}(t), \qquad \mathbf{A} \in \mathbb{R}^{n \times n}, \quad \boldsymbol{\varphi}(t) \in \mathbb{R}^n, \qquad (7.67)$$

donde $\mathbf{A}$ tiene $n$ autovalores distintos $\lambda_j$, $j = 1, \ldots, n$, con $\mathrm{Re}(\lambda_j) < 0$, $j = 1, \ldots, n$, es rígido si

$$r_s = \frac{\max_j |\mathrm{Re}(\lambda_j)|}{\min_j |\mathrm{Re}(\lambda_j)|} \gg 1.$$

La solución exacta de (7.67) es

$$\mathbf{y}(t) = \sum_{j=1}^{n} C_j e^{\lambda_j t} \mathbf{v}_j + \boldsymbol{\psi}(t), \qquad (7.68)$$

donde $C_1, \ldots, C_n$ son $n$ constantes y $\{\mathbf{v}_j\}$ es una base formada por los autovectores de $\mathbf{A}$, mientras que $\boldsymbol{\psi}(t)$ es una solución dada de la ecuación diferencial. Si $r_s \gg 1$ observamos una vez más la prescncia de componentes de la solución **y** que tienden a cero con diferentes velocidades. La componente que tiende a cero más rápidamente para $t$ tendiendo a infinito (la asociada al autovalor que tiene valor máximo) será la que involucre la restricción más estricta sobre el paso de integración, salvo, por supuesto, si usamos un método que sea absolutamente estable bajo cualquier condición.

**Ejemplo 7.10** Consideremos el sistema $\mathbf{y}' = \mathrm{A}\mathbf{y}$ con $t \in (0, 100)$ y condición inicial $\mathbf{y}(0) = \mathbf{y}_0$, donde $\mathbf{y} = (y_1, y_2)^T$, $\mathbf{y}_0 = (y_{1,0}, y_{2,0})^T$ y

$$\mathrm{A} = \begin{bmatrix} 0 & 1 \\ -\lambda_1\lambda_2 & \lambda_1 + \lambda_2 \end{bmatrix},$$

siendo $\lambda_1$ y $\lambda_2$ dos números negativos diferentes tales que $|\lambda_1| \gg |\lambda_2|$. La matriz A tiene por autovalores $\lambda_1$ y $\lambda_2$ y autovectores $\mathbf{v}_1 = (1, \lambda_1)^T$, $\mathbf{v}_2 = (1, \lambda_2)^T$. Gracias a (7.68) la solución del sistema es

$$\mathbf{y}(t) = \begin{pmatrix} C_1 e^{\lambda_1 t} + C_2 e^{\lambda_2 t} \\ C_1\lambda_1 e^{\lambda_1 t} + C_2\lambda_2 e^{\lambda_2 t} \end{pmatrix}. \tag{7.69}$$

Las constantes $C_1$ y $C_2$ se obtienen poniendo la condición inicial:

$$C_1 = \frac{\lambda_2 y_{1,0} - y_{2,0}}{\lambda_2 - \lambda_1}, \qquad C_2 = \frac{y_{2,0} - \lambda_1 y_{1,0}}{\lambda_2 - \lambda_1}.$$

Basándose en las observaciones hechas anteriormente, el paso de integración de un método explícito utilizado para la resolución de tal sistema dependerá únicamente del autovalor de módulo máximo, $\lambda_1$. Evaluemos esto experimentalmente utilizando el método de Euler explícito y eligiendo $\lambda_1 = -100$, $\lambda_2 = -1$, $y_{1,0} = y_{2,0} = 1$. En la Figura 7.23 mostramos las soluciones calculadas violando (*izquierda*) o respetando (*derecha*) la condición de estabilidad $h < 1/50$. ∎

La definición de problema rígido puede ser extendida, tomando algunas precauciones, al caso no lineal (véase, por ejemplo, [QSS06, Capítulo 11]). Uno de los problemas no lineales *rígidos* más estudiados es la *ecuación de Van der Pol*

$$\frac{d^2 x}{dt^2} = \mu(1 - x^2)\frac{dx}{dt} - x, \tag{7.70}$$

propuesta en 1920 y empleada en el estudio de circuitos que contienen válvulas termoiónicas, los llamados tubos de vacío, tales como los tubos catódicos en los televisores o los magnetrones en los hornos de microondas.

Si ponemos $\mathbf{y} = (x, y)^T$, (7.70) es equivalente al siguiente sistema de primer orden no lineal

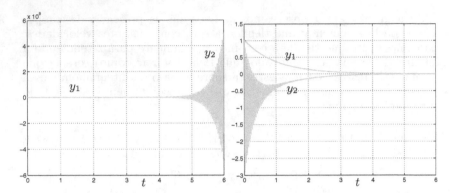

**Figura 7.23.** Soluciones del problema del Ejemplo 7.10 para $h = 0.0207$ (*izquierda*) y $h = 0.0194$ (*derecha*). En el primer caso se viola la condición $h < 2/|\lambda_1| = 0.02$ y el método es inestable. Nótese que la escala es totalmente diferente en las dos gráficas

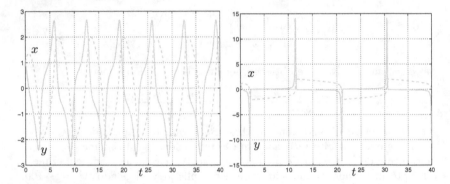

**Figura 7.24.** Comportamiento de las componentes de las soluciones **y** del sistema (7.71) para $\mu = 1$ (*izquierda*) y $\mu = 10$ (*derecha*)

$$\mathbf{y}' = \begin{bmatrix} 0 & 1 \\ -1 & \mu(1 - x^2) \end{bmatrix} \mathbf{y}. \tag{7.71}$$

Tal sistema se hace tanto más rígido cuanto más se incrementa el parámetro $\mu$. En la solución hallamos, de hecho, dos componentes que denotan dinámicas completamente diferentes con el crecimiento de $\mu$. La de dinámica más rápida impone una limitación sobre el paso de integración que se hace cada vez más prohibitivo con el crecimiento del valor de $\mu$.

Si resolvemos (7.70) utilizando `ode23` y `ode45`, nos damos cuenta de que éstos son demasiado costosos cuando $\mu$ es grande. Con $\mu = 100$ y condición inicial $\mathbf{y} = (1, 1)^T$, `ode23` requiere 7835 pasos y `ode45` 23473

| $\mu$ | ode23 | ode45 | ode23s | ode15s |
|------|--------|--------|--------|--------|
| 0.1 | 471 | 509 | 614 | 586 |
| 1 | 775 | 1065 | 838 | 975 |
| 10 | 1220 | 2809 | 1005 | 1077 |
| 100 | 7835 | 23473 | 299 | 305 |
| 1000 | 112823 | 342265 | 183 | 220 |

**Tabla 7.1.** Comportamiento del número de pasos de integración para varios métodos de aproximación con el crecimiento del parámetro $\mu$

pasos para integrar entre $t = 0$ y $t = 100$. Leyendo la *ayuda* de MAT-LAB descubrimos que estos métodos no están recomendados para problemas rígidos: para éstos, se sugieren otros procedimientos tales como, por ejemplo, los métodos implícitos ode23s o ode15s. La diferencia en el número de pasos es notable, como se muestra en la Tabla 7.1. Nótese sin embargo que el número de pasos para ode23s es menor que para ode23 solamente para valores suficientemente grandes de $\mu$ (es decir, para problemas muy rígidos).

## 7.10 Lo que no le hemos dicho

Para una deducción completa de la familia de los métodos de Runge-Kutta remitimos a [But87], [Lam91] y [QSS06, Capítulo 11].

Para la deducción y el análisis de los métodos multipaso remitimos a [Arn73] y [Lam91].

## 7.11 Ejercicios

**Ejercicio 7.1** Aplicar los métodos de Euler regresivo y progresivo a la resolución del problema de Cauchy

$$y' = \operatorname{sen}(t) + y, \quad t \in (0, 1], \quad \text{con } y(0) = 0, \qquad (7.72)$$

y comprobar que ambos convergen con orden 1.

**Ejercicio 7.2** Considérese el problema de Cauchy

$$y' = -te^{-y}, \quad t \in (0, 1], \quad \text{con } y(0) = 0. \qquad (7.73)$$

Aplicar el método de Euler progresivo con $h = 1/100$ y estimar el número de cifras significativas exactas de la solución aproximada en $t = 1$ (aplicar la propiedad de que el valor de la solución exacta está entre $-1$ y $0$).

**Ejercicio 7.3** El método de Euler regresivo aplicado al problema (7.73) requiere en cada paso la resolución de la ecuación no lineal: $u_{n+1} = u_n - ht_{n+1}e^{-u_{n+1}} = \phi(u_{n+1})$. La solución $u_{n+1}$ puede obtenerse mediante la siguiente iteración de punto fijo: para $k = 0, 1, \ldots$, calcular $u_{n+1}^{(k+1)} = \phi(u_{n+1}^{(k)})$, con $u_{n+1}^{(0)} = u_n$. Hallar bajo qué restricción sobre $h$ estas iteraciones convergen.

**Ejercicio 7.4** Repetir el Ejercicio 7.1 para el método de Crank-Nicolson.

**Ejercicio 7.5** Verificar que el método de Crank-Nicolson puede deducirse de la siguiente forma integral del problema de Cauchy (7.5)

$$y(t) - y_0 = \int_{t_0}^{t} f(\tau, y(\tau))d\tau$$

con tal de que la integral se aproxime por la fórmula del trapecio (4.19).

**Ejercicio 7.6** Resolver el problema modelo (7.28) con $\lambda = -1 + i$ empleando el método de Euler progresivo y hallar los valores de $h$ para los cuales tenemos estabilidad absoluta.

**Ejercicio 7.7** Demostrar que el método de Heun definido en (7.52) es consistente. Escribir un programa en MATLAB que lo implemente con vistas a la resolución del problema de Cauchy (7.72) y comprobar experimentalmente que el método tiene orden de convergencia igual a 2 con respecto a $h$.

**Ejercicio 7.8** Probar que el método de Heun (7.52) es absolutamente estable si $-2 \leq h\lambda \leq 0$ donde $\lambda$ es real y negativo.

**Ejercicio 7.9** Probar la fórmula (7.33).

**Ejercicio 7.10** Probar la desigualdad (7.38).

**Ejercicio 7.11** Probar la desigualdad (7.39).

**Ejercicio 7.12** Verificar la consistencia del método (7.46). Escribir un programa en MATLAB que lo implemente para la resolución del problema de Cauchy (7.72) y comprobar experimentalmente que el método tiene orden de convergencia igual a 3 con respecto a $h$. Los métodos (7.52) y (7.46) están en la base del programa de MATLAB **ode23** para la resolución de ecuaciones diferenciales ordinarias.

**Ejercicio 7.13** Probar que el método (7.46) es absolutamente estable si $-2.5 \leq h\lambda \leq 0$ donde $\lambda$ es real y negativo.

**Ejercicio 7.14** El *método de Euler modificado* se define como sigue:

$$u_{n+1}^* = u_n + hf(t_n, u_n), \quad u_{n+1} = u_n + hf(t_{n+1}, u_{n+1}^*). \tag{7.74}$$

Hallar bajo qué condición sobre $h$ este método es absolutamente estable.

**Ejercicio 7.15 (Termodinámica)** Resolver la ecuación (7.1) por el método de Crank-Nicolson y el método de Heun cuando el cuerpo en cuestión es un cubo con lado igual a 1 m y masa igual a 1 kg. Supongamos que $T_0 = 180K$, $T_e = 200K$, $\gamma = 0.5$ y $C = 100J/(kg/K)$. Comparar los resultados obtenidos usando $h = 20$ y $h = 10$, para $t$ variando entre 0 y 200 segundos.

**Ejercicio 7.16** Utilizar MATLAB para calcular la región de estabilidad absoluta del método de Heun.

**Ejercicio 7.17** Resolver el problema de Cauchy (7.16) por el método de Heun y comprobar su orden.

**Ejercicio 7.18** El desplazamiento $x(t)$ de un sistema vibrante representado por un cuerpo de peso dado y un muelle, sometido a una fuerza resistiva proporcional a la velocidad, se describe mediante el ecuación diferencial de segundo orden $x'' + 5x' + 6x = 0$. Resolverla por el método de Heun suponiendo que $x(0) = 1$ y $x'(0) = 0$, para $t \in [0, 5]$.

**Ejercicio 7.19** El movimiento de un péndulo de Foucault sin fricción se describe mediante el sistema de las dos ecuaciones

$$x'' - 2\omega\,\text{sen}(\Psi)y' + k^2x = 0, \quad y'' + 2\omega\cos(\Psi)x' + k^2y = 0,$$

donde $\Psi$ es la latitud del lugar donde se localiza el péndulo, $\omega = 7.29 \cdot 10^{-5}$ s$^{-1}$ es la velocidad angular de la Tierra, $k = \sqrt{g/l}$ con $g = 9.8$ m/s$^2$ y $l$ es la longitud del péndulo. Aplicar el método de Euler progresivo para calcular $x = x(t)$ y $y = y(t)$ para $t$ entre 0 y 300 segundos y $\Psi = \pi/4$.

**Ejercicio 7.20 (Trayectoria de una pelota de béisbol)** Utilizando el comando ode23, resolver el Problema 7.3 suponiendo que la velocidad inicial de la pelota es $\mathbf{v}(0) = v_0(\cos(\theta), 0, \text{sen}(\theta))^T$, con $v_0 = 38$ m/s, $\theta = 1$ grado y una velocidad angular igual a $180 \cdot 1.047198$ radianes por segundo. Si $\mathbf{x}(0) = \mathbf{0}$, ¿después de cuántos segundos (aproximadamente) tocará la pelota el suelo (es decir, $z = 0$)?

# 8

## Métodos numéricos para problemas de valores iniciales y de contorno

Los problemas de contorno son problemas diferenciales planteados en un intervalo $(a, b)$ de la recta real o en una región multidimensional abierta $\Omega \subset \mathbb{R}^d$ $(d = 2, 3)$ para los cuales el valor de la solución incógnita (o su derivadas) se prescribe en los extremos $a$ y $b$ del intervalo, o en la frontera $\partial \Omega$ de la región multidimensional.

En el caso multidimensional, la ecuación diferencial involucrará *derivadas parciales* de la solución exacta con respecto a las coordenadas espaciales. Las ecuaciones dependientes del tiempo (denotado por $t$), como la ecuación del calor y la ecuación de las ondas, se llaman problemas de valores iniciales y de contorno. En ese caso es necesario prescribir también las condiciones iniciales en $t = 0$.

Algunos ejemplos de problemas de contorno se muestran a continuación.

1. *Ecuación de Poisson*:

$$-u''(x) = f(x), \quad x \in (a, b), \tag{8.1}$$

o (en varias dimensiones)

$$-\Delta u(\mathbf{x}) = f(\mathbf{x}), \quad \mathbf{x} = (x_1, \dots, x_d)^T \in \Omega, \tag{8.2}$$

donde $f$ es una función dada y $\Delta$ es el llamado *operador de Laplace*:

$$\Delta u = \sum_{i=1}^{d} \frac{\partial^2 u}{\partial x_i^2}.$$

El símbolo $\partial \cdot / \partial x_i$ denota derivada parcial con respecto a la variable $x_i$, esto es, para cada punto $\mathbf{x}^0$

$$\frac{\partial u}{\partial x_i}(\mathbf{x}^0) = \lim_{h \to 0} \frac{u(\mathbf{x}^0 + h\mathbf{e}_i) - u(\mathbf{x}^0)}{h}, \tag{8.3}$$

donde $\mathbf{e}_i$ es el $i$-ésimo vector unitario de $\mathbb{R}^d$.

2. *Ecuación del calor*:

$$\frac{\partial u(x,t)}{\partial t} - \mu\frac{\partial^2 u(x,t)}{\partial x^2} = f(x,t), \quad x \in (a,b), \ t > 0, \qquad (8.4)$$

o (en varias dimensiones)

$$\frac{\partial u(\mathbf{x},t)}{\partial t} - \mu\Delta u(\mathbf{x},t) = f(\mathbf{x},t), \quad \mathbf{x} \in \Omega, \ t > 0, \qquad (8.5)$$

donde $\mu > 0$ es un coeficiente dado que representa la conductividad térmica y $f$ es, de nuevo, una función dada.

3. *Ecuación de ondas*:

$$\frac{\partial^2 u(x,t)}{\partial t^2} - c\frac{\partial^2 u(x,t)}{\partial x^2} = 0, \quad x \in (a,b), \ t > 0,$$

o (en varias dimensiones)

$$\frac{\partial^2 u(\mathbf{x},t)}{\partial t^2} - c\Delta u(\mathbf{x},t) = 0, \quad \mathbf{x} \in \Omega, \ t > 0,$$

donde $c$ es una constante positiva dada.

Para ecuaciones en derivadas parciales más generales remitimos al lector, por ejemplo, a [QV94], [EEHJ96] o [Lan03].

**Problema 8.1 (Hidrogeología)** El estudio de la filtración en aguas subterráneas puede conducir, en algunos casos, a una ecuación como (8.2). Considérese una región $\Omega$ ocupada por un medio poroso (como tierra o barro). De acuerdo con la ley de Darcy, la velocidad de filtración del agua $\mathbf{q} = (q_1, q_2, q_3)^T$ es igual a la variación del nivel del agua $\phi$ en el medio; concretamente

$$\mathbf{q} = -K\nabla\phi, \qquad (8.6)$$

donde $K$ es la conductividad hidráulica constante del medio poroso y $\nabla\phi$ denota el gradiente espacial de $\phi$. Supongamos que la densidad del fluido es constante; entonces el principio de conservación de la masa conduce a la ecuación $\mathrm{div}\mathbf{q} = 0$, donde $\mathrm{div}\mathbf{q}$ es la *divergencia* del vector $\mathbf{q}$ y se define como

$$\mathrm{div}\mathbf{q} = \sum_{i=1}^{3}\frac{\partial q_i}{\partial x_i}.$$

Por tanto, gracias a (8.6) deducimos que $\phi$ satisface el problema de Poisson $\Delta\phi = 0$ (véase el Ejercicio 8.9). ∎

**Problema 8.2 (Termodinámica)** Sea $\Omega \subset \mathbb{R}^d$ el volumen ocupado por un fluido y denotemos por $\mathbf{J}(\mathbf{x}, t)$ y $T(\mathbf{x}, t)$ el flujo de calor y la temperatura, respectivamente. La ley de Fourier establece que el flujo de calor es proporcional a la variación de la temperatura $T$, esto es

$$\mathbf{J}(\mathbf{x}, t) = -k\nabla T(\mathbf{x}, t),$$

donde $k$ es una constante positiva que expresa el coeficiente de conductividad térmica. Imponiendo la conservación de la energía, esto es, la tasa de cambio de energía de un volumen es igual a la tasa a la cual el calor fluye a su interior, obtenemos la ecuación del calor

$$\rho c \frac{\partial T}{\partial t} = k\Delta T, \tag{8.7}$$

donde $\rho$ es la densidad de masa del fluido y $c$ es el calor específico (por unidad de masa). Si, además, se produce calor a la velocidad $f(\mathbf{x}, t)$ por algún otro medio (por ejemplo, calentamiento eléctrico), (8.7) se reemplaza por

$$\rho c \frac{\partial T}{\partial t} = k\Delta T + f. \tag{8.8}$$

Para la resolución de este problema véase el Ejemplo 8.4.    ∎

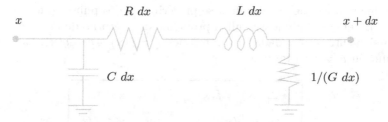

**Figura 8.1.** Un elemento de cable de longitud $dx$

**Problema 8.3 (Comunicaciones)** Consideramos un cable telegráfico con resistencia $R$ y autoinductancia $L$ por unidad de longitud. Suponiendo que la corriente puede irse a tierra a través de una capacitancia $C$ y una conductancia $G$ por unidad de longitud (véase la Figura 8.1), la ecuación para el voltaje $v$ es

$$\frac{\partial^2 v}{\partial t^2} - c^2 \frac{\partial^2 v}{\partial x^2} = -\alpha \frac{\partial v}{\partial t} - \beta v, \tag{8.9}$$

donde $c^2 = 1/(LC)$, $\alpha = R/L + G/C$ y $\beta = RG/(LC)$. La ecuación (8.9) es un ejemplo de ecuación hiperbólica de segundo orden. La solución de este problema puede verse en el Ejemplo 8.7.    ∎

## 8.1 Aproximación de problemas de contorno

Las ecuaciones diferenciales presentadas hasta ahora poseen un número infinito de soluciones. Con el objetivo de obtener una solución única debemos imponer condiciones adecuadas sobre la frontera $\partial\Omega$ de $\Omega$ y, para las ecuaciones dependientes del tiempo, condiciones iniciales en el instante $t = 0$.

En esta sección consideramos las ecuaciones de Poisson (8.1) o (8.2). En el caso unidimensional (8.1), una posibilidad para fijar la solución es prescribir el valor de $u$ en $x = a$ y $x = b$, obteniendo

$$
\begin{aligned}
-u''(x) &= f(x) \quad \text{para } x \in (a,b), \\
u(a) &= \alpha, \qquad u(b) = \beta
\end{aligned}
\tag{8.10}
$$

donde $\alpha$ y $\beta$ son dos números reales dados. Éste es un *problema de contorno de Dirichlet*, y es precisamente el problema al que nos enfrentaremos en la sección siguiente.

Haciendo una doble integración se ve fácilmente que si $f \in C^0([a,b])$, la solución $u$ existe y es única; además pertenece a $C^2([a,b])$.

Aunque (8.10) es un problema diferencial ordinario, no puede ser escrito en la forma de problema de Cauchy para ecuaciones diferenciales ordinarias ya que el valor de $u$ se prescribe en dos puntos diferentes.

En el caso bidimensional, el problema de contorno de Dirichlet toma la siguiente forma: dadas dos funciones $f = f(\mathbf{x})$ y $g = g(\mathbf{x})$, hallar una función $u = u(\mathbf{x})$ tal que

$$
\begin{aligned}
-\Delta u(\mathbf{x}) &= f(\mathbf{x}) && \text{para } \mathbf{x} \in \Omega, \\
u(\mathbf{x}) &= g(\mathbf{x}) && \text{para } \mathbf{x} \in \partial\Omega
\end{aligned}
\tag{8.11}
$$

Alternativamente a la condición de contorno en (8.11), podemos prescribir un valor para la derivada parcial de $u$ con respecto a la dirección normal a la frontera $\partial\Omega$, en cuyo caso obtendremos un *problema de contorno de Neumann*.

Puede probarse que si $f$ y $g$ son dos funciones continuas y la región $\Omega$ es suficientemente regular, entonces el problema de contorno de Dirichlet (8.11) tiene solución única (mientras que la solución del problema de contorno de Neumann es única salvo una constante aditiva).

Los métodos numéricos que se utilizan para su resolución se basan en los mismos principios que constituyen el fundamento de la aproximación del problema de contorno unidimensional. Esta es la razón por la cual en las Secciones 8.1.1 y 8.1.2 haremos una digresión sobre la resolución numérica del problema (8.10).

Con este objetivo, introducimos en $[a, b]$ una partición en intervalos $I_j = [x_j, x_{j+1}]$ para $j = 0, \ldots, N$ con $x_0 = a$ y $x_{N+1} = b$. Suponemos por simplicidad que todos los intervalos tienen la misma longitud $h$.

### 8.1.1 Aproximación por diferencias finitas

La ecuación diferencial debe ser satisfecha, en particular, en los puntos $x_j$ (que llamamos en adelante *nudos*) interiores a $(a, b)$, esto es

$$-u''(x_j) = f(x_j), \qquad j = 1, \ldots, N.$$

Podemos aproximar este conjunto de $N$ ecuaciones reemplazando la derivada segunda por una diferencia finita adecuada, como hemos hecho en el Capítulo 4 para las primeras derivadas. En particular, observamos que si $u : [a, b] \to \mathbb{R}$ es una función suficientemente regular en un entorno de un punto genérico $\bar{x} \in (a, b)$, entonces la cantidad

$$\delta^2 u(\bar{x}) = \frac{u(\bar{x} + h) - 2u(\bar{x}) + u(\bar{x} - h)}{h^2} \qquad (8.12)$$

proporciona una aproximación de $u''(\bar{x})$ de orden 2 con respecto a $h$ (véase el Ejercicio 8.3). Esto sugiere el uso de la siguiente aproximación del problema (8.10): hallar $\{u_j\}_{j=1}^N$ tal que

$$\boxed{-\frac{u_{j+1} - 2u_j + u_{j-1}}{h^2} = f(x_j), \qquad j = 1, \ldots, N} \qquad (8.13)$$

con $u_0 = \alpha$ y $u_{N+1} = \beta$. Las ecuaciones (8.13) proporcionan un sistema lineal

$$A\mathbf{u}_h = h^2 \mathbf{f}, \qquad (8.14)$$

donde $\mathbf{u}_h = (u_1, \ldots, u_N)^T$ es el vector de incógnitas, $\mathbf{f} = (f(x_1) + \alpha/h^2, f(x_2), \ldots, f(x_{N-1}), f(x_N) + \beta/h^2)^T$, y $A$ es la matriz tridiagonal

$$A = \text{tridiag}(-1, 2, -1) = \begin{bmatrix} 2 & -1 & 0 & \cdots & 0 \\ -1 & 2 & \ddots & & \vdots \\ 0 & \ddots & \ddots & -1 & 0 \\ \vdots & & -1 & 2 & -1 \\ 0 & \cdots & 0 & -1 & 2 \end{bmatrix}. \qquad (8.15)$$

Este sistema admite una solución única ya que $A$ es simétrica y definida positiva (véase el Ejercicio 8.1). Además, se puede resolver mediante el algoritmo de Thomas introducido en la Sección 5.4. Notamos sin embargo que, para pequeños valores de $h$ (y, por tanto, para grandes valores de

$N$), A está mal acondicionada. En efecto, $K(A) = \lambda_{max}(A)/\lambda_{min}(A) = Ch^{-2}$, para una constante adecuada $C$ independiente de $h$ (véase el Ejercicio 8.2). Por consiguiente, la resolución numérica del sistema (8.14), por métodos directos o iterativos, requiere especial cuidado. En particular, cuando se usan métodos iterativos debería emplearse un preacondicionador adecuado.

Es posible probar (véase, por ejemplo, [QSS06, Capítulo 12]) que si $f \in C^2([a, b])$ entonces

$$\max_{j=0,\dots,N+1} |u(x_j) - u_j| \le \frac{h^2}{96} \max_{x \in [a,b]} |f''(x)| \qquad (8.16)$$

esto es, el método de diferencias finitas (8.13) converge con orden dos con respecto a $h$.

En el Programa 8.1 resolvemos el problema de contorno

$$\begin{cases} -u''(x) + \delta u'(x) + \gamma u(x) = f(x) & \text{para } x \in (a, b), \\ u(a) = \alpha, \quad u(b) = \beta, \end{cases} \qquad (8.17)$$

que es una generalización del problema (8.10). Para este problema el método de diferencias finitas, que generaliza (8.13), se escribe:

$$\begin{cases} -\dfrac{u_{j+1} - 2u_j + u_{j-1}}{h^2} + \delta \dfrac{u_{j+1} - u_{j-1}}{2h} + \gamma u_j = f(x_j), & j = 1, \dots, N, \\ u_0 = \alpha, \quad u_{N+1} = \beta. \end{cases}$$

Los parámetros de entrada del Programa 8.1 son los extremos a y b del intervalo, el número N de nudos interiores, los coeficientes constantes $\delta$ y $\gamma$ y la función bvpfun que especifica la función $f$. Finalmente, ua y ub representan los valores que alcanzaría la solución en x=a y x=b, respectivamente. Los parámetros de salida son el vector de nudos x y la solución calculada uh. Nótese que las soluciones pueden verse afectadas por oscilaciones espurias si $h \ge 2/|\delta|$ (véase el Ejercicio 8.6).

**Programa 8.1. bvp**: aproximación de un problema de contorno unidimensional por el método de diferencias finitas

```
function [x,uh]=bvp(a,b,N,delta,gamma,bvpfun,ua,ub,...
                    varargin)
%BVP Resuelve problemas de contorno unidimensionales.
%   [X,UH]=BVP(A,B,N,DELTA,GAMMA,BVPFUN,UA,UB) resuelve
%   con el metodo de deferencias finitas centradas
%   el problema de contorno
%        -D(DU/DX)/DX+DELTA*DU/DX+GAMMA*U=BVPFUN
%   sobre el intervalo (A,B) con condiciones de contorno
%   U(A)=UA y U(B)=UB. BVPFUN puedes ser una funcion
%   inline.
h = (b-a)/(N+1);
```

```
z = linspace(a,b,N+2);
e = ones(N,1);
h2 = 0.5*h*delta;
A = spdiags([-e-h2 2*e+gamma*h^2 -e+h2],-1:1,N,N);
x = z(2:end-1);
f = h^2*feval(bvpfun,x,varargin{:});
f=f';    f(1) = f(1) + ua;    f(end) = f(end) + ub;
uh = A\f;
uh=[ua; uh; ub];
x = z;
```

### 8.1.2 Aproximación por elementos finitos

El *método de elementos finitos* representa una alternativa al método de diferencias finitas y se deduce de una reformulación conveniente del problema diferencial.

Consideremos de nuevo (8.10) y multipliquemos ambos miembros de la ecuación diferencial por una función genérica $v \in C^1([a,b])$. Integrando la correspondiente igualdad en el intervalo $(a,b)$ y efectuando integración por partes obtenemos

$$\int_a^b u'(x)v'(x)\,dx - [u'(x)v(x)]_a^b = \int_a^b f(x)v(x)\,dx.$$

Haciendo la hipótesis adicional de que $v$ se anula en los extremos $x = a$ y $x = b$, el problema (8.10) se convierte en: hallar $u \in C^1([a,b])$ tal que $u(a) = \alpha$, $u(b) = \beta$ y

$$\int_a^b u'(x)v'(x)\,dx = \int_a^b f(x)v(x)\,dx \tag{8.18}$$

para cada $v \in C^1([a,b])$ tal que $v(a) = v(b) = 0$. Ésta es la llamada *formulación débil* del problema (8.10). (En efecto, $u$ y la función test $v$ pueden ser ambos menos regulares que $C^1([a,b])$, véase, por ejemplo [QSS06], [QV94]).

Su aproximación por elementos finitos se define como sigue:

hallar $u_h \in V_h$ tal que $u_h(a) = \alpha, u_h(b) = \beta$ y

$$\sum_{j=0}^N \int_{x_j}^{x_{j+1}} u_h'(x)v_h'(x)\,dx = \int_a^b f(x)v_h(x)\,dx, \qquad \forall v_h \in V_h^0 \tag{8.19}$$

donde

$$V_h = \left\{ v_h \in C^0([a,b]) : \ v_{h|I_j} \in \mathbb{P}_1, j = 0, \ldots, N \right\},$$

es decir $V_h$ es el espacio de funciones continuas en $(a,b)$ cuyas restricciones sobre cada subintervalo $I_j$ son polinomios lineales. Además, $V_h^0$ es el subespacio de $V_h$ cuyas funciones se anulan en los extremos $a$ y $b$. $V_h$ se llama espacio de elementos finitos de grado 1.

Las funciones de $V_h^0$ son lineales a trozos (véase la Figura 8.2, izquierda). En particular, cada función $v_h$ de $V_h^0$ admite la representación

$$v_h(x) = \sum_{j=1}^N v_h(x_j)\varphi_j(x),$$

donde, para $j = 1, \ldots, N$,

$$\varphi_j(x) = \begin{cases} \dfrac{x - x_{j-1}}{x_j - x_{j-1}} & \text{si } x \in I_{j-1}, \\[2mm] \dfrac{x - x_{j+1}}{x_j - x_{j+1}} & \text{si } x \in I_j, \\[2mm] 0 & \text{en otro caso.} \end{cases}$$

De este modo, $\varphi_j$ es nulo en cada nudo $x_i$ excepto en $x_j$ donde $\varphi_j(x_j) = 1$ (véase la Figura 8.2, derecha). Las funciones $\varphi_j$, $j = 1, \ldots, N$ se llaman *funciones de forma* y proporcionan una base para el espacio vectorial $V_h^0$.

Por consiguiente, podemos limitarnos a verificar (8.19) sólo para las funciones de forma $\varphi_j$, $j = 1, \ldots, N$. Explotando el hecho de que $\varphi_j$ se anula fuera de los intervalos $I_{j-1}$ y $I_j$, a partir de (8.19) obtenemos

$$\int_{I_{j-1} \cup I_j} u_h'(x)\varphi_j'(x) \, dx = \int_{I_{j-1} \cup I_j} f(x)\varphi_j(x) \, dx, \quad j = 1, \ldots, N. \quad (8.20)$$

Por otra parte, podemos escribir $u_h(x) = \sum_{j=1}^N u_j\varphi_j(x) + \alpha\varphi_0(x) + \beta\varphi_{N+1}(x)$, donde $u_j = u_h(x_j)$, $\varphi_0(x) = (a+h-x)/h$ para $a \le x \le a+h$,

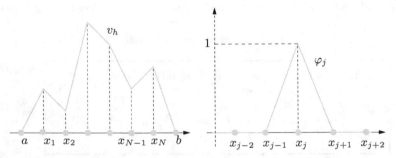

**Figura 8.2.** A la izquierda, una función genérica $v_h \in V_h^0$. A la derecha, la función de la base de $V_h^0$ asociada al $k$-ésimo nudo

y $\varphi_{N+1}(x) = (x-b+h)/h$ para $b-h \leq x \leq b$, mientras que ambos, $\varphi_0(x)$ y $\varphi_{N+1}(x)$, son cero en caso contrario. Sustituyendo esta expresión en (8.20), hallamos que, para todo $j = 1, \ldots, N$

$$u_{j-1} \int_{I_{j-1}} \varphi'_{j-1}(x)\varphi'_j(x) \, dx + u_j \int_{I_{j-1}\cup I_j} \varphi'_j(x)\varphi'_j(x) \, dx$$

$$+u_{j+1} \int_{I_j} \varphi'_{j+1}(x)\varphi'_j(x) \, dx = \int_{I_{j-1}\cup I_j} f(x)\varphi_j(x) \, dx + B_{1,j} + B_{N,j},$$

donde

$$B_{1,j} = \begin{cases} -\alpha \int_{I_0} \varphi'_0(x)\varphi'_1(x) \, dx = -\dfrac{\alpha}{x_1 - a} & \text{si } j = 1, \\ 0 \text{ en caso contrario,} \end{cases}$$

mientras que

$$B_{N,j} = \begin{cases} -\beta \int_{I_N} \varphi'_{N+1}(x)\varphi'_j(x) \, dx = -\dfrac{\beta}{b - x_N} & \text{si } j = N, \\ 0 \text{ en caso contrario.} \end{cases}$$

En el caso especial de que todos los intervalos tengan la misma longitud $h$, entonces $\varphi'_{j-1} = -1/h$ en $I_{j-1}$, $\varphi'_j = 1/h$ en $I_{j-1}$, $\varphi'_j = -1/h$ en $I_j$ y $\varphi'_{j+1} = 1/h$ en $I_j$. Por consiguiente, obtenemos para $j = 1, \ldots, N$

$$-u_{j-1} + 2u_j - u_{j+1} = h \int_{I_{j-1}\cup I_j} f(x)\varphi_j(x) \, dx + B_{1,j} + B_{N,j}.$$

Este sistema lineal tiene la misma matriz que el sistema de diferencias finitas (8.14), pero un segundo miembro diferente (y también una solución diferente, a pesar de la coincidencia de notación). Las soluciones por diferencias finitas y elementos finitos comparten, sin embargo la misma precisión con respecto a $h$ cuando se calcula el error nodal máximo.

Obviamente el método de elementos finitos se puede generalizar a problemas como (8.17) (también al caso en que $\delta$ y $\gamma$ dependan de $x$). Un generalización adicional consiste en usar polinomios a trozos de grado mayor que 1, permitiendo alcanzar órdenes de convergencia superiores. En esos casos, la matriz de elementos finitos ya no coincide con la de diferencias finitas, y el orden de convergencia es mayor que cuando se usan funciones lineales a trozos.

Véanse los Ejercicios 8.1-8.8.

### 8.1.3 Aproximación por diferencias finitas de problemas bidimensionales

Consideremos una ecuación en derivadas parciales, por ejemplo la ecuación (8.2), en una región bidimensional $\Omega$.

La idea que está detrás del método de diferencias finitas es aproximar las derivadas parciales presentes en la ecuación, de nuevo por cocientes incrementales calculados sobre una malla conveniente (llamada malla computacional) compuesta por un número finito de nudos. Entonces la solución $u$ de la ecuación en derivadas parciales será aproximada sólo en esos nudos.

Por consiguiente, el primer paso consiste en introducir una malla computacional. Supongamos por simplicidad que $\Omega$ es el rectángulo $(a, b) \times (c, d)$. Introduzcamos una partición de $[a, b]$ en subintervalos $(x_k, x_{k+1})$ para $k = 0, \ldots, N_x$, con $x_0 = a$ y $x_{N_x+1} = b$. Denotemos por $\Delta_x = \{x_0, \ldots, x_{N_x+1}\}$ el conjunto de los extremos de tales intervalos y por $h_x = \max\limits_{k=0,\ldots,N_x} (x_{k+1} - x_k)$ su máxima longitud.

De manera similar introducimos una discretización del eje $y$ $\Delta_y = \{y_0, \ldots, y_{N_y+1}\}$ con $y_0 = c$ y $y_{N_y+1} = d$. El producto cartesiano $\Delta_h = \Delta_x \times \Delta_y$ proporciona la malla computacional de $\Omega$ (véase la Figura 8.3), y $h = \max\{h_x, h_y\}$ es una medida característica del tamaño de la malla. Buscamos valores $u_{i,j}$ que aproximen a $u(x_i, y_j)$. Supondremos por simplicidad que los nudos están uniformemente espaciados, esto es, $x_i = x_0 + ih_x$ para $i = 0, \ldots, N_x+1$ e $y_j = y_0 + jh_y$ para $j = 0, \ldots, N_y+1$.

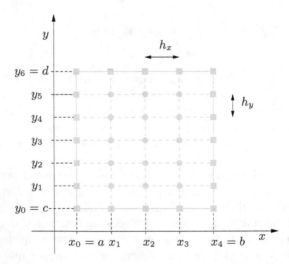

**Figura 8.3.** La malla computacional $\Delta_h$ con sólo 15 nudos interiores en un dominio rectangular

Las derivadas parciales de segundo orden de una función pueden aproximarse por un cociente incremental adecuado, como hicimos con las derivadas ordinarias. En el caso de una función de dos variables, definimos los siguientes cocientes incrementales:

$$\delta_x^2 u_{i,j} = \frac{u_{i-1,j} - 2u_{i,j} + u_{i+1,j}}{h_x^2},$$
$$\delta_y^2 u_{i,j} = \frac{u_{i,j-1} - 2u_{i,j} + u_{i,j+1}}{h_y^2}. \tag{8.21}$$

Estos cocientes tiene precisión de segundo orden con respecto a $h_x$ y $h_y$, respectivamente, para la aproximación de $\partial^2 u/\partial x^2$ y $\partial^2 u/\partial y^2$ en el nudo $(x_i, y_j)$. Si reemplazamos las derivadas parciales de segundo orden de $u$ por la fórmula (8.21), y requerimos que la ecuación en derivadas parciales se satisfaga en todos los nudos interiores de $\Delta_h$, obtenemos el siguiente conjunto de ecuaciones:

$$-(\delta_x^2 u_{i,j} + \delta_y^2 u_{i,j}) = f_{i,j}, \quad i = 1, \dots, N_x, \ j = 1, \dots, N_y. \tag{8.22}$$

Hemos puesto $f_{i,j} = f(x_i, y_j)$. Debemos añadir las ecuaciones que fuerzan los datos de Dirichlet en la frontera, que son

$$u_{i,j} = g_{i,j} \quad \forall i, j \text{ tal que } (x_i, y_j) \in \partial\Delta_h, \tag{8.23}$$

donde $\partial\Delta_h$ indica el conjunto de nudos que pertenecen a la frontera $\partial\Omega$ de $\Omega$. Estos nudos se indican mediante pequeños cuadrados en la Figura 8.3. Si hacemos la hipótesis adicional de que la malla computacional es uniforme en ambas direcciones cartesianas, esto es, $h_x = h_y = h$, en lugar de (8.22) obtenemos

$$-\frac{1}{h^2}(u_{i-1,j} + u_{i,j-1} - 4u_{i,j} + u_{i,j+1} + u_{i+1,j}) = f_{i,j},$$
$$i = 1, \dots, N_x, \ j = 1, \dots, N_y \tag{8.24}$$

El sistema dado por las ecuaciones (8.24) (o (8.22)) y (8.23) permite el cálculo de los valores nodales $u_{i,j}$ en todos los nudos de $\Delta_h$. Para cada par fijo de índices $i$ y $j$, la ecuación (8.24) involucra cinco valores nodales desconocidos como podemos ver en la Figura 8.4. Por este motivo este esquema en diferencias finitas se llama *esquema de cinco puntos* para el operador de Laplace. Observemos que las incógnitas asociadas a los nudos de la frontera se pueden eliminar usando (8.23) (u (8.22)), y por consiguiente (8.24) sólo involucra $N = N_x N_y$ incógnitas.

El sistema resultante se puede escribir de forma más interesante si adoptamos el orden *lexicográfico* de acuerdo con el cual los nudos (y, en correspondencia con ellos, las componentes incógnitas) se numeran procediendo de izquierda a derecha y de arriba a abajo. Obtenemos un

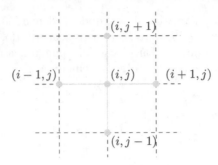

**Figura 8.4.** Plantilla del esquema de cinco puntos para el operador de Laplace

sistema de la forma (8.14), con una matriz $A \in \mathbb{R}^{N \times N}$ que toma la siguiente forma tridiagonal por bloques:

$$A = \operatorname{tridiag}(D, T, D). \tag{8.25}$$

Hay $N_y$ filas y $N_y$ columnas y cada elemento (denotado por una letra mayúscula) consiste en una matriz $N_x \times N_x$. En particular, $D \in \mathbb{R}^{N_x \times N_x}$ es una matriz diagonal cuyos elementos diagonales son $-1/h_y^2$, mientras que $T \in \mathbb{R}^{N_x \times N_x}$ es una matriz tridiagonal simétrica

$$T = \operatorname{tridiag}(-\frac{1}{h_x^2}, \frac{2}{h_x^2} + \frac{2}{h_y^2}, -\frac{1}{h_x^2}).$$

$A$ es simétrica ya que todos los bloques diagonales son simétricos. También es definida positiva, esto es $\mathbf{v}^T A \mathbf{v} > 0 \ \forall \mathbf{v} \in \mathbb{R}^N, \ \mathbf{v} \neq \mathbf{0}$. En efecto, partiendo $\mathbf{v}$ en $N_y$ vectores $\mathbf{v}_i$ de longitud $N_x$ obtenemos

$$\mathbf{v}^T A \mathbf{v} = \sum_{k=1}^{N_y} \mathbf{v}_k^T T \mathbf{v}_k - \frac{2}{h_y^2} \sum_{k=1}^{N_y-1} \mathbf{v}_k^T \mathbf{v}_{k+1}. \tag{8.26}$$

Podemos escribir $T = 2/h_y^2 I + 1/h_x^2 K$ donde $K$ es la matriz (simétrica y definida positiva) dada en (8.15). Por consiguiente, (8.26) se escribe

$$(\mathbf{v}_1^T K \mathbf{v}_1 + \mathbf{v}_2^T K \mathbf{v}_2 + \ldots + \mathbf{v}_{N_y}^T K \mathbf{v}_{N_y})/h_x^2$$

que es un número real estrictamente positivo ya que $K$ es definida positiva y al menos un vector $\mathbf{v}_i$ es no nulo.

Habiendo probado que $A$ es no singular podemos concluir que el sistema de diferencias finitas admite solución única $\mathbf{u}_h$.

La matriz $A$ es *hueca*; será almacenada como tal en el formato `sparse` de MATLAB (véase la Sección 5.4). En la Figura 8.5 (obtenida usando el comando `spy(A)`) mostramos la estructura de la matriz correspondiente a una malla uniforme de $11 \times 11$ nudos, después de haber eliminado las

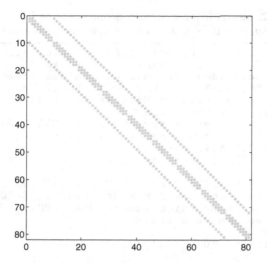

**Figura 8.5.** Patrón de la matriz asociada al esquema de cinco puntos usando el orden lexicográfico de las incógnitas

filas y columnas asociadas a los nudos de $\partial\Delta_h$. Puede observarse que los únicos elementos no nulos están en cinco diagonales.

Como A es simétrica y definida positiva, el sistema asociado puede resolverse eficientemente por métodos directos o iterativos, como se ilustró en el Capítulo 5. Finalmente, cabe señalar que A comparte con su análoga unidimensional la propiedad de estar mal acondicionada: en efecto, su número de condición crece como $h^{-2}$ cuando $h$ tiende a cero, donde $h = \max(h_x, h_y)$.

En el Programa 8.2 construimos y resolvemos el sistema (8.22)-(8.23) (usando el comando \, véase la Sección 5.6). Los parámetros de entrada a, b, c y d denotan las esquinas del dominio rectangular $\Omega = (a, c) \times (b, d)$, mientras que nx y ny denotan los valores de $N_x$ y $N_y$ (se admite el caso $N_x \neq N_y$). Finalmente, las dos cadenas fun y bound representan el segundo miembro $f = f(x, y)$ (también llamado término fuente) y el dato de frontera $g = g(x, y)$. La salida es un tablero bidimensional u cuyo elemento $i, j$-ésimo es el valor nodal $u_{i,j}$. La solución numérica puede ser visualizada mediante el comando mesh(x,y,u). La cadena de caracteres (opcional) uex representa la solución exacta del problema original para los casos (de interés teórico) en los que esta solución se conoce. En tales casos, el parámetro de salida error contiene el error nodal relativo entre las soluciones exacta y numérica, que se calcula como sigue:

$$\text{error} = \max_{i,j}|u(x_i, y_j) - u_{i,j}|/\max_{i,j}|u(x_i, y_j)|.$$

**Programa 8.2. poissonfd**: aproximación del problema de Poisson con dato de Dirichlet mediante el método de diferencias finitas con cinco puntos

```
function [u,x,y,error]=poissonfd(a,c,b,d,nx,ny,fun,...
                        bound,uex,varargin)
%POISSONFD Resolvedor de Poisson bidimensional
%   [U,X,Y]=POISSONFD(A,C,B,D,NX,NY,FUN,BOUND) resuelve
%   mediante el esquema en diferencias finitas de
%   cinco puntos el problema
%   -LAPL(U) = FUN en el rectangulo (A,C)X(B,D) con
%   condiciones de contorno de Dirichlet
%   U(X,Y)=BOUND(X,Y) para
%   cualquier (X,Y) sobre la frontera del rectangulo.
%
%   [U,X,Y,ERROR]=POISSONFD(A,C,B,D,NX,NY,FUN,BOUND,UEX)
%   calcula tambien el error nodal maximo, ERROR, con
%   respecto a la solucion exacta UEX. FUN,BOUND y UEX
%   pueden ser funcione inline.
if nargin == 8
    uex = inline('0','x','y');
end
nx=nx+1;    ny=ny+1;   hx=(b-a)/nx; hy=(d-c)/ny;
nx1=nx+1;   hx2=hx^2; hy2=hy^2;
kii=2/hx2+2/hy2;       kix=-1/hx2;  kiy=-1/hy2;
dim=(nx+1)*(ny+1);     K=speye(dim,dim);
rhs=zeros(dim,1);
y = c;
for m = 2:ny
    x = a; y = y + hy;
    for n = 2:nx
        i = n+(m-1)*(nx+1);
        x = x + hx;
        rhs(i) = feval(fun,x,y,varargin{:});
        K(i,i) = kii;          K(i,i-1) = kix;
        K(i,i+1) = kix;        K(i,i+nx1) = kiy;
        K(i,i-nx1) = kiy;
    end
end
rhs1 = zeros(dim,1);
x = [a:hx:b];
rhs1(1:nx1) = feval(bound,x,c,varargin{:});
rhs1(dim-nx:dim) = feval(bound,x,d,varargin{:});
y = [c:hy:d];
rhs1(1:nx1:dim-nx) = feval(bound,a,y,varargin{:});
rhs1(nx1:nx1:dim) = feval(bound,b,y,varargin{:});
rhs = rhs - K*rhs1;
nbound = [[1:nx1],[dim-nx:dim],...
          [1:nx1:dim-nx],[nx1:nx1:dim]];
ninternal = setdiff([1:dim],nbound);
K = K(ninternal,ninternal);
rhs = rhs(ninternal);
utemp = K\rhs;
uh = rhs1;
uh (ninternal) = utemp;
k = 1; y = c;
for j = 1:ny+1
    x = a;
    for i = 1:nx1
        u(i,j) = uh(k);
```

```
        k = k + 1;
        ue(i,j) = feval(uex,x,y,varargin{:});
        x = x + hx;
    end
    y = y + hy;
end
x = [a:hx:b];
y = [c:hy:d];
if nargout == 4
  if nargin == 8
     warning('Solucion exacta no disponible');
     error = [ ];
  else
     error = max(max(abs(u-ue)))/max(max(abs(ue)));
  end
end
return
```

**Ejemplo 8.1** El desplazamiento transversal $u$ de una membrana elástica desde un plano de referencia $\Omega = (0,1)^2$ bajo una carga cuya intensidad es $f(x,y) = 8\pi^2 \text{sen}(2\pi x)\cos(2\pi y)$ satisface un problema de tipo Poisson (8.2) en el dominio $\Omega$. El valor de Dirichlet del desplazamiento se prescribe en $\partial\Omega$ como sigue: $g = 0$ sobre los lados $x = 0$ y $x = 1$, y $g(x,0) = g(x,1) = \text{sen}(2\pi x)$, $0 < x < 1$. Este problema admite la solución exacta $u(x,y) = \text{sen}(2\pi x)\cos(2\pi y)$. En la Figura 8.6 mostramos la solución numérica obtenida mediante el esquema en diferencias finitas de cinco puntos sobre una malla uniforme. Se han utilizado dos valores diferentes de $h$: $h = 1/10$ (*izquierda*) y $h = 1/20$ (*derecha*). Cuando $h$ decrece la solución numérica mejora, y el error relativo nodal es 0.0292 para $h = 1/10$ y 0.0081 para $h = 1/20$.    ■

El método de elementos finitos también puede extenderse fácilmente al caso bidimensional. Para ello, el problema (8.2) debe ser reformulado en forma integral y la partición del intervalo $(a,b)$ en una dimensión debe ser reemplazada por una descomposición de $\Omega$ en polígonos (típicamente, triángulos) llamados *elementos*. La función de forma $\varphi_k$ todavía será una

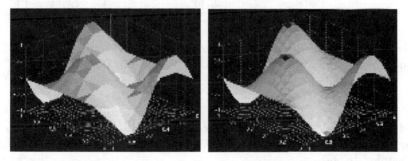

**Figura 8.6.** Desplazamiento transversal de una membrana elástica calculado sobre dos mallas uniformes. En el plano horizontal mostramos las isolíneas de la solución numérica. La partición triangular de $\Omega$ sólo sirve para la visualización de los resultados

función continua, cuya restricción a cada elemento es un polinomio de grado 1, que vale 1 en el $k$-ésimo vértice (o nudo) de la triangulación y 0 en todos los demás. Para su implementación se puede usar la *toolbox* pde    de MATLAB pde.

### 8.1.4 Consistencia y convergencia

En la sección anterior hemos demostrado que la solución del problema en diferencias finitas existe y es única. Ahora investigamos el error de la aproximación. Supondremos por simplicidad que $h_x = h_y = h$. Si

$$\max_{i,j} |u(x_i, y_j) - u_{i,j}| \to 0 \quad \text{cuando } h \to 0 \tag{8.27}$$

el método se dice convergente.

Como hemos señalado anteriormente, la consistencia es una condición necesaria para la convergencia. Un método es *consistente* si el residuo que se obtiene cuando la solución exacta se introduce en el esquema numérico tiende a cero cuando $h$ tiende a cero. Si consideramos el esquema en diferencias finitas de cinco puntos, en cada nudo interior $(x_i, y_j)$ de $\Delta_h$ definimos

$$\tau_h(x_i, y_j) = -f(x_i, y_j)$$

$$-\frac{1}{h^2} \left[ u(x_{i-1}, y_j) + u(x_i, y_{j-1}) - 4u(x_i, y_j) + u(x_i, y_{j+1}) + u(x_{i+1}, y_j) \right].$$

Este es el *error local de truncamiento* en el nudo $(x_i, y_j)$. Mediante (8.2) obtenemos

$$\tau_h(x_i, y_j) = \left\{ \frac{\partial^2 u}{\partial x^2}(x_i, y_j) - \frac{u(x_{i-1}, y_j) - 2u(x_i, y_j) + u(x_{i+1}, y_j)}{h^2} \right\}$$

$$+ \left\{ \frac{\partial^2 u}{\partial y^2}(x_i, y_j) - \frac{u(x_i, y_{j-1}) - 2u(x_i, y_j) + u(x_i, y_{j+1})}{h^2} \right\}.$$

Gracias al análisis llevado a cabo en la Sección 8.1.3 podemos concluir que ambos términos se anulan cuando $h$ tiende a 0. De este modo

$$\lim_{h \to 0} \tau_h(x_i, y_j) = 0, \quad \forall (x_i, y_j) \in \Delta_h \setminus \partial\Delta_h,$$

esto es, el método de cinco puntos es consistente. También es convergente, como establece la siguiente Proposición (para su demostración, véase, por ejemplo, [IK66]):

**Proposición 8.1** *Supongamos que la solución exacta $u \in C^4(\bar{\Omega})$, es decir todas sus derivadas parciales hasta el cuarto orden son continuas en el dominio cerrado $\bar{\Omega}$. Entonces existe una constante $C > 0$ tal que*

$$\boxed{\max_{i,j}|u(x_i, y_j) - u_{i,j}| \le CMh^2} \tag{8.28}$$

*donde $M$ es el máximo valor absoluto alcanzado por las derivadas de cuarto orden de $u$ en $\bar{\Omega}$.*

**Ejemplo 8.2** Comprobemos que el esquema de cinco puntos aplicado a resolver el problema de Poisson del Ejemplo 8.1 converge con orden dos, con respecto a $h$. Partimos de $h = 1/4$ y entonces dividimos el valor de $h$ por dos sucesivamente, hasta $h = 1/64$, mediante las siguientes instrucciones:

```
a=0;b=1;c=0;d=1;
f=inline('8*pi^2*sin(2*pi*x).*cos(2*pi*y)','x','y');
g=inline('sin(2*pi*x).*cos(2*pi*y)','x','y');
uex=g; nx=4; ny=4;
for n=1:5
  [u,x,y,error(n)]=poissonfd(a,c,b,d,nx,ny,f,g,uex);
  nx = 2*nx; ny = 2*ny;
end
```

El vector que contiene el error es

```
format short e; error
```

```
    1.3565e-01    4.3393e-02    1.2308e-02    3.2775e-03    8.4557e-04
```

Como podemos comprobar utilizando los siguientes comandos

```
p=log(abs(error(1:end-1)./error(2:end)))/log(2)
```

```
    1.6443e+00    1.8179e+00    1.9089e+00    1.9546e+00
```

este error decrece como $h^2$ cuando $h \to 0$.    ∎

## Resumamos

1. Los problemas de contorno son ecuaciones diferenciales planteadas en un domino espacial $\Omega \subset \mathbb{R}^d$ (que es un intervalo si $d = 1$) que requieren información sobre la solución en la frontera del dominio;

2. las aproximaciones por diferencias finitas se basan en la discretización de la ecuación diferencial dada en puntos seleccionados (llamados nudos) donde las derivadas son reemplazadas por fórmulas en diferencias finitas;

3. el método de diferencias finitas proporciona un vector nodal cuyas componentes convergen a los correspondientes valores nodales de la solución exacta, cuadráticamente con respecto al tamaño de la malla;

4. el método de elementos finitos está basado en una reformulación integral adecuada de la ecuación diferencial original, y luego sobre la hipótesis de que la solución aproximada es polinómica a trozos;

5. las matrices que surgen en las aproximaciones por diferencias finitas y elementos finitos son huecas y mal acondicionadas.

## 8.2 Aproximación por diferencias finitas de la ecuación del calor

Consideramos la ecuación del calor unidimensional (8.4) con condiciones de contorno de Dirichlet homogéneas $u(a,t) = u(b,t) = 0$ para cualquier $t > 0$ y condición inicial $u(x,0) = u_0(x)$ para $x \in [a,b]$.

Para resolver numéricamente esta ecuación tenemos que discretizar en ambas variables $x$ y $t$. Podemos empezar tratando la variable $x$, siguiendo el mismo enfoque que en la Sección 8.1.1. Denotamos por $u_j(t)$ una aproximación de $u(x_j, t)$, $j = 0, \ldots, N$, y aproximamos el problema de Dirichlet (8.4) por el esquema: para todo $t > 0$

$$\frac{du_j}{dt}(t) - \frac{\mu}{h^2}(u_{j-1}(t) - 2u_j(t) + u_{j+1}(t)) = f_j(t), \quad j = 1, \ldots, N-1,$$

$$u_0(t) = u_N(t) = 0,$$

donde $f_j(t) = f(x_j, t)$ y, para $t = 0$,

$$u_j(0) = u_0(x_j), \qquad j = 0, \ldots, N.$$

Esto es realmente una *semidiscretización* de la ecuación del calor, que produce un sistema de ecuaciones diferenciales ordinarias de la forma siguiente

$$\begin{cases} \dfrac{d\mathbf{u}}{dt}(t) = -\dfrac{\mu}{h^2}\mathbf{A}\mathbf{u}(t) + \mathbf{f}(t), & \forall t > 0, \\ \mathbf{u}(0) = \mathbf{u}_0, \end{cases} \tag{8.29}$$

donde $\mathbf{u}(t) = (u_1(t), \ldots, u_{N-1}(t))^T$ es el vector de incógnitas, $\mathbf{f}(t) = (f_1(t), \ldots, f_{N-1}(t))^T$, $\mathbf{u}_0 = (u_0(x_1), \ldots, u_0(x_{N-1}))^T$ y A es la matriz tridiagonal introducida en (8.15). Nótese que para la deducción de (8.29) hemos supuesto que $u_0(x_0) = u_0(x_N) = 0$, lo cual es coherente con las condiciones de contorno de Dirichlet homogéneas.

Un esquema popular para la integración de (8.29) con respecto al tiempo es el llamado $\theta-método$. Sea $\Delta t > 0$ un paso de tiempo constante, y denotemos por $v^k$ el valor de una variable $v$ referida al nivel de tiempo $t^k = k\Delta t$. Entonces el $\theta$-método se escribe

$$
\boxed{
\begin{aligned}
\frac{\mathbf{u}^{k+1} - \mathbf{u}^k}{\Delta t} &= -\frac{\mu}{h^2} \mathrm{A}(\theta \mathbf{u}^{k+1} + (1-\theta)\mathbf{u}^k) + \theta \mathbf{f}^{k+1} + (1-\theta)\mathbf{f}^k, \\
& \qquad\qquad\qquad\qquad\qquad\qquad k = 0, 1, \ldots \\
\mathbf{u}^0 &= \mathbf{u}_0
\end{aligned}
}
\tag{8.30}
$$

o, equivalentemente,

$$
\left(\mathrm{I} + \frac{\mu}{h^2}\theta\Delta t\mathrm{A}\right)\mathbf{u}^{k+1} = \left(\mathrm{I} - \frac{\mu}{h^2}\Delta t(1-\theta)\mathrm{A}\right)\mathbf{u}^k + \mathbf{g}^{k+1}, \tag{8.31}
$$

donde $\mathbf{g}^{k+1} = \Delta t(\theta\mathbf{f}^{k+1} + (1-\theta)\mathbf{f}^k)$ e I es la matriz identidad de orden $N-1$.

Para valores convenientes del parámetro $\theta$, podemos recuperar de (8.31) algunos métodos familiares que han sido introducidos en el Capítulo 7. Por ejemplo, si $\theta = 0$ el método (8.31) coincide con el esquema de Euler progresivo y podemos obtener $\mathbf{u}^{k+1}$ explícitamente; en caso contrario, hay que resolver un sistema lineal (con matriz constante $\mathrm{I} + \mu\theta\Delta t\mathrm{A}/h^2$) en cada paso de tiempo.

Con respecto a la estabilidad, cuando $f = 0$ la solución exacta $u(x,t)$ tiende a cero para cada $x$ cuando $t \to \infty$. Entonces esperaríamos que la solución discreta tuviese el mismo comportamiento, en cuyo caso diríamos que nuestro esquema (8.31) es *asintóticamente estable*, siendo esto coherente con lo que hicimos en la Sección 7.5 para ecuaciones diferenciales ordinarias.

Si $\theta - 0$, de (8.31) se sigue que

$$
\mathbf{u}^k = (\mathrm{I} - \mu\Delta t\mathrm{A}/h^2)^k \mathbf{u}^0, \qquad k = 1, 2, \ldots
$$

de donde $\mathbf{u}^k \to \mathbf{0}$ cuando $k \to \infty$ si y sólo si

$$
\rho(\mathrm{I} - \mu\Delta t\mathrm{A}/h^2) < 1. \tag{8.32}
$$

Por otra parte, los autovalores $\lambda_j$ de A están dados por (véase el Ejercicio 8.2) $\lambda_j = 2 - 2\cos(j\pi/N)$, $j = 1, \ldots, N-1$. Por tanto (8.32) se satisface si y sólo si

$$
\Delta t < \frac{1}{2\mu}h^2.
$$

Como se esperaba, el método de Euler progresivo es condicionalmente estable, y el paso de tiempo $\Delta t$ debería decaer como el cuadrado del paso de la malla $h$.

En el caso del método de Euler regresivo ($\theta = 1$), de (8.31) deduciríamos

$$\mathbf{u}^k = \left[(\mathrm{I} + \mu\varDelta t\mathrm{A}/h^2)^{-1}\right]^k \mathbf{u}^0, \qquad k = 1, 2, \ldots$$

Como todos los autovalores de la matriz $(\mathrm{I} + \mu\varDelta t\mathrm{A}/h^2)^{-1}$ son reales, positivos y estrictamente menores que 1 para cada valor de $\varDelta t$, este esquema es incondicionalmente estable. Con más generalidad, el $\theta$-esquema es incondicionalmente estable para todos los valores $1/2 \leq \theta \leq 1$, y condicionalmente estable si $0 \leq \theta < 1/2$ (véase, por ejemplo, [QSS06, Capítulo 13]).

Por lo que respecta a la precisión del $\theta$-método, su error local de truncamiento es del orden de $\varDelta t + h^2$ si $\theta \neq \frac{1}{2}$ mientras que si $\theta = \frac{1}{2}$ es del orden de $\varDelta t^2 + h^2$. Este último es el *método de Crank-Nicolson* (véase la Sección 7.3) y es, por tanto, incondicionalmente estable y de segundo orden con respecto a $\varDelta t$ y $h$.

Las mismas conclusiones son ciertas para la ecuación del calor en un dominio bidimensional. En ese caso, en el esquema (8.30) se debe sustituir la matriz $\mathrm{A}/h^2$ por la matriz de diferencias finitas definida en (8.25).

El Programa 8.3 resuelve numéricamente la ecuación del calor en el intervalo temporal $(0, T)$ y sobre el dominio cuadrado $\Omega = (a, b) \times (c, d)$ usando el $\theta$-método. Los parámetros de entrada son los vectores xspan=[a,b], yspan=[c,d] y tspan=[0,T], el número de intervalos de discretización en espacio (nstep(1)) y en tiempo (nstep(2)), la cadena de caracteres f que contiene la función $f(t, x_1(t), x_2(t))$, g que contiene la función de Dirichlet y u0 que define la función inicial $u_0(x_1, x_2)$. Finalmente, el número real theta es el coeficiente $\theta$.

**Programa 8.3. heattheta**: $\theta$-método para la ecuación del calor en un dominio cuadrado

```
function [x,u]=heattheta(xspan,tspan,nstep,theta,mu,...
                 u0,g,f,varargin)
%HEATTHETA resuelve la ecuacion del calor con el
%  teta-metodo.
%  [X,U]=HEATTHETA(XSPAN,TSPAN,NSTEP,THETA,MU,U0,G,F)
%  resuelve la ecuacion del calor
%   D U/DT - MU D^2U/DX^2 = F en
%  (XSPAN(1),XSPAN(2)) X (TSPAN(1),TSPAN(2)) usando el
%  teta-metodo con condicion inicial U(X,0)=U0(X) y
%  condiciones de contorno de Dirichlet  U(X,T)=G(X,T)
%  para X=XSPAN(1) y X=XSPAN(2). MU es una constante
%  positiva, F, G y U0 funciones inline, NSTEP(1) es el
%  numero de intervalos de integracion espaciales,
%  NSTEP(2)+1 es el numero de intervalos de
%  integracion en tiempo.
h  = (xspan(2)-xspan(1))/nstep(1);
dt = (tspan(2)-tspan(1))/nstep(2);
N = nstep(1)+1;
 e =
ones(N,1); D = spdiags([-e 2*e -e],[-1,0,1],N,N);
I = speye(N); A = I+mu*dt*theta*D/h^2;
An = I-mu*dt*(1-theta)*D/h^2;
 A(1,:) = 0;
```

```
A(1,1) = 1; A(N,:) = 0; A(N,N) = 1;
x =linspace(xspan(1),xspan(2),N);
x = x'; fn = feval(f,x,tspan(1),varargin{:}); un =
feval(u0,x,varargin{:});
[L,U]=lu(A); for t = tspan(1)+dt:dt:tspan(2)
    fn1 = feval(f,x,t,varargin{:});
    rhs = An*un+dt*(theta*fn1+(1-theta)*fn);
    temp = feval(g,[xspan(1),xspan(2)],t,varargin{:});
    rhs([1,N]) = temp;
    u = L\rhs;
    u = U\u;
    fn = fn1;
    un = u;
end
return
```

**Ejemplo 8.3** Consideramos la ecuación del calor (8.4) en $(a, b) = (0, 1)$ con $\mu = 1$, $f(x, t) = -\text{sen}(x)\text{sen}(t)+\text{sen}(x)\cos(t)$, condición inicial $u(x, 0) = \text{sen}(x)$ y condiciones de contorno $u(0, t) = 0$ y $u(1, t) = \text{sen}(1)\cos(t)$. En este caso la solución exacta es $u(x, t) = \text{sen}(x)\cos(t)$. En la Figura 8.7 comparamos el comportamiento de los errores $\max_{i=0,\dots,N} |u(x_i, 1) - u_i^M|$ frente al paso de tiempo, sobre una malla uniforme en espacio con $h = 0.002$. $\{u_i^M\}$ son los valores de la solución en diferencias finitas calculada en el tiempo $t^M = 1$. Como se esperaba, para $\theta = 0.5$ el $\theta$-método es de segundo orden hasta que el paso de tiempo es tan pequeño que el error espacial domina sobre el error debido a la discretización temporal. ■

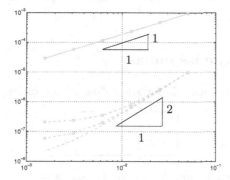

**Figura 8.7.** Error frente a $\Delta t$ para el $\theta$-método (para $\theta = 1$, *línea continua*, y $\theta = 0.5$ *línea de trazos*), para tres valores diferentes de $h$: 0.008 (□), 0.004 (○) y 0.002 (*sin símbolos*)

**Ejemplo 8.4 (Termodinámica)** Consideramos una barra de aluminio (cuya densidad es $\rho = 2700$ kg/m$^3$) de tres metros longitud, con conductividad térmica $k = 273$ W/mK (vatios por metro-Kelvin). Estamos interesados en la evolución de la temperatura en la barra partiendo de la condición inicial

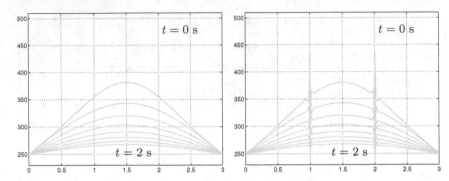

**Figura 8.8.** Perfiles de temperatura en una barra de aluminio para diferentes pasos de tiempo (desde $t = 0$ hasta $t = 2$ segundos con pasos de 0.25 segundos), obtenidos con el método de Euler regresivo (*izquierda*) y el método de Crank-Nicolson (*derecha*)

$T(x, 0) = 500$ K si $x \in (1, 2)$, 250 K en caso contrario, y sometida a la siguiente condición de contorno de Dirichlet: $T(0, t) = T(3, t) = 250$ K. En la Figura 8.8 mostramos la evolución de la temperatura partiendo del dato inicial calculado con el método de Euler ($\theta = 1$, *izquierda*) y el método de Crank-Nicolson ($\theta = 0.5$, *derecha*). Los resultados muestran que el método de Crank-Nicolson sufre una clara inestabilidad debido a la baja regularidad del dato inicial (sobre este punto, véase también [QV94, Capítulo 11]). Por el contrario, el método de Euler implícito proporciona una solución estable que decae correctamente a 250 K cuando $t$ crece, ya que el término fuente $f$ es nulo. ∎

## 8.3 Ecuación de las ondas

Consideramos la ecuación hiperbólica de segundo orden

$$\boxed{\frac{\partial^2 u}{\partial t^2} - c \frac{\partial^2 u}{\partial x^2} = f} \qquad (8.33)$$

Cuando $f = 0$, la solución general de (8.33) es la solución de las ondas viajeras de d'Alembert

$$u(x, t) = \psi_1(\sqrt{c}t - x) + \psi_2(\sqrt{c}t + x), \qquad (8.34)$$

para funciones arbitrarias $\psi_1$ y $\psi_2$.

En lo que sigue consideramos el problema (8.33) para $x \in (a, b)$ y $t > 0$. Por consiguiente, completamos la ecuación diferencial con los datos iniciales

$$u(x, 0) = u_0(x) \text{ y } \frac{\partial u}{\partial t}(x, 0) = v_0(x), \ x \in (a, b),$$

y los datos de contorno

$$u(a,t) = 0 \text{ y } u(b,t) = 0, \ t > 0. \tag{8.35}$$

En este caso, $u$ puede representar el desplazamiento transversal de una cuerda vibrante elástica de longitud $b-a$, fija en los extremos, y $c$ es un coeficiente positivo dependiente de la masa específica de la cuerda y de su tensión. La cuerda está sometida a una fuerza vertical de densidad $f$. Las funciones $u_0(x)$ y $v_0(x)$ denotan, respectivamente, el desplazamiento inicial y la velocidad inicial de la cuerda.

El cambio de variables

$$\omega_1 = \frac{\partial u}{\partial x}, \qquad \omega_2 = \frac{\partial u}{\partial t},$$

transforma (8.33) en el sistema de primer orden

$$\boxed{\frac{\partial \boldsymbol{\omega}}{\partial t} + A\frac{\partial \boldsymbol{\omega}}{\partial x} = \mathbf{f}, \qquad x \in (a,b), \ t > 0} \tag{8.36}$$

donde

$$\boldsymbol{\omega} = \begin{bmatrix} \omega_1 \\ \omega_2 \end{bmatrix}, \quad A = \begin{bmatrix} 0 & -1 \\ -c & 0 \end{bmatrix}, \quad \mathbf{f} = \begin{bmatrix} 0 \\ f \end{bmatrix},$$

y las condiciones iniciales son $\omega_1(x,0) = u_0'(x)$ y $\omega_2(x,0) = v_0(x)$ para $x \in (a,b)$.

En general, podemos considerar sistemas de la forma (8.36) donde $\boldsymbol{\omega}, \mathbf{f} : \mathbb{R} \times [0,\infty) \to \mathbb{R}^p$ y $A \in \mathbb{R}^{p \times p}$ es una matriz de coeficientes constantes. Este sistema se dice *hiperbólico* si $A$ es diagonalizable y tiene autovalores reales, esto es, si existe una matriz no singular $T \in \mathbb{R}^{p \times p}$ tal que

$$A = T\varLambda T^{-1},$$

donde $\varLambda = \mathrm{diag}(\lambda_1, ..., \lambda_p)$ es la matriz diagonal de los autovalores reales de $A$, mientras que $T = (\boldsymbol{\omega}^1, \boldsymbol{\omega}^2, \dots, \boldsymbol{\omega}^p)$ es la matriz cuyos vectores columna son los autovectores por la derecha de $A$. Se tiene

$$A\boldsymbol{\omega}^k = \lambda_k \boldsymbol{\omega}^k, \qquad k = 1, \dots, p.$$

Introduciendo las *variables características* $\mathbf{w} = T^{-1}\boldsymbol{\omega}$, el sistema (8.36) resulta

$$\frac{\partial \mathbf{w}}{\partial t} + \varLambda\frac{\partial \mathbf{w}}{\partial x} = \mathbf{g},$$

donde $\mathbf{g} = T^{-1}\mathbf{f}$. Éste es un sistema de $p$ ecuaciones escalares independientes de la forma

$$\frac{\partial w_k}{\partial t} + \lambda_k \frac{\partial w_k}{\partial x} = g_k, \qquad k = 1, \ldots, p.$$

Cuando $g_k = 0$, su solución está dada por $w_k(x,t) = w_k(x - \lambda_k t, 0)$, $k = 1, \ldots, p$ y así la solución $\boldsymbol{\omega} = \mathbf{Tw}$ del problema (8.36) con $\mathbf{f} = \mathbf{0}$ puede escribirse como

$$\boldsymbol{\omega}(x,t) = \sum_{k=1}^{p} w_k(x - \lambda_k t, 0)\boldsymbol{\omega}^k.$$

La curva $(x_k(t), t)$ en el plano $(x, t)$ que satisface $x_k'(t) = \lambda_k$ es la $k$-ésima curva característica y $w_k$ es constante a lo largo de ella. Entonces $\boldsymbol{\omega}(\overline{x}, \overline{t})$ sólo depende del dato inicial en los puntos $\overline{x} - \lambda_k \overline{t}$. Por esta razón, el conjunto de los $p$ puntos que forman el pie de las características que salen del punto $(\overline{x}, \overline{t})$,

$$D(\overline{t}, \overline{x}) = \{x \in \mathbb{R} \ : \ x = \overline{x} - \lambda_k \overline{t} \ , \ k = 1, ..., p\}, \qquad (8.37)$$

se llama *dominio de dependencia* de la solución $\boldsymbol{\omega}(\overline{x}, \overline{t})$.

Si (8.36) se plantea en un intervalo acotado $(a, b)$ en lugar de en toda la recta real, el punto de entrada para cada variable característica $w_k$ lo determina el signo de $\lambda_k$. De acuerdo con ello, el número de autovalores positivos establece el número de condiciones de contorno que se pueden asignar a $x = a$, mientras que es admisible asignar a $x = b$ un número de condiciones que iguale al número de autovalores negativos.

**Ejemplo 8.5** El sistema (8.36) es hiperbólico ya que A es diagonalizable con la matriz

$$T = \begin{bmatrix} -\dfrac{1}{\sqrt{c}} & \dfrac{1}{\sqrt{c}} \\ 1 & 1 \end{bmatrix}$$

y presenta dos autovalores reales distintos $\pm\sqrt{c}$ (representando las velocidades de propagación de la onda). Además, se necesita prescribir una condición de contorno en cada extremo, como en (8.35). ∎

**Observación 8.1** Nótese que reemplazando $\partial^2 u / \partial t^2$ por $t^2$, $\partial^2 u / \partial x^2$ por $x^2$ y $f$ por uno, la ecuación de las ondas conduce a $t^2 - cx^2 = 1$ que representa una hipérbola en el plano $(x, t)$. Procediendo de manera análoga en el caso de la ecuación del calor (8.4), obtenemos $t - \mu x^2 = 1$ que representa una parábola en el plano $(x, t)$. Finalmente, para la ecuación de Poisson en dos dimensiones, reemplazando $\partial^2 u / \partial x_1^2$ por $x_1^2$, $\partial^2 u / \partial x_2^2$ por $x_2^2$ y $f$ por 1, obtenemos $x_1^2 + x_2^2 = 1$ que representa una elipse en el plano $(x_1, x_2)$. Debido a la interpretación geométrica anterior, los operadores diferenciales correspondientes se clasifican en hiperbólicos, parabólicos y elípticos, respectivamente. ●

### 8.3.1 Aproximación por diferencias finitas

Para discretizar en tiempo la ecuación de las ondas empleamos el método de Newmark (7.59) propuesto en el Capítulo 7. Denotando todavía por $\Delta t$ el paso de tiempo (uniforme) y utilizando en espacio el método clásico de diferencias finitas sobre una malla con nudos $x_j = x_0 + jh$, $j = 0, \ldots, N$, $x_0 = a$ y $x_N = b$, obtenemos el siguiente esquema: para cualquier $n \geq 1$ hallar $\{u_j^n, v_j^n, j = 1, \ldots, N - 1\}$ tales que

$$
\begin{aligned}
u_j^{n+1} &= u_j^n + \Delta t v_j^n \\
&+ \Delta t^2 \left[ \zeta (c w_j^{n+1} + f(t^{n+1}, x_j)) \right. \\
&\left. + (1/2 - \zeta)(c w_j^n + f(t^n, x_j)) \right], \qquad (8.38) \\
v_j^{n+1} &= v_j^n + \Delta t \left[ (1 - \theta)(c w_j^n + f(t^n, x_j)) \right. \\
&\left. + \theta (c w_j^{n+1} + f(t^{n+1}, x_j)) \right],
\end{aligned}
$$

con $u_j^0 = u_0(x_j)$ y $v_j^0 = v_0(x_j)$ y $w_j^k = (u_{j+1}^k - 2u_j^k + u_{j-1}^k)/h^2$ para $k = n$ o $k = n + 1$. El sistema (8.38) debe completarse imponiendo las condiciones de contorno (8.35).

Este método se implementa en el Programa 8.4. Los parámetros de entrada son los vectores xspan=[a,b] y tspan=[0,T], el número de intervalos de discretización en espacio (nstep(1)) y en tiempo (nstep(2)), las cadenas de caracteres, f que contiene la función $f(t, x(t))$, y u0 y v0 para definir el dato inicial. Finalmente, el vector param permite especificar los valores de los coeficientes (param(1)=$\theta$, param(2)=$\zeta$). El método de Newmark es de segundo orden con respecto a $\Delta t$ si $\theta = 1/2$, mientras que es de primer orden si $\theta \neq 1/2$. Además, para asegurar la estabilidad es necesaria la condición $\theta \geq 1/2$ (véase la Sección 7.8).

**Programa 8.4. newmarkwave**: método de Newmark para la ecuación de las ondas

```
function [x,u]=newmarkwave(xspan,tspan,nstep,param,...
                 c,u0,v0,g,f,varargin)
%NEWMARKWAVE resuelve la ecuacion de las ondas con el
%metodo de Newmark.
%[X,U]=NEWMARKWAVE(XSPAN,TSPAN,NSTEP,PARAM,C,U0,V0,G,F)
%resuelve la ecuacion de las ondas
%          D^2 U/DT^2 - C D^2U/DX^2 = F
%en (XSPAN(1),XSPAN(2))x(TSPAN(1),TSPAN(2)) usando el
%metodo de Newmark con condiciones iniciales
%U(X,0)=U0(X), DU/DX(X,0)=V0(X) y condiciones de
%contorno de Dirichlet
%U(X,T)=G(X,T) para X=XSPAN(1) y X=XSPAN(2). C es una
%constante positiva, F,G,U0 y V0 son funciones inline.
%NSTEP(1) es el numero de intervalos de integracion
%espacial, NSTEP(2)+1 es el numero de intervalos de
%integracion en tiempo.
%PARAM(1)=THETA y PARAM(2)=ZETA.
```

```
%[X,U]=NEWMARKWAVE(XSPAN,TSPAN,NSTEP,PARAM,C,UO,VO,G,F,
%P1,P2,...) pasa los parametros adicionales P1,P2,...
%a las funciones UO,VO,G,F.
h   = (xspan(2)-xspan(1))/nstep(1);
dt  = (tspan(2)-tspan(1))/nstep(2);
theta = param(1);   zeta = param(2);
N = nstep(1)+1;
e = ones(N,1);  D = spdiags([e -2*e e],[-1,0,1],N,N);
I = speye(N);
lambda = dt/h;
A = I-c*lambda^2*zeta*D;
An = I+c*lambda^2*(0.5-zeta)*D;
A(1,:) = 0;  A(1,1) = 1;  A(N,:) = 0;  A(N,N) = 1;
x = linspace(xspan(1),xspan(2),N);
x = x';
fn = feval(f,x,tspan(1),varargin{:});
un = feval(u0,x,varargin{:});
vn = feval(v0,x,varargin{:});
[L,U]=lu(A);
alpha = dt^2*zeta; beta = dt^2*(0.5-zeta);
theta1 = 1-theta;
for t = tspan(1)+dt:dt:tspan(2)
    fn1 = feval(f,x,t,varargin{:});
    rhs = An*un+dt*I*vn+alpha*fn1+beta*fn;
    temp = feval(g,[xspan(1),xspan(2)],t,varargin{:});
    rhs([1,N]) = temp;
    u = L\rhs;     u = U\u;
    v = vn + dt*((1-theta)*(c*D*un/h^2+fn)+...
        theta*(c*D*u/h^2+fn1));
    fn = fn1;     un = u;     vn = v;
end
return
```

**Ejemplo 8.6** Haciendo uso del Programa 8.4 estudiamos la evolución de la condición inicial $u_0(x) = e^{-10x^2}$ para $x \in (-2, 2)$. Suponemos $v_0 = 0$ y condiciones de contorno de Dirichlet homogéneas. En la Figura 8.9 comparamos las soluciones obtenidas en el tiempo $t = 3$ usando $h = 0.04$ y pasos de tiempo iguales a 0.15 (*línea de trazos*), a 0.075 (*línea continua*) y a 0.0375 (*línea de puntos y trazos*). Los parámetros del método de Newmark son $\theta = 1/2$ y $\zeta = 0.25$, que aseguran un método de segundo orden incondicionalmente estable. ■

**Ejemplo 8.7 (Comunicaciones)** En este ejemplo usamos la ecuación (8.9) para modelar cómo un cable de telégrafo transmite un pulso de voltaje. La ecuación es una combinación de ecuaciones de difusión y de ondas, y tiene en cuenta los efectos de velocidad finita en una ecuación estándar de transporte de masa. En la Figura 8.10 comparamos la evolución de un pulso sinusoidal utilizando la ecuación de las ondas (8.33) (*línea de puntos*) y la ecuación del telégrafo (8.9) con $c = 1$, $\alpha = 2$ y $\beta = 1$ (*línea continua*). La presencia del efecto de la difusión es evidente. ■

Una alternativa al método de Newmark es discretizar el sistema de primer orden equivalente (8.36). Consideramos por simplicidad el caso

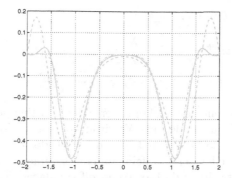

**Figura 8.9.** Comparación entre las soluciones obtenidas utilizando el método de Newmark para una discretización con $h = 0.04$ y $\Delta t = 0.154$ (*línea de trazos*), $\Delta t = 0.075$ (*línea continua*) y $\Delta t = 0.0375$ (*línea de puntos y trazos*)

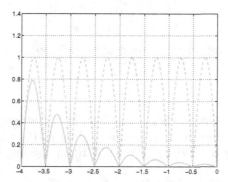

**Figura 8.10.** Propagación de un pulso de voltaje utilizando la ecuación de las ondas (*línea de puntos*) y la ecuación del telégrafo (*línea continua*)

$(a, b) = \mathbb{R}$ y $\mathbf{f} = \mathbf{0}$. Entonces, el semiplano $\{(x, t) : -\infty < x < \infty, \ t > 0\}$ se discretiza escogiendo un tamaño de malla espacial $h$, un paso temporal $\Delta t$ y la malla de puntos $(x_j, t^n)$ como sigue

$$x_j = jh, \quad j \in \mathbb{Z}, \qquad t^n = n\Delta t, \quad n \in \mathbb{N}.$$

Poniendo $\lambda = \Delta t / h$, algunos esquemas populares para la discretización de (8.36) son:

1. el *método de Euler descentrado/progresivo o método upwind*

$$
\begin{aligned}
\boldsymbol{\omega}_j^{n+1} &= \boldsymbol{\omega}_j^n - \frac{\lambda}{2} \mathrm{A}(\boldsymbol{\omega}_{j+1}^n - \boldsymbol{\omega}_{j-1}^n) \\
&+ \frac{\lambda}{2} |\mathrm{A}|(\boldsymbol{\omega}_{j+1}^n - 2\boldsymbol{\omega}_j^n + \boldsymbol{\omega}_{j-1}^n),
\end{aligned}
\tag{8.39}
$$

donde $|\mathrm{A}| = \mathrm{T}|\varLambda|\mathrm{T}^{-1}$ y $|\varLambda|$ es la matriz diagonal de los módulos de los autovalores de A;

2. el *método de Lax-Wendroff*

$$
\begin{aligned}
\boldsymbol{\omega}_j^{n+1} &= \boldsymbol{\omega}_j^n - \frac{\lambda}{2}\mathrm{A}(\boldsymbol{\omega}_{j+1}^n - \boldsymbol{\omega}_{j-1}^n) \\
&+ \frac{\lambda^2}{2}\mathrm{A}^2(\boldsymbol{\omega}_{j+1}^n - 2\boldsymbol{\omega}_j^n + \boldsymbol{\omega}_{j-1}^n).
\end{aligned}
\tag{8.40}
$$

El método descentrado es de primer orden (en tiempo y en espacio), mientras que el esquema de Lax-Wendroff es de segundo orden.

Con respecto a la estabilidad, puesto que todos estos esquemas son explícitos, sólo pueden ser condicionalmente estables. En particular, los esquemas descentrados y de Lax-Wendroff satisfacen $\|\boldsymbol{\omega}^n\|_\Delta \leq \|\boldsymbol{\omega}^0\|_\Delta$, donde

$$
\|\mathbf{v}\|_\Delta = \sqrt{h \sum_{j=-\infty}^{\infty} v_j^2}, \qquad \mathbf{v} = (v_j),
$$

es una norma discreta, bajo la siguiente condición

$$
\Delta t < \frac{h}{\rho(\mathrm{A})},
\tag{8.41}
$$

conocida como condición CFL o de Courant, Friedrichs y Lewy. Como es habitual, $\rho(\mathrm{A})$ denota el radio espectral de A. Para la demostración, véanse, por ejemplo, [QV94], [LeV02], [GR96], [QSS06, Capítulo 13].

Véanse los Ejercicios 8.9-8.10.

## 8.4 Lo que no le hemos dicho

Podríamos decir simplemente que no le hemos dicho casi nada, ya que el campo del análisis numérico que se dedica a la aproximación numérica de las ecuaciones en derivadas parciales es tan amplio y polifacético como para merecer una monografía entera, simplemente para tratar los conceptos más esenciales (véanse, por ejemplo, [TW98], [EEHJ96]).

Nos gustaría mencionar que el método de elementos finitos es hoy día probablemente el método más ampliamente difundido para la resolución numérica de ecuaciones en derivadas parciales (véanse, por ejemplo, [QV94], [Bra97], [BS01]). Como se mencionó anteriormente, la *toolbox* de MATLAB pde permite la resolución de una amplia familia de ecuaciones en derivadas parciales mediante el método de elementos finitos lineales.

Otras técnicas populares son los métodos espectrales (véanse las referencias, [CHQZ06], [Fun92], [BM92], [KS99]) y el método de volúmenes finitos (véanse, [Krö98], [Hir88] y [LeV02]).

**Octave 8.1** Ni Octave ni Octave-forge poseen una *toolbox* **pde**. Sin embargo, pueden encontrarse varios programas en Octave para ecuaciones en derivadas parciales, navegando en la web.    ∎

## 8.5 Ejercicios

**Ejercicio 8.1** Verificar que la matriz (8.15) es definida positiva.

**Ejercicio 8.2** Verificar que los autovalores de la matriz $A \in \mathbb{R}^{(N-1)\times(N-1)}$, definida en (8.15), son

$$\lambda_j = 2(1 - \cos(j\theta)), \quad j = 1, \ldots, N - 1,$$

mientras que los correspondientes autovectores son

$$\mathbf{q}_j = (\text{sen}(j\theta), \text{sen}(2j\theta), \ldots, \text{sen}((N-1)j\theta))^T,$$

donde $\theta = \pi/N$. Deducir que $K(A)$ es proporcional a $h^{-2}$.

**Ejercicio 8.3** Probar que la cantidad (8.12) proporciona una aproximación de segundo orden de $u''(\bar{x})$ con respecto a $h$.

**Ejercicio 8.4** Calcular la matriz y el segundo miembro del esquema numérico que hemos propuesto para aproximar el problema (8.17).

**Ejercicio 8.5** Usar el método de diferencias finitas para aproximar el problema de contorno

$$\begin{cases} -u'' + \dfrac{k}{T}u = \dfrac{w}{T} & \text{en } (0,1), \\ u(0) = u(1) = 0, \end{cases}$$

donde $u = u(x)$ representa el desplazamiento vertical de una cuerda de longitud 1, sometida a una carga transversal de intensidad $w$ por unidad de longitud. $T$ es la tensión y $k$ es el coeficiente elástico de la cuerda. Para el caso de que $w = 1 + \text{sen}(4\pi x)$, $T = 1$ y $k = 0.1$, calcular la solución correspondiente a $h = 1/i$, $i = 10, 20, 40$, y deducir el orden de precisión del método.

**Ejercicio 8.6** Consideramos el problema (8.17) en el intervalo $(0,1)$ con $\gamma = 0$, $f = 0$, $\alpha = 0$ y $\beta = 1$. Utilizando el Programa 8.1 hallar el máximo valor $h_{crit}$ de $h$ para el cual la solución numérica es monótona (como la solución exacta) cuando $\delta = 100$. ¿Qué ocurre si $\delta = 1000$? Sugerir una fórmula empírica para $h_{crit}(\delta)$ como función de $\delta$, y comprobarla para varios valores de $\delta$.

**Ejercicio 8.7** Utilizar el método de diferencias finitas para resolver el problema (8.17) en caso de que se impongan las siguientes condiciones de contorno de *Neumann* en los extremos

$$u'(a) = \alpha, \quad u'(b) = \beta.$$

Emplear las fórmulas dadas en (4.11) para discretizar $u'(a)$ y $u'(b)$.

**Ejercicio 8.8** Verificar que, cuando se emplea una malla uniforme, el segundo miembro del sistema asociado al esquema en diferencias finitas centrado coincide con el del esquema de elementos finitos, con tal de que se utilice la fórmula del trapecio compuesta para calcular las integrales sobre los elementos $I_{k-1}$ y $I_k$.

**Ejercicio 8.9** Verificar que $\operatorname{div}\nabla\phi = \Delta\phi$, donde $\nabla$ es el operador gradiente que asocia a una función $u$ el vector cuyas componentes son las derivadas parciales de primer orden de $u$.

**Ejercicio 8.10 (Termodinámica)** Considérese una placa cuadrada de lado 20 cm y cuya conductividad térmica es $k = 0.2$ cal/s·cm·C. Denótese por $Q = 5$ cal/cm$^3$·s la tasa de producción de calor por unidad de superficie. La temperatura $T = T(x, y)$ de la placa satisface la ecuación $-\Delta T = Q/k$. Asumiendo que $T$ es cero sobre tres lados de la placa y es uno sobre el cuarto, determinar la temperatura $T$ en el centro de la placa.

# 9

# Soluciones de los ejercicios

## 9.1 Capítulo 1

**Solución 1.1** Sólo los números de la forma $\pm 0.1a_2 \cdot 2^e$ con $a_2 = 0, 1$ y $e = \pm 2, \pm 1, 0$ pertenecen al conjunto $\mathbb{F}(2, 2, -2, 2)$. Para un exponente dado, podemos representar en este conjunto sólo los dos números 0.10 y 0.11, y sus opuestos. Por consiguiente, el número de elementos que pertenecen a $\mathbb{F}(2, 2, -2, 2)$ es 20. Finalmente, $\epsilon_M = 1/2$.

**Solución 1.2** Para cualquier exponente fijo, cada uno de los dígitos $a_2, \ldots, a_t$ pueden asumir $\beta$ valores diferentes, mientras que $a_1$ puede asumir sólo $\beta - 1$ valores. Por consiguiente se pueden representar $2(\beta-1)\beta^{t-1}$ números diferentes (el 2 tiene en cuenta el signo positivo y el negativo). Por otra parte, el exponente puede asumir $U - L + 1$ valores. De este modo, el conjunto $\mathbb{F}(\beta, t, L, U)$ contiene $2(\beta - 1)\beta^{t-1}(U - L + 1)$ elementos diferentes.

**Solución 1.3** Gracias a la fórmula de Euler $i = e^{i\pi/2}$; obtenemos $i^i = e^{-\pi/2}$, esto es, un número real. En MATLAB

```
>> exp(-pi/2)
ans =
    0.2079
>> i^i
ans =
    0.2079
```

**Solución 1.4** Utilizar la instrucción U=2*eye(10)-3*diag(ones(8,1),2) (respectivamente, L=2*eye(10)-3*diag(ones(8,1),-2)).

**Solución 1.5** Podemos intercambiar las filas tercera y séptima de la matriz anterior usando las instrucciones: r=[1:10]; r(3)=7; r(7)=3; Lr=L(r,:). Nótese que el carácter : en L(r,:) asegura que todas las columnas de L se recorren en el orden creciente usual (desde la primera hasta la última). Para intercambiar la cuarta columna con la octava podemos escribir c=[1:10]; L(r,:)

`c(8)=4; c(4)=8; Lc=L(:,c).` Pueden utilizarse instrucciones similares para la matriz triangular superior.

**Solución 1.6** Podemos definir la matriz `A = [v1;v2;v3;v4]` donde v1, v2, v3 y v4 son los 4 vectores fila dados. Son linealmente independientes si y sólo si el determinante de `A` es diferente de 0, lo que no es cierto en nuestro caso.

**Solución 1.7** Las dos funciones dadas $f$ y $g$ tienen la expresión simbólica:

```
>> syms x
>> f=sqrt(x^2+1); pretty(f)
```

$$(x^2+1)^{1/2}$$

```
>> g=sin(x^3)+cosh(x); pretty(g)
```

$$\sin(x^3) + \cosh(x)$$

pretty    El comando `pretty(f)` imprime la expresión simbólica `f` en un formato que se parece al de las "matemáticas impresas". En este punto, la expresión simbólica de las derivadas primera y segunda y la integral de $f$ pueden ser obtenidas con las instrucciones siguientes:

```
>> diff(f,x)
ans =
1/(x^2+1)^(1/2)*x
>> diff(f,x,2)
ans =
-1/(x^2+1)^(3/2)*x^2+1/(x^2+1)^(1/2)
>> int(f,x)
ans =
1/2*x*(x^2+1)^(1/2)+1/2*asinh(x)
```

Estas instrucciones pueden utilizarse para la función $g$.

**Solución 1.8** La precisión de las raíces calculadas empeora cuando el grado del polinomio crece. Este experimento revela que el cálculo con precisión de las raíces de un polinomio de alto grado puede ser difícil.

**Solución 1.9** He aquí un posible programa para calcular la sucesión:

```
function I=sequence(n)
I = zeros(n+2,1); I(1) = (exp(1)-1)/exp(1);
for i = 0:n, I(i+2) = 1 - (i+1)*I(i+1); end
```

La sucesión calculada mediante este programa no tiende a cero (cuando n crece), sino que diverge con alternancia de signo.

**Solución 1.10** El comportamiento anómalo de la sucesión calculada se debe a la propagación de errores de redondeo desde la operación más recóndita. En particular, cuando $4^{1-n}z_n^2$ sea menor que $\epsilon_M/2$, los elementos de la sucesión son iguales a 0. Esto ocurre para $n \geq 29$.

**Solución 1.11** El método propuesto es un ejemplo particular del método de Monte Carlo y se implementa mediante el siguiente programa:

```
function mypi=pimontecarlo(n)
x = rand(n,1); y = rand(n,1);
z = x.^2+y.^2;
v = (z <= 1);
m=sum(v); mypi=4*m/n;
```

El comando **rand** genera una sucesión de números pseudoaleatorios. La instrucción v = (z <= 1) es una versión abreviada del siguiente procedimiento: comprobamos si z(k) <= 1 para cualquier componente del vector z. Si la desigualdad se satisface para la k-ésima componente de z (esto es, el punto (x(k),y(k)) pertenece al interior del círculo unidad) v(k) se iguala a 1, y a 0 en caso contrario. El comando **sum(v)** calcula la suma de todas las componentes de v, esto es, el número de puntos que caen en el interior del círculo unidad. $\qquad$ sum

Lanzando el programa de la forma **mypi=pimontecarlo(n)** para diferentes valores de **n**, cuando **n** crece, la aproximación **mypi** de $\pi$ resulta tener más precisión. Por ejemplo, para **n=1000** obtenemos **mypi=3.1120**, mientras que para **n=300000** tenemos **mypi=3.1406**.

**Solución 1.12** Para responder a la cuestión podemos usar la siguiente función:

```
function pig=bbpalgorithm(n)
pig = 0;
for m=0:n
  m8 = 8*m;
  pig = pig + (1/16)^m*(4/(m8+1)-(2/(m8+4)+ ...
         1/(m8+5)+1/(m8+6)));
end
return
```

Para **n=10** obtenemos una aproximación **pig** de $\pi$ que coincide (para la precisión de MATLAB) con la variable persistente de MATLAB **pi**. De hecho, este algoritmo es extremadamente eficiente y permite el cálculo rápido de centenares de dígitos significativos de $\pi$.

**Solución 1.13** Los coeficientes binomiales pueden calcularse mediante el siguiente programa (véase también la función de MATLAB **nchoosek**): $\qquad$ nchoosek

```
function bc=bincoeff(n,k)
k = fix(k); n = fix(n);
if k > n,
 disp('k debe estar entre  0 y n');
 break;
end
if k > n/2, k = n-k; end
if k <= 1,
  bc = n^k;
else
  num = (n-k+1):n; den = 1:k;
  el = num./den; bc = prod(el);
end
```

El comando **fix(k)** redondea **k** al entero más cercano menor que **k**. El comando **disp(string)** muestra la cadena de caracteres, sin imprimir su nombre. $\qquad$ fix
disp

break    En general, el comando break termina la ejecución de los bucles for y
while. Si se ejecuta break en un if, termina la instrucción en ese punto.
prod    Finalmente, prod(el) calcula el producto de todos los elementos del vector
el.

**Solución 1.14** Las funciones siguientes calculan $f_n$ utilizando la forma $f_i = f_{i-1} + f_{i-2}$ (fibrec) o utilizando la forma (1.14) (fibmat):

```
function f=fibrec(n)
if n == 0
    f = 0;
elseif n == 1
    f = 1;
else
    f = fibrec(n-1)+fibrec(n-2);
end
return
```

```
function f=fibmat(n)
f = [0;1];
A = [1 1; 1 0];
f = A^n*f;
f = f(1);
return
```

Para n=20 obtenemos los siguientes resultados:

```
>> t=cputime; fn=fibrec(20), cpu=cputime-t
fn =
        6765
cpu =
    1.3400
>> t=cputime; fn=fibmat(20), cpu=cputime-t
fn =
        6765
cpu =
     0
```

La *function* fibrec requiere mucho más tiempo de CPU que fibmat. La segunda requiere calcular solamente la potencia de una matriz, una operación fácil en MATLAB.


## 9.2 Capítulo 2

**Solución 2.1** El comando fplot nos permite estudiar la gráfica de la función dada $f$ para varios valores de $\gamma$. Para $\gamma = 1$, la función correspondiente no tiene ceros reales. Para $\gamma = 2$, hay sólo un cero, $\alpha = 0$, con multiplicidad igual a cuatro (esto es, $f(\alpha) = f'(\alpha) = f''(\alpha) = f'''(\alpha) = 0$, mientras que $f^{(4)}(\alpha) \neq 0$). Finalmente, para $\gamma = 3$, $f$ tiene dos ceros distintos, uno en el intervalo $(-3, -1)$ y el otro en $(1, 3)$. En el caso $\gamma = 2$, el método de bisección no se puede utilizar ya que es imposible hallar un intervalo $(a, b)$ en el que $f(a)f(b) < 0$. Para $\gamma = 3$, partiendo del intervalo $[a, b] = [-3, -1]$, el método de bisección

(Programa 2.1) converge en 34 iteraciones al valor $\alpha = -1.85792082914850$ (con $f(\alpha) \simeq -3.6 \cdot 10^{-12}$), utilizando las instrucciones siguientes:

```
>> f=inline('cosh(x)+cos(x)-3'); a=-3; b=-1; tol=1.e-10; nmax=200;
>> [zero,res,niter]=bisection(f,a,b,tol,nmax)
zero =
   -1.8579
res =
   -3.6872e-12
niter =
   34
```

Análogamente, escogiendo a=1 y b=3, para $\gamma = 3$ el método de bisección converge después de 34 iteraciones al valor $\alpha = 1.8579208291485$ con $f(\alpha) \simeq -3.6877 \cdot 10^{-12}$.

**Solución 2.2** Tenemos que calcular los ceros de la función $f(V) = pV + aN^2/V - abN^3/V^2 - pNb - kNT$. Dibujando la gráfica de $f$, vemos que esta función tiene justo un cero en el intervalo $(0.01, 0.06)$ con $f(0.01) < 0$ y $f(0.06) > 0$. Podemos calcular este cero utilizando el método de bisección como sigue:

```
>> f=inline('35000000*x+401000./x-17122.7./x.^2-1494500');
>> [zero,res,niter]=bisection(f,0.01,0.06,1.e-12,100)
zero =
   0.0427
res =
  -6.3814e-05
niter =
   35
```

**Solución 2.3** El valor desconocido de $\omega$ es el cero de la función $f(\omega) = s(1,\omega) - 1 = 9.8[\text{senh}(\omega) - \text{sen}(\omega)]/(2\omega^2) - 1$. De la gráfica de $f$ concluimos que $f$ tiene un único cero real en el intervalo $(0.5, 1)$. Partiendo de este intervalo, el método de bisección calcula el valor $\omega = 0.61214447021484$ con la tolerancia deseada, en 15 iteraciones, como sigue:

```
>> f=inline('9.8/2*(sinh (om)- sin(om))./om.^2 -1','om');
>> [zero,res,niter]=bisection(f,0.5,1,1.e-05,100)
zero =
   6.1214e-01
res =
   3.1051e-06
niter =
   15
```

**Solución 2.4** La desigualdad (2.6) puede deducirse observando que $|e^{(k)}| < |I^{(k)}|/2$ con $|I^{(k)}| < \frac{1}{2}|I^{(k-1)}| < 2^{-k-1}(b-a)$. Por consiguiente, el error en la iteración $k_{min}$ será menor que $\varepsilon$ si $k_{min}$ es tal que $2^{-k_{min}-1}(b-a) < \varepsilon$, esto es, $2^{-k_{min}-1} < \varepsilon/(b-a)$, lo que prueba (2.6).

**Solución 2.5** La primera fórmula es menos sensible al error de redondeo.

**Solución 2.6** En la Solución 2.1 hemos analizado los ceros de la función dada con respecto a diferentes valores de $\gamma$. Consideremos el caso en que $\gamma = 2$. Partiendo de la conjetura inicial $x^{(0)} = 1$, el método de Newton (Programa 2.2) converge al valor $\bar{\alpha} = 0.0056$ en 18 iteraciones con `tol=1.e-10` mientras que el cero exacto de $f$ es igual a 0. Esta discrepancia se debe al hecho de que $f$ es casi constante en un entorno de su cero. En realidad, el correspondiente residuo calculado por MATLAB es 0. Pongamos ahora $\gamma = 3$. El método de Newton con `tol=1.e-16` converge al valor $1.85792082915020$ en 9 iteraciones partiendo de $x^{(0)} = 1$, mientras que si $x^{(0)} = -1$ después de 10 iteraciones converge al valor $-1.85792082915020$ (en ambos casos los residuos son cero en MATLAB).

**Solución 2.7** Las raíces cuadrada y cúbica de un número $a$ son las soluciones de las ecuaciones $x^2 = a$ y $x^3 = a$, respectivamente. De este modo, los correspondientes algoritmos son: para un $x^{(0)}$ dado, calcular

$$x^{(k+1)} = \frac{1}{2}\left(x^{(k)} + \frac{a}{x^{(k)}}\right), \ k \geq 0 \qquad \text{para la raíz cuadrada,}$$

$$x^{(k+1)} = \frac{1}{3}\left(2x^{(k)} + \frac{a}{(x^{(k)})^2}\right), \ k \geq 0 \quad \text{para la raíz cúbica.}$$

**Solución 2.8** Poniendo $\delta x^{(k)} = x^{(k)} - \alpha$, del desarrollo de Taylor de $f$ deducimos:

$$\begin{aligned} 0 \ &= f(\alpha) = f(x^{(k)}) - \delta x^{(k)} f'(x^{(k)}) \\ &+ \frac{1}{2}(\delta x^{(k)})^2 f''(x^{(k)}) + \mathcal{O}((\delta x^{(k)})^3). \end{aligned} \qquad (9.1)$$

El método de Newton da

$$\delta x^{(k+1)} = \delta x^{(k)} - f(x^{(k)})/f'(x^{(k)}). \qquad (9.2)$$

Combinando (9.1) con (9.2), tenemos

$$\delta x^{(k+1)} = \frac{1}{2}(\delta x^{(k)})^2 \frac{f''(x^{(k)})}{f'(x^{(k)})} + \mathcal{O}((\delta x^{(k)})^3).$$

Después de dividir por $(\delta x^{(k)})^2$ y haciendo $k \to \infty$ probamos el resultado de convergencia.

**Solución 2.9** Para ciertos valores de $\beta$ la ecuación (2.2) puede tener dos raíces que corresponden a diferentes configuraciones del sistema de barras. Los dos valores iniciales que se sugieren han sido elegidos convenientemente para permitir que el método de Newton converja hacia una u otra raíz, respectivamente. Resolvemos el problema para $\beta = k\pi/100$ con $k = 0, \ldots, 80$ (si $\beta > 2.6389$ el método de Newton no converge ya que el sistema no tiene ninguna configuración admisible). Utilizamos las instrucciones siguientes para obtener la solución del problema (mostrada en la Figura 9.1):

```
>> a1=10; a2=13; a3=8; a4=10;
>> ss = num2str((a1^2 + a2^2 - a3^2+ a4^2)/(2*a2*a4),15);
>> n=100; x01=-0.1; x02=2*pi/3; nmax=100;
>> for i=0:80
    w = i*pi/n; k=i+1; beta(k) = w;
    ws = num2str(w,15);
    f  = inline(['10/13*cos(',ws,')-cos(x)-cos(',ws,'-x)+',ss],'x');
    df = inline(['sin(x)-sin(',ws,'-x)'],'x');
    [zero,res,niter]=newton(f,df,x01,1e-12,nmax);
    alpha1(k) = zero; niter1(k) = niter;
    [zero,res,niter]=newton(f,df,x02,1e-12,nmax);
    alpha2(k) = zero; niter2(k) = niter;
end
```

Las componentes de los vectores alpha1 y alpha2 son los ángulos calculados para diferentes valores de $\beta$, mientras que las componentes de los vectores niter1 y niter2 son el número de iteraciones de Newton (5-7) necesarias para calcular los ceros con la tolerancia exigida.

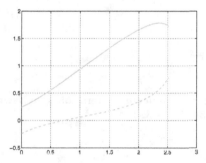

**Figura 9.1.** Curvas que representan las dos posibles configuraciones para $\beta \in [0, 2\pi/3]$

**Solución 2.10** Por inspección de su gráfica vemos que $f$ tiene dos ceros reales positivos ($\alpha_2 \simeq 1.5$ y $\alpha_3 \simeq 2.5$) y uno negativo ($\alpha_1 \simeq -0.5$). El método de Newton converge en 4 iteraciones al valor $\alpha_1$ (habiendo tomado $x^{(0)} = -0.5$ y tol = 1.e-10) :

```
>> f=inline('exp(x)-2*x^2'); df=inline('exp(x)-4*x');
>> x0=-0.5; tol=1.e-10; nmax=100;
>> format long; [zero,res,niter]=newton(f,df,x0,tol,nmax)
zero =
  -0.53983527690282
res =
     0
niter =
     4
```

La función dada tiene un máximo en $\bar{x} \simeq 0.3574$ (que se puede obtener aplicando el método de Newton a la función $f'$): para $x^{(0)} < \bar{x}$ el método converge al cero negativo. Si $x^{(0)} = \bar{x}$ el método de Newton no se puede aplicar ya que $f'(\bar{x}) = 0$. Para $x^{(0)} > \bar{x}$ el método converge al cero positivo.

**Solución 2.11** Pongamos $x^{(0)} = 0$ y tol$= 10^{-17}$. El método de Newton converge en 39 iteraciones al valor $0.64118239763649$, que identificamos con el cero exacto $\alpha$. Podemos observar que los errores (aproximados) $x^{(k)} - \alpha$, para $k = 0, 1, \ldots, 29$, decrecen sólo linealmente cuando $k$ crece. Este comportamiento se debe al hecho de que $\alpha$ tiene multiplicidad mayor que 1 (véase la Figura 9.2). Para recuperar un método de segundo orden podemos utilizar el método de Newton modificado.

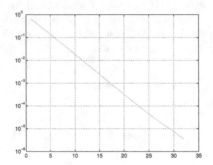

**Figura 9.2.** Error frente a número de iteraciones de Newton para calcular el cero de $f(x) = x^3 - 3x^2 2^{-x} + 3x4^{-x} - 8^{-x}$

**Solución 2.12** Deberíamos calcular el cero de la función $f(x) = \text{sen}(x) - \sqrt{2gh/v_0^2}$. A partir de una inspección de su gráfica, podemos concluir que $f$ tiene un cero en el intervalo $(0, \pi/2)$. El método de Newton con $x^{(0)} = \pi/4$ y tol$= 10^{-10}$ converge en 5 iteraciones al valor $0.45862863227859$.

**Solución 2.13** Usando los datos proporcionados en el ejercicio, la solución puede obtenerse con las instrucciones siguientes:

```
>> f=inline('6000-1000*(1+x).*((1+x).^5 - 1)./x');
>> df=inline('1000*((1+x).^5.*(1-5*x) - 1)./(x.^2)');
>> [zero,res,niter]=bisection(f,0.01,0.1,1.e-12,4);
>> [zero,res,niter]=newton(f,df,zero,1.e-12,100);
```

El método de Newton converge al resultado deseado en 3 iteraciones.

**Solución 2.14** Mediante un estudio gráfico, vemos que (2.32) se satisface para un valor de $\alpha$ en $(\pi/6, \pi/4)$. Utilizando las instrucciones siguientes:

```
>> f=inline('-12*cos(g+a)/sin(g+a)^2-11*cos(a)/sin(a)^2',...
          'a','g','l1','l2');
>> df=inline('12/sin(g+a)+2*12*cos(g+a)^2/sin(g+a)^3+...
11/sin(a)+2*11*cos(a)^2/sin(a)^3','a','g','l1','l2')
>> [zero,res,niter]=newton(f,df,pi/4,1.e-15,100,3*pi/5,8,10);
```

el método de Newton proporciona el valor aproximado 0.59627992746547 en 6 iteraciones, partiendo de $x^{(0)} = \pi/4$. Deducimos que la máxima longitud de una barra que puede pasar por el pasillo es $L = 30.84$.

**Solución 2.15** Si $\alpha$ es un cero de $f$ con multiplicidad $m$, entonces existe una función $h$ tal que $h(\alpha) \neq 0$ y $f(x) = h(x)(x - \alpha)^m$. Calculando la primera derivada de la función de iteración del método de Newton, tenemos

$$\phi_N'(x) = 1 - \frac{[f'(x)]^2 - f(x)f''(x)}{[f'(x)]^2} = \frac{f(x)f''(x)}{[f'(x)]^2}.$$

Reemplazando $f$, $f'$ y $f''$ por las correspondientes expresiones como funciones de $h(x)$ y $(x-\alpha)^m$, obtenemos $\lim_{x \to \alpha} \phi_N'(x) = 1 - 1/m$, por tanto $\phi_N'(\alpha) = 0$ si y sólo si $m = 1$. Por consiguiente, si $m = 1$ el método converge al menos cuadráticamente, de acuerdo con (2.9). Si $m > 1$ el método converge con orden 1 de acuerdo con la Proposición 2.1.

**Solución 2.16** Inspeccionemos la gráfica de $f$ utilizando los comandos siguientes:

```
>> f= 'x.^3+4*x.^2-10'; fplot(f,[-10,10]); grid on;
>> fplot(f,[-5,5]); grid on;
>> fplot(f,[0,5]); grid on
```

Podemos ver que $f$ tiene una sola raíz real, aproximadamente igual a 1.36 (véase la Figura 2.3). La función de iteración y su derivada son:

$$\phi(x) = \frac{2x^3 + 4x^2 + 10}{3x^2 + 8x} = -\frac{f(x)}{3x^2 + 8x} + x,$$

$$\phi'(x) = \frac{(6x^2 + 8x)(3x^2 + 8x) - (6x + 8)(2x^3 + 4x^2 + 10)}{(3x^2 + 8x)^2},$$

y $\phi(\alpha) = \alpha$. Deducimos fácilmente que $\phi'(\alpha) = 0$ observando que $\phi'(x) = (6x + 8)f(x)/(3x^2 + 8x)^2$. Por consiguiente, el método propuesto converge (al menos) cuadráticamente.

**Solución 2.17** El método propuesto es convergente al menos con orden 2 ya que $\phi'(\alpha) = 0$.

**Solución 2.18** Manteniendo el valor de los restantes parámetros, el método converge después de sólo 3 iteraciones al valor 0.64118573049023 que difiere en menos de $10^{-9}$ del resultado calculado anteriormente. Sin embargo, el comportamiento de la función, que es bastante plana cerca de $x = 0$, sugiere que dicho resultado podría ser más preciso. En la Figura 2.4 mostramos la gráfica de $f$ en $(0.5, 0.7)$, obtenida con las instrucciones siguientes:

```
>> f='x^3-3*x^2*2^(-x) + 3*x*4^(-x) - 8^(-x)';
>> fplot(f,[0.5 0.7]); grid on
```

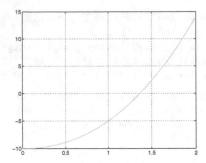

**Figura 2.3.** Gráfica de $f(x) = x^3 + 4x^2 - 10$ para $x \in [0, 2]$

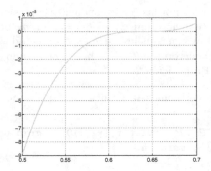

**Figura 2.4.** Gráfica de $f(x) = x^3 - 3x^2 2^{-x} + 3x4^{-x} - 8^{-x}$ para $x \in [0.5, 0.7]$

## 9.3 Capítulo 3

**Solución 3.1** Como $x \in (x_0, x_n)$, existe un intervalo $I_i = (x_{i-1}, x_i)$ tal que $x \in I_i$. Podemos ver fácilmente que $\max_{x \in I_i} |(x - x_{i-1})(x - x_i)| = h^2/4$. Si acotamos superiormente $|x - x_{i+1}|$ por $2h$, $|x - x_{i-2}|$ por $3h$ y así sucesivamente, obtenemos la desigualdad (3.6).

**Solución 3.2** En todos los casos tenemos $n = 4$ y así deberíamos acotar la quinta derivada de cada función en el intervalo dado. Se obtiene: $\max_{x \in [-1,1]} |f_1^{(5)}| < 1.18$, $\max_{x \in [-1,1]} |f_2^{(5)}| < 1.54$, $\max_{x \in [-\pi/2, \pi/2]} |f_3^{(5)}| < 1.41$. Los errores correspondientes están, por tanto, acotados por 0.0018, 0.0024 y 0.0211, respectivamente.

**Solución 3.3** Usando el comando `polyfit` calculamos el polinomio de interpolación de grado 3 en los dos casos:

```
>> years=[1975 1980 1985 1990];
>> east=[70.2 70.2 70.3 71.2];
>> west=[72.8 74.2 75.2 76.4];
>> ceast=polyfit(years,east,3);
```

```
>> cwest=polyfit(years,west,3);
>> esteast=polyval(ceast,[1970 1983 1988 1995])
esteast =
   69.6000    70.2032    70.6992    73.6000
>> estwest=polyval(cwest,[1970 1983 1988 1995])
estwest =
   70.4000    74.8096    75.8576    78.4000
```

De este modo, para Europa Occidental la esperanza de vida en el año 1970 es igual a 70.4 años (estwest(1)), con una discrepancia de 1.4 años con respecto al valor real. La simetría de la gráfica del polinomio de interpolación sugiere que la estimación de la esperanza de vida de 78.4 años para el año 1995, puede ser sobreestimada en la misma cantidad (de hecho, la esperanza de vida real es igual a 77.5 años). Un conclusión diferente resulta para Europa Oriental. En efecto, en ese caso la estimación para 1970 coincide exactamente con el valor real, mientras que la estimación para 1995 es ampliamente sobreestimada (73.6 años en lugar de 71.2).

**Solución 3.4** Elegimos el mes como unidad de tiempo. El tiempo inicial $t_0 = 1$ corresponde a noviembre de 1987, mientras que $t_7 = 157$ corresponde a noviembre de 2000. Mediante las instrucciones siguientes calculamos los coeficientes del polinomio que interpola los precios dados:

```
>> time = [1 14 37 63 87 99 109 157];
>> price = [4.5 5 6 6.5 7 7.5 8 8];
>> [c] = polyfit(time,price,7);
```

Poniendo [price2002]= polyval(c,181) hallamos que el precio estimado del magacín en noviembre 2002 es aproximadamente 11.2 euros.

**Solución 3.5** El *spline* cúbico de interpolación, calculado mediante el comando **spline** coincide, en este caso especial, con el polinomio de interpolación. Esto no sería cierto para el *spline* cúbico de interpolación natural.

**Solución 3.6** Utilizamos las instrucciones siguientes:

```
>> T = [4:4:20];
>> rho=[1000.7794,1000.6427,1000.2805,999.7165,998.9700];
>> Tnew = [6:4:18]; format long e;
>> rhonew = spline(T,rho,Tnew)
rhonew =
  Columns 1 through 2
    1.000740787500000e+03      1.000488237500000e+03
  Columns 3 through 4
    1.000022450000000e+03      9.993649250000000e+02
```

La comparación con las medidas adicionales muestra que la aproximación es extremadamente precisa. Nótese que la ecuación de estado para el agua del mar (UNESCO, 1980) asume una dependencia de cuarto orden de la densidad con respecto a la temperatura. Sin embargo, el coeficiente de la cuarta potencia de $T$ es del orden de $10^{-9}$.

**Solución 3.7** Comparamos los resultados calculados usando el *spline* cúbico de interpolación obtenido mediante el comando de MATLAB `spline` (denotado con **s3**), el *spline* natural de interpolación (**s3n**) y el *spline* de interpolación con derivadas primeras nulas en los extremos del intervalo de interpolación (**s3d**) (calculado con el Programa 3.1). Empleamos las instrucciones siguientes:

```
>> year=[1965 1970 1980 1985 1990 1991];
>> production=[17769 24001 25961 34336 29036 33417];
>> z=[1962:0.1:1992];
>> s3  = spline(year,production,z);
>> s3n = cubicspline(year,production,z);
>> s3d = cubicspline(year,production,z,0,[0 0]);
```

En la tabla siguiente resumimos los valores calculados (expresados en miles de toneladas de bienes):

| año | 1962 | 1977 | 1992 |
|-----|------|------|------|
| s3  | 514.6 | 2264.2 | 4189.4 |
| s3n | 1328.5 | 2293.4 | 3779.8 |
| s3d | 2431.3 | 2312.6 | 2216.6 |

La comparación con los datos reales (1238, 2740.3 y 3205.9 miles de toneladas, respectivamente) muestra que los valores predichos por el *spline* natural son también precisos fuera del intervalo de interpolación (véase la Figura 9.5). Por el contrario, el polinomio de interpolación introduce grandes oscilaciones cerca de este extremo y subestima la producción en unos $-7768.5 \times 10^6$ kg para 1962.

**Solución 3.8** El polinomio de interpolación p y el *spline* s3 pueden ser evaluados mediante las instrucciones siguientes:

```
>> pert = 1.e-04;
>> x=[-1:2/20:1]; y=sin(2*pi*x)+(-1).^[1:21]*pert; z=[-1:0.01:1];
>> c=polyfit(x,y,20); p=polyval(c,z); s3=spline(x,y,z);
```

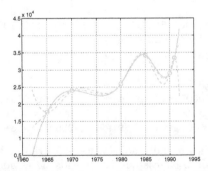

**Figura 9.5.** *Splines* cúbicos s3 (*línea continua*), s3d (*línea de trazos*) y s3n (*línea de puntos*) para los datos del Ejercicio 3.7. Los círculos denotan los valores considerados en la interpolación

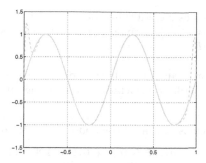

**Figura 3.6.** Polinomio de interpolación (*línea de puntos*) y *splin* cúbico de interpolación (*línea continua*) correspondientes a los datos perturbados. Obsérvense las severas oscilaciones del polinomio de interpolación cerca de los extremos del intervalo

Cuando utilizamos los datos no perturbados (`pert=0`) las gráficas de `p` y `s3` son indistinguibles de las de la función dada. La situación cambia dramáticamente cuando se consideran los datos perturbados (`pert=1.e-04`). En particular, el polinomio de interpolación exhibe fuertes oscilaciones en los extremos del intervalo, mientras que el *spline* permanece prácticamente inalterado (véase la Figura 3.6). Este ejemplo muestra que la aproximación por *splines* es, en general, más estable con respecto a los errores de perturbación.

**Solución 3.9** Si $n = m$, poniendo $\tilde{f} = \Pi_n f$ hallamos que el primer miembro de (3.21) es nulo. De este modo, en este caso $\Pi_n f$ es la solución del problema de mínimos cuadrados. Como el polinomio de interpolación es único, deducimos que ésta es la única solución del problema de mínimos cuadrados.

**Solución 3.10** Los coeficientes (obtenidos mediante el comando `polyfit`) de los polinomios requeridos son (sólo se muestran las primeras 4 cifras significativas):

$K = 0.67$, $a_4 = 6.301 \ 10^{-8}$, $a_3 = -8.320 \ 10^{-8}$, $a_2 = -2.850 \ 10^{-4}$, $a_1 = 9.718 \ 10^{-4}$, $a_0 = -3.032$;

$K = 1.5$, $a_4 = -4.225 \ 10^{-8}$, $a_3 = -2.066 \ 10^{-6}$, $a_2 = 3.444 \ 10^{-4}$, $a_1 = 3.364 10^{-3}$, $a_0 = 3.364$;

$K = 2$, $a_4 = -1.012 \ 10^{-7}$, $a_3 = -1.431 \ 10^{-7}$, $a_2 = 6.988 \ 10^{-4}$, $a_1 = -1.060 \ 10^{-4}$, $a_0 = 4.927$;

$K = 3$, $a_4 = -2.323 \ 10^{-7}$, $a_3 = 7.980 \ 10^{-7}$, $a_2 = 1.420 \ 10^{-3}$, $a_1 = -2.605 \ 10^{-3}$, $a_0 = 7.315$.

En la Figura 9.7 mostramos la gráfica del polinomio calculado utilizando los datos de la columna con $K = 0.67$, de la Tabla 3.1.

**Solución 3.11** Repitiendo las 3 primeras instrucciones mostradas en la Solución 3.7 y utilizando el comando `polyfit`, hallamos los siguientes valores (en $10^5$ kg): 15280.12 en 1962; 27407.10 en 1977; 32019.01 en 1992, que representan buenas aproximaciones de los reales (12380, 27403 y 32059, respectivamente).

**Solución 3.12** Podemos reescribir los coeficientes del sistema (3.23) en términos de media y varianza observando que la varianza puede expresarse como $v = \frac{1}{n+1} \sum_{i=0}^{n} x_i^2 - M^2$.

**Solución 3.13** La propiedad deseada se deduce de la primera ecuación del sistema que proporciona los coeficientes de la recta de mínimos cuadrados.

**Solución 3.14** Podemos utilizar el comando `interpft` como sigue:

```
>> discharge = [0 35 0.125 5 0 5 1 0.5 0.125 0];
>> y =interpft(discharge,100);
```

La gráfica de la solución obtenida se muestra en la Figura 9.8.

## 9.4 Capítulo 4

**Solución 4.1** A partir del siguiente desarrollo de Taylor de tercer orden de $f$ en el punto $x_0$, obtenemos

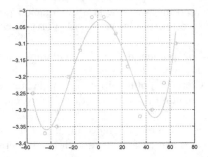

**Figura 9.7.** Polinomio de mínimos cuadrados de grado 4 (*línea continua*) comparado con los datos de la primera columna de la Tabla 3.1

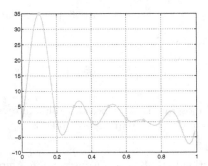

**Figura 9.8.** Aproximación trigonométrica obtenida utilizando las instrucciones en la Solución 3.14. Los puntos se refieren a los datos experimentales disponibles

$$f(x_1) = f(x_0) + hf'(x_0) + \tfrac{h^2}{2}f''(x_0) + \tfrac{h^3}{6}f'''(\xi_1),$$
$$f(x_2) = f(x_0) + 2hf'(x_0) + 2h^2 f''(x_0) + \tfrac{4h^3}{3}f'''(\xi_2),$$

con $\xi_1 \in (x_0, x_1)$ y $\xi_2 \in (x_0, x_2)$ dos puntos apropiados. Sumando estas dos expresiones resulta

$$\frac{1}{2h}\left[-3f(x_0) + 4f(x_1) - f(x_2)\right] = f'(x_0) + \frac{h^2}{3}[f'''(\xi_1) - 2f'''(\xi_2)],$$

entonces la tesis se sigue para un $\xi_0 \in (x_0, x_2)$ adecuado. Se puede utilizar un procedimiento similar para la fórmula en $x_n$.

**Solución 4.2** El desarrollo de Taylor proporciona las igualdades

$$f(\bar{x} + h) = f(\bar{x}) + hf'(\bar{x}) + \frac{h^2}{2}f''(\bar{x}) + \frac{h^3}{6}f'''(\xi),$$

$$f(\bar{x} - h) = f(\bar{x}) - hf'(\bar{x}) + \frac{h^2}{2}f''(\bar{x}) - \frac{h^3}{6}f'''(\eta),$$

donde $\xi$ y $\eta$ son puntos adecuados. Restando esas dos expresiones y dividiendo por $2h$ obtenemos el resultado (4.10).

**Solución 4.3** Suponiendo $f \in C^4$ y procediendo como en la Solución 4.2 obtenemos los siguientes errores (para puntos adecuados $\xi_1$, $\xi_2$ y $\xi_3$):

$$a. \ -\frac{1}{4}f^{(4)}(\xi_1)h^3, \quad b. \ -\frac{1}{12}f^{(4)}(\xi_2)h^3, \quad c. \ \frac{1}{30}f^{(4)}(\xi_3)h^4.$$

**Solución 4.4** Utilizando la aproximación (4.9), obtenemos los siguientes valores:

| $t$ (meses) | 0 | 0.5 | 1 | 1.5 | 2 | 2.5 | 3 |
|---|---|---|---|---|---|---|---|
| $\delta n$ | -- | 78 | 45 | 19 | 7 | 3 | -- |
| $n'$ | -- | 77.91 | 39.16 | 15.36 | 5.91 | 1.99 | -- |

Comparándolos con los valores exactos de $n'(t)$ podemos concluir que los valores calculados tiene precisión suficiente.

**Solución 4.5** El error de cuadratura puede acotarse por

$$(b - a)^3/(24M^2) \max_{x\in[a,b]} |f''(x)|,$$

donde $[a, b]$ es el intervalo de integración y $M$ el número (desconocido) de subintervalos.

La función $f_1$ es indefinidamente diferenciable. De la gráfica de $f_1''$ deducimos que $|f_1''(x)| \leq 2$ en el intervalo de integración. De este modo el error de integración para $f_1$ será menor que $10^{-4}$ con tal de que $5^3/(24M^2)2 < 10^{-4}$, esto es, $M > 322$.

También la función $f_2$ es diferenciable para cualquier orden. Puesto que $\max_{x\in[0,\pi]} |f_2''(x)| = \sqrt{2}e^{3/4\pi}$, el error de integración será menor que $10^{-4}$ con tal de que $M > 439$. Estas desigualdades proporcionan realmente una sobrees-timación de los errores de integración. En efecto, el mínimo número (efectivo) de intervalos que asegura que el error está por debajo de una tolerancia fijada de $10^{-4}$ es mucho menor que el que predice nuestro resultado (por ejemplo, para la función $f_1$ este número es 51). Finalmente, hacemos notar que, puesto que $f_3$ no es diferenciable en el intervalo de integración, nuestra estimación teórica del error no se verifica.

**Solución 4.6** Sobre cada intervalo $I_k$, $k = 1, \ldots, M$, el error es igual a $H^3/24 f''(\xi_k)$ con $\xi_k \in (x_{k-1}, x_k)$ de tal manera que el error global será $H^3/24 \sum_{k=1}^{M} f''(\xi_k)$. Como $f''$ es una función continua en $(a, b)$, existe un punto $\xi \in (a, b)$ tal que $f''(\xi) = \frac{1}{M} \sum_{k=1}^{M} f''(\xi_k)$. Utilizando este resultado y el hecho de que $MH = b - a$, deducimos la ecuación (4.14).

**Solución 4.7** Este efecto se debe a la acumulación de errores locales en cada subintervalo.

**Solución 4.8** Por construcción, la fórmula del punto medio integra exacta-mente las constantes. Para demostrar que también se integran exactamente los polinomios lineales, es suficiente comprobar que $I(x) = I_{PM}(x)$. En realidad tenemos

$$I(x) = \int_a^b x \, dx = \frac{b^2 - a^2}{2}, \quad I_{PM}(x) = (b - a)\frac{b + a}{2}.$$

**Solución 4.9** Para la función $f_1$ hallamos $M = 71$ si utilizamos la fórmula del trapecio y sólo $M = 7$ para la fórmula de Gauss. De hecho, la ventaja computacional de esta última fórmula es evidente.

**Solución 4.10** La ecuación (4.18) establece que el error de cuadratura para la fórmula del trapecio compuesta con $H = H_1$ es igual a $CH_1^2$, con $C = -\frac{b-a}{12} f''(\xi)$. Si $f''$ no varía "demasiado", podemos asumir que también el error con $H = H_2$ se comporta como $CH_2^2$. Entonces, igualando las dos expre-siones

$$I(f) \simeq I_1 + CH_1^2, \quad I(f) \simeq I_2 + CH_2^2, \tag{9.3}$$

obtenemos $C = (I_1 - I_2)/(H_2^2 - H_1^2)$. Sustituyendo este valor en una de las ex-presiones (9.3), obtenemos la ecuación (4.32), esto es, una mejor aproximación que la producida por $I_1$ o $I_2$.

**Solución 4.11** Buscamos el máximo entero positivo $p$ tal que $I_{approx}(x^p) = I(x^p)$. Para $p = 0, 1, 2, 3$ hallamos el siguiente sistema no lineal con 4 ecuaciones en las 4 incógnitas $\alpha$, $\beta$, $\bar{x}$ y $\bar{z}$:

$$p = 0 \quad \rightarrow \quad \alpha + \beta = b - a,$$
$$p = 1 \quad \rightarrow \quad \alpha\bar{x} + \beta\bar{z} = \frac{b^2 - a^2}{2},$$
$$p = 2 \quad \rightarrow \quad \alpha\bar{x}^2 + \beta\bar{z}^2 = \frac{b^3 - a^3}{3},$$
$$p = 3 \quad \rightarrow \quad \alpha\bar{x}^3 + \beta\bar{z}^3 = \frac{b^4 - a^4}{4}.$$

De las primeras dos ecuaciones podemos eliminar $\alpha$ y $\bar{z}$ y reducir el sistema a uno nuevo en las incógnitas $\beta$ y $\bar{x}$. En particular, hallamos una ecuación de segundo grado en $\beta$ de la que podemos calcular $\beta$ como función de $\bar{x}$. Finalmente, la ecuación no lineal en $\bar{x}$ puede ser resuelta por el método de Newton, dando dos valores de $\bar{x}$ que son las abscisas de los puntos de cuadratura de Gauss.

**Solución 4.12** Como

$$\begin{aligned}
f_1^{(4)}(x) &= \frac{24}{(1 + (x - \pi)^2)^5(2x - 2\pi)^4} - \frac{72}{(1 + (x - \pi)^2)^4(2x - 2\pi)^2} \\
&\quad + \frac{24}{(1 + (x - \pi)^2)^3}, \\
f_2^{(4)}(x) &= -4e^x \cos(x),
\end{aligned}$$

hallamos que el máximo de $|f_1^{(4)}(x)|$ está acotado por $M_1 \simeq 25$, mientras que el de $|f_2^{(4)}(x)|$ lo está por $M_2 \simeq 93$. Por consiguiente, de (4.22) obtenemos $H < 0.21$ en el primer caso y $H < 0.16$ en el segundo.

**Solución 4.13** Usando el comando `int('exp(-x^2/2)',0,2)` obtenemos para la integral en curso el valor 1.19628801332261.

La fórmula de Gauss aplicada al mismo intervalo proporcionaría el valor 1.20278027622354 (con un error absoluto igual a 6.4923e-03), mientras que la fórmula de Simpson arroja el valor 1.18715264069572 con un error ligeramente mayor (igual a 9.1354e-03).

**Solución 4.14** Observamos que $I_k > 0$ $\forall k$, ya que el integrando es no negativo. Por consiguiente, esperamos que todos los valores producidos por la fórmula recursiva sean no negativos. Desafortunadamente, la fórmula recursiva es inestable a la propagación de los errores de redondeo y produce elementos negativos:

```
>> I(1)=1/exp(1); for k=2:20, I(k)=1-k*I(k-1); end
>> I(20)
 -30.1924
```

Usando la fórmula de Simpson compuesta, con $H < 0.25$, podemos calcular la integral con la precisión deseada.

**Solución 4.15** Para la fórmula de Simpson obtenemos

$$I_1 = 1.19616568040561, \; I_2 = 1.19628173356793, \Rightarrow I_R = 1.19628947044542$$

con un error absoluto en $I_R$ igual a -1.4571e-06 (ganamos dos órdenes de magnitud con respecto a $I_1$ y un factor $1/4$ con respecto a $I_2$). Mediante la fórmula de Gauss obtenemos (los errores se muestran entre paréntesis):

$$I_1 = 1.19637085545393 \quad (-8.2842e-05),$$
$$I_2 = 1.19629221796844 \quad (-4.2046e-06),$$
$$I_R = 1.19628697546941 \quad (1.0379e-06).$$

La ventaja de utilizar el método de extrapolación de Richardson es evidente.

**Solución 4.16** Debemos calcular, por la fórmula de Simpson, los valores $j(r) = \sigma/(\varepsilon_0 r^2) \int_0^r f(\xi) d\xi$ con $r = k/10$, para $k = 1, \ldots, 10$ y $f(\xi) = e^\xi \xi^2$.

Para estimar el error de integración necesitamos la derivada cuarta $f^{(4)}(\xi) = e^\xi(\xi^2 + 8\xi + 12)$. El máximo de $f^{(4)}$ en el intervalo de integración $(0, r)$ se alcanza en $\xi = r$ ya que $f^{(4)}$ es monótona creciente. Entonces obtenemos los siguientes valores:

```
>> r=[0.1:0.1:1];
>> maxf4=exp(r).*(r.^2+8*r+12);
maxf4 =
  Columns 1 to 6
   14.1572   16.6599   19.5595   22.9144   26.7917   31.2676
  Columns 7 to 10
   36.4288   42.3743   49.2167   57.0839
```

Para un $r$ dado el error es inferior a $10^{-10}$ con tal de que se verifique $H_r^4 < 10^{-10}2880/(r f^{(4)}(r))$. Para $r = k/10$ con $k = 1, \ldots, 10$, y mediante las siguientes instrucciones, podemos calcular el número mínimo de subintervalos que asegura que las desigualdades anteriores se satisfacen. Las componentes del vector M contienen esos números:

```
>> x=[0.1:0.1:1]; f4=exp(x).*(x.^2+8*x+12);
>> H=(10^(-10)*2880./(x.*f4)).^(1/4); M=fix(x./H)
M =
    4    11    20    30    41    53    67    83    100    118
```

Por consiguiente, los valores de $j(r)$ son:

```
>> sigma=0.36; epsilon0 = 8.859e-12;
   f = inline('exp(x).*x.^2');
   for k = 1:10
     r = k/10;
     j(k)=simpsonc(0,r,M(k),f);
     j(k) = j(k)*sigma/r*epsilon0;
   end
```

**Solución 4.17** Calculamos $E(213)$ utilizando la fórmula de Simpson compuesta incrementando el número de intervalos hasta que la diferencia entre dos aproximaciones consecutivas (divididas por el último valor calculado) sea menor que $10^{-11}$:

```
>> f=inline('2.39e-11./((x.^5).*(exp(1.432./(T*x))-1))','x','T');
>> a=3.e-04; b=14.e-04; T=213;
>> i=2; err = 1; Iold = 0; while err >= 1.e-11
   I=simpsonc(a,b,i,f,T);
   err = abs(I-Iold)/abs(I);
   Iold=I;
   i=i+1;
end
```

El procedimiento devuelve el valor $i = 59$. Por consiguiente, usando 58 intervalos equiespaciados, podemos calcular la integral $E(213)$ con diez cifras significativas exactas. El mismo resultado podría obtenerse mediante la fórmula de Gauss considerando 53 intervalos. Nótese que se necesitarían 1609 intervalos si se utilizase la fórmula del trapecio compuesta.

**Solución 4.18** Sobre todo el intervalo, la función dada no es suficientemente regular para permitir la aplicación del resultado teórico de convergencia (4.22). Una posibilidad es descomponer la integral en suma de dos sobre los intervalos, $(0, 0.5)$ y $(0.5, 1)$, en los cuales la función es regular (de hecho es un polinomio de grado 3). En particular, si aplicamos la regla de Simpson sobre cada intervalo podemos incluso integrar $f$ exactamente.

## 9.5 Capítulo 5

**Solución 5.1** El número $r_k$ de operaciones algebraicas (sumas, restas y multiplicaciones) requeridas para calcular el determinante de una matriz de orden $k \geq 2$ con la regla de Laplace (1.8), satisface la siguiente ecuación en diferencias:

$$r_k - kr_{k-1} = 2k - 1,$$

con $r_1 = 0$. Multiplicando ambos miembros de esta ecuación por $1/k!$, obtenemos

$$\frac{r_k}{k!} - \frac{r_{k-1}}{(k-1)!} = \frac{2k-1}{k!}.$$

Sumando ambos miembros desde 2 hasta $n$ resulta la solución:

$$r_n = n!\sum_{k=2}^{n}\frac{2k-1}{k!} = n!\sum_{k=1}^{n-1}\frac{2k+1}{(k+1)!}, \qquad n \geq 1.$$

**Solución 5.2** Utilizamos los siguientes comandos de MATLAB para calcular los determinantes y los correspondientes tiempos de CPU:

```
>> t = [ ]; for i = 3:500
   A = magic(i); tt = cputime; d=det(A); t=[t, cputime-tt];
end
```

Los coeficientes del polinomio cúbico de mínimos cuadrados que aproxima los datos n=[3:500] y t son

```
>> format long; c=polyfit(n,t,3)
c =
  Columns 1 through 3
   0.00000002102187    0.00000171915661   -0.00039318949610
  Column 4
   0.01055682398911
```

El primer coeficiente (que multiplica a $n^3$) es pequeño, pero no suficientemente pequeño con respecto al segundo como para ser despreciado. En efecto, si calculamos el polinomio de cuarto grado de mínimos cuadrados obtenemos los siguientes coeficientes:

```
>> c=polyfit(i,t,4)
c =
  Columns 1 through 3
  -0.00000000000051    0.00000002153039    0.00000155418071
  Columns 4 through 6
  -0.00037453657810   -0.00037453657810    0.01006704351509
```

A partir de este resultado, podemos concluir que el cálculo del determinante de una matriz de dimensión **n** requiere aproximadamente $n^3$ operaciones.

**Solución 5.3** Tenemos: $\det A_1 = 1$, $\det A_2 = \varepsilon$, $\det A_3 = \det A = 2\varepsilon + 12$. Por consiguiente, si $\varepsilon = 0$ la segunda submatriz principal es singular y la Proposición 5.1 no puede aplicarse. La matriz es singular si $\varepsilon = -6$. En este caso la factorización de Gauss da

$$L = \begin{bmatrix} 1 & 0 & 0 \\ 2 & 1 & 0 \\ 3 & 1.25 & 1 \end{bmatrix}, \quad U = \begin{bmatrix} 1 & 7 & 3 \\ 0 & -12 & -4 \\ 0 & 0 & 0 \end{bmatrix}.$$

Nótese que U es singular (como podíamos haber anticipado ya que A es singular).

**Solución 5.4** En la etapa 1, se usaron $n - 1$ divisiones para calcular los elementos $l_{1k}$ para $i = 2, \ldots, n$. Entonces se emplearon $(n-1)^2$ multiplicaciones y $(n-1)^2$ sumas para crear los nuevos elementos $a_{ij}^{(2)}$, para $j = 2, \ldots, n$. En la etapa 2, el número de divisiones es $(n-2)$, mientras que el número de multiplicaciones y sumas será $(n-2)^2$. En la etapa final $n - 1$ sólo se requieren una suma, una multiplicación y una división. De este modo, utilizando las identidades

$$\sum_{s=1}^{q} s = \frac{q(q+1)}{2}, \quad \sum_{s=1}^{q} s^2 = \frac{q(q+1)(2q+1)}{6}, \ q \geq 1,$$

podemos concluir que para completar la factorización Gaussiana se requieren $2(n-1)n(n+1)/3 + n(n-1)$ operaciones. Despreciando los términos de orden inferior, podemos establecer que el proceso de factorización Gaussiana tiene un coste de $2n^3/3$ operaciones.

**Solución 5.5** Por definición, la inversa X de una matriz $A \in \mathbb{R}^{n \times n}$ satisface $XA = AX = I$. Por consiguiente, para $j = 1, \ldots, n$ el vector columna $\mathbf{y}_j$ de X es la solución del sistema lineal $A\mathbf{y}_j = \mathbf{e}_j$, donde $\mathbf{e}_j$ es el $j$-ésimo vector de la base canónica de $\mathbb{R}^n$ con todas las componentes iguales a cero excepto la $j$-ésima que es igual a 1. Después de calcular la factorización LU de A, el cálculo de la inversa de A requiere la resolución de $n$ sistemas lineales con la misma matriz y diferentes segundos miembros.

**Solución 5.6** Utilizando el Programa 5.1 calculamos los factores L y U:

$$
L = \begin{bmatrix} 1 & 0 & 0 \\ 2 & 1 & 0 \\ 3 & -3.38 \cdot 10^{15} & 1 \end{bmatrix}, \quad U = \begin{bmatrix} 1 & 1 & 3 \\ 0 & -8.88 \cdot 10^{-16} & 14 \\ 0 & 0 & 4.73 \cdot 10^{-16} \end{bmatrix}.
$$

Si calculamos su producto obtenemos la matriz

```
>> L*U
ans =
    1.0000    1.0000    3.0000
    2.0000    2.0000   20.0000
    3.0000    6.0000   -2.0000
```

que es distinta de A ya que el elemento en la posición (3,3) es igual a $-2$ mientras que en A es igual a 4.

**Solución 5.7** Habitualmente, sólo se almacena la parte triangular (superior o inferior) de una matriz simétrica. Por consiguiente, cualquier operación que no respete la simetría de la matriz no es óptima con respecto a la memoria de almacenamiento. Éste es el caso cuando se lleva a cabo un pivoteo por filas. Una posibilidad es intercambiar simultáneamente las filas y columnas que tienen el mismo índice, limitando, por tanto, la elección del pivote sólo a los elementos diagonales. Con más generalidad, una estrategia de pivoteo que involucre intercambio de filas y columnas se llama *pivoteo completo* (véase, por ejemplo, [QSS06, Capítulo 3]).

**Solución 5.8** Los factores L y U son:

$$
L = \begin{bmatrix} 1 & 0 & 0 \\ (\varepsilon - 2)/2 & 1 & 0 \\ 0 & -1/\varepsilon & 1 \end{bmatrix}, \quad U = \begin{bmatrix} 2 & -2 & 0 \\ 0 & \varepsilon & 0 \\ 0 & 0 & 3 \end{bmatrix}.
$$

Cuando $\varepsilon \to 0$ $l_{32} \to \infty$. A pesar de esto, la solución del sistema es precisa también cuando $\varepsilon$ tiende a cero, como confirman las instrucciones siguientes:

```
>> e=1; for k=1:10
 b=[0; o; 2];
 L=[1 0 0; (e-2)*0.5 1 0; 0 -1/e 1]; U=[2 -2 0; 0 e 0; 0 0 3];
 y=L\b; x=U\y; err(k)=max(abs(x-ones(3,1))); e=e*0.1;
end
>> err
err =
     0     0     0     0     0     0     0     0     0     0
```

**Solución 5.9** Las soluciones calculadas se hacen cada vez menos precisas cuando $i$ crece. En efecto, las normas del error son iguales a $2.63 \cdot 10^{-14}$ para $i = 1$, a $9.89 \cdot 10^{-10}$ para $i = 2$ y a $2.10 \cdot 10^{-6}$ para $i = 3$. Esto puede explicarse observando que el número de condición de $A_i$ crece cuando $i$ crece. En efecto, utilizando el comando cond hallamos que el número de condición de $A_i$ es $\simeq 10^3$ para $i = 1$, $\simeq 10^7$ para $i = 2$ y $\simeq 10^{11}$ para $i = 3$.

**Solución 5.10** Si $(\lambda, \mathbf{v})$ es un par autovalor-autovector de una matriz $A$, entonces $\lambda^2$ es un autovalor de $A^2$ con el mismo autovector. En efecto, de $A\mathbf{v} = \lambda\mathbf{v}$ se sigue que $A^2\mathbf{v} = \lambda A\mathbf{v} = \lambda^2\mathbf{v}$. Por consiguiente, si $A$ es simétrica y definida positiva $K(A^2) = (K(A))^2$.

**Solución 5.11** La matriz de iteración del método de Jacobi es:

$$B_J = \begin{bmatrix} 0 & 0 & -\alpha^{-1} \\ 0 & 0 & 0 \\ -\alpha^{-1} & 0 & 0 \end{bmatrix}.$$

Sus autovalores son $\{0, \alpha^{-1}, -\alpha^{-1}\}$. Por tanto, el método converge si $|\alpha| > 1$.

La matriz de iteración del método de Gauss-Seidel es

$$B_{GS} = \begin{bmatrix} 0 & 0 & -\alpha^{-1} \\ 0 & 0 & 0 \\ 0 & 0 & \alpha^{-2} \end{bmatrix}$$

con autovalores $\{0, 0, \alpha^{-2}\}$. Por consiguiente, el método converge si $|\alpha| > 1$. En particular, ya que $\rho(B_{GS}) = [\rho(B_J)]^2$, el método de Gauss-Seidel converge más rápidamente que el método de Jacobi.

**Solución 5.12** Una condición suficiente para la convergencia de los métodos de Jacobi y Gauss-Seidel es que $A$ sea estrictamente diagonalmente dominante. La segunda fila de $A$ satisface la condición de dominancia de la diagonal con tal de que $|\beta| < 5$. Nótese que si requerimos directamente que los radios espectrales de las matrices de iteración sean menores que 1 (que es una condición necesaria y suficiente para la convergencia), encontramos la limitación (menos restrictiva) $|\beta| < 25$ para ambos métodos.

**Solución 5.13** El método de relajación en forma vectorial es

$$(I - \omega D^{-1}E)\mathbf{x}^{(k+1)} = [(1 - \omega)I + \omega D^{-1}F]\mathbf{x}^{(k)} + \omega D^{-1}\mathbf{b}$$

donde $A = D - E - F$, siendo $D$ la diagonal de $A$, y $E$ y $F$ la parte inferior (respectivamente superior) de $A$. La correspondiente matriz de iteración es

$$B(\omega) = (I - \omega D^{-1}E)^{-1}[(1 - \omega)I + \omega D^{-1}F].$$

Si denotamos por $\lambda_i$ los autovalores de $B(\omega)$, obtenemos

$$\left| \prod_{i=1}^{n} \lambda_i \right| = \left| \det \left[ (1 - \omega)I + \omega D^{-1}F \right] \right| = |1 - \omega|^n.$$

Por consiguiente, al menos un autovalor debe satisfacer la desigualdad $|\lambda_i| \geq |1 - \omega|$. De este modo, una condición necesaria para asegurar la convergencia es que $|1 - \omega| < 1$, esto es, $0 < \omega < 2$.

**Solución 5.14** La matriz dada es simétrica. Para comprobar si es también definida positiva, esto es, $z^T A z > 0$ para todo $z \neq 0$ de $\mathbb{R}^2$, empleamos las instrucciones siguientes:

```
>> syms z1 z2 real
>> z=[z1;z2]; A=[3 2; 2 6];
>> pos=z'*A*z; simple(pos)
 ans =
3*z1^2+4*z1*z2+6*z2^2
```

El comando `syms z1 z2 real` es necesario para declarar que las variables simbólicas z1 y z2 son números reales, mientras que el comando `simple(pos)` intenta varias simplificaciones algebraicas de `pos` y devuelve la más corta. Es fácil ver que la cantidad calculada es positiva ya que puede ser reescrita como `2*(z1+z2)^2 +z1^2+4*z2^2`. De este modo, la matriz dada es simétrica y definida positiva, y el método de Gauss-Seidel converge.

**Solución 5.15** Encontramos:

método de Jacobi:
$$\left\{ \begin{array}{l} x_1^{(1)} = \frac{1}{2}(1 - x_2^{(0)}), \\ x_2^{(1)} = -\frac{1}{3}(x_1^{(0)}); \end{array} \right. \Rightarrow \left\{ \begin{array}{l} x_1^{(1)} = \frac{1}{4}, \\ x_2^{(1)} = -\frac{1}{3}; \end{array} \right.$$

método de Gauss-Seidel:
$$\left\{ \begin{array}{l} x_1^{(1)} = \frac{1}{2}(1 - x_2^{(0)}), \\ x_2^{(1)} = -\frac{1}{3}x_1^{(1)}, \end{array} \right. \Rightarrow \left\{ \begin{array}{l} x_1^{(1)} = \frac{1}{4}, \\ x_2^{(1)} = -\frac{1}{12}. \end{array} \right.$$

Para el método del gradiente, primero calculamos el residuo inicial

$$\mathbf{r}^{(0)} = \mathbf{b} - A\mathbf{x}^{(0)} = \begin{bmatrix} 1 \\ 0 \end{bmatrix} - \begin{bmatrix} 2 & 1 \\ 1 & 3 \end{bmatrix} \mathbf{x}^{(0)} = \begin{bmatrix} -3/2 \\ -5/2 \end{bmatrix}.$$

Entonces, ya que

$$P^{-1} = \begin{bmatrix} 1/2 & 0 \\ 0 & 1/3 \end{bmatrix},$$

tenemos $\mathbf{z}^{(0)} = P^{-1}\mathbf{r}^{(0)} = (-3/4, -5/6)^T$. Por consiguiente

$$\alpha_0 = \frac{(\mathbf{z}^{(0)})^T \mathbf{r}^{(0)}}{(\mathbf{z}^{(0)})^T A \mathbf{z}^{(0)}} = \frac{77}{107},$$

y

$$\mathbf{x}^{(1)} = \mathbf{x}^{(0)} + \alpha_0 \mathbf{z}^{(0)} = (197/428, -32/321)^T.$$

**Solución 5.16** En el caso estacionario, $\rho(B_\alpha) = \min_\lambda |1 - \alpha\lambda|$, donde $\lambda$ son los autovalores de $P^{-1}A$. El valor óptimo de $\alpha$ se obtiene resolviendo la ecuación $|1 - \alpha\lambda_{min}| = |1 - \alpha\lambda_{max}|$, que es $1 - \alpha\lambda_{min} = -1 + \alpha\lambda_{max}$, y que proporciona (5.48). Como

$$\rho(B_\alpha) = 1 - \alpha\lambda_{min} \ \forall \alpha \leq \alpha_{opt},$$

para $\alpha = \alpha_{opt}$ obtenemos (5.59).

**Solución 5.17** En este caso la matriz asociada al modelo de Leontief no es definida positiva. En efecto, utilizando las instrucciones siguientes:

```
>> for i=1:20; for j=1:20; c(i,j)=i+j; end; end; A=eye(20)-c;
>> min(eig(A))
ans =
 -448.5830
>> max(eig(A))
ans =
   30.5830
```

podemos ver que el autovalor mínimo es un número negativo y el autovalor máximo es un número positivo. Por consiguiente, la convergencia del método del gradiente no está garantizada. Sin embargo, ya que A es no singular, el sistema dado es equivalente al sistema $A^T A \mathbf{x} = A^T \mathbf{b}$, donde $A^T A$ es simétrica y definida positiva. Resolvemos este último por el método del gradiente requiriendo que la norma del residuo sea menor que $10^{-10}$ y partiendo del dato inicial $\mathbf{x}^{(0)} = \mathbf{0}$:

```
>> b = [1:20]'; aa=A'*A; b=A'*b; x0 = zeros(20,1);
>> [x,iter]=itermeth(aa,b,x0,100,1.e-10);
```

El método converge en 15 iteraciones. Un inconveniente de este enfoque es que el número de condición de la matriz $A^T A$ es, en general, más grande que el número de condición de A.

## 9.6 Capítulo 6

**Solución 6.1** $A_1$: el método de la potencia converge en 34 iteraciones al valor 2.00000000004989. $A_2$: partiendo del mismo vector inicial, el método de la potencia requiere ahora 457 iteraciones para converger al valor 1.99999999990611. La tasa de convergencia más lenta puede explicarse observando que los dos autovalores mayores están muy próximos entre sí. Finalmente, para la matriz $A_3$ el método no converge ya que $A_3$ posee dos autovalores distintos ($i$ y $-i$) de módulo máximo.

**Solución 6.2** La matriz de Leslie asociada a los valores en la tabla es

$$A = \begin{bmatrix} 0 & 0.5 & 0.8 & 0.3 \\ 0.2 & 0 & 0 & 0 \\ 0 & 0.4 & 0 & 0 \\ 0 & 0 & 0.8 & 0 \end{bmatrix}.$$

Usando el método de la potencia hallamos $\lambda_1 \simeq 0.5353$. La distribución normalizada de esta población para diferentes intervalos de edad se da mediante las componentes del correspondiente autovector unitario, esto es, $\mathbf{x}_1 \simeq (0.8477, 0.3167, 0.2367, 0.3537)^T$.

**Solución 6.3** Reescribimos la conjetura inicial como

$$\mathbf{y}^{(0)} = \beta^{(0)} \left( \alpha_1 \mathbf{x}_1 + \alpha_2 \mathbf{x}_2 + \sum_{i=3}^{n} \alpha_i \mathbf{x}_i \right),$$

con $\beta^{(0)} = 1/\|\mathbf{x}^{(0)}\|$. Mediante cálculos similares a los llevados a cabo en la Sección 6.1, en el paso genérico $k$ hallamos:

$$\mathbf{y}^{(k)} = \gamma^k \beta^{(k)} \left( \alpha_1 \mathbf{x}_1 e^{ik\vartheta} + \alpha_2 \mathbf{x}_2 e^{-ik\vartheta} + \sum_{i=3}^{n} \alpha_i \frac{\lambda_i^k}{\gamma^k} \mathbf{x}_i \right).$$

Los dos primeros términos no se anulan, debido al signo opuesto de los exponentes, la sucesión de las $\mathbf{y}^{(k)}$ oscila y no puede converger.

**Solución 6.4** De la ecuación de los autovalores $A\mathbf{x} = \lambda\mathbf{x}$, deducimos $A^{-1}A\mathbf{x} = \lambda A^{-1}\mathbf{x}$, y por tanto $A^{-1}\mathbf{x} = (1/\lambda)\mathbf{x}$.

**Solución 6.5** El método de la potencia aplicado a la matriz $A$ genera una sucesión oscilatoria de aproximaciones del autovalor de módulo máximo (véase la Figura 9.9). Este comportamiento se debe al hecho de que este autovalor no es único.

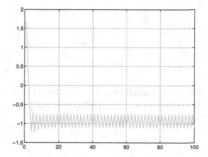

**Figura 9.9.** Aproximaciones del autovalor de módulo máximo de la matriz de la Solución 6.5 calculados por el método de la potencia

**Solución 6.6** Para calcular el autovalor de módulo máximo de A utilizamos el Programa 6.1:

```
>> A=wilkinson(7);
>> x0=ones(7,1); tol=1.e-15; nmax=100;
>> [lambda,x,iter]=eigpower(A,tol,nmax,x0);
```

Después de 35 iteraciones obtenemos `lambda=3.76155718183189`. Para hallar el mayor autovalor negativo de A, podemos usar el método de la potencia con traslación y, en particular, podemos elegir una traslación igual al mayor autovalor positivo que acabamos de calcular. Hallamos:

```
>> [lambda2,x,iter]=eigpower(A-lambda*eye(7),tol,nmax,x0);
>> lambda2+lambda
ans =
  -1.12488541976457
```

después de `iter` = 33 iteraciones. Estos resultados son aproximaciones satisfactorias de los mayores autovalores (positivo y negativo) de A.

**Solución 6.7** Como todos los coeficientes de A son reales, los autovalores aparecen en pares conjugados. Nótese que en esta situación los autovalores conjugados deben pertenecer al mismo círculo de Gershgorin. La matriz A presenta 2 círculos por columnas aislados de los otros (véase la Figura 9.10 a la izquierda). Cada uno de ellos debe contener sólo un autovalor que debe ser, por consiguiente, real. Entonces A admite al menos 2 autovalores reales.

Consideremos ahora la matriz B que admite sólo un círculo por columnas aislado (véase la Figura 9.10 a la derecha). Entonces, gracias a las consideraciones anteriores el correspondiente autovalor debe ser real. Los autovalores restantes pueden ser o todos reales, o uno real y 2 complejos.

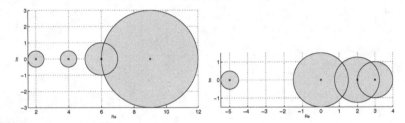

**Figura 9.10.** Círculos por columnas de la matriz A de la Solución 6.7 (*izquierda*), círculos por columnas de la matriz B de la Solución 6.7 (*derecha*)

**Solución 6.8** Los círculos por filas de A presentan un círculo aislado de centro 5 y radio 2 al que debe pertenecer el autovalor de módulo máximo. Por consiguiente, podemos tomar el valor de la traslación igual a 5. La comparación entre el número de iteraciones y el coste computacional del método de la potencia con y sin traslación puede obtenerse utilizando los comandos siguientes:

```
A=[5 0 1 -1; 0 2 0 -1/2; 0 1 -1 1; -1 -1 0 0];
tol=1e-14; x0=[1 2 3 4]';   nmax=1000;
tic; [lambda1,x1,iter1]=eigpower(A,tol,nmax,x0);
toc, iter1


Elapsed time is 0.033607 seconds.
 iter1 = 35

tic; [lambda2,x2,iter2]=invshift(A,5,tol,nmax,x0);
toc, iter2
```

```
Elapsed time is   0.018944 seconds.
 iter2 = 12
```

El método de la potencia con traslación requiere en este caso un número inferior de iteraciones (1 frente a 3) y casi la mitad del coste que el método de la potencia usual (teniendo en cuenta también el tiempo extra necesario para calcular la factorización de Gauss de A previamente).

**Solución 6.9** Utilizando el comando qr tenemos inmediatamente:

```
>> A=[2 -1/2 0 -1/2; 0 4 0 2; -1/2 0 6 1/2; 0 0 1 9];
>> [Q,R]=qr(A)
Q =
   -0.9701     0.0073    -0.2389    -0.0411
         0    -0.9995    -0.0299    -0.0051
    0.2425     0.0294    -0.9557    -0.1643
         0          0    -0.1694     0.9855
R =
   -2.0616     0.4851     1.4552     0.6063
         0    -4.0018     0.1764    -1.9881
         0          0    -5.9035    -1.9426
         0          0          0     8.7981
```

Para comprobar que RQ es semejante a A, observamos que

$$Q^T A = Q^T Q R = R$$

gracias a la ortogonalidad de Q. De este modo $C = Q^T A Q = RQ$ , ya que $Q^T = Q^{-1}$, y concluimos que C es semejante a A.

**Solución 6.10** Podemos utilizar el comando eig de la manera siguiente: [X,D]=eig(A), donde X es la matriz cuyas columnas son los autovectores unitarios de A, y D es una matriz diagonal cuyos elementos son los autovalores de A. Para las matrices A y B del Ejercicio 6.7 ejecutaríamos las instrucciones siguientes:

```
>> A=[2 -1/2 0 -1/2; 0 4 0 2; -1/2 0 6 1/2; 0 0 1 9];
>> sort(eig(A))
ans =
    2.0000
    4.0268
    5.8003
    9.1728
>> B=[-5 0 1/2 1/2; 1/2 2 1/2 0; 0 1 0 1/2; 0 1/4 1/2 3];
>> sort(eig(B))
ans =
   -4.9921
   -0.3038
    2.1666
    3.1292
```

## 9.7 Capítulo 7

**Solución 7.1** Aproximemos la solución exacta $y(t) = \frac{1}{2}[e^t - \text{sen}(t) - \cos(t)]$ del problema de Cauchy (7.72) por el método de Euler progresivo utilizando diferentes valores de $h$: $1/2, 1/4, 1/8, \ldots, 1/512$. El error asociado se calcula mediante las instrucciones siguientes:

```
>> y0=0; f=inline('sin(t)+y','t','y');
>> y='0.5*(exp(t)-sin(t)-cos(t))';
>> tspan=[0 1]; N=2; for k=1:10
 [tt,u]=feuler(f,tspan,y0,N);t=tt(end);e(k)=abs(u(end)-eval(y));
 N=2*N;end
>> e
e =
  Columns 1 through 6
    0.4285    0.2514    0.1379    0.0725    0.0372    0.0189
  Columns 7 through 10
    0.0095    0.0048    0.0024  . 0.0012
```

Ahora aplicamos la fórmula (1.12) para estimar el orden de convergencia:

```
>>  p=log(abs(e(1:end-1)./e(2:end)))/log(2)
p =
  Columns 1 through 6
    0.7696    0.8662    0.9273    0.9620    0.9806    0.9902
  Columns 7 through 9
    0.9951    0.9975    0.9988
```

Como se esperaba, el orden de convergencia es uno. Con las mismas instrucciones (sustituyendo el programa **feuler** por el programa **beuler**) obtenemos una estimación del orden de convergencia del método de Euler regresivo:

```
>>  p=log(abs(e(1:end-1)./e(2:end)))/log(2)
p =
  Columns 1 through 6
    1.5199    1.1970    1.0881    1.0418    1.0204    1.0101
  Columns 7 through 9
    1.0050    1.0025    1.0012
```

**Solución 7.2** La solución numérica del problema de Cauchy dado por el método de Euler progresivo puede obtenerse como sigue:

```
>> tspan=[0 1]; N=100;f=inline('-t*exp(-y)','t','y');y0=0;
>> [t,u]=feuler(f,tspan,y0,N);
```

Para calcular el número de cifras significativas exactas podemos estimar las constantes $L$ y $M$ que aparecen en (7.13). Nótese que, ya que $f(t,y(t)) < 0$ en el intervalo dado, $y(t) = \log(1-t^2/2)$ es una función monótona decreciente, que se anula en $t = 0$. Como $f$ es continua junto con su primera derivada, podemos aproximar $L$ de la forma $L = \max_{0 \le t \le 1} |L(t)|$ con $L(t) = \partial f/\partial y = te^{-y}$. Nótese que $L(0) = 0$ y $L(t) > 0$ para todo $t \in (0,1]$. De este modo, $L = e$.

Análogamente, para calcular $M = \max_{0 \leq t \leq 1} |y''(t)|$ con $y'' = -e^{-y} - t^2 e^{-2y}$, podemos observar que esta función tiene su máximo en $t = 1$, y entonces $M = e + e^2$. De (7.13) deducimos

$$|u_{100} - y(1)| \leq \frac{e^L - 1}{L} \frac{M}{200} = 0.26.$$

Por consiguiente, no hay garantía de que más de una cifra significativa sea exacta. En efecto, hallamos u(end)=-0.6785, mientras que la solución exacta en $t = 1$ es $y(1) = -0.6931$.

**Solución 7.3** La función de iteración es $\phi(u) = u_n - ht_{n+1}e^{-u}$ y la iteración de punto fijo converge si $|\phi'(u)| < 1$. Esta propiedad está asegurada si $h(t_0 + (n+1)h) < e^u$. Si sustituimos $u$ por la solución exacta, podemos proporcionar una estimación *a priori* del valor de $h$. La situación más restrictiva ocurre cuando $u = -1$ (véase la Solución 7.2). En este caso, la solución de la desigualdad $(n+1)h^2 < e^{-1}$ es $h < \sqrt{e^{-1}/(n+1)}$.

**Solución 7.4** Repetimos el mismo conjunto de instrucciones de la Solución 7.1, sin embargo ahora usamos el programa cranknic (Programa 7.3) en lugar de feuler. De acuerdo con la teoría, obtenemos el siguiente resultado que muestra convergencia de segundo orden:

```
>>   p=log(abs(e(1:end-1)./e(2:end)))/log(2)
p =
  Columns 1 through 6
    2.0379    2.0092    2.0023    2.0006    2.0001    2.0000
  Columns 7 through 9
    2.0000    2.0000    2.0000
```

**Solución 7.5** Consideremos la formulación integral del problema de Cauchy (7.5) en el intervalo $[t_n, t_{n+1}]$:

$$
\begin{aligned}
y(t_{n+1}) - y(t_n) &= \int_{t_n}^{t_{n+1}} f(\tau, y(\tau))d\tau \\
&\simeq \frac{h}{2}[f(t_n, y(t_n)) + f(t_{n+1}, y(t_{n+1}))],
\end{aligned}
$$

donde hemos aproximado la integral por la fórmula del trapecio (4.19). Poniendo $u_0 = y(t_0)$ y reemplazando $y(t_n)$ por el valor aproximado $u_n$ y el símbolo $\simeq$ por $=$, obtenemos

$$u_{n+1} = u_n + \frac{h}{2}[f(t_n, u_n) + f(t_{n+1}, u_{n+1})], \qquad \forall n \geq 0,$$

que es el método de Crank-Nicolson.

**Solución 7.6** Debemos imponer la limitación $|1 - h + ih| < 1$, que da $0 < h < 1$.

**Solución 7.7** Reescribamos el método de Heun de la siguiente forma (tipo Runge-Kutta):

$$u_{n+1} = u_n + \frac{1}{2}(k_1 + k_2), \ \ k_1 = hf(t_n, u_n), \ \ k_2 = hf(t_{n+1}, u_n + k_1). \quad (9.4)$$

Tenemos $h\tau_{n+1}(h) = y(t_{n+1}) - y(t_n) - (\widehat{k}_1 + \widehat{k}_2)/2$, con $\widehat{k}_1 = hf(t_n, y(t_n))$ y $\widehat{k}_2 = hf(t_{n+1}, y(t_n) + \widehat{k}_1)$. Por consiguiente, el método es consistente ya que

$$\lim_{h \to 0} \tau_{n+1} = y'(t_n) - \frac{1}{2}[f(t_n, y(t_n)) + f(t_n, y(t_n))] = 0.$$

El método de Heun se implementa en el Programa 9.1. Utilizando este programa, podemos comprobar el orden de convergencia como en la Solución 7.1. Mediante las instrucciones siguientes, hallamos que el método de Heun es de segundo orden con respecto a $h$

```
>> p=log(abs(e(1:end-1)./e(2:end)))/log(2)
p =
  Columns 1 through 6
    1.7642    1.8796    1.9398    1.9700    1.9851    1.9925
  Columns 7 through 9
    1.9963    1.9981    1.9991
```

**Programa 9.1. rk2**: método de Heun

```
function [t,u]=rk2(odefun,tspan,y0,Nh,varargin)
h=(tspan(2)-tspan(1)-t0)/Nh; tt=[tspan(1):h:tspan(2)];
u(1)=y0;
for s=tt(1:end-1)
  t = s;   y = u(end);
  k1=h*feval(odefun,t,y,varargin{:});
  t = t + h;
  y = y + k1; k2=h*feval(odefun,t,y,varargin{:});
  u = [u, u(end) + 0.5*(k1+k2)];
end
t=tt;
return
```

**Solución 7.8** Aplicando el método (9.4) al problema modelo (7.28) obtenemos $k_1 = h\lambda u_n$ y $k_2 = h\lambda u_n(1 + h\lambda)$. Por consiguiente $u_{n+1} = u_n[1 + h\lambda + (h\lambda)^2/2] = u_n p_2(h\lambda)$. Para asegurar la estabilidad absoluta debemos requerir que $|p_2(h\lambda)| < 1$, lo cual es equivalente a $0 < p_2(h\lambda) < 1$, ya que $p_2(h\lambda)$ es positivo. Resolviendo la última desigualdad, obtenemos $-2 < h\lambda < 0$, esto es, $h < 2/|\lambda|$.

**Solución 7.9** Nótese que

$$u_n = u_{n-1}(1 + h\lambda_{n-1}) + hr_{n-1}.$$

Entonces procedemos de manera recursiva sobre $n$.

**Solución 7.10** La desigualdad (7.38) se sigue de (7.37) poniendo

$$\varphi(\lambda) = \left|1 + \frac{1}{\lambda}\right| + \left|\frac{1}{\lambda}\right|.$$

La conclusión se sigue fácilmente.

**Solución 7.11** De (7.35) obtenemos

$$|z_n - u_n| \leq \rho_{max}a^n + h\rho_{max}\sum_{k=0}^{n-1}\delta(h)^{n-k-1}.$$

El resultado se sigue utilizando (7.36).

**Solución 7.12** Tenemos

$$h\tau_{n+1}(h) = y(t_{n+1}) - y(t_n) - \frac{1}{6}(\widehat{k}_1 + 4\widehat{k}_2 + \widehat{k}_3),$$

$$\widehat{k}_1 = hf(t_n, y(t_n)), \quad \widehat{k}_2 = hf(t_n + \tfrac{h}{2}, y(t_n) + \tfrac{\widehat{k}_1}{2}),$$

$$\widehat{k}_3 = hf(t_{n+1}, y(t_n) + 2\widehat{k}_2 - \widehat{k}_1).$$

Este método es consistente ya que

$$\lim_{h\to 0}\tau_{n+1} = y'(t_n) - \frac{1}{6}[f(t_n, y(t_n)) + 4f(t_n, y(t_n)) + f(t_n, y(t_n))] = 0.$$

Este método es un método explícito de Runge-Kutta de orden 3 y está implementado en el Programa 9.2. Como en la Solución 7.7, podemos deducir una estimación de su orden de convergencia mediante las instrucciones siguientes:

```
>> p=log(abs(e(1:end-1)./e(2:end)))/log(2)
p =
  Columns 1 through 6
    2.7306    2.8657    2.9330    2.9666    2.9833    2.9916
  Columns 7 through 9
    2.9958    2.9979    2.9990
```

**Solución 7.13** De la Solución 7.8 obtenemos la relación

$$u_{n+1} = u_n[1 + h\lambda + \frac{1}{2}(h\lambda)^2 + \frac{1}{6}(h\lambda)^3] = u_n p_3(h\lambda).$$

Inspeccionando la gráfica de $p_3$, obtenida con la instrucción

```
>> c=[1/6 1/2 1 1]; z=[-3:0.01:1]; p=polyval(c,z); plot(z,abs(p))
```

deducimos que $|p_3(h\lambda)| < 1$ para $-2.5 < h\lambda < 0$.

**Programa 9.2. rk3**: método explícito de Runge-Kutta de orden 3

```
function [t,u]=rk3(odefun,tspan,y0,Nh,varargin)
h=(tspan(2)-tspan(1))/Nh; tt=[tspan(1):h:tspan(2)];
u(1)=y0;
for s=tt(1:end-1)
 t = s; y = u(end);
 k1=h*feval(odefun,t,y,varargin{:});
 t = t + h*0.5; y = y + 0.5*k1;
 k2=h*feval(odefun,t,y,varargin{:});
 t = s + h;      y = u(end) + 2*k2-k1;
 k3=h*feval(odefun,t,y,varargin{:});
 u = [u, u(end) + (k1+4*k2+k3)/6];
end
t=tt;
```

**Solución 7.14** El método (7.74) aplicado al problema modelo (7.28) da la ecuación $u_{n+1} = u_n(1 + h\lambda + (h\lambda)^2)$. De la gráfica de $1 + z + z^2$ con $z = h\lambda$, deducimos que el método es absolutamente estable si $-1 < h\lambda < 0$.

**Solución 7.15** Para resolver el Problema 7.1 con los valores dados, repetimos las instrucciones siguientes con N=10 y N=20:

```
>> f=inline('-1.68*10^(-9)*y^4+2.6880','t','y');
>> [t,uc]=cranknic(f,[0,200],180,N);
>> [t,u]=predcor(f,[0 200],180,N,'feonestep','cnonestep');
```

Las gráficas de las soluciones calculadas se muestran en la Figura 9.11. Las soluciones obtenidas por el método de Crank-Nicolson son más precisas que las obtenidas por el método de Heun.

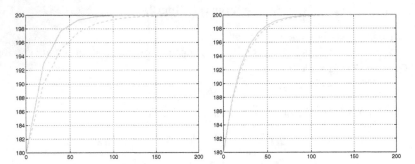

**Figura 9.11.** Soluciones calculadas con $h = 20$ (*izquierda*) y $h = 10$ (*derecha*) para el problema de Cauchy de la Solución 7.15: soluciones calculadas por el método de Crank-Nicolson (*línea continua*), y por el método de Heun (*línea de trazos*)

**Solución 7.16** El método de Heun aplicado al problema modelo (7.28) da

$$u_{n+1} = u_n \left( 1 + h\lambda + \frac{1}{2}h^2\lambda^2 \right).$$

En el plano complejo, la frontera de su región de estabilidad absoluta satisface $|1 + h\lambda + h^2\lambda^2/2|^2 = 1$, con $h\lambda = x + iy$. Esta ecuación la cumplen los números $(x, y)$ tales que $f(x, y) = x^4 + y^4 + 2x^2y^2 + 4x^3 + 4xy^2 + 8x^2 + 8x = 0$. Podemos representar esta curva como la curva de nivel $f(x, y) = z$ (correspondiente al nivel $z = 0$). Esto puede hacerse por medio de las instrucciones siguientes:

```
>> f='x.^4+y.^4+2*(x.^2).*(y.^2)+4*x.*y.^2+4*x.^3+8*x.^2+8*x';
>> [x,y]=meshgrid([-2.1:0.1:0.1],[-2:0.1:2]);
>> contour(x,y,eval(f),[0 0])
```

El comando `meshgrid` dibuja en el rectángulo $[-2.1, 0.1] \times [-2, 2]$ una malla  con 23 nudos equiespaciados en la dirección $x$ y 41 nudos equiespaciados en la dirección $y$. Con el comando `contour` dibujamos la curva de nivel de $f(x, y)$ (evaluada con el comando `eval(f)`) correspondiente al valor $z = 0$ (precisado en el vector de entrada [0 0] de `contour`). En la Figura 9.12 la línea continua delimita la región de estabilidad absoluta del método de Heun. Esta región es más grande que la correspondiente región del método de Euler progresivo (que corresponde al interior de la circunferencia de trazos). Ambas curvas son tangentes al eje imaginario en el origen $(0, 0)$.

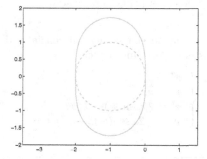

**Figura 9.12.** Fronteras de las regiones de estabilidad absoluta para los métodos de Heun (*línea continua*) y de Euler progresivo (*línea de trazos*). Las correspondientes regiones están en el interior de las fronteras

**Solución 7.17** Utilizamos las instrucciones siguientes.

```
>> tspan=[0 1]; y0=0; f=inline('cos(2*y)','t','y');
>> y='0.5*asin((exp(4*t)-1)./(exp(4*t)+1))';
>> N=2; for k=1:10
   [tt,u]=predcor(f,tspan,y0,N,'feonestep','cnonestep');
   t=tt(end); e(k)=abs(u(end)-eval(y)); N=2*N; end
>>   p=log(abs(e(1:end-1)./e(2:end)))/log(2)
```

```
p =
  Columns 1 through 6
    2.4733    2.2507    2.1223    2.0601    2.0298    2.0148
  Columns 7 through 9
    2.0074    2.0037    2.0018
```

Como esperábamos, hallamos que el orden de convergencia del método es 2. Sin embargo, el coste computacional es comparable al del método de Euler progresivo, que es solamente de primer orden.

**Solución 7.18** La ecuación diferencial de segundo orden de este ejercicio es equivalente al siguiente sistema de primer orden:

$$x' = z, \quad z' = -5z - 6x,$$

con $x(0) = 1$, $z(0) = 0$. Utilizamos el método de Heun como sigue:

```
>> tspan=[0 5]; y0=[1 0];
>> [tt,u]=predcor('fspring',tspan,y0,N,'feonestep','cnonestep');
```

donde N es el número de nodos y fspring.m es la siguiente función:

```
function y=fspring(t,y)
b=5; k=6;
yy=y; y(1)=yy(2); y(2)=-b*yy(2)-k*yy(1);
```

En la Figura 9.13 mostramos las gráficas de las dos componentes de la solución, calculadas con N=20,40 y las comparamos con la gráfica de la solución exacta $x(t) = 3e^{-2t} - 2e^{-3t}$ y la de su primera derivada.

**Solución 7.19** El sistema de ecuaciones diferenciales de segundo orden se reduce al siguiente sistema de primer orden:

$$\begin{cases} x' = z, \\ y' = v, \\ z' = 2\omega \mathrm{sen}(\Psi) - k^2 x, \\ v' = -2\omega \mathrm{sen}(\Psi)z - k^2 y. \end{cases} \tag{9.5}$$

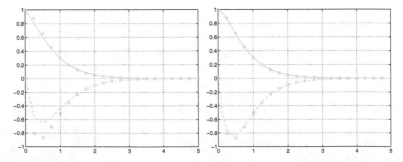

**Figura 9.13.** Aproximaciones de $x(t)$ (*línea continua*) y $x'(t)$ (*línea de trazos*) calculadas con N=20 (*línea fina*) y N=40 (*línea gruesa*). Los círculos y cuadrados pequeños se refieren a las funciones exactas $x(t)$ y $x'(t)$, respectivamente

Si suponemos que el péndulo en el instante inicial $t_0 = 0$ está en reposo en la posición $(1, 0)$, para el sistema (9.5) deben darse las siguientes condiciones iniciales:

$$x(0) = 1, \quad y(0) = 0, \quad z(0) = 0, \quad v(0) = 0.$$

Poniendo $\Psi = \pi/4$, que es la latitud media del Norte de Italia, usamos el método de Euler progresivo como sigue:

```
>> [t,y]=feuler('ffoucault',[0 300],[1 0 0 0],Nh);
```

donde Nh es el número de pasos y ffoucault.m es la siguiente función:

```
function y=ffoucault(t,y)
l=20;    k2=9.8/l;     psi=pi/4; omega=7.29*1.e-05;
yy=y;    y(1)=yy(3);   y(2)=yy(4);
y(3)=2*omega*sin(psi)*yy(4)-k2*yy(1);
y(4)=-2*omega*sin(psi)*yy(3)-k2*yy(2);
```

Mediante algunos experimentos numéricos concluimos que el método de Euler progresivo no puede producir soluciones aceptables para este problema ni siquiera para $h$ muy pequeño. Por ejemplo, en la Figura 9.14, a la izquierda, mostramos la gráfica, en el plano de fases $(x, y)$, del movimiento del péndulo calculado con N=30000, esto es, $h = 1/100$. Como se esperaba, el plano de rotación cambia con el tiempo, pero también crece la amplitud de las oscilaciones. Resultados similares se pueden obtener para $h$ más pequeño utilizando el método de Heun. De hecho, el problema modelo correspondiente al problema en curso tiene un coeficiente $\lambda$ que es imaginario puro. La solución correspondiente (una sinusoide) está acotada para $t$ tendiendo a infinito, sin embargo no tiende a cero.

Desafortunadamente, ambos métodos, el de Euler progresivo y el de Heun tienen regiones de estabilidad absoluta que no incluyen ningún punto del eje imaginario (con la excepción del origen). De este modo, para asegurar la estabilidad absoluta uno debería elegir el valor prohibido $h = 0$.

Para conseguir una solución aceptable deberíamos emplear un método cuya región de estabilidad absoluta incluyese una porción del eje imaginario. Éste es el caso, por ejemplo, del método adaptativo de Runge-Kutta de orden 3, implementado en la función de MATLAB ode23. Podemos invocarlo mediante el siguiente comando:

```
>> [t,u]=ode23('ffoucault',[0 300],[1 0 0 0]);
```

En la Figura 9.14 (*derecha*) mostramos la solución obtenida utilizando sólo 1022 pasos de integración. Nótese que la solución numérica está en concordancia con la analítica.

**Octave 7.1** En Octave, ode23 devuelve después de 1419 iteraciones. Además ode23 devuelve un resultado final diferente.  ∎

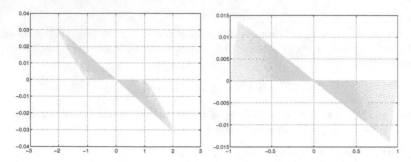

**Figura 9.14.** Trayectorias en el plano de fases para el péndulo de Foucault. Solución 7.19 calculada por el método de Euler progresivo (*izquierda*) y el método de Runge-Kutta adaptativo de tercer orden (*derecha*)

**Solución 7.20** Implantamos el segundo miembro del problema en la siguiente *function*

```
function y=baseball(t,y)
phi = 0;   omega = 1800*1.047198e-01;
B = 4.1*1.e-4; yy=y;
g = 9.8;
vmodulo = sqrt(y(4)^2+y(5)^2+y(6)^2);
Fv = 0.0039+0.0058/(1+exp((vmodulo-35)/5));
y(1)=yy(4);
y(2)=yy(5);
y(3)=yy(6);
y(4)=-Fv*vmodulo*y(4)+B*omega*(yy(6)*sin(phi)...
    -yy(5)*cos(phi));
y(5)=-Fv*vmodulo*y(5)+B*omega*yy(4)*cos(phi);
y(6)=-g-Fv*vmodulo*y(6)-B*omega*yy(4)*sin(phi);
return
```

En este punto sólo necesitamos llamar a ode23 como sigue:

```
>> [t,u]=ode23('baseball',[0 0.4],...
    [0 0 0 38*cos(1*pi/180) 0 38*sin(1*pi/180)]);
```

Utilizando el comando find calculamos aproximadamente el tiempo en el cual la altitud se hace negativa, que corresponde al tiempo exacto de impacto con la tierra:

```
>> n=max(find(u(:,3)>=0));
t(n)
ans = 0.1066
```

En la Figura 7.1 mostramos las trayectorias de la pelota de béisbol lanzada con una inclinación de 1 y 3 grados, representadas en el plano $x_1 x_3$ y en el espacio $x_1 x_2 x_3$.

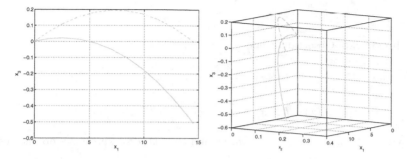

**Figura 9.15.** Trayectorias seguidas por una pelota de béisbol lanzada con un ángulo inicial de 1 grado (*línea continua*), y de 3 grados (*línea de trazos*)

## 9.8 Capítulo 8

**Solución 8.1** Podemos comprobar directamente que $\mathbf{x}^T A \mathbf{x} > 0$ para todo $\mathbf{x} \neq \mathbf{0}$. En efecto,

$$
[x_1 \; x_2 \; \ldots \; x_{N-1} \; x_N]
\begin{bmatrix}
2 & -1 & 0 & \ldots & 0 \\
-1 & 2 & \ddots & & \vdots \\
0 & \ddots & \ddots & -1 & 0 \\
\vdots & & -1 & 2 & -1 \\
0 & \ldots & 0 & -1 & 2
\end{bmatrix}
\begin{bmatrix}
x_1 \\
x_2 \\
\vdots \\
x_{N-1} \\
x_N
\end{bmatrix}
$$

$$= 2x_1^2 - 2x_1 x_2 + 2x_2^2 - 2x_2 x_3 + \ldots - 2x_{N-1} x_N + 2x_N^2.$$

La última expresión es equivalente a $(x_1 - x_2)^2 + \ldots + (x_{N-1} - x_N)^2 + x_1^2 + x_N^2$, que es positiva con tal de que al menos un $x_i$ sea no nulo.

**Solución 8.2** Comprobamos que $A\mathbf{q}_j = \lambda_j \mathbf{q}_j$. Calculando el producto matriz-vector $\mathbf{w} = A\mathbf{q}_j$ y requiriendo que $\mathbf{w}$ sea igual al vector $\lambda_j \mathbf{q}_j$, hallamos:

$$
\begin{cases}
2\mathrm{sen}(j\theta) - \mathrm{sen}(2j\theta) = 2(1 - \cos(j\theta))\mathrm{sen}(j\theta), \\[2mm]
-\mathrm{sen}(jk\theta) + 2\mathrm{sen}(j(k+1)\theta) - \mathrm{sen}(j(k+2)\theta) = 2(1 - \cos(j\theta))\mathrm{sen}(2j\theta), \\
\qquad k = 1, \ldots, N-2 \\[2mm]
2\mathrm{sen}(Nj\theta) - \mathrm{sen}((N-1)j\theta) = 2(1 - \cos(j\theta))\mathrm{sen}(Nj\theta).
\end{cases}
$$

La primera ecuación es una identidad ya que $\mathrm{sen}(2j\theta) = 2\mathrm{sen}(j\theta)\cos(j\theta)$. Las otras ecuaciones pueden simplificarse ya que

$$\mathrm{sen}(jk\theta) = \mathrm{sen}((k+1)j\theta)\cos(j\theta) - \cos((k+1)j\theta)\mathrm{sen}(j\theta),$$

$$\mathrm{sen}(j(k+2)\theta) = \mathrm{sen}((k+1)j\theta)\cos(j\theta) + \cos((k+1)j\theta)\mathrm{sen}(j\theta).$$

Como $A$ es simétrica y definida positiva, su número de condición es $K(A) = \lambda_{max}/\lambda_{min}$, esto es, $K(A) = \lambda_1/\lambda_N = (1 - \cos(N\pi/(N+1)))/(1 - \cos(\pi/(N+1)))$. Utilizando el desarrollo de Taylor de orden 2 de la función coseno, obtenemos $K(A) \simeq N^2$, esto es, $K(A) \simeq h^{-2}$.

**Solución 8.3** Observamos que

$$u(\bar{x}+h) = u(\bar{x}) + hu'(\bar{x}) + \frac{h^2}{2}u''(\bar{x}) + \frac{h^3}{6}u'''(\bar{x}) + \frac{h^4}{24}u^{(4)}(\xi_+),$$

$$u(\bar{x}-h) = u(\bar{x}) - hu'(\bar{x}) + \frac{h^2}{2}u''(\bar{x}) - \frac{h^3}{6}u'''(\bar{x}) + \frac{h^4}{24}u^{(4)}(\xi_-),$$

donde $\xi_+ \in (x, x+h)$ e $\xi_- \in (x-h, x)$. Sumando las dos expresiones obtenemos

$$u(\bar{x}+h) + u(\bar{x}-h) = 2u(\bar{x}) + h^2 u''(\bar{x}) + \frac{h^4}{24}(u^{(4)}(\xi_+) + u^{(4)}(\xi_-)),$$

que es la propiedad deseada.

**Solución 8.4** La matriz es de nuevo tridiagonal con elementos $a_{i,i-1} = -1 - h\frac{\delta}{2}$, $a_{ii} = 2 + h^2\gamma$, $a_{i,i+1} = -1 + h\frac{\delta}{2}$. El segundo miembro, que tiene en cuenta las condiciones de contorno, es $\mathbf{f} = (f(x_1)+\alpha(1+h\delta/2)/h^2, f(x_2), \ldots, f(x_{N-1}), f(x_N) + \beta(1 - h\delta/2)/h^2)^T$.

**Solución 8.5** Con las instrucciones siguientes calculamos las correspondientes soluciones a los tres valores dados de $h$:

```
>> fbvp=inline('1+sin(4*pi*x)','x');
>> [z,uh10]=bvp(0,1,9,0,0.1,fbvp,0,0);
>> [z,uh20]=bvp(0,1,19,0,0.1,fbvp,0,0);
>> [z,uh40]=bvp(0,1,39,0,0.1,fbvp,0,0);
```

Como no conocemos la solución exacta, para estimar el orden de convergencia calculamos una solución aproximada sobre una malla muy fina (por ejemplo, $h = 1/1000$), entonces adoptamos esta última como un sucedáneo de la solución exacta. Hallamos:

```
>> [z,uhex]=bvp(0,1,999,0,0.1,fbvp,0,0);
>> max(abs(uh10-uhex(1:100:end)))
ans =
   8.6782e-04
>> max(abs(uh20-uhex(1:50:end)))
ans =
   2.0422e-04
>> max(abs(uh40-uhex(1:25:end)))
ans =
   5.2789e-05
```

Dividiendo $h$ por 2, el error se divide por 4, probando así que el orden de convergencia con respecto a $h$ es 2.

**Solución 8.6** Para hallar el mayor $h_{crit}$ que asegura una solución monótona (como la analítica) ejecutamos el bucle siguiente:

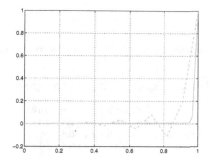

**Figura 8.16.** Solución numérica del Problema 8.6 obtenida para $h = 1/10$ (*línea de trazos*) y $h = 1/60$ (*línea continua*)

```
>> fbvp=inline('1+0.*x','x'); for k=3:1000
   [z,uh]=bvp(0,1,k,100,0,fbvp,0,1);
   if sum(diff(uh)>0)==length(uh)-1,
   break, end,
end
```

Permitimos cambiar $h(= 1/(k+1))$ hasta que los cocientes incrementales de la solución numérica uh sean todos positivos. Entonces calculamos el vector diff(uh) cuyas componentes son 1 si el correspondiente cociente incremental es positivo, 0 en caso contrario. Si la suma de todas las componentes iguala la longitud del vector uh disminuida en 1, entonces todos los cocientes incrementales son positivos. El bucle se para cuando k=499, esto es, cuando $h = 1/500$ si $\delta = 1000$, y cuando $h = 1/1000$ si $\delta = 2000$. Por tanto, podemos conjeturar que debería requerirse $h < 2/\delta = h_{crit}$ para conseguir una solución numérica monótona creciente. De hecho, esta restricción sobre $h$ es precisamente la que se puede probar teóricamente (véase, por ejemplo, [QV94]). En la Figura 8.16 mostramos las soluciones numéricas obtenidas cuando $\delta = 100$ para dos valores de $h$.

**Solución 8.7** Modificaríamos el Programa 8.1 para imponer condiciones de contorno de Neumann. En el Programa 9.3 mostramos una posible implementación.

**Solución 8.8** La fórmula de integración del trapecio, utilizada sobre los dos subintervalos $I_{k-1}$ y $I_k$, produce la siguiente aproximación

$$\int_{I_{k-1}\cup I_k} f(x)\varphi_k(x)\ dx \simeq \frac{h}{2}f(x_k) + \frac{h}{2}f(x_k) = hf(x_k),$$

ya que $\varphi_k(x_j) = \delta_{jk}$, $\forall j, k$. De este modo, obtenemos el mismo segundo miembro del método de diferencias finitas.

**Programa 9.3. neumann**: aproximación de un problema de contorno de Neumann

```
function [x,uh]=neumann(a,b,N,delta,gamma,bvpfun,...
    ua,ub,varargin)
h = (b-a)/(N+1);   x = [a:h:b]; e = ones(N+2,1);
A = spdiags([-e-0.5*h*delta 2*e+gamma*h^2 ...
    -e+0.5*h*delta], -1:1, N+2, N+2);
f = h^2*feval(bvpfun,'x',varargin{:});   f=f';
A(1,1)=-3/2*h;
A(1,2)=2*h;
A(1,3)=-1/2*h;
f(1)=h^2*ua;
A(N+2,N+2)=3/2*h;
A(N+2,N+1)=-2*h;
A(N+2,N)=1/2*h;
f(N+2)=h^2*ub;
uh = A\f;
return
```

**Solución 8.9** Tenemos $\nabla\phi = (\partial\phi/\partial x, \partial\phi/\partial y)^T$ y, por consiguiente, $\text{div}\nabla\phi = \partial^2\phi/\partial x^2 + \partial^2\phi/\partial y^2$, esto es, el Laplaciano de $\phi$.

**Solución 8.10** Para calcular la temperatura en el centro de la placa, resolvemos el correspondiente problema de Poisson para varios valores de $\Delta_x = \Delta_y$, utilizando las instrucciones siguientes:

```
>> k=0; fun=inline('25','x','y');
bound=inline('(x==1)','x','y');
>> for N = [10,20,40,80,160],
   [u,x,y]=poissonfd(0,0,1,1,N,N,fun,bound);
   k=k+1;
   uc(k) = u(N/2+1,N/2+1);
   end
```

Las componentes del vector uc son los valores de la temperatura calculados en el centro de la placa cuando el tamaño del paso de la malla, $h$, decrece. Tenemos

```
>> uc
    2.0168    2.0616    2.0789    2.0859    2.0890
```

Por consiguiente, podemos concluir que en el centro de la placa la temperatura es aproximadamente 2.08 C.

En la Figura 8.17 mostramos las isotermas para dos valores diferentes de $h$.

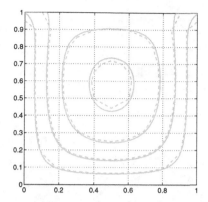

**Figura 8.17.** Isotermas calculadas para $\Delta_x = \Delta_y = 1/10$ (*líneas de trazos*) y para $\Delta_x = \Delta_y = 1/80$ (*líneas continuas*)

# Referencias

[ABB+99]    Anderson E., Bai Z., Bischof C., Blackford S., Demmel J., Don-
            garra J., Croz J. D., Greenbaum A., Hammarling S., McKen-
            ney A., and Sorensen D. (1999) *LAPACK User's Guide*. SIAM,
            Philadelphia, 3rd edition.

[Ada90]     Adair R. (1990) *The Physics of Baseball*. Harper and Row, New
            York.

[Arn73]     Arnold V. (1973) *Ordinary Differential Equations*. The MIT
            Press, Cambridge.

[Atk89]     Atkinson K. (1989) *An Introduction to Numerical Analysis*. John
            Wiley, New York.

[Axe94]     Axelsson O. (1994) *Iterative Solution Methods*. Cambridge Uni-
            versity Press, New York.

[BB96]      Brassard G. and Bratley P. (1996) *Fundamentals of Algorith-
            mics, 1/e*. Prentice Hall, New York.

[BM92]      Bernardi C. and Maday Y. (1992) *Approximations Spectrales des
            Problémes aux Limites Elliptiques*. Springer-Verlag, Paris.

[Bra97]     Braess D. (1997) *Finite Elements: Theory, Fast Solvers and
            Applications in Solid Mechanics*. Cambridge University Press,
            Cambridge.

[BS01]      Babuska I. and Strouboulis T. (2001) *The Finite Element
            Method and its Reliability*. Oxford University Press, Padstow.

[But87]     Butcher J. (1987) *The Numerical Analysis of Ordinary Differen-
            tial Equations: Runge-Kutta and General Linear Methods*. Wi-
            ley, Chichester.

[CHQZ06]    Canuto C., Hussaini M. Y., Quarteroni A., and Zang T. A.
            (2006) *Spectral Methods: Fundamentals in Single Domains*.
            Springer-Verlag, Berlin Heidelberg

[CLW69]     Carnahan B., Luther H., and Wilkes J. (1969) *Applied Numerical
            Methods*. John Wiley ans Sons, Inc., New York.

[Dav63]     Davis P. (1963) *Interpolation and Approximation*. Blaisdell
            Pub., New York.

[DD99]      Davis T. and Duff I. (1999) A combined unifrontal/multifrontal
            method for unsymmetric sparse matrices. *ACM Transactions on
            Mathematical Software* 25(1): 1–20.

[Dem97]    Demmel J. (1997) *Applied Numerical Linear Algebra*. SIAM, Philadelphia.

[Deu04]    Deuflhard P. (2004) *Newton Methods for Nonlinear Problems. Affine Invariance and Adaptive Algorithms*, volume 35 of *Springer Series in Computational Mathematics*. Springer-Verlag, Berlin, Heidelberg.

[Die93]    Dierckx P. (1993) *Curve and Surface Fitting with Splines*. Clarendon Press, New York.

[DL92]    DeVore R. and Lucier J. (1992) Wavelets. *Acta Numerica* 1: 1–56.

[DR75]    Davis P. and Rabinowitz P. (1975) *Methods of Numerical Integration*. Academic Press, New York.

[DS83]    Dennis J. and Schnabel R. (1983) *Numerical Methods for Unconstrained Optimization and Nonlinear Equations*. Prentice-Hall, Englewood Cliffs, New York.

[dV89]    der Vorst H. V. (1989) High Performance Preconditioning. *SIAM J. Sci. Stat. Comput.* 10: 1174–1185.

[Eat02]    Eaton J. (2002) *GNU Octave Manual*. Network Theory Ltd., Bristol.

[EEHJ96]    Eriksson K., Estep D., Hansbo P., and Johnson C. (1996) *Computational Differential Equations*. Cambridge Univ. Press, Cambridge.

[EKM05]    Etter D., Kuncicky D., and Moore H. (2005) *Introduction to MATLAB 7*. Prentice Hall, Englewood Cliffs.

[Fun92]    Funaro D. (1992) *Polynomial Approximation of Differential Equations*. Springer-Verlag, Berlin Heidelberg.

[Gau97]    Gautschi W. (1997) *Numerical Analysis. An Introduction*. Birkhäuser, Boston.

[Gea71]    Gear C. (1971) *Numerical Initial Value Problems in Ordinary Differential Equations*. Prentice-Hall, Upper Saddle River NJ.

[Gio97]    Giordano N. (1997) *Computational Physics*. Prentice-Hall, Upper Saddle River NJ.

[GL96]    Golub G. and Loan C. V. (1996) *Matrix Computations*. The John Hopkins Univ. Press, Baltimore and London, third edition.

[GR96]    Godlewski E. and Raviart P.-A. (1996) *Hyperbolic Systems of Conservations Laws*, volume 118. Springer-Verlag, New York.

[Hac85]    Hackbusch W. (1985) *Multigrid Methods and Applications*. Springer-Verlag, Berlin Heidelberg.

[Hac94]    Hackbusch W. (1994) *Iterative Solution of Large Sparse Systems of Equations*. Springer-Verlag, New York.

[HH05]    Higham D. and Higham N. (2005) *MATLAB Guide. Second edition*. SIAM, Philadelphia.

[Hig02]    Higham N. (2002) *Accuracy and Stability of Numerical Algorithms. Second edition*. SIAM Publications, Philadelphia, PA.

[Hir88]    Hirsh C. (1988) *Numerical Computation of Internal and External Flows*, volume 1. John Wiley and Sons, Chichester.

[HLR01]    Hunt B., Lipsman R., and Rosenberg J. (2001) *A guide to MATLAB: for Beginners and Experienced Users*. Cambridge University Press.

[IK66]      Isaacson E. and Keller H. (1966) *Analysis of Numerical Methods.*
            Wiley, New York.
[Krö98]     Kröner D. (1998) *Finite Volume Schemes in Multidimensions.*
            Pitman Res. Notes Math. Ser., 380, Longman, Harlow.
[KS99]      Karniadakis G. and Sherwin S. (1999) *Spectral/hp Element
            Methods for CFD.* Oxford University Press, Padstow.
[Lam91]     Lambert J. (1991) *Numerical Methods for Ordinary Differential
            Systems.* John Wiley and Sons, Chichester.
[Lan03]     Langtangen H. (2003) *Advanced Topics in Computational Par-
            tial Differential Equations: Numerical Methods and Diffpack
            Programming.* Springer-Verlag, Berlin Heidelberg.
[LeV02]     LeVeque R. (2002) *Finite Volume Methods for Hyperbolic Prob-
            lems.* Cambridge University Press, Cambridge.
[Mei67]     Meinardus G. (1967) *Approximation of Functions: Theory and
            Numerical Methods.* Springer-Verlag, Berlin Heidelberg.
[MH03]      Marchand P. and Holland O. (2003) *Graphics and Guis with
            Matlab.* CRC Press.
[Pal04]     Palm W. (2004) *Introduction to Matlab 7 for Engineers.*
            McGraw-Hill, New York.
[Pan92]     Pan V. (1992) Complexity of Computations with Matrices and
            Polynomials. *SIAM Review* 34: 225–262.
[PBP02]     Prautzsch H., Boehm W., and Paluszny M. (2002) *Bezier and
            B-Spline Techniques.* Springer-Verlag, Berlin Heidelberg.
[PdDKÜK83]  Piessens R., de Doncker-Kapenga E., Überhuber C., and Ka-
            haner D. (1983) *QUADPACK: A Subroutine Package for Auto-
            matic Integration.* Springer-Verlag, Berlin Heidelberg.
[Pra02]     Pratap R. (2002) *Getting Started with MATLAB: A Quick Intro-
            duction for Scientists and Engineers.* Oxford University Press,
            Padstow.
[QSS06]     Quarteroni A., Sacco R., and Saleri F. (2006) *Numerical Math-
            ematics*, volume 37 of *Texts in Applied Mathematics.* Springer-
            Verlag, New York, 2nd edition.
[QV94]      Quarteroni A. and Valli A. (1994) *Numerical Approximation of
            Partial Differential Equations.* Springer-Verlag, Berlin Heidel-
            berg.
[RR85]      Ralston A. and Rabinowitz P. (1985) *A First Course in Numer-
            ical Analysis.* McGraw-Hill, Singapore.
[Saa92]     Saad Y. (1992) *Numerical Methods for Large Eigenvalue Prob-
            lems.* Halstead Press, New York.
[Saa96]     Saad Y. (1996) *Iterative Methods for Sparse Linear Systems.*
            PWS Publishing Company, Boston.
[SM03]      Süli E. and Mayers D. (2003) *An Introduction to Numerical
            Analysis.* Cambridge University Press, Cambridge.
[TW98]      Tveito A. and Winther R. (1998) *Introduction to Partial Differ-
            ential Equations. A Computational Approach.* Springer-Verlag,
            Berlin Heidelberg.
[Übe97]     Überhuber C. (1997) *Numerical Computation: Methods, Soft-
            ware, and Analysis.* Springer-Verlag, Berlin Heidelberg.
[Urb02]     Urban K. (2002) *Wavelets in Numerical Simulation.* Springer
            Verlag, Berlin Heidelberg.

[vdV03]     van der Vorst H. (2003) *Iterative Krylov Methods for Large Linear systems.* Cambridge University Press, Cambridge.

[Wes04]     Wesseling P. (2004) *An Introduction to Multigrid Methods.* R.T. Edwards, Inc., Philadelphia.

[Wil65]     Wilkinson J. (1965) *The Algebraic Eigenvalue Problem.* Clarendon Press, Oxford.

# Índice alfabético

Printed in the United States
by Baker & Taylor Publisher Services

Printed in the United States
by Baker & Taylor Publisher Services